महाराष्ट्रातील सर्व विद्यापीठांच्या पदवी व पदव्युत्तर अभ्यासक्रमावर आधारित असून
एमपीएससी, युपीएससी नेट, सेट तसेच विविध स्पर्धा परीक्षांसाठी उपयुक्त

जागतिक भूगोल

डॉ. प्रवीण गणेश सप्तर्षि,
एम.एस्सी.,पीएच.डी.
भूगोल विभाग
पुणे विद्यापीठ, पुणे - ७

डॉ. उत्तमराव गोकुळ जगदाळे,
एम.ए.,पीएच.डी.
भूगोल प्रपाठक,
श्री शिवछत्रपती महाविद्यालय, जुन्नर

डॉ. सुनील वामनराव गायकवाड
एम.ए.,पीएच.डी.
प्रपाठक, पद्व्युत्तर भूगोल विभाग,
स. प. महाविद्यालय, पुणे - ३०

प्रा. विलास रामचंद्र उगले
एम.ए.,एम.एड.
न्यू आर्ट्स, कॉमर्स, सायन्स महाविद्यालय,
पारनेर, जि. अहमदनगर

प्रा. ज्योतिराम चंद्रकांत मोरे
एम.ए.
भूगोल विभाग प्रमुख,
भारतीय जैन संघटना महाविद्यालय,
वाघोली, पुणे

प्रा. रवींद्र गहिनीनाथ जायभाय
एम.एस्सी.
नौरोसजी वाडिया महाविद्यालय,
पुणे

डायमंड पब्लिकेशन्स

जागतिक भूगोल

डॉ. प्रवीण गणेश सप्तर्षि, डॉ. उत्तमराव गोकुळ जगदाळे,
डॉ. सुनील वामनराव गायकवाड, प्रा. विलास रामचंद्र उगले,
प्रा. ज्योतिराम चंद्रकांत मोरे, प्रा. रवींद्र गहिनीनाथ जायभाय

पहिली आवृत्ती : जानेवारी २००७
दुसरी आवृत्ती : २०२३

ISBN : 978-81-89724-75-7

मुखपृष्ठ :
डायमंड पब्लिकेशन्स

मुद्रणस्थळ :
ट्रीनिटी अकॅडमी, पुणे

प्रकाशक
दत्तात्रेय गं. पाष्टे
डायमंड पब्लिकेशन्स,
२६४/३ शनिवार पेठ, अनुग्रह अपार्टमेंट
ओंकारेश्वर मंदिराजवळ, पुणे–४११०३०.
☎ ८६०००१०४१६

info@dpbooks.in
www.dpbooks.in

या पुस्तकाचे लिखाण पूर्ण करण्यास ज्या विभागाने सुविधा पुरविल्या, प्रेरणा दिली त्या, ''सर परशुरामभाऊ महाविद्यालयाच्या पदव्युत्तर भूगोल विभागास'' लेखकाचे मानधन कृतज्ञापूर्वक अर्पण – लेखक

प्रस्तावना

जागतिक भूगोल हा प्रादेशिक भूगोलाच्या अभ्यासाचा पाया आहे. म्हणूनच बहुतेक विद्यापीठांमधून हा विषय शिकविला जातो. या विषयाचे महत्त्व जाणून स्पर्धा परीक्षांसाठीही याचा समावेश केलेला आढळतो. विद्यापीठ अनुदान मंडळानेही हा विषय मूलभूत विषय म्हणून सुचविलेला आहे. म्हणूनच या विषयावर मराठी माध्यमाचे पुस्तक तयार करावे असा मानस आहे. प्रस्तुत पुस्तक तयार करताना महाराष्ट्रातील विद्यापीठांचे आणि स्पर्धा परीक्षांचे (एमपीएससी–युपीएससी) अभ्यासक्रम डोळ्यांसमोर ठेवलेले आहेत.

जागतिक भूगोलाची मांडणी करताना खंडांना अनुसरून प्रकरणे तयार केलेली आहेत. त्यामुळे आपल्या आशिया खंडापासून पुस्तकाची सुरुवात होते व त्यानंतर इतर खंडांचा क्रमवार अभ्यास दिलेला आहे. या अभ्यासात हवामान, भूरूपे, भूस्तर रचना, नद्या, वनसंपदा, इ. प्राकृतिक घटकांनुसार व खजिनसंपत्ती, उद्योगधंदे, कृषिउत्पादने, शहरे इ. मानवी घटकांनुसार प्रत्येक खंडाची माहिती दिलेली आहे. ही माहिती खंडस्तरीय आहे. त्यामुळे काही प्रमुख उत्पादनांबाबत देशपातळीवरील आकडेवारी व वर्णन दिलेले आहे. परंतु एखाद्या देशाचा एक प्रदेश म्हणून सर्व घटकांचा अभ्यास सादर केलेला नाही. स्पर्धा परीक्षांमध्ये 'भारताचा भूगोल' हा महत्त्वाचा विषय वैकल्पिक विषय घेतलेल्या विद्यार्थ्यांसाठी आवश्यक आहे. तथापि, प्रस्तुतच्या पुस्तकात हा अभ्यास आम्ही घेतलेला नाही. त्यासाठी एक वेगळे पुस्तक काढण्याचा मानस आहे.

जागतिक भूगोलाचा अभ्यास असंख्य संदर्भ ग्रंथ, माहितीपत्रके आणि नकाशे यांच्या आधारेच करावा लागतो. त्यासाठी एकाच लेखकाऐवजी अनेकांची मदत या पुस्तकासाठी घेतलेली आहे. माझ्याबरोबर काम करणाऱ्या लेखकांची निवड करताना त्यांचे भूगोल विषयातील विशेष स्तरावरील अभ्यासाचे योगदान लक्षात घेतलेले आहे. डॉ. सुनील गायकवाड (प्राकृतिक भूगोल), डॉ. उत्तमराव जगदाळे

(लोकसंख्या भूगोल), प्रा. ज्योतिराम मोरे (आर्थिक भूगोल), प्रा. विलास उगले (सामाजिक भूगोल) आणि प्रा. रवींद्र जायभाय (पर्यावरण शास्त्र व पर्यटन भूगोल) यांची साथ असल्याने हे पुस्तक लवकरात लवकर विद्यार्थ्यांपर्यंत पोहचविणे शक्य झाले.

आम्हा सर्व लेखकांतर्फे डायमंड पब्लिकेशनचे संचालक श्री. दत्तात्रेय पाष्टे यांचे आभार येथे नोंदविणे आवश्यक आहे. केवळ त्यांच्या पुढाकारामुळेच या टीमवर्कसाठी आम्ही उद्युक्त झालो आणि त्यांच्या सातत्याने होणाऱ्या सूचनांमुळे हा प्रकल्प पूर्णत्वास गेला.

या विषयातील त्रुटी दाखवून देणाऱ्या विद्यार्थ्यांचे –प्राध्यापकांचे मन:पूर्वक स्वागत होईल. हा प्रकल्प पूर्णत्वास नेण्यास स. प. महाविद्यालय भूगोल विभागाचे श्रेय महत्त्वाचे आहे. त्याबद्दल मा. प्राचार्य डॉ. मा. अ. पेंडसे व भूगोल विभागातील माझ्या सहकाऱ्यांचे मन:पूर्वक आभार.

– डॉ. प्रवीण गणेश सप्तर्षि

अनुक्रमणिका

प्रकरण १	आशिया	१
प्रकरण २	युरोप	४०
प्रकरण ३	आफ्रिका	११२
प्रकरण ४	उ.अमेरिका	१७१
प्रकरण ५	द. अमेरिका	२००
प्रकरण ६	ऑस्ट्रेलिया	२२०
प्रकरण ७	अंटार्टिका	२३०
	नकाशे	२३२

प्रकरण – १

आशिया

प्रास्ताविक

आशिया खंडाचे स्थान पूर्व गोलार्धात आहे. या खंडाचा अक्षवृत्तीय विस्तार १०$^{\circ}$ दक्षिण ते ८५$^{\circ}$ उत्तर व रेखावृत्तीय विस्तार २५$^{\circ}$ पूर्व ते १७०$^{\circ}$ पश्चिम असा आहे. या खंडाच्या उत्तर भागात आर्क्टिक समुद्र, पूर्वेला पॅसिफिक महासागर तर दक्षिणेला हिंदी महासागर आहे. पश्चिमेकडील सीमा मात्र भूभागावरून गेलेली आहे. उत्तरेकडून दक्षिणेकडे जाताना ती उराल पर्वत, व्होल्गानदी, कॅस्पियन समुद्र व कॉकेशियस पर्वत यांना अनुसरून जाते.

क्षेत्रफळ तसेच लोकसंख्या यानुसार आशिया खंड जगातील सर्वात मोठा खंड म्हणून मानला जातो. या खंडाचे क्षेत्रफळ ४,४५,७९,००० चौरस किलोमीटर असून त्याने जगाच्या एकूण क्षेत्रफळापैकी ३३ टक्के क्षेत्र व्यापलेले आहे. आशिया खंडाची इ. स. २००१ च्या जनगणनेनुसार ३७८ कोटी लोकसंख्या असून ती जगाच्या एकूण लोकसंख्येच्या ६३ टक्के आहे. या खंडाच्या एकूण लोकसंख्येपैकी ३७ टक्के लोकसंख्या नागरी लोकसंख्या आहे.

आशिया आणि युरोप या दोन्ही खंडाची भूमी जवळपास सलग आहे. या भूमीस युरेशिया असे म्हणतात. युरेशिया या खंडभूमीचा विस्तार जगात सर्वात मोठा असल्याने त्याचा हवामानावर स्पष्ट परिणाम दिसतो.उन्हाळ्यात नेहमीच्या व्यापारी वाऱ्यांना विरोध करून दक्षिण गोलार्धातील वारे उत्तर गोलार्धात येतात व हिवाळ्यात उत्तर गोलार्धातील वारे दक्षिण गोलार्धात जातात. पूर्व आशिया, आग्नेय आशिया व दक्षिण आशिया यामध्ये विशिष्ट प्रकारचे वारे वाहतात. या वैशिष्ट्यपूर्ण वाऱ्यांनाच मोसमी किंवा मान्सून वारे असे म्हणतात. मान्सूनच्या प्रभावाखाली असलेल्या आशियास मान्सून आशिया असे संबोधतात.

भू–संरचना

अतिप्राचीन काळी (पॉलिओझोईक आणि मेसोझोईक हे काल) सध्याच्या आशियाचे तीन भाग होते; उत्तरेकडे अंगाराभूमी, दक्षिणेकडे गोंडवन भूमी आणि यामध्ये टेथिसचा समुद्र. त्यावेळी आताचे आशिया व आफ्रिका हे खंड सलग होते. पुढे सेनोझोईक युगात भूहालचालींमुळे गोंडवनभूमी अंगाराभूमीला जोडली गेली. टेथिसचा समुद्र नष्ट होऊन हिमालय आणि त्यालाच लागून असलेल्या हिंदुकुश, काराकोरम, सुलेमान, एलबुर्झ, आराकान या पर्वतरांगा हे टर्शरी म्हणजे चतुर्थ कालखंडात तयार झालेले वलीपर्वत आहेत. त्यांनाच तरुण वलीपर्वत असे संबोधतात. आराकान या कंसात्मक पर्वत रांगांना जोडून बंगालचा उपसागर आणि हिंदी महासागर यात बुडालेली पर्वतराशी आहे. तिची सागरपातळीवरील शिखरे म्हणजेच अंदमान, निकोबार, जावा, सुमात्रा इत्यादी बेटे होत.

भारतातील दख्खनचे पठार भूगर्भशास्त्रीयदृष्ट्या प्राचीन काळातील असल्यामुळे ते जास्त स्थिर आहे. तथापि त्यास पडलेल्या भेगा व हे तबक अतिशय मंद वेगाने उत्तरेकडे सरकत असल्याने भूकंपाचे धक्के बसतात. १९६७ सालच्या कोयना भूकंपाने याची प्रथम जाणीव करून दिली. तरुण वली पर्वतीय भूमी जास्त भूकंप प्रवण आहे. आग्नेय आशियाच्या ज्वालामुखीय वर्तुळात (Ring of Fire) ज्वालामुखीचे उद्रेक व भूकंप होतात. इंडोनेशिया व फिलीपाईन्समध्ये ज्वालामुखी उद्रेक मोठ्या प्रमाणात होतात. तसेच हा प्रदेश वादळे व झंझावाताने अधिक प्रभावित होत असतो.

भौगोलिक विभाग

आशिया भौगोलिक, राजकीय व सांस्कृतिकदृष्ट्या पुढील पाच विभागात विभागला जातो :-

(अ) नैऋत्य आशिया (आ) दक्षिण आशिया

(इ) आग्नेय आशिया (ई) पूर्व आशिया (उ) मध्य आशिया

(अ) नैर्ऋत्य आशिया

नैर्ऋत्य आशिया हा भूभाग शुष्क व अर्धशुष्क स्वरूपाचा जरी असला तरी खनिज तेल आणि नैसर्गिक वायूंचे साठे व त्यांच्या उत्पादनासाठी महत्त्वपूर्ण आहे. सौदी अरेबिया, इराक, कुवेत, संयुक्त अरब अमिरात (यु.ए.इ.) इराण, ओमान आणि कतार हे देश नैर्ऋत्य आशियातील खनिज तेल उत्पादनातील महत्त्वाचे देश मानले जातात.

नैर्ऋत्य आशियातील देशांमध्ये खनिज तेलाच्या एकूण संभाव्य जागतिक

साठ्यांपैकी ६० टक्के संभावीत साठे असावेत असे मानले जाते. (सौदी अरेबिया २६ टक्के, इराक ११ टक्के, कुवेत ९ टक्के, संयुक्त अरब अमिराती ७ टक्के, इराण ६.५ टक्के). या भागातील देशांचे परकीय चलन मिळवून देणारे खनिज तेलच प्रमुख उत्पादन आहे. खनिज तेलाची निर्यात प्रामुख्याने युरोपीय देश व जपान या देशांना असते. संयुक्त संस्थानाला पण निर्यात याच प्रदेशातून केली जाते. अमेरिकेला होणारी निर्यात युरोपीय देश व जपान यांना होणाऱ्या निर्यातीपेक्षा कमी असली तरी संयुक्त संस्थानाच्या दृष्टीने हा प्रदेश अत्यंत महत्त्वपूर्ण आहे. याचे कारण अमेरिकन मित्रराष्ट्रांचे या भागातील खनिज तेलासाठीचे अवलंबित्व, अमेरिकन कंपन्यासाठी या भागात असणारी संधी आणि या भागातून प्राप्त होणाऱ्या पेट्रोडॉलरसाठी अमेरिकेत केली जाणारी गुंतवणूक होय. संयुक्त संस्थाने जास्तीत जास्त खनिज तेलाची आयात करणारा देश असून तो याच भागातून त्याची आयात करतो.

पूर्वीच्या काळात नैर्ऋत्य आशिया हा युरोप आणि दक्षिण व आग्नेय आशिया यामधील एक पूल म्हणून काम करत असे. या प्रदेशाने मानवाच्या उपयुक्ततेसाठी अनेक प्रकारचे योगदान दिलेले आहे. गहू, बार्ली, कांदा, मुळा यासारखी पिके व शेळ्या, मेंढ्या, उंट यासारख्या प्राण्यांचे पालन करायला याच भागात सुरुवात झाली. पिकांना जलसिंचन करण्याची पद्धत याच भागातील नाईल नदीचे खोरे व तैग्रीस-युफ्रिटीस नदी खोरे यात सुरू झाली. अनेक जुन्या संस्कृतींचा व साम्राज्यांचा उदय आणि विकास याच भागात झाला. १८६९ मध्ये खोदण्यात आलेल्या सुवेझ कालव्यामुळे नैर्ऋत्य आशियाच्या भूराजनीतिक महत्त्वात वाढ झालेली आहे.

नैर्ऋत्य आशियातील बहुतेक लोक इस्लाम धर्मीय आहेत. या भागातील लोक तीन भागात वर्गीकृत केले जातात : (१) भटके पशुपालक (२) ग्रामीण आणि (३) नागरी.

मध्यपूर्व भागातील बऱ्याच प्रदेशात कमी प्रमाणात पाऊस पडतो. हे कमी पर्जन्य गवत या वनस्पतीसाठी अनुकूल असते. हे गवत शेळ्या, मेंढ्या, उंट व घोडे पाळण्यासाठी अत्यंत महत्त्वाची संपदा मानली जाते. गवत भटक्या पशुपालक व्यावसायिक निर्मितीसाठी परिणाम करते. नैर्ऋत्य आशियातील डोंगराळ भागात 'घोष यात्री' (Trans Humans) संकल्पना असलेले पशुपालक असतात. हे घोषयात्री उन्हाळ्यात डोंगराळ प्रदेशाकडे आपली गुरे घेऊन चराईसाठी जातात व हिवाळ्यात आपली गुरे घेऊन परत पर्वत पायथ्याकडे येतात. हे लोक आपल्याकडील पशुधन वस्तीतील लोकांना देऊन त्यांच्याकडून अन्न, चहा, साखर, कपडे आणि

इतर आवश्यक गरजांची पूर्तता करतात.

(आ) दक्षिण आशिया

दक्षिण आशियाच्या भौगोलिक सीमा (प्राकृतिक वैशिष्ट्यांमुळे) बऱ्याचशा स्पष्ट स्वरूपाच्या आहेत. पश्चिमेला वाळवंट, उत्तरेला पर्वतीय भाग तर दक्षिणेला हिंदी महासागर अशा सीमान्तर्गत असणारा प्रदेश दक्षिण आशिया म्हणून ओळखला जातो. दक्षिण आशियाची लोकसंख्या जागतिक लोकसंख्येच्या २० टक्के एवढी आहे. या लोकसंख्येपैकी ७५ टक्के लोक ग्रामीण भागात राहतात. या प्रदेशात जगातील जास्तीत जास्त दारिद्र्यरेषेखालील, न्यूनतम उत्पन्न गट असलेले, कमी साक्षर, कुपोषित, बेरोजगार, भूकबळीने ग्रस्त, कमी आयुर्मान असलेले, आरोग्याच्या कमी सोयी उपलब्ध असणारे लोक राहतात.

दक्षिण आशियातील जवळपास ५० टक्के लोक उदरनिर्वाहक शेती प्रकारावर अवलंबून आहेत. या भागात लोकसंख्यावाढीचा दर इतर भागातील दरापेक्षा जास्त आहे. तसेच लोकसंख्या दुप्पट होण्याचा कालावधी जास्त आहे. भारत जगातील सर्वात मोठी लोकसंख्या असलेला, लोकशाही देश म्हणून ओळखला जातो. पाकिस्तान दक्षिण आशियाचा पश्चिम सीमारेषेवरील मुस्लिम देश म्हणून मानला जातो, तर उर्वरीत भाग मिश्र प्रभाव असलेला भूप्रदेश म्हणून मानला जातो.

दक्षिण आशिया प्राकृतिकदृष्ट्या अत्यंत वैशिष्ट्यपूर्ण मानला जातो. हिमालयातील उत्तुंग हिमाच्छादित शिखरे, अत्यंत तीव्र उतार असलेला भूप्रदेश, गंगा-सिंधू यांच्या मैदानांसारखा विस्तृत सखल प्रदेश, विस्तृत वाळवंटीय प्रदेश, व समुद्र तट किनारे अशी भूवैशिष्ट्ये या प्रदेशात आढळतात. या प्रदेशातील पर्वत रांगा मान्सून पर्जन्याच्या वितरणात अत्यंत महत्त्वाची भूमिका बजावत असतात. दक्षिण आशियातील प्राकृतिक रचना उत्तरेकडील पर्वतीय प्रदेश, उत्तरेकडील मैदानी प्रदेश, दक्षिणेकडील पठारी प्रदेश व दक्षिणेकडील समुद्रकिनारपट्टी अशी वर्गीकृत केली जाते.

दक्षिण आशियातील देशांच्या गटास सार्क देश (SAARC=South Asian Association of Regional Co-operation) असे म्हणतात. त्यांच्यात राजकीय व आर्थिक पातळीवर सहकार्य वाढावे व त्यातून एक परिणामकारक सत्ता उदयास यावी या दृष्टीने भारत या गटाचे नेतृत्व करीत आहे.

तक्ता क्र. १.१
नैर्ऋत्य आशिया (२००३)

अ. नं.	देश	क्षेत्र (चौ.कि.मी.)	लोकसंख्या (दशलक्ष)	लोकसंख्या घनता (दर चौ. किमी)	वार्षिक लो.सं.वाढ %	साक्षरता %	आयुर्मान (वर्षे)
1	अफगाणिस्तान	647497	26.28	41	-	-	46
2	बहरीन	669	0.7	900	3.4	88	74
3	सायप्रस	9251	0.8	86	1.0	97	78.6
4	इराण	1648000	68.2	41	2.6	77	70
5	इराक	438446	6.0	52	-	-	59
6	इस्रायल	22000	6.5	313	2.3	97	79.7
7	जॉर्डन	89287	5.4	61	2.7	90	71
8	कुवेत	17289	2.5	138	3.3	83	76.9
9	लेबनॉन	10400	0.3	445	1.0	-	-
10	कतार	11437	0.7	44	5.2	89	72.8
11	सौदी अरेबिया	2250070	23.3	11	4.2	79	72
12	तुर्कस्तान	779452	71.3	93	2.0	88	69
13	यु. ए. इ.	82880	4.0	34	7.2	77	78
14	ओमान	300000	2.4	9	-	-	-
15	येमेन	531000	18.0	32	-	-	-

तक्ता क्र. १.२
दक्षिण आशिया (२००३)

अ.नं.	देश	क्षेत्र (चौ.कि.मी.)	लोकसंख्या (दशलक्ष)	लोकसंख्या घनता (दर चौ.किमी)	वार्षिक लो.सं.वाढ %	साक्षरता %	आयुर्मान (वर्षे)
1	बांगला देश	144000	136.6	1079	2.2	41	63
2	भूतान	47000	2.1	-	2.1	-	63
3	भारत	3288000	1070.0	363	1.9	61	63
4	मालदीव	300	0.3	1000	2.9	97	67
5	नेपाळ	140000	26.1	176	2.3	49	62
6	पाकिस्तान	796000	151.8	197	2.9	49	63
7	श्रीलंका	66000	20.4	301	1.3	90	74

तक्ता क्र. १.३
मध्य आशिया (२००३)

1	कझाकस्तान	2717000	14.9	6	0.2	99	63
2	ताजिकीस्तान	143000	6.4	46	2.2	99	--
3	उझबेकिस्तान	447000	25.8	63	2.2	99	67

(इ) आग्नेय आशिया

आग्नेय आशिया हा प्रदेश द्वीपकल्पीय व बेटांचा आहे. आग्नेय आशियाच्या पश्चिमेस हिंदी महासागर तर पूर्वेस पॅसिफिक महासागर आहे. हा प्रदेश ऐतिहासिक पूर्व-पश्चिम मार्गावर असल्याने चीन, भारत, अन्य आशियाई, युरोप व अमेरिका येथील लोक येथे येऊन राहिले आहेत. आग्नेय आशियाचे क्षेत्रफळ ४.६ दशलक्ष चौ.कि.मी. आहे. येथील लोकसंख्या ५० कोटी व घनता ११० प्रती चौ.कि.मी. [२००१ ची आकडेवारी*] आहे. येथील नैसर्गिक पर्यावरणात मोठ्या प्रमाणात विविधता आढळते.

आग्नेय आशियाची भौगोलिक वैशिष्ट्ये खालीलप्रमाणे आहेत :

१. आग्नेय आशियामध्ये विविध द्वीपसमूह आढळतात.
२. आग्नेय आशियामध्ये विविध बेटे आहेत.
३. हा प्रदेश उष्णकटिबंधीय प्रदेशात येतो.
४. येथे भूकंप, ज्वालामुखी उद्रेक होत असतात.
५. येथे अनेक संस्कृतींचा समावेश आहे.
६. येथील निम्म्यापेक्षा अधिक लोकसंख्या मुख्य भूप्रदेशावर राहते.
७. येथील सांस्कृतिक परंपरा व वैशिष्ट्ये यामध्ये विविधता आहे.
८. येथील संस्कृती, परंपरा व वैशिष्ट्यांवर पाश्चिमात्य संस्कृतीचा व परंपरांचा प्रभाव आहे.
९. येथील राजकीय सीमांमध्येही मोठ्या प्रमाणात विविधता आढळते.
१०. आग्नेय आशियातील मोठे देश थायलँड, मलेशिया, इंडोनेशिया हे असून गतदशकात त्यांचा आर्थिक विकास झाला. पण सामाजिक विविधता हा सध्या विकासातील अडसर घटक आहे.
११. या प्रदेशात भात, ऊस, डाळी, द्विदल धान्य यांचे उत्पादन होते. तसेच म्हैस, बदक, कुकूटपालन केले जाते.

(ई) पूर्व आशिया

पूर्व आशियामध्ये जपान, उत्तर कोरिया, दक्षिण कोरिया, तैवान, चीन आणि मंगोलिया हे देश मोडतात. प्राकृतिकदृष्ट्या या प्रदेशात वैविध्य तर आहेच पण मानवी भूगोलाच्या दृष्टिकोनातून काही आगळी वैशिष्ट्ये आढळतात.

चीनची संस्कृती प्राचीन आहे. पारंपरिक जीवन जगणारा चीन विसाव्या शतकाच्या पूर्वार्धात जपानी अंमलाखाली आला. साम्यवादाचा स्वीकार केल्यानंतर

चीन प्रबळ महासत्ता म्हणून उदयाला आला. तैवान १९४९ मध्ये साम्यवादी चीनमधून फुटला.

जपान अठराव्या शतकापर्यंत मुख्य प्रवाहापासून एकाकी होता. पण नंतर प्रचंड बदल होऊन १९०५ मध्ये त्याने रशियाचा पराभव केला. पुढच्या चाळीस वर्षात जपानने प्रथम चीन आणि दुसऱ्या महायुद्धकाळात आग्नेय आशिया पादाक्रांत करून थेट मणिपूरच्या सीमेपर्यंत चढाई केली. महायुद्धोत्तर काळात पराभूत जपान एक बलवान आर्थिक राष्ट्र बनले आणि विज्ञान व तंत्रज्ञान याच्या प्रगतीचे आदर्श राष्ट्र बनले.

दक्षिण कोरियाने जपानसारखीच नेत्रदीपक प्रगती केली आहे. दक्षिण कोरियाही प्रमुख आर्थिक सत्ता म्हणून उदयाला आली आहे. साम्यवादी चिनी प्रजासत्ताकाने वेळप्रसंगी तत्त्वांना मुरड घालून स्वत:चा विकास घडवला. उत्तर कोरिया मात्र हीच विचारसरणी स्वीकारून मागे पडला आहे. चीनचा एकेकाळी भाग असलेली मंगोलिया १९२४ साली स्वतंत्र झाला. त्यानेही वेगवेगळी धोरणे राबवून आपली प्रगती साधली आहे.

लोकसंख्येचा राक्षस (चीन), नैसर्गिक आपत्ती (भूकंपे, सागरी वादळे), राजकीय संघर्ष (दोन्ही कोरिया, दोन्ही चीन), खंडातर्गत स्थान (मंगोलिया) अशा प्रतिकूल घटकांचा सामना करत हा सर्व लष्करी, आर्थिक, वैज्ञानिक विकास झाला आहे याची आपण नोंद घ्यायला हवी.

(उ) मध्य आशिया

पूर्वीच्या सोविएत युनियनमध्ये असणारी राज्ये-उझबेकिस्तान, कझाकस्तान, किरगीझस्तान, ताजिकीस्तान, तुर्कमेनिस्तान -१९९० नंतर स्वतंत्र राष्ट्रे झाली. यांनी मध्य आशिया बनला आहे.

प्राकृतिक रचना

आशिया खंड विस्तृत असल्यामुळे प्राकृतिक रचनेच्या बाबतीत विविधता आढळते. या खंडात उत्तुंग पर्वत, पठारे, मैदाने, बेटे, खोल दऱ्या इत्यादी भू-स्वरूपे आढळतात. भूपृष्ठरचनेनुसार आशिया खंडाचे पुढीलप्रमाणे वर्गीकरण केले जाते:

(एक) उत्तर आशियातील मैदानी प्रदेश

(दोन) मध्य आशियातील पर्वतीय व पठारी प्रदेश

(तीन) दक्षिण आशियातील पठारी प्रदेश

तक्ता क्र. १.३
आग्नेय आशिया (२००३)

अ. नं.	देश	क्षेत्र (चौ.कि.मी.)	लोकसंख्या (दशलक्ष)	लोकसंख्या घनता (दरचौ.किमी)	वार्षिक लो.सं. वाढ %	साक्षरता %	आयुर्मान (वर्षे)
1	म्यानमार	677000	45.0	66	1.8	90	60
2	कंबोडीया	181000	1.4	77	2.3	74	-
3	इंडोनेशिया	1905000	22	120	1.7	88	67
4	मलेशिया	330000	24.4	77	2.5	89	73
5	फिलीपाईन्स	6300	4.2	298	2.2	93	79
6	सिंगापूर	513000	63.1	122	1.5	93	70
7	थायलंड	330000	82.00	252	1.9	90	71
8	व्हिएतनाम	6000	0.32	53	-	-	-

(चार) आग्नेय आशियातील पर्वतीय प्रदेश

(पाच) नदी-खोऱ्यातील गाळाचे प्रदेश

(एक) उत्तर आशियातील मैदानी प्रदेश

सैबेरियातील उत्तरेकडच्या भागात ओब, येनीसी, लिना या नद्यांनी विस्तृत अशा मैदानी प्रदेशाची निर्मिती केलेली आहे. या मैदानी प्रदेशाची समुद्रसपाटीपासूनची उंची १५० ते १८० मीटर एवढी आहे. उत्तर आशियात दुसरा महत्त्वाचा मैदानी प्रदेश म्हणून स्टेपचा गवताळ प्रदेशाचा भूभाग ओळखला जातो. यात युक्रेन व कझाकस्तान यांचा समावेश होतो.

(दोन) मध्य आशियातील पर्वतीय व पठारी प्रदेश

आशिया खंडाच्या मध्यवर्ती भागात जगातील उंच पठारी प्रदेश आहे. हे पठार 'पामीर गाठ' (Pamir Knot) म्हणून ओळखले जाते. या उंच पठारी भागाला 'जगाचे छत' (The roof of the world) असे म्हणतात. पामीर पठारापासून पूर्व व पश्चिमेला पर्वत रांगा गेलेल्या आहेत. पामीर पठारापासून पूर्वेला हिमालय, कुनलून, टिएन शान, नानशान, अल्ताई इत्यादी पर्वतरांगा गेलेल्या आहेत. पामीर पठाराच्या पश्चिमेला हिंदकुश व सुलेमान पर्वतरांगा गेलेल्या आहेत.

तिबेटचे पठार पर्वतांतर्गत पठार असून याची उंची समुद्रसपाटीपासून ४००० मीटर्सपेक्षा जास्त आहे. हिंदकुश व सुलेमान पर्वतांच्या दरम्यान असणारे पठार इराणचे पठार म्हणून ओळखले जाते.

(तीन) दक्षिण आशियातील पठारी प्रदेश

दक्षिण आशियाचा बराचसा भाग पठारी स्वरूपाचा आहे. भारताच्या द्वीपकल्पीय पठाराचा यात समावेश होतो. या पठाराची निर्मिती लाव्हा रसाच्या संचयन कार्यामुळे झालेली असून ते एक प्राचीन पठार म्हणून ओळखले जाते. या पठाराची सरासरी उंची ९०० मीटर्स असून याचा उतार पूर्वेकडे आहे. दक्षिण आशियातील दुसरे पठार म्हणजे अरेबियाचे पठार. या पठाराची समुद्रसपाटीपासूनची उंची १५०० मीटर असून याचा उतार पूर्वेकडे आहे. दक्षिण चीनच्या भागात युनान प्रांतात असणारे पठार युनानचे पठार म्हणून ओळखले जाते. चीनमध्ये मंगालियाच्या भागात असणारे पठार गोबीचे पठार म्हणून ओळखले जाते. गोबीच्या दक्षिणेकडच्या भागात असणारे पठार लोएस पठार म्हणून ओळखले जाते.

(चार) आग्नेय आशियातील पर्वतीय प्रदेश

आग्नेय आशियाचा प्रदेश हा पर्वतीय आहे. म्यानमारच्या आराकान पर्वतापासून इंडोनेशियाच्या न्यू गिनी या पर्यंतचा प्रदेश पर्वतीय म्हणून ओळखला जातो. येथील

अनेक पर्वतांची उंची ३३०० मीटर्स पर्यंत आढळते. म्यानमारचे व्हिक्टोरिया शिखर व लाओसचे भू-बिया शिखर जवळजवळच आहेत. सुमात्रा बेटावरील सर्वात उंचीवर केरीसी ज्वालामुखी आहे. जावामधील स्लामेट पर्वत तसेच समेरु शिखर अधिक उंच आहेत. फिलीपाईन्स मधील १४७७ मीटर्स उंचीवरील पिनाटूबा ज्वालामुखीचा अनेक वेळा उद्रेक झाला आहे. यातील १९९१ चा स्फोट व बाहेर पडणारे पदार्थ भयानक असेच होते.

आग्नेय आशियात अनेक ज्वालामुखी आहेत. तसेच भूकंपाचे धक्के बसतात. परंतु यातील बोर्नियो बेट याला अपवाद आहे. येथील मीलांग, रैड, इरावती, सलवीन या मुख्य नद्या आहेत. येथील नैसर्गिक व मानवनिर्मित सीमांमुळे सतत राजकीय कटकटी होतात. कारण काही ठिकाणी नैसर्गिक सीमा खाडी व सामुद्रधुनीतून असल्याने प्रश्न निर्माण होतात.

(पाच) नद्याखोऱ्यातील गाळाचे प्रदेश

आशिया खंडात मोठ्या व महत्त्वाच्या नद्यांचा उगम होतो. या नद्यांनी गाळाच्या जमिनीच्या निर्मितीच्या दृष्टीने अत्यंत महत्त्वाची कामगिरी बजावलेली आहे. या नदीखोऱ्यांच्या भागात जुन्या संस्कृतींचा उदय आणि विकास झालेला आहे. या गाळाच्या मैदानी प्रदेशात मृदा व पाणीपुरवठा यांच्या सोयीमुळे शेती व्यवसायाचा विकास झाला आहे. आशिया खंडातील जास्तीत जास्त लोकसंख्या या नदीखोऱ्याच्या भागातच केंद्रित झालेली आहे. भारत आणि पाकिस्तान यामध्ये गंगा, ब्रह्मपुत्रा व सिंधू या नद्यांनी गाळाच्या जमिनींची निर्मिती केलेली आहे. जगातील एक महत्त्वाचा सुपीक प्रदेश म्हणून या प्रदेशाकडे पाहिले जाते. ब्रह्मदेशात इरावती नदीने गाळाच्या जमिनींची निर्मिती केलेली आहे. ब्रह्मदेशाची आर्थिक व्यवस्था याच नदीखोऱ्यावर अवलंबून आहे. इरावती नदीला 'ब्रह्मदेशाची जीवनरेषा' असे म्हटले जाते.

आग्नेय आशियात मेनॉन व मेकाँग या नद्यांनी अत्यंत सुपीक गाळाच्या जमिनींची निर्मिती केलेली आहे. हा मेनॉन व मेकाँग नदी खोऱ्यांचा भाग तांदूळ उत्पादनाच्या दृष्टीने महत्त्वाचा असल्यामुळे या प्रदेशाला 'तांदळाचा वाडगा' असे म्हटले जाते. चीनच्या पूर्वेकडील भागात सिकियांग, यांगत्सी, होअँगहो या नद्यांनी गाळाच्या संचयनाने अत्यंत मोठ्या गाळाच्या प्रदेशाची निर्मिती केली आहे. चीनचा विकास पूर्वेकडील मैदानी प्रदेशावरच अवलंबून आहे. नैर्ऋत्य आशियात तैग्रीस-युफ्रिटीस या नद्यांनी निर्माण केलेला गाळयुक्त प्रदेश आहे. हा प्रदेश शेती व्यवसायाच्या दृष्टीने महत्त्वपूर्ण आहे.

नदी प्रणाली

प्राकृतिक रचनेचा नदी प्रणालीवर परिणाम होतो. आशिया खंडाचा मध्यवर्ती भाग उंच असल्यामुळे या भागातून बहुतेक नद्यांचा उगम होऊन त्या संबंधित समुद्राला जाऊन मिळतात. आशिया खंडाच्या दक्षिण भागात वाहणाऱ्या नद्यांपैकी बहुतेक नद्यांचे उगम मध्यवर्ती पर्वतीय भागातले असून या नद्या हिंदी महासागराला जाऊन मिळतात. यात गंगा, सिंधू, ब्रह्मपुत्रा, इरावती या महत्त्वाच्या नद्यांचा समावेश होतो. मध्यवर्ती पर्वत भागात उगम पावणाऱ्या काही नद्या पॅसिफिक महासागराला जाऊन मिळतात. यात मेनॉन, मेकाँग, यांगत्सी, सिकँग, होअँगहो, अमूर या नद्यांचा समावेश होतो. उत्तर आशिया खंडाच्या भागात उगम पावणाऱ्या नद्या आर्क्टिक समुद्राला जाऊन मिळतात. या नद्यात ओब, येनीसी, लिना यांचा समावेश होतो.

मध्य आशियातील नद्या खंडान्तर्गत भागातच कुठेतरी जाऊन मिळतात किंवा लुप्त होतात. या नदी प्रणालीला खंडान्तर्गत जलप्रणाली असे म्हणतात. सीरदर्या व अमुदर्या या नद्या अरल समुद्राला जाऊन मिळतात. जॉर्डन नदी मृत समुद्राला जाऊन मिळते. अंगारा नदी बैकल सरोवराला जाऊन मिळते.

हवामान

आशिया खंडाचा विस्तार मोठा असल्यामुळे विषुववृत्तीय हवामानापासून टुंड्रा प्रकारच्या हवामानापर्यंतची वैशिष्ट्ये येथे आढळतात. आशिया खंड हवामानाच्या बाबतीत वैविध्यतेने नटलेला आहे. याचे वर्गीकरण हवामानाच्या दृष्टीने तीन भागात केले जातो : (अ) मान्सून (आ) शुष्क (इ) शीत

(अ) मान्सून हवामान

मध्य आशियातील प्राकृतिक रचनेचा दक्षिण, आग्नेय व पूर्व आशिया यांच्या हवामानावर परिणाम होतो. भू-भाग व जलाशये यांच्या तापण्याचा व निवण्याचा गुणधर्म वेगवेगळा आहे. भू-भाग लवकर तापतो व निवतो, तर समुद्र भाग उशिरा तापतो व निवतो. या गुणधर्माचा मान्सून निर्मितीवर परिणाम होतो. उन्हाळ्यात आशिया खंडाचा भू-भाग तापतो. तापल्यामुळे येथील हवेचा दाब कमी होतो. भूभागाच्या मानाने समुद्र उशिरा तापतो. त्यामुळे येथे जास्त दाब निर्माण होत असतो. वारे जास्त दाबाकडून कमी दाबाकडे वाहात असतात. या नियमानुसार वारे समुद्राकडून येत असल्यामुळे, ते आपल्याबरोबर बाष्प आणत असतात. भू-भागावर आल्यावर जेथे वारे अडवले जातील अशा भागात त्या वाऱ्यांपासून पाऊस

मिळतो. या पर्जन्यालाच प्रतिरोध प्रकारचा पाऊस असे म्हणतात.

विषुववृत्तीय प्रकारच्या हवामानाचा प्रभाव असलेल्या भागात, सर्वसाधारणपणे इंडोनेशिया व मलेशिया या प्रदेशात वार्षिक सरासरी तापमान हे २०° सें. असते तर वार्षिक सरासरी पर्जन्य २०० सेंमी असते. आग्नेय आशियाचे हवामान हे उष्ण कटिबंधीय आहे. तापमान व आर्द्रता वर्षभर कमाल पातळीवर असते. येथील अनेक प्रदेशावर वर्षभर पर्जन्य पडते. विषुववृत्तीय हवामान विभागाच्या उत्तर भागात असलेल्या उष्ण कटिबंधीय हवामान विभागात उन्हाळे उष्ण व दमट असतात. उन्हाळ्यात तापमान २७° सें. तर हिवाळ्यात १०° सें. तापमान असते. या प्रदेशात वार्षिक सरासरी पर्जन्य १२७ सेंमी असते. उर्वरित मान्सून आशिया भागात पर्जन्य व तपमानात स्थलपरत्वे भिन्नता आढळते.

(आ) शुष्क हवामान

नैर्ऋत्य आशियातील अरेबियाचे वाळवंट, स्टेपचा गवताळ प्रदेश, उत्तर चीनमधील मंगोलियाच्या भागात शुष्क हवामानाची वैशिष्ट्ये आढळतात. मध्य आशियाच्या भागात स्थलपरत्वे पर्जन्याचे प्रमाण वेगवेगळे आढळते. या प्रदेशात २.५ सेंमी पासून २० सेंमी पर्यंत पर्जन्याचे प्रमाण आढळते. पर्जन्यमान अनिश्चित स्वरूपाचे असते.

(इ) शीत हवामान

आशियाच्या उत्तरेकडील रशियाच्या भागात हे हवामान आढळते. यात उन्हाळे लहान असून ते तीन ते चार महिने कालावधीचे असतात. या कालावधीत २१° सें तापमान असते. समुद्रभागाकडून दक्षिणेकडे, म्हणजेच समुद्र भागाकडून खंडान्तर्गत भागाकडे पर्जन्याचे प्रमाण कमी होत जाते. समुद्रकिनारी भागात ५० सेंमी तर खंडान्तर्गत भागात २५ सेंमी पर्जन्याचे प्रमाण असते. उत्तरेकडच्या भागात टुंड्रा प्रकारचे हवामान आढळत असून वर्षातील बऱ्याच कालावधीत जमीन गोठलली असते. या जमिनीला कायमची गोठलेली किंवा पर्मा-फ्रॉस्ट (perma frost) मृदा असे म्हणतात.

नैसर्गिक वनस्पती

आशिया खंडात वनस्पती जीवनात फार मोठ्या प्रमाणात वैविध्यता आढळते. आशियाच्या दक्षिण भागात जास्त पर्जन्य व तापमान यामुळे सदाहरित वनस्पती आढळतात तर उत्तरेकडील भागात सूचिपर्णी व शेवाळासारख्या वनस्पती आढळतात. आशियात एकूण भू-भागापैकी २८ टक्के जमीन जंगलाखाली आहे. येथील प्राकृतिक रचना, हवामान, जमीन यांचा परिणाम वनस्पती जीवनावरील भिन्नतेवर

झालेला आहे. मान्सून आशियात वाढत्या शेती व्यवसायामुळे जंगलाखालील जमिनीचे प्रमाण कमी होत आहे. आग्नेय आशिया भागात स्थलांतरित शेती प्रकारामुळे जंगलांचे प्रमाण कमी होत आहे. मान्सून आशियात साग, साल, बांबू व आयर्नवूड यासारखे किमती वृक्ष आहेत.

शुष्क हवामान प्रदेशात वृक्षांचे प्रमाण खूप कमी असते. या भागात काटेरी प्रकारच्या बारी, बाभळी, निवडुंग व गवत यासारख्या वनस्पती आढळतात.

शुष्क व शीत हवामान संक्रमण पट्ट्यात आढळणारी वनस्पती म्हणजे गवत. विस्तृत असा गवताळ प्रदेश स्टेपचा गवताळ प्रदेश म्हणून ओळखला जातो. स्टेपच्या गवताळ प्रदेशाच्या उत्तर भागात सूचिपर्णी प्रकारच्या वनस्पती आढळतात. याप्रकारच्या अरण्याला तैगा प्रकारची अरण्ये असेही म्हणतात. या वनस्पतींचे खोड मृदू असल्यामुळे ही अरण्ये व्यापारीदृष्ट्या महत्त्वपूर्ण मानली जातात. या जंगलात स्प्रूस, पाईन, फर इत्यादी वनस्पती आढळतात. आशियातील रशियाच्या एकूण भूभागापैकी ३६ टक्के भूभाग जंगलाखाली आहे. दक्षिण आशिया पानझड तर आग्नेय आशिया सदाहरित अरण्यासाठी प्रसिद्ध आहे.

मृदा

मृदा निर्मितीवर प्राकृतिक रचना, हवामान कालावधी यांचा परिणाम होतो. आशिया खंडात हवामानात विविधता आढळत असल्यामुळे त्याचा भिन्न प्रकारच्या मृदा निर्मितीवर परिणाम होतो.

आशिया खंडाच्या उत्तर भागात टुंड्रा प्रकारची जमीन आढळते. येथे वर्षातील ८ ते ९ महिने जमीन गोठलेली असते. तसेच हा भाग दलदलयुक्त असतो. त्यामुळे या जमिनीचा शेतीसाठी उपयोग होत नाही. टुंड्रा प्रकारच्या जमिनीला लागून पूर्व-पश्चिम पसरलेला सूचिपर्णी अरण्यातील मृदा पॉडझॉल प्रकारच्या मृदा म्हणून ओळखला जातो. या मृदेत आम्लाचे प्रमाण जास्त व सेंद्रीय द्रव्यांचे प्रमाण कमी असते.

सैबेरियाच्या नैर्ऋत्य व दक्षिण भागात असणाऱ्या स्टेपच्या गवताळ प्रदेशात चेर्नोझम प्रकारची मृदा आढळते. या प्रदेशात गवत ही वनस्पती असल्यामुळे या मृदांमध्ये सेंद्रीय द्रव्यांचे प्रमाण जास्त असते. या मृदा शेतीसाठी उपयुक्त मानल्या जात असून येथे गव्हाचे उत्पादन भरपूर येते.

आशिया खंडाचा पश्चिम भाग, नैऋत्य सैबेरिया, तसेच इराण, इराक, अफगाणिस्तान यांचा काही भाग व वायव्य भारत येथे वालुकामय जमिनी आढळतात. या मृदा प्रकारात सेंद्रीय द्रव्यांचे प्रमाण कमी असते; त्यामुळे शेतीसाठी उपयोग होत नाही. जलसिंचनाची सुविधा असेल तर या जमिनीमधून उत्पादन मिळू शकते.

भारताच्या द्वीपकल्पीय पठारी भाग, इंडोनेशियातील जावा बेटाच्या भागात लाव्हायुक्त मृदा रेगूर म्हणून ओळखली जाते. या मृदा प्रकाराला उष्ण कटिबंधातील चेर्नोझम प्रकारची मृदा असेही म्हटले जाते. गवत वनस्पतीमुळे या मृदा प्रकारात सेंद्रीय द्रव्ये भरपूर असतात. म्हणून ही शेतीला उपयुक्त मृदा म्हणून मानली जाते.

दक्षिण आशियाच्या जास्त पर्जन्याच्या भागात लॅटेराईट प्रकारची मृदा आढळते. या मृदेत सेंद्रीय द्रव्यांचे प्रमाण कमी असल्यामुळे त्यांचा शेतीसाठी फारसा उपयोग होत नाही. आशिया खंडात नदीखोऱ्यांच्या भागात गाळयुक्त जमिनी आढळतात. या मृदा शेतीसाठी अत्यंत उपयुक्त असतात.

आशिया खंडातील (आशियातील रशिया वगळता) फक्त १७ टक्के जमीन शेतीयोग्य आहे. भारतात शेतीयोग्य जमिनीचे प्रमाण जास्त असून ते ५० टक्के आहे. चीनचा दुसरा क्रमांक असून येथे एकूण भूभागापैकी ३७ टक्के भूभाग शेतीयोग्य आहे. तुर्कस्तान आणि पाकिस्तान यामध्ये हे प्रमाण अनुक्रमे ३५ टक्के व २४ टक्के आहे. इराणमध्ये शेतीयोग्य जमिनीचे प्रमाण १२ टक्के असून इंडोनेशियात ते १० टक्के एवढे आहे.

शेती

जगात प्रथमतः आशिया खंडात शेती व्यवसायाला सुरुवात झाली असावी असे मानले जाते. आशियात बऱ्याच देशात शेतीयोग्य जमिनीचे प्रमाण चांगले आहे. तसेच शेतीवर प्रत्यक्ष-अप्रत्यक्ष अवलंबून असणाऱ्या लोकांचे प्रमाणही बरेच आहे. त्यामुळे येथे शेती हाच प्रमुख व्यवसाय मानला जातो. जगाच्या पाठीवर जेवढे शेतीप्रकार प्रचलित आहेत तेवढे सर्व प्रकार आशिया खंडात अस्तित्वात आहेत. स्थलांतरित प्रकारच्या शेती प्रकारापासून विस्तृत शेती प्रकारापर्यंत शेती केला जाणारा हा खंड आहे.

भारतातील हिमालय पर्वत, ब्रह्मदेशाचा उत्तर भाग, थायलंडचा डोंगराळ भाग, मलेशिया व इंडोनेशिया यांचा जंगल भाग इत्यादी प्रदेशात स्थलांतरित प्रकारची शेती केली जाते. या शेती प्रकारासाठी एखादा जमिनीचा तुकडा निवडला जातो. तेथील झाडे तोडून, पालापाचोळा जाळून, जमीन तयार करून पिके लावली जातात. या जमिनीतून एक-दोन वर्षे चांगली पिके येतात. पिकांचे उत्पादन येईनासे झाले, की हा जमिनीचा भाग सोडून, दुसरा भाग शोधला जातो; तेथील झाडे तोडली जातात. पालापाचोळा जाळून, जमीन तयार करून शेती केली जाते. हा शेती प्रकार स्थलांतरित शेती म्हणून ओळखला जातो. भारतात या शेतीला झुम, इंडोनेशियात लडांग, म्यानमारमध्ये टुंगया असे म्हटले जाते. स्थलांतरित शेतीपासून

मिळणारे उत्पादन अत्यल्प असून त्याचा फक्त उदरनिर्वाहासाठीच उपयोग केला जातो. या शेतीत ज्वारी, बाजरी, मका, कंदमुळे यासारखी पिके घेतली जातात.

आशिया खंडातील मान्सून हवामान प्रदेशात सखोल (Intensive) उदरनिर्वाहक शेती केली जाते. मान्सून हवामान प्रदेशात लोकसंख्या जास्त आणि शेत जमिनीचे प्रमाण कमी; त्यामुळे कमीत कमी जमिनीतून जास्तीत जास्त उत्पादन घेण्याचा प्रयत्न केला जातो. सखोल उदरनिर्वाहक शेतीत शेतीची मशागत अत्यंत सखोल पद्धतीने केली जाते. शेतीकामासाठी जास्तीत जास्त मानवी श्रमाचा उपयोग केला जात असून मानवी श्रमाला जोड म्हणून गुरांचा उपयोग केला जातो. जास्तीत जास्त उत्पादन घेण्यासाठी जास्तीत जास्त जमीन शेतीखाली आणण्याचा प्रयत्न केला जातो. उत्पादनवाढीसाठी दोन मुख्य पिकांमध्ये एक (Inter Crop) व पिकांची फेरपालट (Crop Rotation) पद्धतीचा अवलंब केला जातो. शेतीतून निघणारे उत्पादन उदरनिर्वाहक स्वरूपाचे असते. जास्त असलेले शेती उत्पादन बाजारपेठेत विक्रीसाठी उपयोगात आणले जाते. या शेतीत ज्वारी, बाजरी, गहू, तांदूळ, भाजीपाला इत्यादी पिके घेतली जातात.

आशिया खंडाच्या मोसमी व विषुववृत्तीय प्रकारच्या हवामान विभागातील भारत, श्रीलंका, मलेशिया, इंडोनेशिया व चीन या देशात मळ्याची शेती केली जाते. या शेतीचा प्रारंभ डच लोकांनी केला तर विकास ब्रिटिशांनी केला. ही शेती प्रामुख्याने व्यापारी दृष्टिकोनातून केली जाते. हा शेती प्रकार समुद्रसान्निध्याच्या भागात केला जातो कारण शेतीत उत्पादित होणारा माल जलवाहतुकीने आंतरराष्ट्रीय बाजारपेठेत पाठवावा लागतो. ही शेती मोठ्या भांडवलदारांच्या मालकीची असून शास्त्रशुद्ध पद्धतीने केली जाते. या शेतीत चहा, रबर, कॉफी, मसाल्याचे पदार्थ इत्यादी पिके घेतली जातात. हा शेती प्रकार व्यापारी तत्त्वावर, प्रगत तंत्रज्ञानावर व अधिक भांडवलावर अवलंबून असतो. औद्योगिक क्रांतीच्या वेळी पाश्चात्त्य राष्ट्रांना उद्योगांसाठी कच्च्यामालाची आवश्यकता भासली. अशा परिस्थितीत आग्नेय आशियाई देशात मळ्याच्या शेतीचा विकास झाला. या शेतीत रबर, नारळ, मसाल्याचे पदार्थ यांचे उत्पादन घेतले जाते.

जगातील एकूण रबराच्या ८०% उत्पादन आग्नेय आशियाई देशात घेतले जाते. यामध्ये मलेशिया, इंडोनेशिया, फिलीपाईन्स, थायलंड हे मुख्य देश आहेत. वाढत्या लोकसंख्येमुळे आग्नेय आशियाई देशातील जंगलांचा ऱ्हास होत आहे.

समशीतोष्ण कटिबंधातील स्टेपच्या गवताळ प्रदेशात अन्नधान्याची विस्तृत शेती केली जाते. या भागात लोकसंख्या कमी असल्यामुळे व शेताचा आकार

मोठा असल्यामुळे शेतीची बहुतेक कामे यांत्रिक पद्धतीने केली जातात. यांत्रिक पद्धतीचा अवलंब केला जाणाऱ्या या शेती प्रकाराला विस्तृत (extensive) शेती असे म्हटले जाते. या शेतीत गरजेपेक्षा जास्त उत्पादन होत असल्यामुळे ते निर्यात केले जाते. म्हणून या शेतीला अन्नधान्याची व्यापारी शेती असेही म्हटले जाते. या शेतीत गहू, बार्ली यासारखी पिके घेतली जातात.

खनिज संपत्ती

आशिया खंड खनिज संपत्तीच्या दृष्टीने फारसा महत्त्वपूर्ण नाही. खनिज संपत्तीच्या बाबतीत उत्तर अमेरिका आणि युरोप यानंतर आशियाचा तिसरा क्रमांक लागतो. आशिया खंड कोळशाच्या साठ्याच्या बाबतीत जगात महत्त्वपूर्ण आहे. या खंडातील एकूण संभाव्य साठ्यांपैकी रशियात ६० टक्के साठे असावेत असे मानले जाते. चीन, कोरिया, भारत हे देशही कोळसा साठ्यांसाठी महत्त्वपूर्ण आहेत. इ. स. १९९५ च्या आकडेवारीनुसार रशियाचे कोळसा उत्पादन जगात दुसऱ्या क्रमांकावर होते. रशियाच्या खालोखाल चीन तिसऱ्या क्रमांकावर, भारत पाचव्या तर उत्तर कोरिया अकराव्या क्रमांकावर होता.

आशिया खंड खनिज तेल साठ्याच्या बाबतीतही महत्त्वपूर्ण आहे. आशियात जगातील एकूण संभाव्य साठ्यांपैकी ६० टक्के साठे असावेत असे मानले जाते. चीन, नैर्ऋत्य आशिया खनिज तेल उत्पादनासाठी महत्त्वाचे प्रदेश आहेत. खनिज लोहाच्या बाबतीतही आशिया महत्त्वाचा आहे. जगातील एकूण संभाव्य साठ्यांपैकी ३० टक्के साठे या खंडात असावेत असा अंदाज व्यक्त केला जातो. १९९५ च्या आकडेवारीनुसार रशिया लोहखनिज उत्पादनात जगात पहिल्या क्रमांकावर होता. चीन खनिज लोह उत्पादनात तिसऱ्या क्रमांकावर असून भारत सहाव्या क्रमांकावर आहे. आशिया बॉक्साईट, क्रोमियम, मँगनीज, टंगस्टन, चांदी इत्यादी खनिजांसाठीही प्रसिद्ध आहे.

आग्नेय आशियातील सात देशात (मलेशिया, इंडोनेशिया, म्यानमार, थायलंड, ब्रुनेई, व्हिएतनाम, फिलीपाईन्स) खनिज तेलाचे उत्पादन होते. जागतिक उत्पादनाच्या पाच टक्के उत्पादन येथून होते. खनिज तेल क्षेत्र सुमात्रा, बोर्नियो येथे आहेत. येथून जपानला खनिज तेलाची निर्यात होते. ब्रुनेई देश खनिज तेल व नैसर्गिक वायू मुळे जगातील श्रीमंत देशात गणला जातो.

जगाच्या २०% जास्त उत्पादन इंडोनेशिया, मलेशिया, थायलंड या देशातून होते. याशिवाय तांबे, निकेल, सोने, चांदी यांचे उत्पादन होते व मुख्य भांडार फिलीपाईन्स आहे.

उद्योगधंदे

आशिया खंड कृषिप्रधान म्हणून मानला जातो. पूर्वी या खंडातील बरेचसे देश ब्रिटिशांच्या अधिपत्याखाली असल्यामुळे औद्योगिकीकरणाच्या दृष्टीने फारशी संधी उपलब्ध होऊ शकली नाही. परंतु दुसऱ्या महायुद्धानंतर जेव्हा बऱ्याच देशांनी ब्रिटिशांचे वर्चस्व झुगारून दिले आणि ते स्वतंत्र झाले तेव्हा खऱ्या अर्थाने औद्योगिकीकरणाच्या दृष्टीने वाटचाल सुरू झाली. आशिया खंडातील बहुतेक राष्ट्रांनी स्वातंत्र्योत्तर काळात राष्ट्राच्या आर्थिक विकासासाठी औद्योगिकीकरणावर भर द्यायला सुरुवात केली. अर्थात या काळात आशिया खंडात जरी औद्योगिकीकरणाला सुरुवात झाली असली तरी औद्योगिकीकरणाचा वेग सर्वच राष्ट्रांमध्ये सारखा नव्हता. जपान फार पूर्वीपासून औद्योगिकदृष्ट्या प्रगत होता तर चीनमध्ये क्रांती झाल्यावर औद्योगिकीकरणाला गती मिळाली. पुढे चीन, जपान या देशांनी औद्योगिकी–करणामध्ये चांगला वेग घेतला. चीन, जपान बरोबरच रशियाने सुद्धा औद्योगिकी–करणाच्या दिशेने घोडदौड सुरू केली. औद्योगिकीकरणाच्या दृष्टिकोनातून चीन, जपान, दक्षिण कोरिया, रशिया, भारत हे देश महत्त्वाचे आहेत.

आशिया खंडात शेती, वने व खनिज संपत्तीवर आधारित उद्योगधंद्यांचा विकास झालेला आहे. शेतीवर आधारित उद्योगधंद्यामध्ये कापड, तेल गिरण्या, साखर उद्योगधंदा, चामड्यांच्या वस्तू यांचा तर वनांवर आधारित उद्योगधंद्यामध्ये लाकूड कटाई, कागदाचा लगदा तयार करणे, कागद तयार करणे यासारखे उद्योग समाविष्ट होतात. खनिज संपत्तीवर आधारित उद्योगधंद्यात लोहपोलाद उद्योगधंदा, खनिज तेल शुद्धीकरण यासारख्या उद्योगांचा समावेश होतो.

या उद्योगधंद्यापैकी काही महत्त्वाचे उद्योगधंदे पुढीलप्रमाणे आहेत :

(अ) सुती वस्त्रोद्योग

सुती वस्त्रोद्योग हा शेतीवर आधारित उद्योगधंदा आहे. शेतीतून उत्पादित होणारा कापूस या उद्योगधंद्याला लागणारा कच्चामाल आहे. कापूस भार ऱ्हास न होणारा कच्चा माल आहे. त्यामुळे हा उद्योगधंदा कापूस उत्पादक भाग किंवा बाजारपेठेत निर्माण होत असतो. आशिया खंडात भारत, जपान, चीन हे देश कापड उद्योगासाठी महत्त्वपूर्ण असून या देशांच्या खालोखाल पाकिस्तान, तुर्कस्तान, सिरीया, तैवान हे देश महत्त्वाचे आहेत.

भारत आशियात कापड उत्पादनासाठी महत्त्वाचा देश मानला जातो. भारतात १८५४ मध्ये पहिली कापड गिरणी सुरू झाली. आज भारतात तामिळनाडू, गुजरात व महाराष्ट्र या राज्यात कापड गिरण्या आहेत. तामिळनाडूत सर्वात जास्त कापड गिरण्यांचे केंद्रीकरण कोईमतूर शहरात झाले आहे. गुजरातमध्ये कापडगिरण्या

अहमदाबाद–सुरत–वडोदरा पट्ट्यात आहेत. महाराष्ट्रात सर्वात जास्त कापडगिरण्या मुंबईमध्ये आहेत. भारतातून दरवर्षी मोठ्या प्रमाणावर कापडाची निर्यात होत असते.

जपानही कापड उत्पादनाच्या दृष्टीने महत्त्वाचा देश मानला जातो. या देशात कापसाचे उत्पादन होत नाही. कापड निर्मितीसाठी लागणारा कापूस इजिप्त, भारत या देशांकडून आयात केला जातो. जपानमध्ये पहिली कापड गिरणी १८६७ मध्ये सुरू झाली. जपानमध्ये एकूण २५० कापड गिरण्या असून त्या प्रामुख्याने ओसाका, नागोया, टोकियो, योकोहोमा या शहरात केंद्रित झालेल्या आहेत. ओसाकाला जपानचे मँचेस्टर असे म्हटले जाते. जपानचे कापड उत्कृष्ट प्रतीचे म्हणून ओळखले जाते. जपानही कापडाची निर्यात करतो.

चीनमध्ये आधुनिक कापडउद्योगाची उभारणी १८९० मध्ये झाली. चीनमध्ये कापसाचे उत्पादन जास्त असून अलीकडच्या काळात कापडाचे उत्पादनही वाढले आहे. चीनमधील कापड गिरण्या हुपेह, होनान, शेनसी, सिकीयाँग, शांघाय, नानकींग या भागात केंद्रित झालेल्या आहेत.

(आ) साखर उद्योगधंदा

साखर उद्योगधंदा शेतीवर आधारित आहे. या उद्योगासाठी ऊस या कच्च्या मालाचा उपयोग केला जातो. ऊस तोडल्यानंतर चोवीस तासाच्या आत तो कारखान्यात असावा लागतो. अन्यथा उसातील साखरेच्या प्रमाणात घट होते, म्हणून साखर उद्योगधंदा ऊस उत्पादक भागातच निर्माण होत असतो.

भारत साखर उद्योगातला एक महत्त्वाचा देश मानला जातो. उत्तर भारतात जवळपास ७० टक्के उत्पादन होत असून एकट्या उत्तर प्रदेशात ३३ टक्के साखरेचे उत्पादन होते.

साखर उत्पादनात इंडोनेशिया हा देश महत्त्वाचा मानला जातो. इंडोनेशियात ऊस उत्पादनाच्या दृष्टीने भौगोलिक परिस्थिती अनुकूल आहे. इंडोनेशियातील एकूण साखर उत्पादनापैकी ८० टक्के उत्पादन निर्यातीसाठी उपयोगात आणले जाते.

वरील देशांबरोबरच चीन, पाकिस्तान, रशिया या देशातही साखरेचे उत्पादन घेतले जाते.

(इ) लोहपोलाद उद्योग

लोहपोलाद उद्योगधंदा महत्त्वाचा उद्योगधंदा मानला जातो. लोहपोलाद उद्योगाला 'औद्योगिकीकरणाचा कणा' असे म्हटले जाते. या उद्योगासाठी कच्चे लोह, कोळसा, चुनखडी, औद्योगिक जल अशा कच्च्या मालाची गरज असते. हा ऱ्हास होणारा कच्चा माल आहे. त्यामुळे उद्योगधंद्यांचे स्थानिकीकरण कच्च्या मालाच्या सान्निध्यातच होत असते.

लोहपोलाद उद्योगधंद्यासाठी रशिया महत्त्वाचा देश मानला जातो. रशियातील एकूण उत्पादनापैकी ४५ टक्के उत्पादन उराल पर्वतक्षेत्रात होते. युक्रेनमध्ये ३७.१ उत्पादन होते.

लोहपोलाद उत्पादनाच्या दृष्टीने जपानही एक अग्रेसर देश म्हणून मानला जातो. लोहपोलाद उत्पादनासाठी आवश्यक कच्चामाल या देशात उपलब्ध नाही. हा देश कच्च्यामालाची आयात करतो. जपान कोळशाची आयात संयुक्त संस्थाने, कॅनडा या देशांकडून तर लोहखनिज भारत, ऑस्ट्रेलिया देशांकडून करतो.

जपानचा लोहपोलाद उद्योगधंदे यावाता (२५ टक्के उत्पादन), ओसाका (३३ टक्के उत्पादन) येथे केंद्रित झालेला आहे.

भारताचा लोहपोलाद उत्पादनात आशियात तिसरा क्रमांक लागतो.भारताचा लोहपोलाद उद्योगधंदा छोटा नागपूर पठाराच्या भागात केंद्रित झालेला आहे. भारतात या उद्योगधंद्यासाठी आवश्यक असणारा कच्चा माल उपलब्ध आहे. परंतु भांडवलाची अपूर्णता व उच्च प्रतीच्या कोळशाची कमतरता याचा या उद्योगधंद्यावर थोडाफार प्रतिकूल परिणाम जाणवतो. भारतात जमशेदपूर, भद्रावती, भिलाई, राऊरकेला, बोकारो, दुर्गापूर ही महत्त्वाची लोहपोलाद उत्पादक केंद्रे आहेत.

चीनमध्ये मांचुरितील आनशान व हॅन्काव जवळील हानियांग ही महत्त्वाची लोहपोलाद उत्पादक केंद्र आहेत.

आशियात वरील उद्योगांव्यतिरिक्त कागद, सिमेंट, जहाज बांधणी, तेलशुद्धीकरण इत्यादी उद्योगधंदे निर्माण झालेले आहेत.

लोकसंख्या

आशिया खंडाची इ. स. २००१ च्या जनगणना अहवालानुसार लोकसंख्या ३७२ कोटी आहे. आशिया जगातील जास्त लोकसंख्येचा खंड म्हणून ओळखला जातो. लोकसंख्येच्या बाबतीत या खंडाचा प्रथम क्रमांक लागतो.

आशिया खंडात लोकसंख्यावितरण अत्यंत असमान आहे. आशियातील काही भागात अतिशय दाट लोकसंख्या आहे तर काही भागात अत्यंत कमी लोकसंख्या आहे. भारत, चीन, इंडोनेशिया, श्रीलंका या देशात लोकसंख्येची घनता जास्त आहे तर सैबेरिया, नैर्ऋत्य आशिया, मध्य आशिया येथे लोकसंख्येची घनता अत्यंत कमी आहे. म्यानमार, थायलंड, फिलिपाईन्स, मलेशिया येथे मध्यम स्वरूपाच्या लोकसंख्येचे वितरण आहे. आशिया खंडात जास्तीत जास्त भागात कमीत कमी लोकसंख्या आहे तर कमीत कमी भागात जास्त लोकसंख्या आहे.

लोकसंख्येच्या असमान वितरणास प्रामुख्याने आशियातील प्राकृतिक रचना,

हवामान, औद्योगिकीकरण, व्यापार, सुगमता इत्यादी घटक कारणीभूत आहेत. आशियात बऱ्याच बाबतीत विरोधाभास असल्यामुळे त्याचा लोकसंख्या वितरणावर परिणाम होतो. आशियात एका बाजूला उष्ण तर दुसऱ्या बाजूला अतिशीत हवामान आहे. आशियात काही भागात अतिशुष्क तर दुसऱ्या बाजूला अतिआर्द्र हवामान आहे. या खंडात उत्तुंग पर्वत रांगाबरोबरच अतिमैदानी किंवा सखल प्रदेश आहे, काही भाग दुर्गम तर काही भाग सुगम आहे. थोडक्यात काही भागात पर्यावरण लोकसंख्या वितरणास अनुकूल आहे, तर काही भागात प्रतिकूल.
आशियातील लोकसंख्येची वैशिष्ट्ये अशी आहेत :

(१) जास्तीत जास्त शेती व्यवसायावर आधारित लोकसंख्या.
(२) या खंडात प्राचीन काळापासूनच जास्त लोकसंख्या होती.
(३) मध्य आशियाचा काही भाग अजूनही निर्मनुष्य आहे.
(४) आशिया भटक्या जमातीची जास्तीत जास्त लोकसंख्या असलेला खंड म्हणून ओळखला जात असून उत्तर, मध्य व नैर्ऋत्य भागात ह्या जमातींचे प्राबल्य आढळते.
(५) या खंडात अजूनही शेती हाच प्रमुख व्यवसाय आहे.
(६) आधुनिक काळातील औद्योगिकीकरणानंतरही येथे कुटीरोद्योग महत्त्वाचा मानला जातो.
(७) मेसोपोटेमिया, भारत, चीन यामध्ये सुसंस्कृत मानवाची उत्पत्ती झाली आहे.
(८) आशियात ख्रिश्चन, बौद्ध, हिंदू, मुस्लिम यासारख्या विविध धर्मांची उत्पत्तीस्थाने आहेत.

आशियात मेसोपोटेमिया (इराक) (ख्रिस्त पूर्व ४००० वर्ष) येथे पहिल्या प्राचीन संस्कृतीचा उदय तैग्रीस–युफ्रिटीस या नदीखोऱ्यांच्या भागात झाला. नदीखोऱ्याचा भाग अत्यंत सखल आहे परंतु सभोवतालचा भाग मात्र वाळवंटी स्वरूपाचा आहे. आशियात मुळाक्षरे, गणित, खगोलशास्त्र, आकडे आणि दशांश पद्धतीचा शोध लागला. कागद व लिखाणाच्या कलेचा शोध याच आशियात लागला.

भारतातील हिंदू संस्कृतीचा (ख्रिस्त पूर्व ३००० वर्षे) उदय आणि विकास मोहेंजदाडो–हडप्पा या ठिकाणी झाला. ही एक उच्च संस्कृती म्हणून मानली जाते. आर्य आणि द्रविड या संस्कृतीचा उदय हा भारतातीलच आहे. पूर्व आशियात चिनी संस्कृतीचा (ख्रिस्तपूर्व २००० वर्षे) उदय आणि विकास झाला. या संस्कृतीची वैशिष्ट्ये इतर संस्कृतीपेक्षा वेगळी आहेत. चीनची भिंत चिनी संस्कृतीचे वैशिष्ट्यच

मानले जाते. चिनी संस्कृती कार्यात्मक तर भारतीय संस्कृती तात्त्विक मानली जाते. मेसोपोटेमिया, भारतीय व चिनी संस्कृतीच्या रूढीपरंपरांचा इतर भागात प्रसार होऊन त्यांचा इतर भागातील लोकांनी स्वीकार केला.

आशियात विविध धर्मांचे उगमस्थान आहे. बौद्ध, इस्लाम, हिंदू आणि ख्रिस्ती या धर्मांचा उदय याच खंडात झाला. बौद्ध धर्माची स्थापना गौतम बुद्धांनी ख्रिस्तपूर्व ५०० वर्षांपूर्वी केली. या धर्माचा उदय भारतातला आहे परंतु या धर्माचे महत्त्व भारतापेक्षा इतर देशात जास्त निर्माण झाले. म्यानमार, जपान, थायलंड, श्रीलंका, लाओस, कंबोडिया या देशात या धर्माचे जास्त अनुयायी असून या देशांचा तो प्रमुख धर्म आहे.

ख्रिश्चन धर्माची स्थापना येशू ख्रिस्ताने जेरुसलेम (इस्रायल) मध्ये केली. या धर्माचे अनुयायी युरोप, अमेरिका, ऑस्ट्रेलिया व दक्षिण आफ्रिका यात जास्त प्रमाणात आहेत. इस्लाम धर्माचे संस्थापक हजरत महंमद पैगंबर असून या धर्माचा उदयही नैर्ऋत्य आशियातच झाला. या धर्माचे अनुयायी नैर्ऋत्य आशिया आणि आग्नेय आशिया यात जास्त आहेत. यात पाकिस्तान, अफगाणिस्तान, बांगलादेश, मालदीव, मलेशिया आणि इंडोनेशिया या देशांचा समावेश होतो. ख्रिश्चन धर्म व इस्लाम धर्म 'एक देव' संकल्पनेवर विश्वास ठेवतात. हिंदू धर्माचा उदय आणि प्रसार भारतात झाला. भारताचा प्रमुख धर्म हिंदू आहे.

आशिया खंडात वेगवेगळ्या वंशाचे लोक आढळतात. आशियात जवळपास ६५ टक्के लोक मंगोलॉइड वंशाचे आहेत. नेपाळ, चीन, जपान आणि आग्नेय आशियाई देश यात मंगोलॉईड वंशाचे लोक आहेत. भारत, पाकिस्तान, बांगला देश, नैर्ऋत्य आशियाई देशात कॉकेसॉईड वंशाचे लोक आहेत. भारतात बारकाईने पाहिल्यास दोन प्रकारच्या वंशाचे लोक राहतात. उत्तर भारतात गौरवर्णीय आर्य तर दक्षिण भारतात काळा वर्ण असलेले द्रविडवंशीय आहेत.

आशियात भाषेच्या बाबतीत मोठ्या प्रमाणात वैविध्य आढळते. चिनी-मंडारीन भाषा आशियात मोठ्या प्रमाणात बोलली जाते. ही भाषा चीनमध्ये व आग्नेय आशियात मोठ्या प्रमाणात बोलली जाते. ही भाषा बोलण्याऱ्या लोकांची संख्या जवळपास शंभर कोटी एवढी आहे. दुसऱ्या क्रमांकावर बोलली जाणारी भाषा हिंदी असून यांची संख्या जवळपास पंचवीस कोटी आहे. ही भाषा प्रामुख्याने उत्तर भारतात बोलली जाते. पाकिस्तान, बांगला देश यामध्ये उर्दू भाषा बोलली जाते. अरबी भाषा नैऋत्य आशियाई देश व आशियातील रशियाच्या काही भागात बोलली जाते. ही चौथ्या क्रमांकाची भाषा म्हणून मानली जाते. आशियातील

बहुतेक देशात कार्यालयीन भाषा म्हणून इंग्रजीचा वापर केला जातो.

आशियात शिक्षण आणि साक्षरतेचे प्रमाण देश आणि प्रदेशपरत्वे भिन्न भिन्न आढळते. अफगाणिस्तानमध्ये साक्षरतेचे प्रमाण फक्त १४ टक्के आहे; सौदी अरेबियात ६० टक्के तर भारतात ६२ टक्के आहे. तुर्कस्थान, मलेशिया, सिंगापूर, तैवान, दक्षिण कोरिया आणि जपान यामध्ये साक्षरता जवळपास १०० टक्के आहे.आशियातील लोकांचे आयुर्मान ४८ ते ७८ वर्षांपर्यंत आहे. आशियात कुपोषणासारखी समस्या बऱ्याच प्रमाणात पाहावयास मिळते. लोकसंख्येपेक्षा अन्नधान्याचे उत्पादन कमी असल्यामुळे त्याचा परिणाम कुपोषणासारख्या समस्या निर्मितीवर दिसतो.

आशियातील विभाग

आशियातील विभागांचा तपशील खालीलप्रमाणे : - यामध्ये निवडक देशांचा समावेश होतो.

आग्नेय आशिया

देशाचे नाव	राजधानी
इंडोनेशिया	जाकार्ता
कंबोडिया	नॉम पेन्ह
थायलंड	बँकॉक
फिलीपाईन्स	मनिला
ब्रुनेई	बंदर सेरी बगावान
मलेशिया	क्वालालांपूर
म्यानमार	रंगून
लाओस	व्हिएनतिएन
व्हिएतनाम	हनोई
सिंगापूर	सिंगापूर

पूर्व आशिया

उत्तर कोरिया	प्यॉँग बांग
चीन	बीजिंग
जपान	टोकियो
तैवान	तैपेह

दक्षिण कोरिया	सोल
मंगोलिया	उलान बटोर

मध्य आशिया

उझबेकीस्तान	ताश्कंद
कझाकस्तान	अस्ताना
किरगीझस्तान	बिश्केव्ह
ताजिकिस्तान	दशांबे
तुर्कमेनिस्तान	अशकाबाद

(पूर्व आशिया)

उत्तर कोरिया

या देशाच्या आग्नेयेस जपान, दक्षिणेस दक्षिण कोरिया, पश्चिमेस पिवळा समुद्र, उत्तरेस चीन आहे. या देशाचे क्षेत्रफळ १,२०,५३८ चौ. कि.मी व लोकसंख्या २२.६ दशलक्ष तर घनता १७७ चौ.कि.मी. आहे.

हा देश पर्वतीय देश म्हणून ओळखला जातो. देशाचा केवळ २०% भाग मैदानी तर ८०% भाग पर्वतीय आहे. या देशातील उंच पर्वत व तेथील उंच शिखर पेक्ट्सान २७४४ मीटर उंच आहे.

येथील हवामान मान्सून प्रकारचे आहे. हिवाळ्यात सैबेरियातील थंड वारे येथे येत असल्याने तापमान कमी होते. जानेवारीमध्ये तापमान -८^{0} सें पर्यंत खाली जाते, तर जुलैमध्ये तापमान २७^{0} सें पर्यंत वाढते. म्हणजेच तापमानात मोठ्या प्रमाणात तफावत आढळते. वार्षिक पर्जन्य १५० सेंमी. उत्तरेकडे व पश्चिमेकडे पर्जन्याचे प्रमाण घटत जाते.

येथील नद्या लांबीने व आकाराने लहान असल्या तरी त्या उताराला अनुसरून वेगाने वाहतात. त्यामध्ये यालू व टूमैनचा समावेश होतो. तसेच अनेक भागात या नद्यांवर जलसिंचन केलेले आहे.

लोकसंख्या

येथील लोकसंख्या २२.६ दशलक्ष आहे (२००१). येथील लोक मूळचे

मंगोलियन वंशाचे आहेत. ते कोरियन भाषा बोलतात. त्यांच्या भाषेवर चिनी भाषेचा प्रभाव आढळतो. प्याँगयाँग हे येथील राजधानीचे शहर आहे. हे शहर व्यापारी व कोरियन संस्कृतीचे प्रतीक मानले जाते. या देशात लोहपोलाद, तांबे, सोने, चांदी, टंगस्टन यांच्या खाणी आहेत. तसेच येथे भात, मका, ज्वारी, भाज्यांचे व फळांचे उत्पादन घेतले जाते. मासेमारीचा व्यवसायही जोरदार चालतो.

(चीन)

चीन या देशाच्या पूर्वेस जपानचा समुद्र, दक्षिणेस चिनी समुद्र, नैर्ऋत्येला म्यानमार, पश्चिमेस भारत, भूतान, नेपाळ, पाकिस्तान तर वायव्येस अफगाणिस्तान, ताजिकीस्तान, किरगीझस्तान, उझबेकीस्तान, आणि उत्तरेस मंगोलिया व रशिया हे देश आहेत. या देशाचे क्षेत्रफळ ९५,६१,००० चौ. कि. मी. आहे. क्षेत्रफळाच्या बाबतीत या देशाचा जगात तिसरा तर लोकसंख्येच्या बाबतीत प्रथम क्रमांक लागतो. लोकसंख्या १२७३ दशलक्ष व घनता १३३ प्रति चौ.कि.मी. (२००१) आहे. लोकसंख्या वाढीचा दर भारतापेक्षा कमी आहे. दरवर्षी चीनमध्ये १३ दशलक्ष लोकांची भर पडते. येथील ६३% लोक ग्रामीण भागात राहतात. येथे लोकशाहीची स्थापना १९४९ मध्ये झाली.

उंचसखलता

चीनमध्ये एकूण २३ प्रांत व ५ स्वायत्त प्रदेश आहेत. प्राकृतिकदृष्ट्या चीनचे मुख्य तीन भागात विभाजन केले जाते.

(अ) अधिक उंच प्रदेश :- समुद्रसपाटीपासून २००० मीटरपेक्षा जास्त उंचीचा भाग यामध्ये येतो. तिबेटच्या पठाराचा तसेच दक्षिण चीनचा यामध्ये समावेश होतो.

(आ) मध्यम उंच प्रदेश :- समुद्रसपाटीपासून उंची १००० ते २००० मीटर यामध्ये देशाच्या उत्तर सीमेजवळचा प्रदेश येतो. तसेच मंगोलिया, सिंकियांग हे प्रदेश येतात.

(इ) कमी उंचीचे प्रदेश :- समुद्रसपाटीपासून १००० मीटर उंच प्रदेशाचा यामध्ये समावेश होतो. देशाचा पूर्व नैदानी भाग या भागात येतो. येथे लोकसंख्या ६०% पेक्षा अधिक आहे.

या देशामध्ये खिंगन, क्नलिंग ही महत्त्वपूर्ण शिखरे आहेत.

हवामान

चीनचा बराचसा भाग समशीतोष्ण कटिबंधात येतो. मात्र दक्षिण भाग उष्ण

कटिबंधात आहे. हे एक द्वीपकल्प आहे. उंच पर्वतीय प्रदेशात उपध्रुवीय हवामान आढळते तर पूर्व भागावर वाळवंट आहे. तापमान व पर्जन्यावर समुद्राच्या अंतराचा प्रभाव पडतो. जसे, उत्तर व पश्चिम चीनचे हिवाळ्यात तापमान शून्याच्या खाली असते. पण दक्षिणेकडे हे तापमान वाढत जाताना आढळते. चीनच्या अधिकांश भागात उन्हाळ्यातील तापमान २०^{0} सें.च्या वरती असते. वार्षिक पर्जन्य २०० सेंमी पण गोबीच्या वाळवंटात फक्त १० सेंमी तो अनियमित असतो.

नदीप्रणाली

चीनच्या मुख्य पाच नद्या प्रशांत महासागराला जाऊन मिळतात. यामध्ये हुआंग हो, अमूर, यांगत्सी क्यांग, इ.चा समावेश होतो.

मृदा

या देशात मातीचे विविध प्रकार आढळणे क्षेत्रफळाच्या मानाने स्वाभाविक आहे. मैदानी प्रदेशात व नद्यांच्या खोऱ्यात गाळाची मृदा आढळते. पर्वतीय प्रदेशात मृदेची झीज अधिक होते. लॅटेराईट मृदेमध्ये चहा, भात यांची शेती केली जाते.

नैसर्गिक वनस्पती

चीनमधील नैसर्गिक वनस्पती मुख्य दोन भागात आढळते. जुंगारियन पर्वताच्या दक्षिण भागात पानझडी जंगले, तर उत्तर व पश्चिम भागात स्टेप्स, गवताळ प्रदेश आढळतो.

शेती

हा देश कृषिप्रधान असून आजही जवळपास ६३% लोक ग्रामीण भागात राहतात. या देशाच्या कृषिनीतीमध्ये १९४९ पासून बरेच बदल झाले. १९५२ मध्ये सर्व शेती सरकारी व सहकारी तत्त्वात बदलली गेली आणि १९७९ पासून शेतकऱ्यांना कसण्यासाठी ठेकेदारी पद्धतीने दिल्याने देशाचे उत्पादन वाढले. नगदी पिकांचे उत्पादनही वाढले. जगात मासेमारीत चीन अग्रेसर आहे. तसेच लोकर उत्पादनात दुसऱ्या स्थानावर आहे. कापूस, तंबाखू, भात, हरभरा, मका यांचे उत्पादन मोठ्या प्रमाणात होते.

खनिज उद्योग

कोळसा उत्पादनात चीनचा जगात तिसरा क्रमांक लागतो. जगातील टिन उत्पादन चीनचा ३८% वाटा आहे व जगात प्रथम क्रमांकावर आहे. तसेच जस्त, मँगेनीज, टंगस्टन उत्पादनातही चीनचा दुसरा क्रमांक आढळतो.

उद्योगधंदे

चीन एक औद्योगिक राष्ट्र बनले आहे. चीनमध्ये सुतीवस्त्र, लोखंड

(लोहपोलाद), खनिज तेल, रासायनिक पदार्थ, खाद्य पदार्थ तयार करण्याचे प्रमुख उद्योग आहेत. शांघाय हे औद्योगिक केंद्र व जुने शहर महत्त्वपूर्ण आहे. जगाच्या ४१% सुतीवस्त्राचे उत्पादन चीनमध्ये होते. वीज दगडी कोळशापासून तयार केली जाते. शांघासु व हाँगकाँग जवळच अणुशक्ती प्रकल्प विकसित करण्यात आले आहेत.

व्यापार

चीनचा आयात-निर्यात व्यापार मुख्यत: रशिया, जपान, ऑस्ट्रेलिया, विविध आशियाई देश, तसेच आफ्रिकेतील देशांबरोबर आहे. आयातीमध्ये विविध मशिनरी, उद्योगधंद्याचे सामान, उपभोग्य वस्तू, खनिज तेल इत्यादींचा. समावेश होतो. तर येथून होणाऱ्या निर्यातीमध्ये सुतीवस्त्र, चामड्याच्या वस्तू, लोकर, चहा, भात इ. समावेश होतो.

बीजिंग ही या देशाची राजधानी आहे. येथे १४.२ दशलक्ष लोकसंख्या राहते. याशिवाय शांघाय, चोंग टियाजिन, शेनयांग, कुहान, गुआंगझू, हाँगकाँग, शियान या शहरांचा समावेश मुख्य नगरात होतो.

१८४२ पासून यावर ब्रिटनचे नियंत्रण व ताबा होता. हा देश १९९७ मध्ये चीनचा भाग झाला. हाँगकाँग येथे बँक व्यवसाय विकसित झाला आहे.

(जपान)

जपान या देशाचे क्षेत्रफळ ३,७७,८०१ चौ.कि.मी. असून लोकसंख्या १२७.२ दशलक्ष आहे, तर लोकसंख्येची घनता ३३० प्रती. चौ.कि.मी. आहे. क्षेत्रफळाने अमेरिका, रशिया, कॅनडा, स्वीडन, फ्रान्सपेक्षा कितीतरी लहान पण औद्योगिकदृष्ट्या विकसित देश आहे. या देशाला उगवत्या सूर्याचा देश असे म्हणतात.

उंचसखलता

जपानच्या पूर्व टोकाजवळ ५० पेक्षा अधिक ज्वालामुखी आहेत. भूकंपाचा देश म्हणूनही याची ओळख होते. येथे दरवर्षी १५०० पेक्षा जास्त लहानमोठे भूकंप होतात. हा देश पर्वतीय असून ७५% पर्वतीय व १६% भाग मैदानी स्वरूपाचा आहे. मध्य होन्शू मध्ये चारही बाजूने पर्वतश्रेणी एकत्र आलेली आढळते. येथील नद्या लहान लहान पण वेगाने वाहतात. जवळपास सर्व नद्या प्रशांत महासागराला जाऊन मिळतात. येथील कोटो मैदान सर्वात मोठे व येथेच टोकियो हे राजधानीचे शहर आहे.

हवामान

देश सागरीय असल्याने तापमान कमी असते. उन्हाळ्यात तापमान काही प्रमाणात वाढते पण हिवाळा मोठा व थंड असतो. काही ठिकाणी बर्फवृष्टी होते. (पर्वतीय भागात) हवामान मान्सून प्रकारचे आहे. वार्षिक पर्जन्य १३० सेंमी व पर्वतीय प्रदेशात २५० सेंमी. पडतो.

मृदा

पर्वतीय प्रदेशात लाल मृदा आढळते तर नद्यांच्या खोऱ्यात गाळाची मृदा आढळते. येथील शेतकरी व सरकार शेतीची मशागत मोठ्या प्रमाणात करतात. त्यामुळे उत्पादन अधिक चांगले होते.

नैसर्गिक वनस्पती

या देशाचा जवळपास ७०% भाग जंगलांनी व्यापलेला आहे. सायप्रस, लार्च इत्यादी या प्रमुख वनस्पती. पानझडी वृक्षांमध्ये चिनार, बर्च, ऐश ह्या मुख्य वनस्पती येथे आढळतात. तसेच बांबूची बेटेही आढळतात.

लोकसंख्या

जपानची लोकसंख्या गेली पन्नास वर्ष स्थिर आहे. येथे मंगोलवंशीय लोक आढळतात. जपानी लोकांशिवाय सहा लाख लोक कोरियन आहेत. याशिवाय इतरही लोक राहतात. त्यामुळे भाषा व संस्कृतीत भिन्नता आढळते. पण जपानी ही मुख्य भाषा आहे. येथे बौद्धधर्मीय लोक आहेत. शिंटो हा जपानचा जुना धर्म मानला जातो. फक्त एक टक्का लोक ख्रिश्चन आहेत. येथे संलग्न शहरे आढळतात. प्राचीन काळापासून येथील कुशलता जगप्रसिद्ध आहे. कच्चे लोहपोलाद आयात करून उद्योग विकसित केलेला आहे.

देशातील २५% लोक उद्योगधंद्यात आहेत. कागद उत्पादनात याचा तिसरा क्रमांक लागतो. फक्त १६% जमीन कृषीयोग्य असूनही दर हेक्टरी उत्पादनात जपान जगात अग्रेसर आहे. या देशाचे औद्योगिक क्षेत्र टोकियोपासून क्यूशू पर्यंत आहे. लोहपोलाद, वाहने, मोटारसायकल, रेल्वे इंजिन, विविध प्रकारची यंत्रे, रासायनिक पदार्थ, फोटोग्राफी, कॅमेरे, रेडियो, औषधे असे उद्योग चालतात. या देशात टोकियो ओसाका, क्योटो, टोकेडो, टोयोमा औद्योगिक केंद्र महत्त्वपूर्ण आहेत.

(दक्षिण कोरिया)

या देशाचे क्षेत्रफळ ९८,४८४ चौ.कि.मी. असून लोकसंख्या ४८.८

दशलक्ष व लोकसंख्येची घनता ४३८ प्रती. चौ.कि.मी. (२००१) आहे. हा देश जगात सर्वात अधिक लोकसंख्येच्या घनतेचा आहे. सोल हे शहर या देशाची राजधानी असून एकूण लोकसंख्येच्या २३% लोकसंख्या एकट्या या शहरात राहते. या देशाच्या पश्चिम किनारपट्टीवर लोकसंख्येची घनता जास्त आढळते.

मागील तीन दशकात या देशाने उद्योगधंद्यात मोठ्या प्रमाणात प्रगती केलेली आहे. बहुतांशी शहरे रेल्वे मार्गांनी जोडल्याने वाहतूक, दळणवळण सुविधा विकसित झालेली आहे. तसेच चांगल्या प्रकारचे रस्ते बनविलेले आहेत. पुसान, तेगू, इन्कोन ही शहरे येथील मुख्य रस्ते व रेल्वे मार्गांनी तसेच हवाई मार्गांनी एकमेकांना जोडलेली आहेत.

या देशातील फक्त २२% क्षेत्र शेतीस योग्य आहे. शेतीमध्ये देशाची २५% लोकसंख्या गुंतलेली आहे. येथे भात, गहू, बटाटा, भाज्यांचे चांगले उत्पादन घेतले जाते. पण आयातही मोठ्या प्रमाणात केली जाते. आशियात या देशाचा मासेमारीमध्ये तिसरा क्रमांक लागतो. विकासाचे मुख्य कारण व्यापार आहे. सुतीवस्त्र, वाहने, टी.व्ही., फोन यांची निर्यात केली जाते.

(तैवान)

याचे क्षेत्रफळ ३५,९८१ चौ.कि.मी. व लोकसंख्या २२.५ दशलक्ष तर घनता ६४० चौ.कि.मी. आहे (२००१). हे राष्ट्र अधिक घनतेचे समजले जाते. उत्तर भागात लोकसंख्येची घनता जास्त आहे. येथे त्रिभुज प्रदेश आहे. तसेच चुंगयांग पर्वत हे उंच ठिकाण असून उंची ३००० मी. आहे.

तैपेह हे शहर याची राजधानी आहे. तेदेखील औद्योगिक व सांस्कृतिक शहर आहे. येथील जिलांग बंदर जपानने विकसित केलेले आहे. या देशाचा व्यापार चीनपेक्षा जास्त आहे. देशाची फक्त २५% लोकसंख्या ग्रामीण भागात आढळते.

या देशात बॉक्साईट, खनिज तेल, लोखंड हे आफ्रिकेतून आयात केले जाते. तर येथील सुतीवस्त्र, चामड्याच्या वस्तू, खेळणी, विजेचे साहित्य हे मुख्य व्यवसाय आहेत. तसेच संगणक, टी.व्ही. यांचे उत्पादन जोरात चालते. सर्व उद्योग हे श्रमावर आधारित आहेत. पर्यटन हा महत्त्वपूर्ण व्यवसाय आहे. व्यापारात सतत वाढ होताना आढळते.

(मंगोलिया)

या देशाच्या आग्नेय भागात गोबीचे वाळवंट आहे. पश्चिम भागात पर्वत-

श्रेणी असून दक्षिण भाग मैदानी आहे व येथे वृक्षांनी आच्छादलेला हांगायन-हेन्टीन हा प्रसिद्ध पर्वत आहे. दरम्यानच्या भागातील जलदुभाजकामुळे काही पाणी उत्तरेकडे उत्तर समुद्राला जाऊन मिळते तर काही दक्षिणेकडे प्रशांत महासागराला जाऊन मिळते. येथे विविध नद्या आहेत.

हा देश १९२४ मध्ये चीनमधून बाहेर पडून स्वतंत्र साम्यवादी देश बनला. या देशाचे क्षेत्रफळ १,५६,५०० चौ. किमी व लोकसंख्या २४ लाख आहे (२००१). तर लोकसंख्येची घनता ५० पेक्षा कमी आहे. या देशात ऑक्टोबर ते एप्रिल या काळात उग्र हिवाळा असतो. तापमान -२६^{0} से. तर जुलैमध्ये तापमान १६^{0} से. पर्यंत वाढते. वार्षिक पर्जन्य १० सेंमी ते ४६ सेंमी असते. पाळीव प्राण्यांमध्ये शेळ्या, मेंढ्या, घोडे, उंट आढळतात. येथे स्टेप्स प्रकारचे गवत आढळते. कुरणाचे प्रमाण ८५% आहे. या देशाच्या खाणीमध्ये कोळसा, तांबे, सोने, चांदी सापडते. येथे सुतीवस्त्र, सिमेंट, रासायनिक पदार्थ तयार केले जातात.

या देशाची राजधानी उलान बटोर व हे एक औद्योगिक व सांस्कृतिक शहर आहे. फक्त ४०% लोक ग्रामीण भागात राहतात.

(मध्य आशिया)

(उझबेकिस्तान)

हे सोव्हिएत संघराज्यामधून १९९१ मध्ये बाहेर पडेपर्यंत त्याचे एक राज्य होते. याचे क्षेत्रफळ ४,४७,६०० चौ. कि. मी. असून या देशाची लोकसंख्या २५.१ दक्षलक्ष (२००१) आहे. या देशाच्या उत्तरेस कझाकस्तान, पूर्वेस किरगीझस्तान व ताजिकीस्तान, दक्षिणेस अफगाणिस्तान व पश्चिमेस तुर्कमेनिस्तान हे देश आहेत. ताश्कंद ही या देशाची राजधानी आहे.

या देशातील बहुतांशी प्रदेश वाळवंटी व मैदानी स्वरूपाचा आहे. तिएनशान व पामीर या पर्वतांचा काही भाग या देशाच्या आग्नेय भागात येतो. त्यामध्ये ३२० किमी लांबीचे व १२० किमी रुंदीचे विस्तृत फरगाना खोरे आहे. तेथे लोएस मृदा आढळते. सुमारे ४८० चौ. किमीचे किझीलकुम वाळवंट या देशात पसरलेले आहे. या देशातील एकमेव बारमाही वाहणारी नदी म्हणजे अमुदर्या ही होय.

येथील हवामान खंडांतर्गत प्रकारचे आहे. जानेवारीमध्ये तापमान -२^{0} सें. तर जुलै मध्ये २७^{0} से. पर्यंत असते. डोंगराळ भागात तापमानाची विपरितता आढळते. अतिशय उग्र हिवाळा व अतिशय उग्र उन्हाळा येथे अनुभवयास मिळतो.

हा देश शेतीप्रधान आहे. या देशाचा कापूस उत्पादनात जगात तिसरा क्रमांक लागतो. सध्या अमुदर्या व सिरदर्या या नद्यांमुळे जलसिंचन वाढलेले आहे. शेतीस पूरक व्यवसाय म्हणून मेंढपाळी हा व्यवसाय येथे जोरात चालतो. काराकुल ही जगप्रसिद्ध मेंढीची जात येथेच आढळते. येथे खनिज तेल, सोने, चांदी, नैसर्गिक वायू, कोळसा, जस्त, तांबे यांच्या खाणी आहेत. काही खाणींचा नवनवीन शोध लागत आहे. एकूण लोकसंख्येपैकी ६३% लोक ग्रामीण भागात राहतात.

(कझाकस्तान)

कझाकस्तान हे मध्य आशियातील सर्वात मोठे गणतंत्र राष्ट्र आहे. या देशाच्या पूर्वेस चीन व किरगीझस्तान, दक्षिणेस उझबेकीस्तान व तुर्कमेनिस्तान, पश्चिमेस रशिया व कॅस्पियन समुद्र तर उत्तरेस रशिया हा देश येतो. हा देश मध्य आशियातील सर्वात मोठा क्षेत्रफळाचा देश आहे. याचे क्षेत्रफळ २७,१७,३०० चौ. किमी असून लोकसंख्या १४.८ दशलक्ष व लोकसंख्येची घनता फक्त ६ व्यक्ती प्रती चौ.किमी (२००१) आहे.

या देशात विविध प्रकारचे उत्पादन घेतले जाते. त्यामध्ये फळे व भाजीपाला तसेच कापूस उत्पादन घेतले जाते. या देशात सर्वत्र जलसिंचन केल्याने देश सुजलाम् बनला आहे. पण अधिक पाण्यामुळे जमिनी नापीक बनण्याचे प्रमाण वाढत आहे.

हा देश खाणकामाच्या बाबतीत नैसर्गिक वायू व खनिज तेल यांचे भांडार समजला जातो. तेनगिज खोऱ्यात व कॅस्पियन समुद्राच्या किनारवर्ती भागात खनिज तेल साठे मोठ्या प्रमाणात आढळतात. कारागान्डा येथून आँथॅसाईट प्रकारचा कोळसा मिळतो. एकंदरीत या देशात खनिज उद्योग मोठ्या प्रमाणात चालतो.

या देशात कजाकी ४५%, रशियन ३१%, याशिवाय जर्मन, युक्रेनियन, चिनी लोक आढळतात. कजाकी लोक देशाच्या दक्षिण भागात तर अधिकांश रशियन लोक शहरी भागात राहतात. विविध धार्मिक लोकांमुळे येथे सामाजिक समस्या निर्माण झाल्या आहेत. सुन्नीपंथीय लोक अधिक आहेत.

अकमोला (आताचे अस्ताना) हे शहर या देशाची राजधानी असून ती देशाच्या उत्तरपूर्व भागात आहे. पूर्वी या देशाची राजधानी अल्मा आता होती. पण येथे रशियन व युरोपियन यांची संख्या अधिक असल्याने राजधानीचे ठिकाण बदलले व अस्ताना येथे ती नेली. येथे कजाकी मुस्लिमांची संख्या ६०% पेक्षा जास्त आहे.

(किरगीझस्तान)

किरगीझस्तान या देशाचे स्थान मध्य आशियात असून, या देशाच्या पूर्वेस चीन, दक्षिणेस ताजिकीस्तान, पश्चिमेस उझबेकीस्तान तर उत्तरेस कझाकस्तान हे देश आहेत. या देशाचे क्षेत्रफळ १,९८,५०० चौ. किमी व लोकसंख्या ५० लाख तर लोकसंख्येची घनता २१ प्रती चौ. कि. मी. (२००१) आहे. हा देश पर्वतीय म्हणून ओळखला जातो.

हा देश शेतीप्रधान असून पशुपालनासारखे पूरक व्यवसाय येथे केले जातात. पशुपालनामध्ये शेळ्या, मेंढ्या, घोडे, गाय, बैल, याक पाळले जातात. ऋतूनुसार पशुपालन करणारे लोक स्थलांतर करतात.

या देशाच्या मध्यवर्ती भागात यान-शानट्रा उंच पर्वत आहे. या पर्वताचा येथील लोकांच्या जीवनावर प्रभाव आढळतो. येथे पर्वतीय प्रदेशाजवळ लहान लहान जातीचे लोक राहात असल्याने राष्ट्रीय भावना कमजोर आढळते. बिश्केव्ह ही या देशाची राजधानी आहे.

(ताजिकीस्तान)

ताजिकिस्तान या देशाच्या पूर्वेस चीन व किरगीझस्तान, दक्षिणेस अफगाणिस्तान, पश्चिमेस व उत्तरेस उझबेकिस्तान हे देश आहेत. या देशाचे क्षेत्रफळ १,४३,१०० चौ. कि.मी. असून २००१ नुसार लोकसंख्या ६.३ दक्षलक्ष व लोकसंख्येची घनता ४५ प्रती चौ. कि. मी. आहे. या देशामध्ये पामीरचा उंच विस्तृत असा भाग असून त्यावर बर्फाचे संचयन होते.

ताजिकिस्तान सुद्धा शेतीप्रधान आहे. बागायती शेतीवर विशेष लक्ष दिले जाते. द्राक्षे, सफरचंद, संत्री, गहू, मका, कापूस अशी धान्याची व फळांची शेती केली जाते. याशिवाय शेतीला पूरक म्हणून पशुपालन व्यवसायही केला जातो.

या देशाची भाषा इराणी, फार्सी आहे. येथील लोक इराणी लोकांशी संबंधित आहेत. ताजिकींशिवाय इतर लोकांची संख्या जवळपास ४०% आहे. त्यामध्ये उझबेकी, रशियन, आर्मेनियन आणि इराणी लोक आढळतात. दुशाम्बे ही या देशाची राजधानी आहे. राजधानी देशाच्या उत्तर-पश्चिम भागात वसलेली आहे. हे शहर औद्योगिक व सांस्कृतिक शहर आहे. याशिवाय इतरही काही महत्त्वपूर्ण शहरे या देशात आहेत.

(तुर्कमेनिस्तान)

या देशाचे क्षेत्रफळ ४,८८,१०० चौ. कि.मी. असून लोकसंख्या ५५ लाख (२००१) आहे. पण दर चौ. किमीला लोकसंख्येची घनता केवळ १० आहे. चार लाख लोक एकट्या अश्काबादमध्ये राहतात. या देशाचा ८०% भाग वाळवंटी आहे. येथील वाळू काळ्या रंगाची असून दक्षिणेस कोपरदाग पर्वत आहे.

या देशाच्या पश्चिमेस कॅस्पियन समुद्र, पूर्वेस उझबेकिस्तान आणि दक्षिणेस अफगाणिस्तान व इराण हे देश येतात. या देशातील अधिकांश नद्या पश्चिम वाहिनी आहेत. आमू ही येथील मोठी नदी पूर्व-पश्चिम वाहते व ती बारमाही आहे. या नदीच्या काठावरच्या भागात अधिक लोकसंख्या आढळते. तसेच मुर्गाब व तेजान यादेखील प्रमुख नद्या असून त्यादेखील बारमाही आहेत.

या देशात ७२% लोकसंख्या तुर्की आहे. उझबेकिस्तानी ९% आहेत. ग्रामीण भागात ५५% लोक राहातात. अश्काबाद हे शहर आमू नदीकाठी आहे. वाळवंटातील मोठे क्षेत्र या नदीमुळे जलसिंचित बनले आहे. या देशात कापूस, खरबुजे, मका, भाज्या, फळे यांचे उत्पादन चांगले आहे. यासाठी खूप कष्ट घेतले जातात. पाण्याचे पाट हे भूमिगत आहेत कारण तापमान जास्त, वाळवंटी प्रदेश त्यामुळे बाष्पीभवन होऊ नये म्हणून भूमिगत पाईप लाईन अधिक आहेत. कॅस्पियन समुदाजवळ नैसर्गिक वायूचे भांडार आहे. या देशात टोपल्या बनविणे, सुतीवस्त्र, शिल्पकला असे अनेक व्यवसाय केले जातात.

(आग्नेय आशिया)

(इंडोनेशिया)

हे आग्नेय आशियातील सर्वात मोठे राष्ट्र असून याचे क्षेत्रफळ १९,०४,५६९ चौ.किमी व लोकसंख्या २१४ मिलीयन तर लोकसंख्येची घनता ११२ प्रती चौ.किमी आहे. (२००१). या देशात जवळपास १३,६०० बेटे आहेत. ही लोकसंख्या हजारो बेटांवर विखुरलेली आहे. कालिमंटन, सुमात्रा, जावा, आयरियन-जया, सुलवासी या पाच बेटांवर ९०% लोकसंख्या आहे.

इंडोनेशियाच्या जवळपास सर्व बेटांवर ज्वालामुखी आढळतात. जया पर्वताची उंची ५०३०मीटर आहे. जावा व सुमात्रा येथे जगातील प्रसिद्ध ज्वालामुखी आढळतात.

येथे अनेक बेटांवरील हवामान उष्ण व आर्द्र आहे. पाऊस डिसेंबर ते मार्च या काळात पडतो. वार्षिक तापमान २४ ते २८° सें वार्षिक पर्जन्य ३०५ सेंमी. सर्वात मोठी नदी मामबेरामो (१४० किमी) आयरियन-जया या बेटावरून वाहते. येथील अधिक प्रदेश विषुववृत्तीय जंगलाचा आहे.

मुख्यत: नैसर्गिक वायू, कोळसा, तांबे, टिन, निकेल, सोने, चांदी, युरेनियम, हिरा यांच्या खाणी मुख्यत: आढळतात. टिन उत्पादनात इंडोनेशियाचा चीन नंतर जगात दुसरा क्रमांक लागतो.

जगात इंडोनेशियाचा लोकसंख्येच्या बाबतीत चौथा क्रमांक लागतो. देशातील ६०% लोकसंख्या जावा बेटावर राहते. लोकसंख्या वाढीचा दर १.४% आहे. मोठमोठ्या शहरांची संख्या जावा बेटावर जास्त आहे. जाकार्ता ही देशाची राजधानी आहे.

या देशात २५० भाषा बोलणारे व ३०० विविध प्रकारच्या जाती आढळतात. जास्तीत जास्त लोक शेतीवर अवलंबून आहेत. शेतीचे उत्पादन देशाच्या १०% आहे. भात, मका, भाज्या, रबर, ताड, कॉफी, चहा, तंबाखू यांचे उत्पादन होते.

इंडोनेशियामध्ये ८० लाख लोक भूमिहीन आहेत. जावा सोडून जाणाऱ्यांना इतरत्र मोफत जमीन दिली जाते. खनिज तेलाच्या उत्पादनाचा मोठा आधार आहे. इंडोनेशिया ओपेकचा सदस्य देश आहे. जगाच्या २५% टिन उत्पादन येथे होते.

(कंबोडिया)

कंबोडिया या देशाचे क्षेत्रफळ १८१,०३५ चौ.किमी व लोकसंख्या १३.१ दशलक्ष तर लोकसंख्या घनता ७२ आहे (२००१). या देशाचे नाव अगोदर कांपुचिया होते. कंबोडियाच्या पश्चिम व उत्तरेस थायलंड, पूर्वेस व्हिएतनाम आहेत. कंबोडियाची राजधानी नॉमपेन्ह असून लोकसंख्या १६ लाख आहे. शहरी लोकसंख्या फक्त १४% तर देशाची साक्षरता ६५% आहे.

या देशाचा अधिकांश भाग मैदानी व कमी उंचीचा आहे. कंबोडिया व थायलंड यांच्या सीमेवर डोंगराळ पर्वत आहे. देशाच्या दक्षिण भागात कार्डमम पर्वतश्रेणी असून सर्वाधिक उंची नोम-अरल समुद्रसपाटीपासून १७७१ मीटर आहे. या देशाच्या मध्य भागातून मीकांग नदी वाहते. देशाच्या मध्य भागात ग्रेटलेक आहे.

या देशात विषुवृत्तीय जंगल आहे. देशाच्या मध्यवर्ती भागात पावसाचे प्रमाण कमी असल्यामुळे सव्हाना गवत आढळते. येथे म्हैस, हत्ती, वाघ, चित्ते

आढळतात.

या देशात भात, मका, रबर, हरबरा, मूग, भाज्या, अननस, कडधान्याचे उत्पादन घेतले जाते. खनिजांमध्ये मुख्यतः फॉस्फेट, मीठ, हिरे आढळतात. काही प्रमाणात लोखंड आढळते. मेकाँग नदीवर वीजनिर्मिती होते, पण राजकीय अस्थिरतेमुळे पर्यटन व्यवसाय विकसित झालेला नाही.

(थायलंड)

थायलंडचे क्षेत्रफळ ५,१३,११५ चौ.कि.मी. असून या देशाचे स्थान थायलंडच्या आखाताच्या उत्तरेला आहे. या देशाच्या सीमेवर म्यानमार, लाओस, कंबोडिया व मलेशिया देश आहेत. २००१ च्या आकडेवारीनुसार लोकसंख्या ६२.४ मिलियन व लोकसंख्या घनता १२१ व्यक्ती प्रती चौ.कि.मी. आहे. या देशाची राजधानी बँकॉक आहे.

थायलंडचा प्रदेश लांब असून दक्षिणेकडे द्वीपकल्पाचा भाग आहे. वनांनी ३०% भाग आणि शेतीने जवळपास ३८% भाग व्यापलेला आहे. थायलंडचे एकूण चार भागात वर्गीकरण केले जाते. (१) मध्यवर्ती विभाग (२) उत्तर पर्वतीय आणि पठारी प्रदेश (३) ईशान्य पठारी प्रदेश (४) दक्षिणेकडील द्वीपकल्पाचे प्रदेश

थायलंड उष्ण कटिबंधीय हवामान प्रदेशात येते. येथील वार्षिक तापमान २४ सें. ते ३०° से. आहे. म्यानमारच्या सीमेजवळ ५६० सेंमी पाऊस पडतो. काही ठिकाणी फक्त १५० सेंमी पाऊस पडतो.

येथील प्रमुख उद्योग हे कृषीवर आधारित आहेत. पेट्रोल, कातडी उद्योग, साखर उद्योग, सिमेंट, सिगारेट, सुतीवस्त्र, जूट, लाकडी सामान, कृषी यंत्रे हे प्रमुख उद्योगधंदे आहेत. शेतीचे उत्पादन देशाच्या उत्पादनाच्या २५% आहे. येथे भात, रबर व टिन यांची निर्यात केली जाते. पेट्रोलियम पदार्थ, यंत्रे व रासायनिक पदार्थांची आयात केली जाते.

पर्यटन हा अनेक उद्योगांपैकी मुख्य उद्योग आहे. येथील नैसर्गिक पर्यावरणाबरोबरच ऐतिहासिक व सांस्कृतिक इमारती पर्यटकांना आकर्षित करतात. येथे रस्त्यांचे चांगले जाळे पसरलेले असून ४००० किमी लांबीचा रेल्वेमार्ग आहे.

राजधानी बँकॉक हे चावकारिया नदी किनारी असून या नदीला थायलंडची ऱ्हाईन असे म्हणतात. येथे जवळपास ४०० बौद्ध मंदिरे आहेत. ही देशाची आर्थिक राजधानीसुद्धा आहे.

(फिलिपाईन्स)

४° २५' उ. ते २१° २०' उ. अक्षांश व ११६° ५५' पू. ते १२६° ४०' पू. अशी पसरलेल्या या बेटांच्या पूर्वेला फिलिपीन्स समुद्र, दक्षिणेला सेलेबीस समुद्र आणि पश्चिमेस व उत्तरेस चिनी समुद्र आहे. ही बेटे, दक्षिणोत्तर १८५५ कि.मी. व पूर्व-पश्चिम ११०८ कि.मी. परिसरात विखुरलेली आहेत. फिलीपाईन्सचे क्षेत्रफळ २९,९,४०४ चौ. कि.मी., लोकसंख्या ७७.२ दशलक्ष तर घनता २६३ आहे (२००१). या देशात ७१०० बेटे आहेत.

यातील ज्या बेटांवर लोक राहतात, त्याचे विभाजन तीन समूहात केले जाते.

(१) लुझान बेट. हे क्षेत्रफळाने सर्वात मोठे व देशाच्या उत्तरेस आहे.

(२) व्हिसायन समूह. देशाच्या मध्यवर्ती बेटांचा यामध्ये समावेश होतो.

(३) मिदांनावो बेट, देशाच्या दक्षिण भागात आहे.

येथे इस्लामधर्मीय जास्त आहेत. हा देश १९४६ मध्ये स्वतंत्र झाला.

येथील प्राकृतिक रचना पर्वतांची व उंच शिखरांची आहे. माऊंट आप्पू हे ज्वालामुखीय शिखर सर्वात उंच असून त्याची उंची २९५४ मीटर आहे. येथील फक्त लुजन व मिदांनाव थोडेसे सपाट प्रदेश आहेत. नद्या या कमी लांबीच्या व बारमाही नसलेल्या आहेत. लहान लहान बेटांमुळे दळणवळणाला अडथळे निर्माण झाले आहेत.

या देशातील हवामान उष्ण कटिबंधीय व समशितोष्ण कटिबंधीय प्रकारचे आहे. येथील वार्षिक तापमान सरासरी १६° से. ते २७° से. असून तापमानात दिवस रात्रीप्रमाणे अक्षांशानुसार व ऋतुनुसार बदल होतो. वार्षिक पर्जन्य १७८ सेंमी एवढे आहे. सागरी वादळे या विविधतेत भर टाकतात. पूर्वेकडील भागात वर्षभर पाऊस पडतो.

उत्तरेकडील लूझॉन व दक्षिणेकडील मिंदानाओ यांनी मर्यादित झालेली ही बेटे म्हणजे दक्षिणोत्तर पसरलेली आहेत. एकेकाळी ती आशिया खंडाच्या मुख्य भूमीचाच ती सलग भाग असावीत. ही बेटे ज्वालामुखी व प्रवाळ द्वीपांनी बनलेली आहेत. येथे ५० ज्वालामुखी पर्वत आहेत.

लाव्हापासून बनलेली सुपीक मृदा येथे आहे. काही बेटांवर लॅव्होर्रेटे मृदा आढळते. पावसाने व अन्य कारणाने मृदा धूप जास्त होते.

येथील ५०% लोक इंग्रजी भाषा समजतात, पण अधिकांश लोक विसायन

भाषा बोलतात. लोकसंख्येचे प्रमाण जेथे जमीन अधिक सुपीक आहे तेथेच जास्त आहे. त्यामुळे हा देश कृषिप्रधान देश आहे. मालाच्या अधिक उत्पादन देणाऱ्या बियाणांचा विकास येथे झाला. येथील मुख्य पिके भात, मका, हरभरा, तंबाखू, नारळ, अननस, केळी, मनीला हेम्प इत्यादी आहेत. जमीन ही मोठ्या प्रमाणात टेकड्यांची, झीज झालेली व शेतीसाठी अयोग्य अशी आहे.

मनिला येथे देशातील मुख्य उद्योग स्थापन झालेले आहेत. सुतीवस्त्र, रबरी वस्तू, पेट्रोलियम पदार्थ, सिगारेट, कागद, धातूचे सामान तसेच विविध खाण्याच्या वस्तूंचे उत्पादन होते. सोने, चांदी, कोळसा व क्रोमियम येथून निर्यात होतो. तसेच संगमरवर, लाकडी सामानाचीही निर्यात केली जाते. लोह, क्रोमियम, मँगनीज, तांबे, निकेल, शिसे यांचे उत्पादन सर्वत्र कमी-अधिक प्रमाणात आढळतात. खनिज तेलाचे साठे लुझॉन, सेबू व लेटी या बेटांवर सापडले आहेत. तसेच ग्वानो हे नैसर्गिक खतही येथे मिळते.

या देशातील संस्कृतीत मंगोल, मले, अरब, चिनी, जपानी, स्पॅनिश यांचे मिश्रण आहे. येथे जवळपास ९० भाषा बोलल्या जातात. एकूण लोकसंख्येच्या ८०% कॅथॉलिक, ९% प्रोटेस्टंट आणि ६% इस्लामधर्मीय राहतात. मनिला ही देशाची राजधानी असून तेथील लोकसंख्या जवळपास एक कोटी आहे.

(ब्रुनेई)

हा देश १९८४ मध्ये स्वतंत्र झाला. या देशाचे क्षेत्रफळ ५७६५ चौ.किमी. असून लोकसंख्या ३४ लाख व लोकसंख्येची घनता ५२ आहे. ब्रुनेई हा इस्लाम धर्मीय देश आहे. या देशात पेट्रोलचा शोध १९२९ मध्ये तर नैसर्गिक वायूचा शोध १९६५ मध्ये लागला. हा देश मुख्यतः गॅस व पेट्रोल उत्पादन करणारा आग्नेय आशियाई देश आहे. या उत्पादनात आणखी वाढ होण्याची शक्यता आहे. विविध देशातून अनेक लोक येथे कामानिमित्त आलेले आहेत.

आग्नेय आशियाई देशात ब्रुनेई येथील लोकांचे राहणीमान उच्च दर्जाचे आहे. प्रति व्यक्ती उत्पादन (दरडोई उत्पादन) २५,००० डॉलर्स एवढे आहे. शहरी लोकसंख्या ६७% व घनता १५७ प्रति चौ.कि.मी. आहे. राजधानीचे शहर सेरी बगावान सुंदर व आकर्षक सांस्कृतिक केंद्र आहे. क्षेत्रफळ ५७६५ चौ.किमी. उत्तरेकडे द.चिनी समुद्राचा १६० किमी. किनारा लाभला असून बाकीच्या सर्व बाजूंनी मलेशियाच्या सारावर राज्याने ब्रुनेईला वेढलेले आहे.

किनाऱ्याचा भाग वगळता सर्व प्रदेश डोंगराळ आहे. काही ठिकाणी १२२० मी.पर्यंत आहे. खनिज तेल, नैसर्गिक वायू ही प्रमुख नैसर्गिक संपदा खनिज तेलाचे साठे किनाऱ्यावरील भागात आहेत. पीट मृदा किनारीभागात तर जांभी मृदा डोंगराळ भागात आढळते.

येथील नद्या चिनी समुद्राला जाऊन मिळतात.

उष्ण कटिबंधीय मोसमी वारा, पर्जन्य २८० सेंमी. (नोव्हेंबर ते मार्च) तापमान २७^{0} से. भरपूर उष्णता व आर्द्रता यामुळे वनस्पतींचे दाट आच्छादन ७५% भाग उष्ण कटिबंधीय वर्षावनांनी व्यापलेला आहे. कठीण वृक्ष, वाहतुकीच्या अपुऱ्या सोयी यामुळे लाकूड उद्योग मर्यादित आहे.

अर्थव्यवस्था उद्योगप्रधान असून, खनिज तेल, नैसर्गिक वायूवर अवलंबून आहे. खनिज तेल उद्योगात ७% लोक काम करतात. शेतीसाठी १०% क्षेत्र वापरले जाते.

(मलेशिया)

या देशाला १९६३ मध्ये मलेशिया हे नाव दिले गेले. या देशाचे क्षेत्रफळ ३,३०,४३४ चौ.किमी व लोकसंख्या २३.१ दशलक्ष असून घनता ७० आहे (२००१). हा देश दोन भागात विभागलेला आहे. एक भाग आग्नेय आशियाच्या द्वीपकल्पाच्या रूपात तर दुसरा भाग ज्याला पूर्वी मलेशिया म्हणत, यामध्ये अधिक चिनी लोक राहतात.

या देशाच्या दक्षिणेस सिंगापूर, आग्नेयस बोर्नियो, ईशान्येला फिलीपाईन्स, उत्तरेस कंबोडिया, व्हिएतनाम असे देश आहेत. क्वालालंपूर हे राजधानीचे शहर असून त्याची लोकसंख्या २० लाख आहे.

मलेशियाच्या उत्तर व दक्षिणेस पर्वतश्रेणी असून हा प्रदेश पर्वतांचा आहे. सर्वात उंच ठिकाण, मासिन, २१०० मीटर्स आहे. किनारी भागात मैदान आहे. सारावाक हा मैदानी भाग आहे. या देशात लहान-लहान नद्या भरपूर आहेत. हा देश कमी अक्षांशात असल्याने तापमान जास्त असते (२१^{0} से. ते ३२^{0} से.). पाऊस २०० सेंमीपर्यंत पडतो. ग्रामीण लोकसंख्या ५८% आहे. भाषा मले पण धर्म इस्लाम आहे. भारतीय व चिनी लोकांचे प्रमाणही खूप आहे. लोकसंख्या ३५ वर्षांत दुप्पट होते.

या देशात टिन, पेट्रोल, तांबे, लोह, सोने, चांदी यांच्या खाणी आहेत.

रबराच्या उत्पादनात जगात प्रथम क्रमांक लागतो. उद्योगधंद्याचा विकास अधिक आहे.

(म्यानमार)

म्यानमार या देशाचे क्षेत्रफळ ६,७६,५५३ चौ.कि.मी. आणि लोकसंख्या ४७.८ दशलक्ष आहे (२००१). लोकसंख्या घनता ७२ आहे.

म्यानमारच्या पश्चिमेस आराकानयोमा व दक्षिणेस टेनासिरमयोमा (पर्वत) आहेत. म्यानमारच्या पूर्वेस लाओस, आग्नेयेस थायलंड, दक्षिणेस अंदमान-निकोबार बेटे, पश्चिमेस व वायव्येस भारत आहे तर उत्तरेस चीन आहे. या देशातील इरावती ही मुख्य नदी आहे. ही नदी उत्तर दक्षिण अशी वाहते. म्यानमारमधील सर्वात उंच ठिकाण माऊंट हाक्का (५८८१ मीटर) आहे. देशाच्या पश्चिम केंद्राजवळ नागा, पटकोई, चिनी टेकड्या व आराकान योमा पर्वतरांगाची उंची ६०० मीटरपर्यंत आहे. या परिसरातून सालवीन नदी वाहते. शानच्या पठारी भागात खनिजाचे भांडार आहे. तेथे शिसे, जस्त, टंगस्टन, चांदी, सोने, हिऱ्याच्या खाणी आहेत. सालवीन नदीचा प्रसिद्ध असा त्रिभुज प्रदेश शेतीसाठी उपयुक्त आहे. त्यालाच सोनेरी त्रिभुज असे म्हणतात.

म्यानमारचे हवामान हे उष्णकटिबंधीय आहे. वार्षिक सरासरी तापमान २७° से. तर शान पठारावरील लाशिओचे तापमान २२° से. असते. वार्षिक पर्जन्यमान ५० सेंमी पण त्रिभुज प्रदेशात २५० सेंमी आहे. देशाचा उत्तरेकडील भाग कोरडा असतो.

म्यानमार हा देश विविध भाषांचा आहे. येथे जवळपास १०० भाषा बोलणारे लोकसमूह आढळतात. ब्राह्मी लोकांची लोकसंख्या ७०% आहे. या देशातील ७५% लोक ग्रामीण तर केवळ २५% लोकसंख्या शहरी भागात राहते. यांगून या शहरात नागरी लोकसंख्येच्या ५०% लोकसंख्या आहे. तसेच या देशातील साक्षरता ८०% असून मृत्युदराचे प्रमाणही जास्त आहे. पण मागील दोन दशकात मृत्युदराचे प्रमाण घटले आहे. येथे प्राथमिक शिक्षण मोफत असून पुढील शिक्षणासही अत्यल्प फी घेतली जाते.

या देशात शेती, मासेमारी, खाणकाम व जंगलावर आधारित व्यवसाय केले जातात. तांदळाचे उत्पादन म्यानमारच्या त्रिभुज प्रदेशात मोठ्या प्रमाणात घेतले जाते. येथील कमी पावसाच्या प्रदेशात पीक रचनेत विविधता आहे. उंच प्रदेशात आजही

स्थलांतरित शेती केली जाते. येथील जंगलातून सागाची मोठ्या प्रमाणात निर्यात होते. तसेच मोठ्या प्रमाणात नैसर्गिक गॅस, टिन, टंगस्टन, शिसे, पेट्रोल, जिप्सम यांचे उत्पादन होते. आयातीमध्ये कारखान्यात तयार झालेल्या वस्तू असतात.

(लाओस)

या देशाचे स्थान चीनच्या नैर्ऋत्येस असून लाओसच्या पूर्वेस व्हिएतनाम, दक्षिणेस थायलंड, पश्चिमेस म्यानमार हे देश आहेत. या देशाचे क्षेत्रफळ २,३६,८०० चौ.किमी असून लोकसंख्या २००१ च्या आकडेवारीनुसार ५४ लाख व घनता २४ आहे. या देशाला १९५३ मध्ये स्वातंत्र्य मिळाले. हा देश फ्रान्सच्या ताब्यात होता.

हा देश पर्वतीय म्हणून ओळखला जातो. येथे विविध जाती आढळतात. सर्वाधिक लाओ असून त्यांच्याच नावावरून या देशाचे नाव लाओस पडले असावे. बौद्धधर्मीय लोकसंख्या अधिक आहे.

या देशाचा औद्योगिक विकास कमी आहे. रस्ते, रेल्वे यांचा अभाव व फक्त १९% लोकसंख्या शहरी भागात राहते. या प्रदेशात भात, मका, तंबाखू, कापूस, भाज्या यांचे उत्पादन होते. लाकूड कटाई व सूतीवस्त्र मुख्य उद्योग आहे. देशाची राजधानी व्हिएनताईन. लोकसंख्या ७ लाख असून मेकांग नदी किनारी आहे. हा देश आग्नेय आशियातील मागासलेला देश आहे.

(व्हिएतनाम)

व्हिएतनामच्या पूर्वेस दक्षिण चीनचा समुद्र, दक्षिणेस मलेशिया, पश्चिमेस कंबोडिया, थायलंड व लाओस आणि उत्तरेस चीन आहे. एकूण क्षेत्रफळ ३,२९,५६६ चौ.कि.मी. लोकसंख्या ७८.७ दशलक्ष व लोकसंख्या घनता २४४ प्रती व्यक्ती चौ.कि.मी. (२००१). देशाची उत्तर-दक्षिण लांबी १६००कि.मी. आणि पूर्व-पश्चिम लांबी ५६० कि.मी. असून काही ठिकाणी रुंदी फक्त ५० कि.मी. आहे. हा देश पर्वतीय म्हणून ओळखला जातो. उंच ठिकाण ३१४३ मीटर फान्स पान हे आहे. मुआन व मिकांग या नद्यांचे त्रिभुज प्रदेश चांगलेच उत्पादनक्षम आहेत.

व्हिएतनामच्या हवामानावर चीनच्या समुद्राचा बराच प्रभाव पडतो. तापमान ५° से. ते ३८° से. पर्यंत असते. मेपासून ऑक्टोबरपर्यंत पावसाळा असतो. या काळात मोठमोठी वादळे (टायफून्स) येतात.

येथील लोक एकाच धर्माचे पण साठपेक्षा अधिक जातींचे आढळतात. हनोई हे राजधानीचे शहर आहे. आग्नेय आशियामध्ये सर्वात प्रथम जलसिंचन योजना व्हिएतनाममध्ये राबविली गेली. देशाचे मुख्य पीक तांदूळ आहे. येथे लोखंड, टिन, तांबे, फॉस्फेट व क्रोमाईट यांचे भांडार आहे. तसेच कोळशाचेही उत्पादन होते.

नगदी पिकांमध्ये कॉफी, चहा, रबर यांचे उत्पादन घेतले जाते. मासेमारी व पशुपालन असे उद्योगही येथे चालतात. चिनी सागराच्या किनारावर्ती भागात तेलाचे साठे आहेत. विकास कमीच आहे. हनोई या राजधानीच्या शहराची लोकसंख्या ३१ लाख आहे.

(सिंगापूर)

मलाया द्वीपकल्पाच्या दक्षिणेस असलेल्या एका लहान बेटावर सिंगापूर वसलेले आहे. या देशाच्या पूर्व व आग्नेयस ब्रुनेई, दक्षिणेस इंडोनेशिया, उत्तरेस मलेशिया आहे. या देशाला ब्रिटिशांपासून १९६५ मध्ये स्वातंत्र्य मिळाले. या देशाचे एकूण क्षेत्रफळ ६१६ चौ.कि.मी. तर लोकसंख्या ४१ लाख व घनता ३७८ प्रती चौ.कि.मी. आहे. या देशाचे वैशिष्ट्य म्हणजे येथे झोपड्या नाहीत. सर्वत्र उंचचउंच इमारती आहेत. या देशात ५० पेक्षा जास्त लहान-मोठी बेटे आहेत. मुख्य बेट हे क्षेत्रफळाने एकूण क्षेत्रफळाच्या ९०% पेक्षा जास्त क्षेत्र व्यापते. तसेच ते पूर्णत: सपाट असे आहे. सिंगापूर येथील उंच ठिकाण शहराच्या मध्यवर्ती आहे. मोठी नदी सेलटर १४.५ किमी लांबीची आहे. इतर सर्व नद्या लहान-लहान व कमी लांबीच्या आहेत.

येथील हवामान उष्ण व दमट विषुववृत्तीय आहे. वार्षिक तापमान २६^{0} सें ते २८^{0} सें असते. वार्षिक पर्जन्य २५० सेंमी आहे. जंगलांनी १०% क्षेत्र व्यापलेले आहे.

सिंगापूरमध्ये विविध धर्माचे लोक राहतात. एकूण लोकसंख्येत ७७% चिनी, १५% मले, उर्वरित ८% मध्ये भारतीय, पाकिस्तानी, श्रीलंकन, बांगलादेशी लोक राहतात. इंग्रजी ही राष्ट्रभाषा आहे. येथील एंट्रीपोर्ट एक महत्त्वपूर्ण ठिकाण असून येथून हाँगकाँग, जपान, चीन, कोरिया यांच्याकडून आयात होते तर दक्षिण-पश्चिम आशिया व आफ्रिका या देशाकडे निर्यात होते.

सिंगापूरातील सरकारचे देशाच्या बाबतीत चांगलेच लक्ष असल्याने देश

एकदम स्वच्छ व सुंदर असतो. पाणी वाया घालवणे किंवा रस्त्यावर कचरा टाकल्यास मोठा दंड केला जातो. जगातील सर्वात लहान संगणक बनविणारा सिंगापूर हा देश आहे. येथील दरडोई वार्षिक उत्पन्न ३० हजार डॉलर्स आहे.

येथील उद्योगांमध्ये यंत्रे, पुस्तक छपाई, संगणक इत्यादी मुख्य आहेत. येथे कच्चा माल इंडोनेशिया, मलेशिया येथून मागविला जातो. येथील कुशल कामगार मुख्यत: सिंगापूरचेच असतात व त्यांच्यावर येथील उद्योग चालतात. तसेच हल्ली पर्यटन हा मुख्य उद्योग बनला आहे. जौहर स्ट्रेट या ठिकाणी पूल तयार करून सिंगापूर मलेशिया जोडलेले आहे. त्यामुळे व्यापार वाढला आहे. या देशाचे भौगोलिक स्थान हे या देशाच्या विकासाचे मुख्य कारण आहे.

अशा तऱ्हेने विविधतेने नटलेला असा हा खंड आहे. या खंडात चीन व भारत यासारखे विशाल देश आहेत. त्याचप्रमाणे अतिशय छोटे छोटे देश आहेत. खनिज तेलाचे भरपूर साठे असलेले काही देश असले तरी त्याचा तुटवडा भासणारे बहुसंख्य देश या खंडात आहेत. शेती, जलसंपत्ती, लोकसंख्या घनता, आर्थिक विकास इत्यादी बाबत विषम वितरण असलेल्या या खंडाचा अभ्यास भूगोल समजण्यासाठी आवश्यक आहे.

□

प्रकरण – २

युरोप

प्रास्ताविक

क्षेत्रफळानुसार युरोप हा जगातील सहाव्या क्रमांकाचा खंड असून, रशियाचा युरोपियन भाग लक्षात घेता औद्योगिकीकरण व नागरीकरण याबाबत शहरीकरणाचे एक प्रगत खंड आहे. युरोप खंडाचे एकूण क्षेत्रफळ १०,९००,००० चौ.किमी. आहे. सन २००१ मध्ये येथील एकूण लोकसंख्या ७२७ दशलक्ष इतकी असून प्रती चौ. कि.मी.स १०१ व्यक्ती अशी लोकसंख्येची घनता आहे.

युरोप खंडाच्या तिन्ही बाजूस समुद्र असून उत्तरेस आर्क्टिक महासागर पश्चिमेस अटलांटिक महासागर आणि दक्षिणेस भूमध्य समुद्र आहे. पूर्वेस उरल पर्वताची रांग असून आग्नेय दिशेस कॅस्पियन समुद्र आहे. कॉकेशस पर्वताच्या दक्षिणेस काळा समुद्र आहे. युरोप खंड हा प्रत्यक्षात युरोप भूभागाचा मोठा द्वीपकल्प आहे.

द्वीपकल्प, उपसागर, बेटे, फिऑर्ड किनारे इत्यादींमुळे युरोप खंडाचे, विशेषत: दक्षिण, पश्चिम आणि उत्तरेकडचे किनारे अनियमित असल्याने किनारा लांब आहे. युरोप खंडाच्या किनाऱ्याची एकूण लांबी ८०,५०० किमी. आहे.

औद्योगिकीकरण, शेती उद्योग आणि राजकारण यामध्ये युरोपियन देशांनी क्रांती करून ती जगभर पसरविलेली आहे. म्हणून सुमारे पाचशे वर्षांपासून जागतिक स्तरावर सर्व क्षेत्रात युरोपियन क्रांतीचा ठसा उमटलेला दिसून येतो.

ग्रेट ब्रिटन, आयर्लंड, आईसलँड ही युरोपमधील प्रमुख बेटे असून, ऑर्कनोज, शेटलँडस, फायरोज, सिसिली, सार्डिनिया, कॉर्सिका, क्रेट आणि चॅनेल ही छोटी बेटे आहेत. त्यापैकी आईसलँड आणि फेरोझ ही बेटे सागरीय मंचावर विकसित झाली आहेत.

युरोप खंडाची प्राकृतिक रचना, सामाजिक–आर्थिक आणि राजकीय जडणघडण ही सुद्धा गुंतागुंतीची व वैविध्यपूर्ण आहे.

भौगोलिक वैशिष्ट्ये

(१) युरोप खंडाचा आकार हा अत्यंत अनियमित असून मुख्य द्वीपकल्प हा स्कँडिनेव्हियन, आयबेरीयन, इटालियन व बाल्कन अशा अनेक लहान द्वीपकल्पांनी अनुबंधित झालेला आहे. तसेच त्याचे भौगोलिक स्थान हे वैशिष्ट्यपूर्ण असून येथून आशिया, आफ्रिका आणि अमेरिका या खंडाशी दळणवळण करण्यास सोयीचे आहे.

(२) युरोप खंडाचे नैसर्गिक पर्यावरण, प्राकृतिक रचना, हवामान आणि मृदा इत्यादी बाबतीत बदलणारे आहे.

(३) युरोपीय राष्ट्रांमध्ये वैविध्यपूर्ण आर्थिक क्रिया होत असून विनिमयाच्या अनेक संधी उपलब्ध करून देणाऱ्या आहेत.

(४) युरोपच्या आर्थिक क्रिया ह्या प्रामुख्याने औद्योगिकीकरण व तृतीयक आर्थिक क्रियांवर (Tertiary activities) अवलंबून आहेत.

(५) राहणीमान आणि मानवी विकास या बाबतीत युरोप अत्यंत प्रगत असून पश्चिमेकडून पूर्वेकडे त्याच्या गुणवत्तेमध्ये ऱ्हास होताना आढळतो.

(६) सरासरी युरोपीय आयुर्मान ७९ वर्षांत असून ज्येष्ठ नागरिकांची लोकसंख्या (६५ वर्ष वयाच्या वर) ही जास्त आहे. इटली, जर्मनी, ऑस्ट्रिया इत्यादी राष्ट्रांमध्ये ती सर्वात जास्त असून एकूण लोकसंख्येच्या १८ टक्के इतकी आहे.

(७) जगामध्ये युरोपीय राष्ट्राची संस्कृती ही 'पाश्चिमात्य संस्कृती' म्हणून परिचित असून अनेक विकसनशील राष्ट्रांवर या संस्कृतीच्या वाढत्या प्रभावाने या राष्ट्रांची पारंपरिक संस्कृती विकोपास जात आहे.

(८) युरोपीय भूमीचा वायव्य युरोप हा मुख्य गाभा असून संगणक क्रांतीमुळे या भागाचा कायापालट झालेला आढळून येतो आणि या ठिकाणी औद्योगिकीकरणाची जागा तृतीयक आर्थिक क्रियांनी स्थित्यंतरित झाल्याचे आढळते.

(९) युरोपच्या आर्थिक विकासामध्ये व सामाजिक स्थित्यंतरामध्ये व्यापार आणि वाणिज्य या क्रियांची अत्यंत महत्त्वाची भूमिका आहे आणि म्हणूनच लुईस एल अमॉर या शास्त्रज्ञाने गेल्या शंभर वर्षांतील प्रगतीचा आढावा घेऊन The walking drum ही संज्ञा वापरलेली आहे.

(१०) युगोस्लाव्हिया या द्वीपकल्पातील राष्ट्रांमध्ये आपापसातील वारंवार होणारे भेद, बदलणारे राजकीय निर्णय, युद्धसदृश परिस्थिती यामुळे त्या द्वीपकल्पास ëShatter beltí असे संबोधण्यात येते.

प्राकृतिक रचना

युरोप खंडाची प्राकृतिक रचना अत्यंत वैविध्यपूर्ण अशी आहे. पश्चिम आणि दक्षिणेकडचा पर्वतीय भाग हा बर्फाच्छादित शिखरे, दऱ्या, घळ्या, पठारे, मैदाने इत्यादींमुळे वैविध्यपूर्ण ठरतो तर त्यामानाने पूर्वेकडील भाग हा भूगर्भीयदृष्ट्या स्थिर व ठराविक भूरूपांनी वेगळा आहे. प्लाईस्टोसीन कालखंडामध्ये साधारणपणे उत्तरेकडील एकतृतीयांश भाग हा खंडीय बर्फाच्छादनामुळे बदललेला आहे. बर्फामुळे झालेली धूप व अवसाद (गाळ) यामुळे स्कॉटलंड व स्कॅन्डिनेव्हिया येथील पर्वतराजी या गोलाकार झालेल्या दिसून येतात. युरोपच्या उत्तर भागामध्ये विरघळणाऱ्या बर्फामुळे जमिनीतील पाण्याचा निचरा लवकर होत नसल्यामुळे अनेक लहान-मोठी सरोवरे निर्माण झालेली दिसून येतात.

नॉर्वेमधील खोल फिऑर्ड किनारे हे हिम कार्यामुळे तयार झाले असून नद्यांच्या जुन्या प्रवाहांचे उर्ध्वखनन जास्त धूपेमुळे तयार झाले असून ते जास्त प्रमाणात होत आहे.

दक्षिणेकडील आल्प्स, पिरनीज, कॉकेशस या पर्वतराजींमधील बर्फाच्या वहन कार्याने दऱ्यांची खोली वाढलेली असून पर्वतांची शिखरे जास्त निमुळती व टोकदार झालेली आहेत.

युरोपचा बहुतांशी भाग हा समुद्रसपाटीवर किंवा त्यापासून थोडासा उंचीवर आहे. युरोप खंडाचा सर्वात कमी उंचीचा भाग म्हणून समुद्रसपाटीपासून २८ मी खोल असलेला कॅस्पिअन समुद्राची नोंद होते, तर मध्य युरोपमधील मैदानी भागात जास्त उंची असलेल्या डेन्मार्कची (उंची १७५ मी.) नोंद करता येईल.

प्राकृतिक रचनेवर आधारित युरोप खंडाची मुख्य चार भागामध्ये विभागणी करता येईल.

(१) या ईशान्यकडील उंच भूमीचा प्री-कॅम्ब्रियन कठीण खडकांचा भाग

उंच भूमीच्या भागामध्ये नॉर्वे, स्वीडन, डेन्मार्क आणि फिनलँड या राष्ट्रांचा समावेश होतो. हा वारंवार होणाऱ्या भूक्रियांच्या भूभाग उंचावणाऱ्या हालचाली (upliftment) व धूप यामुळे हा लाखो वर्षांपूर्वी तयार झालेला आहे. खंडीय बर्फाच्छादनामुळे अनेक भूरूपे विस्तृत मैदानी व गोलाकार झालेली आहेत.

(२) मध्य युरोपातील हर्सिनीयन उंचभूमीचा भाग

या उंचभूमीमध्ये आयबेरीयन द्वीपकल्प, झेकोस्लोव्हाकियाचा बोहेमियन उंचभूमीचा भाग, जर्मनी आणि फ्रान्स मधील मॅसीफ सेन्ट्रल आणि वोसगेस पठारी व पर्वतीय भाग यांचा समावेश होतो. तसेच मध्य व दक्षिण जर्मनीमधील पर्वत व पठारी भागांचा समावेश होतो.

(३) दक्षिण युरोपातील अल्पाईन भाग

यामध्ये कार्पेथिया, बाल्कन, ट्रान्स सिल्व्हानियन आल्प्स, डिनॅरीक आल्प्स, पिंडस् पर्वत, अपेनीज आणि दक्षिण स्पेनच्या सिएरा नेवाडा या पर्वतरांगांचा समावेश होतो. येथील पर्वतराजी या भूगर्भांतर्गत हालचालींनी निर्माण झालेल्या असून तरुण वलीपर्वत म्हणून ओळखल्या जातात.

(४) मध्य सखल प्रदेश

यामध्ये प्रामुख्याने पूर्व युरोपचा समावेश होत असून या भागाची सुरुवात आग्नेय इंग्लंड आणि उत्तरेकडील फ्रान्सचा भाग येथून सुरुवात होते. हा प्रदेश जर्मनी, पोलंड इत्यादी पूर्वेकडील विस्तृत–भूभाग व्यापतो.

हवामान

युरोपचे सर्वसाधारण हवामान हे समशीतोष्ण प्रकारचे आहे. हिवाळ्यातील तापमान हे सौम्य असून त्यावर सागरी प्रवाहांचा जास्त परिणाम जाणवतो. उष्ण कटिबंधातील पश्चिम अटलांटिक महासागरातील उष्ण पाण्याचे प्रवाह हे युरोपच्या पूर्व व उत्तर दिशेकडे वाहत येऊन हिवाळ्यात युरोपचे हवामान उबदार ठेवतात.

हवामानदृष्ट्या युरोपचे चार भाग करता येतील.

(१) वायव्य युरोपमधील सागरी हवामान विभाग

या हवामान विभागावर अटलांटिक सागरी प्रवाहाचा प्रभाव असून नॉर्वेच्या उत्तर किनाऱ्यापासून स्पेन व मध्य युरोप येथपर्यंत त्याचा प्रभाव जाणवतो. या हवामान विभागाची प्रमुख वैशिष्ट्ये म्हणजे सौम्य हिवाळा, थंड उन्हाळा, भरपूर पाऊस आणि धुके आणि मेघयुक्त आकाश हे होय. ही हवा वर्षभर बदलती असून पर्जन्यवृष्टीही बदलती असते.

या हवामान विभागात हिवाळा आणि उन्हाळा ऋतूमध्ये तपमान हे मध्यम स्वरूपाचे आहे. उत्तर स्पेनमध्ये ला कोरुना या ठिकाणी जुलै आणि जानेवारी यामध्ये तापमान अनुक्रमे १८° सें. आणि १०° सें. इतके आहे. वर्षभर पाऊस नियमित असून तो ५० ते १०० सें.मी. दरम्यान आहे. उत्तर अटलांटिक समुद्राच्या उबदार सागरी प्रवाहाच्या प्रभावामुळे वायव्य युरोपमध्ये हिवाळे हे मध्यम स्वरूपाचे असतात.

टुंड्रा आणि सब आर्क्टिक निकृष्ट हवामानाचा उत्तरेकडील युरोपीय राष्ट्रांवर परिणाम दिसून येतो. फिनलँड, स्वीडन यांचा बराचसा भाग, उत्तरेकडील युरोपियन रशिया आणि नॉर्वेचा काही भाग इत्यादीचा समावेश उप आर्क्टिक हवामान विभागात होत असून जास्त कालावधीचे व तीव्र स्वरूपाचे हिवाळे आणि तुलनेने

कमी कालावधीचे व थंड उन्हाळे हे या हवामानाचे वैशिष्ट्य आहे. अतिशय थोड्या कालावधीचे धुके रहित ऋतू व आम्लयुक्त मृदा यामुळे याठिकाणी शेती विकास झालेला नाही. मानवी वसाहती अतिशय तुरळक असून, स्प्रूस, फर इत्यादी वृक्षांची जंगले या ठिकाणी आढळतात.

टुंड्रा प्रदेश हा प्रामुख्याने अति उत्तरेकडील नॉर्वे व आईसलँडचा भाग व्यापतो. या भागात प्रामुख्याने दगडफूल, हरिता, गवत, खुरटी झुडपे, बुटकी वनस्पती व फुले यांची वाढ झालेली असून शेतीसाठी हा भाग योग्य नाही.

(२) पूर्व आणि उत्तर युरोप यामधील खंडीय हवामान विभाग

मध्य आणि पश्चिम युरोप यामध्ये किनारवर्ती प्रदेशापासून जसजसे खंडीय भागात जावे तसतसे सागरी हवामान प्रभाव कमी होत जातो. हिवाळा जास्त तीव्र, उन्हाळा जास्त उबदार, मेघयुक्त आकाश परंतु वार्षिक पर्जन्यमान कमी असे होत जाते. अटलांटिक महासागराकडून आलेल्या सागरी वायुराशींचा प्रभाव कमी होऊन मध्य आशियाकडून आलेल्या खंडीय वायुराशीचा प्रभाव जाणवतो. अशा प्रकारचे हवामान हे प्रामुख्याने पोलंड, स्लोव्हाकिया, झेक रिपब्लिक, हंगेरी, रुमानिया, सर्बिया आणि बल्गेरिया या राष्ट्रांत जाणवते. हिवाळा आणि उन्हाळा या ऋतुंमधील तापमानातील कमालीचा फरक हे या खंडीय हवामान विभागाचे वैशिष्ट्य आहे. उदा. मॉस्को येथील सरासरी तपमान हे जानेवारी महिन्यात – (उणे)१२° सें.ग्रे. इतके तर जुलैमध्ये १६° सें.ग्रे. इतके होते तर उन्हाळ्यामध्ये जमिनीचा भूभाग तापून हवेच्या ऊर्ध्व वहनाने वादळनिर्मिती होते व भरपूर पाऊस पडतो. सरासरी ६५ सें.मी. इतके पर्जन्य असते.

(३) दक्षिणेकडील भूमध्य सागरी हवामान विभाग

दक्षिणेकडील युरोप खंडाचे हवामान हे उन्हाळ्यात कोरडे, उबदार ते उष्ण, आणि हिवाळ्यात मध्यम स्वरूपाचे आहे. भूमध्यसागरी किनारी प्रदेशात हवामान प्रामुख्याने उन्हाळ्यात उष्ण आणि कोरडे (जुलै महिन्याचे सरासरी तापमान २२°सें.) आणि हिवाळ्यात थंड, मध्यम व पावसाळी आहे. (जानेवारी महिन्याचे सरासरी तापमान ८° सें.) सरासरी पर्जन्यमान ७५ सें.मी. ते १०० सें.मी. इतके असून ते अनुक्रमे सखल प्रदेश व उच्चभूमी प्रदेश याप्रमाणे बदलणारे आहे. अवर्षण–रोधक वृक्षांची वाढ ही साधारणपणे भूमध्य भूभागावर झालेली असून सध्या अशा वृक्षांची जागा झुडपे आणि शेती आणि फळबाग यांनी व्यापली जात आहे. वन्यझुडपांच्या प्रदेशाला फ्रेंच लोक 'माकूस' (Maquis) असे संबोधतात.

भूमध्य सागरी हवामान, विशेषत: तापमान, विविध पिकांसाठी उपयुक्त असून

उन्हाळ्यामध्ये जलसिंचनाची आवश्यकता भासते. हिवाळी पाऊस आणि उन्हाळ्यातील अवर्षणाची स्थिती यावर येथील नैसर्गिक पीक पद्धती अवलंबून असून शेती प्रामुख्याने अशा पिकांवर आधारित आहे. हिवाळ्यातील गहू हे प्रमुख तृणधान्य पीक आहे तर बार्ली हे कोरड्या हवामानात व जास्त सुपीक नसलेल्या प्रदेशामध्ये येणारे पीक आहे. ऑलिव्ह, सायट्रस, आणि भाजीपाला ही या भागामधील वैशिष्ट्यपूर्ण अशी पिके असून भूमध्य सागरी हवामान प्रदेशातील लोकांच्या आहारात ऑलिव्ह वृक्षापासून निघणाऱ्या तेलाचा प्रमुख समावेश असतो. विविध प्रकारच्या बीन्स आणि पीज यामुळे प्रोटीनयुक्त आहार मिळतो.

जलसिंचन केलेल्या जमिनीवर जास्त उत्पादने घेतली जातात आणि अशा ठिकाणी सखोल शेती केली जाते. या भागातील बहुतांशी राष्ट्रांना तेलाची आयात करावी लागते.

(४) पर्वतीय हवामान विभाग

उच्चभूमी प्रदेशांचा या हवामान विभागात समावेश होत असून आल्प्स आणि कॉकेशस पर्वतराजी यात येतात. पर्जन्यमान, वारा, सूर्यप्रकाशाचा कालावधी, उंची इत्यादी घटकांवर येथील हवामान स्थिती अवलंबून आहे. सर्वसाधारणपणे तापमानकक्षा –(उणे) ४°सें. (जानेवारी) ते १६°सें.(जुलै) अशी आहे. वाऱ्याच्या दिशेच्या पर्वतीय भागात पर्जन्य पाऊस पडतो तर वाऱ्याच्या दिशेच्या विरुद्ध बाजूस कमी पाऊस पडतो. अनुक्रमे, ५० सेंमी ते २०० सेंमी इतका पर्जन्यमानात बदल होतो. अति उंचीवरील पर्वतांचा भाग हा बर्फाच्छादित असून त्याचे सरासरी तपमान गोठण बिंदूच्या खाली असल्याने हिमक्षेत्र संरक्षित राहते.

एकाच अक्षवृत्तावरील पश्चिमेकडील हवामान हे पूर्वेकडील उत्तर अमेरिकेच्या हवामानाच्या मानाने मध्यम स्वरूपाचे आहेत. याचे प्रमुख कारण म्हणजे पश्चिमी वाऱ्यांनी आणलेल्या उत्तर अटलांटिक महासागरातील उबदार पाण्याचे प्रवाह हे होय. उन्हाळा ऋतूमध्ये आल्प्स पर्वतामुळे उत्तरेकडील बाष्पयुक्त हवा अडविली गेल्यामुळे भूमध्य सागरी हवामान प्रदेश हे जास्त उबदार व कोरडे आहेत.

नदीप्रणाली

युरोपमधील प्रमुख नद्या मध्य युरोपातील पर्वतराजी किंवा आल्प्स पर्वतात उगम पावतात. यामध्ये ऱ्हाईन, ऱ्होन, सीन, पो, डॅन्यूब, एल्ब आणि व्हिस्टुला या नद्यांचा समावेश होतो. पूर्व युरोपमधील दक्षिणेकडे वाहणाऱ्या नद्यांमध्ये नाईपर, डोनेट्स आणि व्होल्गा यांचा समावेश होतो. भूमध्यसागरी प्रदेशातील नद्या वगळता युरोपातील जवळजवळ सर्व नद्यांचे प्रवाह हे वर्षभर समान वितरीत असणाऱ्या

पर्जन्यामुळे स्वरूपाचे आहेत. युरोपातील आल्प्स पर्वत व इतर उच्च भूमीमध्ये असणाऱ्या नद्यांमध्ये तसेच स्कँडिनेव्हियन द्वीपकल्पामधील नद्यांमुळे औद्योगिकी-करणासाठी लागणाऱ्या विजेचे मोठ्या प्रनाणात उत्पादन होते.

मृदा आणि वनस्पती

युरोपमधील प्राकृतिक रचनेचा आणि हवामानाचा मृदा आणि नैसर्गिक वनस्पती यावर फार मोठा प्रभाव दिसून येतो. खंडीय हिमाच्छादनामुळे युरोपमधील मृदा वैशिष्ट्यांवर परिणाम झालेला दिसून येतो म्हणून विशिष्ट प्रकारच्या हिम अवसादांमध्ये गोट्यांचे प्रमाण व इतर भरड वाळू, पोयटा व जैविक पदार्थांचे संचयन झालेले आढळते. थोडक्यात, युरोपमधील मातीचे प्रकार हे हवामान प्रदेशानुसार बदलणारे आहेत.

उत्तरेकडील स्कँडेनेव्हियन उच्चभूमी आणि टुंड्रा प्रदेशातील भागात, हरित, दगडफूल, डॉर्फ-बर्च (dwarf-berch) प्रकारच्या वनस्पती ह्या उथळ आम्लधर्मी, निचरा न होणाऱ्या नापीक मृदेमध्ये आढळतात. या प्रदेशाच्या दक्षिणेस स्कँडिनेव्हियापासून उत्तर रशियापर्यंत तैगा प्रदेशात विस्तृत प्रमाणावर सूचीपर्णी वृक्षांची जंगले आढळतात. येथील मृदा ही करड्या रंगाची असून, मूलद्रव्ये वाहून गेलेली, जैविक पदार्थांचे अतिशय कमी प्रमाण असलेली, अतिशय कमी सुपीक असलेल्या स्वरूपाची आहे.

पश्चिम युरोपमध्ये विस्तृत प्रमाणावर पानझडी वृक्षांची जंगले आढळतात. बीच आणि ओक हे वृक्ष हे येथे मोठ्या प्रमाणावर आढळतात. येथील मृदा तपकिरी रंगाची असून त्या खोल आहेत. तसेच जैविक पदार्थांचे विघटन मोठ्या प्रमाणावर झाल्याने येथील मृदा सुपीक आहेत. भूमध्य सागरी प्रदेशामध्ये सायप्रस, कोर्क, ओक, ऑलिव्ह आणि झुडपे या साधारण अवर्षण-रोधक प्रकारच्या वनस्पती मोठ्या प्रमाणावर आढळतात. लोहाचे प्रमाण जास्त असल्याने येथील मृदेला लालसर रंग प्राप्त झालेला आहे. या प्रदेशात पर्जन्याचे प्रमाण कमी असल्याने मातीमधील मूलद्रव्ये व इतर घटक वाहून जाण्याचे व ह्युमसचे प्रमाण कमी आहे.

पूर्व युरोपमध्ये उत्तरेकडून दक्षिणेकडे, वनस्पतींमध्ये टुंड्रा, तैगा, संमिश्र सूचिपर्णी आणि पानझडी जंगले, स्टेप (गवताळ प्रदेश), अर्धशुष्क प्रदेशातील झुडपे असा क्रम आढळतो. मृदेमधील घटकद्रव्यांचे ऊर्ध्व वहनाचे व ह्युमसचे प्रमाण दक्षिणेकडे वाढत जाते. त्यामुळे मातीच्या रंगात देखील करडा ते तपकिरी, आणि काळा ते तपकिरी आणि करडा (कोरड्या हवामानामध्ये) असा बदल होत जातो. स्टेप

विभागात गवताळ प्रदेशातील काळ्या रंगाच्या चेर्नोझम प्रकारच्या मृदा युरोपातील सर्वात सुपीक जमिनी म्हणून ओळखल्या जातात. परंतु पावसाच्या अनिश्चित आणि अशाश्वत स्वरूपामुळे कृषी उत्पादनावर त्याचा परिणाम होतो.

युरोपमध्ये मानवी व्यवसायांचा प्राणिजीवनावर प्रतिकूल परिणाम झालेला आढळतो. अति उत्तरेकडील उच्च पठारी प्रदेशात रेनडियर दगडफूल आणि हरिता या वनस्पतींवर आपली गुजराण करतो. शीत आणि पर्वतीय प्रदेशात लांडगे, मार्टेन्स, कोल्हे, अस्वले इत्यादी लोकर असलेले प्राणी आढळतात. हरिणे, ससे, खारी, ओटर्स, मोल्स, मॅटमॉटस, लेमिंग्ज आणि हेजहॉग्जसारखे सस्तन प्राणी सर्वसाधारणपणे जंगलांमध्ये आढळतात.

पश्चिमेकडील ब्रिटिश बेटे आणि नॉर्वे आणि उत्तरेकडील समुद्रात सागरी जीवसमूहांमध्ये वैविध्य आहे. कॉड, हेरींग, हॅलीबट, हॅडऑक, आणि मॅकरेल इत्यादी सागरी मंचावर आढळणारे मासे विपुल प्रमाणात आहेत. भूमध्यसागर, काव्हा व कॅस्पियन समुद्र तर बिस्के उपसागरामध्ये ट्युना आणि सार्डिन प्रकारचे मासे आढळतात.

स्कँडिनेव्हिया आणि स्कॉटलंड यामधील नद्यांच्या मुख प्रदेशात गोड्या पाण्यातील सामन आणि ट्राऊट प्रकारचे मासे आढळतात. स्टोर्कस्, सीबर्डस्, रेव्हेन्स व ईगल्स या प्रकारचे पक्षी मोठ्या प्रमाणावर आढळतात.

जंगले

युरोपमधील सूचिपर्णी जंगलांचा प्रदेश स्कँडिनेव्हिया पासून वायव्य रशियापर्यंत विस्तारलेला आहे. यात प्रामुख्याने स्प्रूस, पाईन्स, हेमलॉक इत्यादी वृक्ष आढळतात. तसेच आल्प्स, कारपेथीयन पर्वतांच्या उतारावर सूचिपर्णी प्रकारची जंगले आढळतात. जर्मनीमध्ये चांगल्या प्रकारच्या लाकडासाठी ब्लॅक फॉरेस्ट प्रसिद्ध आहे. परंतु अलीकडे आम्लवृष्टीमुळे अशा जंगलांचा ऱ्हास होत चालला आहे.

खनिजे

युरोपात कोळसा व लोहखनिज विपुल प्रमाणात आढळते. तथापि, नैसर्गिक वायू व पेट्रोलियम या पदार्थाची अतिशय कमतरता आहे. उत्तरेकडील समुद्रात नैसर्गिक तेलाच्या अनेक विहिरी असून युनायटेड किंग्डमने या विहिरीतून यशस्वीरीत्या नैसर्गिक तेल उपलब्ध केले आहे.

स्कँडिनेव्हिया आणि भूमध्यसागरी प्रदेश वगळता संपूर्ण युरोपमध्ये कोळशांचे साठे विपुल प्रमाणात आढळतात. जगाच्या एकूण उत्पादनापैकी एकट्या युरोपमध्ये एकतृतीयांश अँन्थ्रासाईट व बिट्युमिनस कोळशाचे उत्पादन होते. चांगल्या प्रतीच्या

कोळशांचे साठे जर्मनीतील ऱ्हूर, उत्तर फ्रान्स व दक्षिण बेल्जियम या प्रदेशांत आढळतात तर कमी प्रतीच्या तपकिरी रंगाच्या लिग्नाईट प्रकारच्या कोळशाचे साठे जर्मनीमध्ये आढळतात. प्रामुख्याने, पूर्व युरोपियन राष्ट्रांमध्ये औद्योगिकीकरणातील कोळसा वापरामुळे प्रदुषणाची समस्या निर्माण झालेली आहे.

फ्रान्समधील लोरेन, उत्तर स्वीडनमधील किरुना (युरोपमधील सर्वात मोठा लोहखनिज प्रदेश), तसेच गॅलीवर जवळील माल्मबर्ग्ट, युक्रेनमधील क्रिव्होई रोग, दक्षिण उरल पर्वतातील कुर्क्स आणि मॅग्नेटोगार्स्क आणि स्पेनमधील बिबलो, सॅन्टाडोर आणि ओव्हियडो या प्रदेशात मुख्य लोहखनिज साठे आढळतात. जगाच्या एकूण उत्पादनापैकी युरोपमध्ये ४० टक्के लोह उत्पादन एकट्या युरोपमध्ये होते.

युरोपमध्ये नैसर्गिक वायू व तेलाचे साठे यांची कमतरता असली तरी, उत्तर समुद्र, अझरबैजन (बाकू), चेचनीया (ग्रॉझनी), रशियातील उत्तरेकडील मैदानी भाग इत्यादी प्रदेश नैसर्गिक वायू व तेलाच्या उत्पादनात अग्रेसर आहेत. फ्रान्सचा नैर्ऋत्य भाग, इटलीमधील पो खोरे व नेदरलॅन्ड, जर्मनी आणि रुमानिया इत्यादी देशात लहान प्रमाणावरील नैसर्गिक वायू व तेल यांचे साठे आढळतात.

बॉक्साईट या खनिजांचे साठे प्रामुख्याने दक्षिण फ्रान्स, हंगेरी आणि उरल यामध्ये आढळतात तर पोटॅश खनिजांचे साठे फ्रान्स, जर्मनी, स्पेन आणि रशियातील युरोपियन भाग यामध्ये आढळतात.

याशिवाय तांबे, शिसे, जस्त, लोहमिश्रित व मौल्यवान धातू (सोने आणि चांदी) इत्यादी खनिजांचे देखील उत्पादन घेतले जाते. युरोपमधील खनिज संपत्तीचे साठे जमीन व जलवाहतुकीने सहज वहन करता येण्याजोगे आहेत.

जलसंपत्ती

खंडीय हिमाच्छादन परिसरातील सरोवरे, विस्तृत नदी प्रणाली आणि पर्जन्याचे समान वितरण यामुळे पश्चिम युरोपमध्ये भूपृष्ठीय व भूअंतर्गत कमतरता निर्माण होते. त्यामुळे कॅस्पियन समुद्राचा उत्तर भाग व भूमध्य हवामान प्रदेशामध्ये प्रामुख्याने उन्हाळ्यामुळे भूपृष्ठीय व भूअंतर्गत जलसाठे कमकुवत होतात. ग्रीस, दक्षिण फ्रान्स, स्पेन, पोर्तुगाल, युक्रेन आणि रशियातील दक्षिण युरोपचा भाग यामध्ये जलसिंचनाच्या सोयी आहेत.

साधारणपणे जलऊर्जेसाठी आवश्यक असलेले पाण्याचे नियमित प्रवाह व धबधबे यामुळे आल्प्स पर्वत आणि स्कँडेनेव्हियन उच्चभूमी प्रदेशात जलऊर्जा उत्पादन चांगल्या प्रकारे होते. व्होल्गा नदीखोरे व रशियाच्या युरोपियन भागातील

नद्यांचे प्रदेश हे जलऊर्जेसाठी अत्यंत अनुकूल असे प्रदेश आहेत. याशिवाय अनेक नद्यांवर धरणे बांधून युरोपियन राष्ट्रांनी जलऊर्जा निर्माण केलेली आहे.

युरोपमधील अनेक प्रमुख नद्यांचे औद्योगिकीकरणामुळे प्रदूषण झालेले आढळते.

शेतीयोग्य जमिनी

शेतीयोग्य जमिनींचे प्रमाण हे राष्ट्रानुसार तसेच प्रांतानुसार बदलणारे आहे. स्कँडिनेव्हियन प्रदेश वगळता युरोपमधील बऱ्याच देशांचे ५० टक्क्यांपेक्षा जास्त क्षेत्र हे शेतीखाली आहे. पैकी युनायटेड किंग्डम, डेन्मार्क, नेदरलँड आणि फ्रान्स इत्यादी देशांमधील बरेचसे क्षेत्र शेतीखाली आहे. तसेच पूर्व युरोपमधील बरेचसे मैदानी प्रदेश शेतीखाली आहेत.

वांशिकता आणि लोक

युरोपमध्ये बरेच वांशिक समूह आढळतात व त्यातील विविधता ही अनेक लहान राजकीय घटकांच्या संख्येवरून लक्षात येते. एकोणिसाव्या शतकामध्ये वांशिक, भाषिक आणि सांस्कृतिक समूहानुसार सीमा तयार करण्यात आल्या. त्यामुळे सुमारे १०० वर्षांपूर्वी जेवढे राजकीय विभाग नव्हते, तेवढे राजकीय विभाग सध्या अस्तित्वात आले आहेत. युरोपियन राष्ट्रांमधील सर्व लोक जरी कॉकेशिअन वंशाचे असले तरी कातडीच्या, केसांच्या व डोळ्यांच्या रंगामध्ये बरीचशी विविधता आढळते. साधारणपणे वायव्य युरोपातील आणि रशियाच्या उत्तर भागातील लोकांचा गोरेपणा हा दक्षिणेकडील लोकांपेक्षा जास्त आढळतो.

युरोपमधील अनेक भाषा या इंडो-युरोपियन वर्गीकरणात मोडत असून मुख्यत्वे जर्मन, रोमन्स व स्लॅव्हिक हे मुख्य भाषा समूह त्यात येतात. जर्मन भाषा समूहामध्ये जर्मनी, ऑस्ट्रिया, स्वित्झर्लंड, युनायटेड किंग्डम, नेदरलँडस, बेल्जियम, नॉर्वे, स्वीडन या राष्ट्रांतील भाषांचा समावेश होतो तर फ्रान्स, स्पेन, पोर्तुगाल, इटली, दक्षिण बेल्जियम, स्वित्झर्लंड व रोमानियाचा पश्चिम भाग इत्यादी मधील भाषा रोमन्स भाषा समूहामध्ये येतात. स्लॅव्हिक भाषा समूहात पूर्व युरोपमधील रशियन, युक्रेनियन, झेक, पोलीश, बल्गेरीयन आणि सेर्बो-क्रोएशियन इत्यादी भाषांचा समावेश होतो. इंडो-युरोपियन भाषा समूहाशिवाय हंगेरी, फिनलँड आणि बाल्टीक राज्यात (फिनो-उग्रीक समूह) उरल-अटलांटिक भाषेचा प्रभाव जाणवतो. यावरून यांचे उरल प्रांतामधून स्थलांतर झाल्याचे सूचित होते.

लोकसंख्या वैशिष्ट्ये

युरोपियन राष्ट्रांमध्ये लोकसंख्या घनता जास्त असून ती ४४४ व्यक्ती प्रती चौ.कि.मी. (नेदरलँडस्) ते ३ व्यक्ती चौ.कि.मी. (आईसलॅन्ड) अशी बदलणारी

आहे. उत्तर युरोपच्या मैदानी भागात लोकसंख्या जास्त असून तेथे घनताही जास्त आहे. युरोपीय राष्ट्रांमधील बहुतांशी लोकसंख्या ही शहरी भागात एकवटलेली आहे. शेती उद्योगावर अवलंबून असलेले लोक खेड्यात राहत असून एकएकट्या वस्त्या हा ग्रामीण वसाहतीचा आकृतिबंध आहे. असे आकृतिबंध हे प्रामुख्याने वायव्य युरोपमध्ये आढळतात. पश्चिम युरोपमधील औद्योगिकीकरणाने अतिप्रगत भागात लोकसंख्या घनता जास्त आढळते. याशिवाय या ठिकाणी शेती व्यवसाय देखील प्रगत झालेला दिसून येतो. उत्तर युरोपातील सखल भाग युरोपच्या दळणवळणाचे प्रमुख केंद्र झाले आहे. रस्ते व रेल्वे वाहतुकीमुळे उत्तर युरोपमधील सखल मैदानी प्रदेशामध्ये जलद लोकसंख्यावाढ झाली त्यामुळे लंडन, पॅरिस, मॉस्को, बर्लिन या शहरांचा विकास झाला.

शेती, वनउद्योग आणि मासेमारी

युरोपच्या अर्थव्यवस्थेत शेती उद्योग हा मूळ पाया होता व आजतागायत अर्थव्यवस्थेचा एक प्रमुख भाग आहे. युरोपियन शेतकऱ्यांना, औद्योगिकीकरणामुळे निर्माण झालेल्या शहरी वस्त्या या प्रमुख बाजारपेठा उपलब्ध झाल्याने आणि युरोपियन सरकारांच्या धोरणांमध्ये मिळालेल्या सवलतींमुळे फायदा मिळाला व त्याने शेती उद्योगाचा भरपूर विकास झाला. उत्तर युरोपमधील सखल भागातील उत्पादित जमिनींना ऱ्हाईन, एल्ब, ओडर आणि व्हिस्टुलासारख्या नद्यांमधील पूरक जलवाहतुकीमुळे महत्त्व प्राप्त झाले.

जगातील बहुतांशी प्रमुख अन्नधान्य पिकांचे येथे उत्पादन होते. भूमध्यसागरी प्रदेशात हजारो वर्षांपासून शेती व्यवसाय करणाऱ्या जमाती राहत आहेत. औद्योगिक क्रांतीमुळे शेती व्यवसाय हा अत्यंत शास्त्रीय आणि सखोल पद्धतीने केला जाऊ लागला. त्यामुळे विविध पिकांवर संशोधन होऊन त्यांचा विकास केला गेल्याने शेती उद्योगात युरोपियन राष्ट्रांची भरभराट झाली. शेती व्यवसायामध्ये यंत्राचा उपयोग केला जाऊ लागल्याने उत्पादनात भरमसाठ वाढ झाली. पश्चिम युरोपमध्ये नियमित पावसामुळे व शेती व्यवसायात शास्त्रीय पद्धतींचा अवलंब केल्याने शेती व्यवसायातून जास्त उत्पादन मिळते.

युरोपमध्ये गहू हे प्रमुख आणि प्रथम क्रमांकाचे अन्नधान्याचे पीक आहे. सर्वसाधारणपणे बार्ली, ओटस्, शुगर बीटस्, राय, बटाटे ही पिके घेतली जातात. डॅन्यूब खोऱ्यामध्ये आणि भूमध्य सागरी प्रदेशात मका हे प्रमुख पीक घेतले जाते. याशिवाय भूमध्य सागरी प्रदेशात फळे, ऑलिव्ह, द्राक्षे, भाजीपाला इत्यादींना औद्योगिकीकरणाने समृद्ध असलेल्या जास्त लोकसंख्या घनता असलेल्या प्रदेशातून

मागणी असल्याने त्यांचे उत्पादन घेतले जाते. डेन्मार्क आणि नेदरलँडस् यामध्ये दुग्धोत्पादनाचा जास्त विकास झालेला आढळून येतो तर दुग्धोत्पादन जवळजवळ सर्व राष्ट्रांमध्ये होते. ब्रिटिश बेटावर मेंढी तर भूमध्य सागरी प्रदेशात शेळी, मेंढी या पाळीव जनावरांचा व्यवसायासाठी उपयोग केला जातो.

नॉर्वे, स्वीडन, फिनलँड आणि रशिया येथील सूचिपर्णी जंगलांचा उपयोग प्रामुख्याने व्यापारी तत्त्वावर केला जातो.

ऐतिहासिक कालापासूनच मासेमारी या व्यवसायास युरोपमध्ये अत्यंत महत्त्व आहे. त्यामुळे किनारी प्रदेशात अनेक लहानमोठ्या बंदरांचा विकास झालेला दिसून येतो. येथील मासेमारी ही प्रामुख्याने उथळ समुद्रात केली जाते. उत्तर समुद्र, नॉर्वेचा किनारा, आणि उत्तर अटलांटिक, आईसलँड जवळील भाग, फेईरोई बेटे आणि ग्रीनलँड इत्यादी प्रदेश मासेमारीसाठी उपयुक्त म्हणून ओळखले जातात. कॉड आणि हेरिंग या दोन प्रमुख तर, प्लेईस, हॅडॉक, कोलफीश, हॅलीबू, सामन, सी ट्राऊट, आणि मॅकरेल इत्यादी माशांची मासेमारी केली जाते. मासेमारीमध्ये नॉर्वे आणि डेन्मार्क ही दोन प्रमुख राष्ट्रे अग्रेसर आहेत. आईसलँडमधून साधारण ७५ टक्के मासे निर्यात केले जातात.

अर्थव्यवस्था

युरोपच्या अर्थव्यवस्थेत विविधता आहे. निरनिराळ्या आर्थिक क्रियांचा विकास झालेला असून अनेक राष्ट्रांमध्ये तसेच प्रांतात आर्थिक क्रियांमध्ये विविधता आढळते. युरोपमधील बरीच राष्ट्रे उत्पादनात अग्रेसर असून मानवी विकास जास्त झालेला आढळून येतो. औद्योगिक क्रांतीनंतर शिक्षण, माहिती, ज्ञान, तंत्रज्ञान आणि पर्यावरणीय बदलांमध्ये अनेक स्थित्यंतरे झालेली आहेत.

उद्योग

जगातील औद्योगिकदृष्ट्या प्रगत अशा खंडामध्ये युरोप खंडाचा समावेश होतो. औद्योगिक क्रांतीनंतर युरोपने अत्यंत प्रगती केली आहे. वाफेच्या इंजिनाचा शोध लागल्यानंतर युरोपमध्ये कोळसा हा एकमेव ऊर्जास्रोत होता व त्यामुळे कोळसा साठ्याजवळ साधारणपणे उद्योगधंद्याची वाढ झाली. परिणामत: लंडन वगळता ब्रिटिश बेटांवर औद्योगिक वसाहती निर्माण झाल्या. सध्या एकूण लोकसंख्येपैकी कामगार लोकसंख्येचा बराचसा भाग उद्योगधंद्यामध्ये व्यस्त आहे. लोह आणि पोलाद, रसायन, धातू पदार्थ इत्यादी अवजड उद्योग पश्चिम युरोपातील पुढील प्रमुख राष्ट्रांमध्ये विकसित झालेले आहेत. उदा. युनायटेड किंग्डम, जर्मनी, फ्रान्स इत्यादी तसेच नेदरलँडस्, बेल्जियम, लक्झेमबर्ग, रशिया, युक्रेन आणि

युरोपच्या पूर्व भागातील देश इत्यादी यामध्ये उद्योगधंदे विकसित झालेले आहेत.

उत्तर युरोपियन देश आणि भूमध्य सागरी देश या दोन्ही प्रांतात प्रामुख्याने फळे, शेती उत्पादने, खनिजे, लाकूड आणि मासे अशा कच्च्या मालावर प्रक्रिया करण्याचे उद्योगधंदे भरभराटीस आलेले आहेत. युरोपमधील उपलब्ध साधनसंपदा, मानवी कौशल्य प्रत्येक देशांमध्ये उद्योगधंद्यांचे विशेषीकरण झालेले आढळते. युरोपमध्ये अनेक देशांमध्ये, उद्योगांमध्ये प्राथमिक पदार्थ निर्मिती व अनेक वस्तू निर्मितीचे घटक निर्माण करण्यावर भर दिला जात आहे. पश्चिम युरोपमधील अनेक राष्ट्रांमध्ये त्यामुळे रोजगार निर्मिती झाली असून अर्थव्यवस्था उद्योगधंद्यावर व इतर सेवांवर अवलंबून आहे.

मध्य युरोपच्या तसेच पश्चिम युरोपच्या उत्तरेस आणि दक्षिणेस ज्या उद्योगधंद्यांची भरभराट झालेली आहे ते औष्णिक वीजनिर्मितीपेक्षा जलविद्युत ऊर्जेवर जास्त अवलंबून आहेत. अलीकडे अल्पाईन पर्वतराजी आणि स्कॅन्डेनेव्हीया- तील उच्चभूमी प्रदेश प्रमुख जलविद्युत पुरविणारे प्रदेश निर्माण झाले आहेत. सध्या पेट्रोलियम आणि नैसर्गिक वायूंच्या पुरवठ्यांमुळे विद्युत निर्मिती केली जाते.

नेदरलँडसमधील नैसर्गिक वायूंच्या साठ्यांचा शोध साधारणपणे १९४० च्या सुमारास लागला. तेव्हापासून उत्तर समुद्राच्या नॉर्वेकडील तसेच ब्रिटिश भागात अनेक साठ्यांचा शोध लागला. अणुऊर्जेचा देखील विकास होत आहे परंतु सध्या त्याचा वापर अत्यंत अल्प आहे.

सध्या स्वीडन, फिनलँड आणि ऑस्ट्रिया या काही देशांमध्ये मोठ्या प्रमाणात लाकूड उपलब्ध आहे, तर आल्प्स आणि स्कॅन्डेनिव्हीयन द्वीपकल्पामध्ये ऱ्होन आणि ड्यॅनुब नद्यांच्या पात्रात मोठ्या प्रमाणावर जलविद्युत ऊर्जा निर्माण केली जाते. धातू खनिजांचे प्रमाण अतिशय घटले जाऊन ते अल्प प्रमाणात शिल्लक आहे. कोळशाच्या खाणींचे स्वरूप बदलले असून त्याचे जास्त सखोल खाणकाम झाल्यामुळे या खाणी खर्चिक झाल्या आहेत व अत्यंत अल्प प्रमाणात कोळसा उपलब्ध होतो. दुसऱ्या महायुद्धानंतर युरोपने त्यापेक्षा स्वस्त अशा तेलाची आयात सुरू केली आहे. उत्तर समुद्रातील तेलसाठ्यांचे उत्पादन १९७० पासून सुरू झाले असून दुसऱ्या महायुद्धानंतर मध्य पूर्वेकडील किंवा रशियामधून त्याची आयात केली जाते.

युरोपच्या बहुतांश देशांमध्ये अत्यंत महत्त्वाच्या खनिजांचे साठे आहेत. १९७० च्या सुमारास युनायटेड किंग्डम या देशाने मोठ्या प्रमाणावर नैसर्गिक वायू व तेलाचे उत्पादन सुरू केले. त्याचप्रमाणे नॉर्वेने नैसर्गिक तेलसाठे व वायूंचे मोठ्या प्रमाणावर

उत्पादन सुरू केले. नेदरलँडस कित्येक दशके नैसर्गिक वायू व तेलाचा निर्यातदार व उत्पादन करणारा देश म्हणून परिचित होता. पूर्व फ्रान्स व उत्तर स्वीडन यामध्ये मोठ्या प्रमाणावर लोह खनिजांचे साठे सापडले आहेत. सध्या पोलंडमधील कोळसा हे त्या देशाची संपूर्ण आर्थिकव्यवस्था बांधून ठेवणारा आहे तर जर्मनी आजतागायत कोळसा उत्पादनात अग्रेसर आहे.

वाहतूक

युरोपमध्ये रेल्वे, रस्ते व हवाई वाहतुकीचे विकसित जाळे निर्माण झालेले आहे. मध्य आणि पश्चिम युरोपातील सखल मैदानी अधिक लोकसंख्या घनता असलेल्या प्रदेशात रेल्वे, महामार्ग व जलमार्ग इ. वाहतूक मार्गांचा विकास झालेला असून आल्प्ससारख्या पर्वतीय प्रदेशात बोगदे आणि खिंड यामार्गे रस्ते विकास केलेला आहे. युरोपला लाभलेल्या विस्तृत किनारपट्टीमुळे जलवाहतूक सोयीची आणि महत्त्वाची समजली जाते. पश्चिम युरोपियन देशांमध्ये व्यापारी जहाजे अधिक असून युनायटेड किंग्डम आणि नॉर्वे येथे त्यांचा सर्रास वापर केला जातो. मध्य युरोपात उगम पावणाऱ्या ऱ्हाईन, ओडर आणि ड्यॅनूब व एल्ब यासारख्या नद्यांमधून जलवाहतूक करणे अत्यंत सोयीचे बनले आहे. सखल प्रदेशात जलवाहतूक जोडण्यासाठी अनेक कालवे बांधलेले आहेत. युरोप खंडामध्ये हवाईवाहतूक सर्रास असून जवळ जवळ सर्वच देशांमध्ये आंतरराष्ट्रीय व राष्ट्रीय विमानतळे आहेत.

युरोपमधील असंख्य राजकीय विभागांमुळे वाहतुकीमध्ये समन्वय साधता येणे ही एक समस्या निर्माण झालेली आहे. उदाहरणार्थ, ऱ्हाईन नदी चार देशांमधून वाहते, त्यामुळे वाहतुकीचे धोरण आणि समस्या निवारणासाठी आंतरराष्ट्रीय संघटनाची निर्मिती करावी लागली. त्यासारखी परिस्थिती डॅन्यूब व इतर नद्यांच्या बाबती देखील करावी लागली. युरोपमध्ये रेल्वेमार्ग हे त्या त्या राज्यांच्या मालकीचे असतात. १९८६ मध्ये इंग्लंड आणि फ्रान्सने मिळून इंग्लिश खाडी खालून रेल्वेमार्गासाठी बोगदा तयार करण्याचा आराखडा मंजूर केला आणि १९९४ मध्ये तो तयार झाला. त्यामुळे ब्रिटन आणि युरोपमधील अन्य देश जोडले गेले.

व्यापार

जगातील इतर खंडांपेक्षा युरोप सर्वात जास्त आंतरराष्ट्रीय व्यापार करणारे खंड म्हणून परिचित आहे. तंत्रज्ञानाने प्रगत अशा देशामध्ये अन्न व कच्च्या मालाचा पुरवठा करावा लागतो. त्यामुळे जगातील बहुतांश भागात युरोप तयार माल निर्यात करतो. उत्तर समुद्र प्रदेशातील देश हे आयात आणि निर्यातीचे प्रमुख देश म्हणून

ओळखले जातात. संयुक्त संस्थाने व शेजारील देशात व्यापार मोठ्या प्रमाणावर चालतो.

दुसऱ्या महायुद्धानंतर युरोपियन इकॉनॉमिक कम्युनिटी (EEC), कौन्सिल फॉर म्युच्युअल इकॉनॉमिक असिस्टन्स (CMEA किंवा OMECON) आणि युरोपियन फ्री ट्रेड असोसिएशन (EFTA) इत्यादी सारख्या संघटना स्थापन करण्याचे प्रमुख उद्दिष्ट म्हणजे अशा संघटनाचे सदस्य असलेल्या देशांना वाहतूक करातून सवलत देऊन बाजारपेठांचा आकार वाढविणे आणि व्यापारवृद्धी करणे हे होय.

युरोपियन आर्थिक संघटनेमध्ये इटली, फ्रान्स, जर्मनी, बेल्जियम, नेदरलँडस आणि लक्झेंबर्ग हे मुख्य सहा देश आणि ब्रिटन, आयर्लंड, ग्रीस, स्पेन आणि पोर्तुगाल या बारा देशांचा समावेश होतो. १९९० च्या सुरुवातीला युरोपियन आर्थिक संघटना (EEC) ही पूर्व युरोप आणि इफ्टा (EFTA) (ऑस्ट्रिया, फिनलँड, आइसलँड, नॉर्वे, स्वीडन आणि स्वित्झर्लंड यांच्या प्रभावाखाली आली.

पेट्रोलियम, अन्न उत्पादन, औद्योगिक कच्चामाल आणि पक्का/ तयार झालेला माल या मुख्य वस्तू युरोपमध्ये पाठविल्या जातात. युरोपमधून यांत्रिक उत्पादन आणि दुसरा पक्का माल निर्यात केला जातो. युरोपचा आंतरराष्ट्रीय व्यापार विशेषत: औद्योगिक देशाशी आणि कमी विकसित भागाशी केला जातो. दुसऱ्या महायुद्धापासून पर्यटनास जोरदार प्रेरणा उत्तेजन मिळाले आहे आणि त्याचा फायदा वाढत जाणाऱ्या युरोपच्या अर्थव्यवस्थेसाठी झाला.

(स्वित्झर्लंड)

स्वित्झर्लंडच्या पूर्व व दक्षिणेस इटली, पश्चिमेस फ्रान्स, उत्तरेला जर्मनी याच्या सीमा आहेत. देशाचे एकूण क्षेत्रफळ ४१,२९३ चौरस किलोमीटर आहे. २००१ च्या जनगणनेनुसार प्रतिचौरस किलोमीटरमध्ये १७२ व्यक्ती वास्तव्य करतात, तर देशाची एकूण लोकसंख्या ७२ लाख आहे.

स्वित्झर्लंडमध्ये एक पर्वतीय रांग आहे. त्याची दक्षिण बाजू जास्त उंच आहे. त्यांची सरासरी उंची ४५४५ मी. आहे. उत्तर भागात उंची कमी होत जाते. या भागात अनेक सरोवरे आहेत. या देशाची तीन भागात विभागणी केली जाते. त्यामध्ये (१) आल्पस, (२) मध्य आणि (३) जुरा पर्वतरांगांचे पर्वतीय क्षेत्र यांचा समावेश होतो. मध्य भागात जिनेवा सरोवरांचा समावेश होतो. या भागात पर्जन्यमान वार्षिक १०० सेंमी. असून, हिवाळ्यातील तापमान ०.६^{0}सें इतके तर उन्हाळ्यातील तापमान २०^{0}सें. असते. स्वित्झर्लंड हा देश शीतकटिबंधात येत असल्याने तापमान

फारच कमी असल्याचे दिसून येते.

७० टक्के लोक शहरी भागात वास्तव्य करतात, तर लोकसंख्येच्या वाढीचा दर ०.३ टक्के आहे. पर्वतीय भागात लोकसंख्येची घनता कमी आहे.

या देशातील ६६ टक्के लोक हे दुग्ध, दुग्धजन्य व्यवसायावर अवलंबून आहेत. या भागात प्रामुख्याने जव, गहू यांचे उत्पादन घेतले जाते. द्राक्षे, सफरचंद, संत्री, मोसंबी यांच्या फळबागा अस्तित्वात आहेत.

देशाच्या २५ टक्के भागात प्रामुख्याने जंगल क्षेत्र आहे. त्यामध्ये मुख्य करून पानझडी प्रकारचे वृक्ष आढळतात. त्यामध्ये बीच, ओक, स्प्रूस, फर या प्रकारचे वृक्ष मोठ्या प्रमाणात आढळतात. अल्पाइन भागात गवताळ प्रदेश असून हिवाळ्याच्या कालखंडात तो पूर्णपणे बर्फाने आच्छादलेला आहे.

औद्योगिकदृष्ट्या हा देश विकसित आहे. या भागात बेरोजगारीची समस्या नाही. या देशात घड्याळ निर्मिती, विविध प्रकारची अवजारे, विविध प्रकारच्या पुस्तकांची छपाई केली जाते. औद्योगिकदृष्ट्या मध्य प्रदेश मोठ्या प्रमाणात विकसित आहे. त्यामध्ये जिनेवा, जूरा प्रदेश घड्याळ उत्पादनात प्रसिद्ध आहेत.

वाहतुकीच्या मार्गांचा विकास जास्त प्रमाणात झालेला आहे. रेल्वे सुविधा केंद्र सरकारच्या अधिपत्याखाली आहे. मोठ्या प्रमाणात वाहतुकीचा विकास आल्पस पर्वताची खोदाई करून केला आहे. त्यामध्ये गौटहार्ड, अर्लबर्ग, सिम्पलोन, आणि लोटस्बर्ग यांची उदाहरणे देता येतात. विमान वाहतुकीचा विकास झाल्यामुळे महत्त्वाच्या शहराबरोबरच इतर शहरे जोडली गेली आहेत. आल्पस् पर्वतीय भागात एका डोंगर भागातून दुसऱ्या डोंगर भागात जाण्यासाठी केबल कार (Cable Car) ची व्यवस्था केलेली आहे.

घड्याळ, विविध वैद्यकीय व हॉस्पिटलमधील उपकरणे, विविध प्रकारची औषध निर्मिती, रासायनिक पदार्थ निर्यात केले जातात. विविध प्रकारचा कच्चा माल, पेट्रोलियम पदार्थ यांची आयात केली जाते.

(स्पेन)

स्पेनच्या पूर्व दिशेस भूमध्य समुद्र असून, उत्तरेला बिस्केचा उपसागर, पश्चिमेला पोर्तुगाल, दक्षिणेला जिब्राल्टरची सामुद्रधुनी आहे. देशाचे एकूण क्षेत्रफळ ५,०४,७८२ चौरस किलोमीटर आहे. लोकसंख्येचा विचार केला तर प्रतिचौरस किलोमीटर मध्ये ७८ व्यक्ती राहतात. तर २००१ च्या जनगणनेनुसार ३९.८ दशलक्ष लोकसंख्या आहे. स्पेनमधील प्रमुख नदी टेगस असून ती पठार पार करून अॅटलांटिक महासागराला

मिळते.

स्पेनचे सर्वात उंच शिखर मुलासेन असून येथील उंची समुद्रसपाटीपासून ३४७८ मी. आहे. ते स्पेनच्या दक्षिण दिशेस आहे. उत्तर पूर्व भागात पिरेनीज पर्वत असून त्यांची उंची सरासरी ३४०४ मी. आहे. उत्तर भागात कँटेब्रिअन पर्वत आहे. मध्य भाग मोठ्या प्रमाणात पठारीभागाने व्यापलेला आहे.

स्पेन भूमध्य सागरी हवामानाच्या प्रदेशात असून येथील उन्हाळ्यातील तापमान २१^{0}सें. इतके आहे. हिवाळ्यातील तापमान फारच कमी असते. ते जानेवारी महिन्यामध्ये ५^{0} सें. ते ९^{0} सें. इतके असते. या भागात वार्षिक पर्जन्यमान ६० ते १०० सेंटीमीटर असते.

देशातील ६० टक्के लोक शहरात राहतात. लोकांचे आयुर्मान ७५ वर्षे आहे. ४० टक्के लोकसंख्या ही प्रामुख्याने ग्रामीण भागात वास्तव्य करते.

स्पेनच्या ३५ टक्के भागावर शेती केली जाते. अंजीर उत्पादनात स्पेनचा पहिला क्रमांक आहे. कापूस आणि तंबाखू ही नगदी पिके घेतली जातात. त्यातील ७ टक्के भागावर मोठ्या प्रमाणात फळबाग लागवड केली जाते. त्यामध्ये प्रामुख्याने अंजीर, सफरचंद, द्राक्ष, संत्री यांचे उत्पादन घेतले जाते.

पशुपालन व्यवसाय मांस उत्पादनासाठी केला जातो. यामध्ये गाय, मेंढी, बकरी आणि घोडे यांचे पालन केले जाते.

प्रामुख्याने स्पेन पारा उत्पादनात अग्रेसर आहे. कोळसा, लोह, गंधक, जिप्सम, निकेल, तांबे, फॉस्फेट, पोटॅशियम क्लोराइड, युरेनियम, शिसे, जस्त यांचे मोठ्या प्रमाणात खनन केले जाते.

स्पेनमध्ये मोठ्या प्रमाणात वाहननिर्मिती केली जाते. वाहननिर्मिती मध्ये सर्वात जास्त श्रमशक्ती वापरली जाते. २० व्या शतकामध्ये हे मोठ्या प्रमाणात औद्योगिकदृष्ट्या प्रगत राष्ट्र म्हणून उदयास आले आहे. तसेच इतर उद्योगांमध्ये रासायनिक पदार्थांची निर्मिती, सुतीवस्त्र निर्मिती, विविध प्रकारचे खेळणी, फर्निचर, चामडे उद्योग मोठ्या प्रमाणात चालतो.

रस्ते वाहतुकीचा विकास झालेला दिसतो. त्या तुलनेत रेल्वे वाहतूक कमी प्रमाणात विकसित झालेली दिसते. विमान वाहतुकीचा मोठ्या प्रमाणात विकास झालेला आहे. प्रमुख शहरांदरम्यान मोठ्या प्रमाणात विमान वाहतूक केली जाते. त्यामध्ये प्रामुख्याने माद्रिद, पामा, मेलूरका, बार्सिलोना, लासामास, मलागा, सान्ताक्रूझ, अलीकान्ते यांचा समावेश होतो.

कच्चे लोह, वाहने, विविध प्रकारची यंत्रसामग्री, चामडे, विद्युत उपकरणे,

विविध हॉस्पिटलमधील उपकरणे, विविध रसायने, अंजीर हे निर्यात केले जातात. पेट्रोलियम पदार्थ, चहा, कॉफी, ताजे आणि विविध डब्यामध्ये अस्तित्वात असणारा भाजीपाला व इतर पदार्थ यांची आयात मोठ्या प्रमाणात केली जाते. व्यापार प्रामुख्याने युरोपिय देशांबरोबर मोठ्या प्रमाणात केला जातो.

(स्वीडन)

स्वीडन युरोप खंडातील शीतकटीबंधातील राष्ट्र आहे. याच्या पूर्व व दक्षिण बाजूस नॉर्वे देश आहे. या देशाचे क्षेत्रफळ ४,४९,९६४ चौरस किलोमीटर इतके आहे. २००१ च्या जनगणनेनुसार या भागात ८९ दशलक्ष लोक वास्तव्य करतात, तर प्रतिचौरस किलोमीटर मध्ये २० व्यक्ती वास्तव्य करतात.

स्वीडनच्या उत्तर-पूर्व भागात एक पर्वत शृंखला आहे. या देशातील सर्वात उंच शिखराची उंची माऊन्ट केबने असून ते समुद्रसपाटी पासून २१११ मी. उंच आहे. ते शिखर केबनेकेसथा नावाने प्रसिद्ध आहे. स्वीडनमध्ये एक पठारी भाग असून त्यावर अनेक सरोवरे आहेत. ह्या सरोवरांची उत्पत्ती उल्कापातामुळे झाली असावी असा शास्त्रज्ञांचा अंदाज आहे.

समुद्रकिनारी भागात मोठ्या प्रमाणात शीतोष्ण सागरीय प्रवाह येतात. या भागात हिवाळ्याचा कालखंड मोठा, रात्री मोठ्या आणि जास्त अंधाऱ्या असतात. जानेवारीमध्ये तापमान दक्षिण दिशेकडून उत्तरेकडे जाताना कमी कमी होत जाते. लुंडचे तापमान -०.८° सें.व स्टॉकहोमचे तापमान -२.८°सें. उत्तरेकडील थोकमोकचे तापमान -१४°सें. असते. उन्हाळ्यातील कालखंडात तापमान जास्त असतो. उत्तर ध्रुवावर उन्हाळ्याच्या कालखंडात २४ तास सूर्य मावळत नाही. त्यामुळे स्टॉकहोममध्ये जुलैच्या महिन्यात तापमान १८°सें., लुंडमध्ये १६°सें. तापमान असते. पर्वतीय भागात वार्षिक पर्जन्यमान ९० सें.मी. तर पूर्वीय भागात ४० सें.मी. असते. एक वर्षाच्या कालखंडात दक्षिण भागात ४० दिवस, स्टॉकहोममध्ये १०० दिवस, पर्वतीय भागात २५० दिवस बर्फ असतो.

लोकसंख्येचा विचार केला तर या देशामध्ये अनेक वंशाचे लोक वास्तव्य करतात. देशात लाप लोकांची संख्या १७,००० असून त्यांच्याशिवाय या भागात इराणी, युगोस्लाव आणि तुर्क हे इस्लाम धर्मांचे लोक वास्तव्य करतात. देशातील ९० टक्के लोक ख्रिस्ती धर्माचे आहेत. या देशातील लोकांचे आयुष्यमान ७५ वर्षापेक्षा जास्त आहे.

स्वीडन मध्ये फक्त १० टक्के भागावरच शेती केली जाते. शेती मुख्य करून

गहू, हरभरा, बटाटे त्याचप्रमाणे काही भागात गवत काढले जाते. त्याचप्रमाणे काही ठराविक भागात पशुपालन व्यवसाय केला जातो.

देशाच्या दृष्टीने ५५ टक्के भाग जंगलांनी व्यापलेला आहे. जंगल क्षेत्रामध्ये बीच, ओक हे पानझडी प्रकारचे वृक्ष आढळतात. शंकाकृती प्रकारचे वृक्ष या भागात आढळतात. देशाच्या १५ टक्के क्षेत्रामध्ये दलदल आढळते.

स्वीडनमध्ये मोठ्या प्रमाणात खनिज संपत्ती उपलब्ध आहे. किरुना आणि उत्तर ध्रुव प्रदेशात, मालारेन झील या भागात लोह पोलाद उद्योग चालतो.

विविध प्रकारची धातुची उपकरणे तयार करणे, हॉस्पिटलमधील विविध उपकरणे तयार करणे त्याचप्रमाणे विद्युत उपकरणे तयार करणे, सैनिकी शस्त्र तयार करणे, रासायनिक पदार्थांची निर्मिती इत्यादी या देशात केली जाते. विविध प्रकारच्या औषधांची निर्मिती केली जाते.

देशातील वाहतूक फारच विकसित झालेली आहे. स्टॉकहोम आणि आरलन्हा येथे हवाई वाहतूक विकसित आहे. स्टॉकहोम, गोटेबर्ग आणि मालमो येथे जलवाहतूक विकसित झालेली आहे.

आयातीमध्ये प्रामुख्याने विविध प्रकारचे पेट्रोलियम पदार्थ, सुतीवस्त्र, धागे, विविध प्रकारची यंत्रसामग्री आणि खाद्य वस्तू यांचा समावेश होतो. निर्यातीमध्ये लोहपोलाद उद्योगांचा त्यात समावेश होतो. यंत्रसामग्री, वाहने, कागद, लाकूड आणि विविध प्रकारच्या फर्निचरचा त्यामध्ये समावेश आहे.

(रशिया)

रशियाचा पूर्व–पश्चिम असा इतका विस्तार आहे की या दोन्ही टोकांच्या वेळेत अकरा तासाचा फरक आहे. रशियाच्या ईशान्य दिशेला पॅसिफिक महासागर तर पश्चिमेला बाल्टिक समुद्र आहे, दक्षिण दिशेस युक्रेन, चीन, कोरिया, अझॉव समुद्र त्याचप्रमाणे काळा समुद्र आहे. उत्तरेला बेरेंट्रस समुद्र आहे.

रशिया क्षेत्रफळाच्या बाबतीत जगात सर्वात मोठा देश आहे. रशियाचे क्षेत्रफळ १,७०,७५,००० चौरस किलोमीटर आहे, तर २००१ च्या जनगणनेनुसार याची लोकसंख्या १४.४ कोटी आहे. येथे प्रति चौ.कि.मी. ९ व्यक्ती वास्तव्य करतात.

प्राकृतिक घटकांच्यादृष्टीने देशाची पाच भागात विभागणी केली जाते.

१. पूर्वीय भागातील मैदानी भागात उराल हे क्षेत्र असून त्या भागात थोड्या प्रमाणात पठारांचा समावेश होतो या भागाचा विकास म्हणावा तसा झालेला नाही.

या प्रदेशात लोकसंख्यासुद्धा कमी असून तेथे आर्थिक व मानवी विकास

झालेला नाही.

२. पश्चिम बाजूस मैदानी प्रदेश आहे. या भागात नेमनॉस, पद्रीना, नीपर, देस्ना ह्या प्रमुख नद्या आहेत.

३. मध्य भागात उंचभूमी असून त्यांची उंची जास्त असून त्या भागात वरील नद्या उगम पावतात व पश्चिम दिशेस वाहत जातात.

४. उत्तरेस युरोपचे मैदान असून ते आर्क्टिक महासागरापासून बाल्टिक समुद्रापर्यंत पसरले आहे. यामध्ये युरोपीय रशियाचे मैदान आणि सैबेरियाच्या मैदानी भागाचा समावेश होतो.

५. उत्तरेकडे सरोवरांचा प्रदेश आहे. यामध्ये सॅग सरोवर, फिनलंडचे सरोवर, ओलेगा सरोवर, बेलॉय या सरोवरांच्या प्रदेशाचा समावेश होतो.

हा प्रदेश उच्च अंशांच्या अक्षवृत्तांदरम्यान असल्याने तसेच आर्क्टिक महासागरावरून येणाऱ्या थंड हवा अडविण्यासाठी पर्वत श्रेणी नसल्याने या भागात मोठ्या प्रमाणात रात्रीचे तापमान कमी आणि अंधारमय आणि थंडीचे प्रमाण फारच जास्त असते. उन्हाळ्याचा कालावधीसुद्धा जास्त नसल्याने अल्प कालावधीत येणारी पिके या भागात घेतली जातात. या देशात पर्जन्यमान सुद्धा कमी आहे कारण ध्रुवीय भागातून येणारे आर्द्रतायुक्त वारे दक्षिण भागात येईपर्यंत त्यांचे प्रमाण कमी होत जाते.

रशियातील जास्त प्रमाणात लोक हे स्लाविक जातीचे असून त्यांचे प्रमाण ८१ टक्क्याच्या पुढे आहे.

या भागात कोळसा, लोह, पेट्रोलियम, नैसर्गिक गॅस, मँगनीज, चुनखडक संगमरवर अशा स्वरूपांची उत्पादने घेतली जातात.

गेल्या पाच दशकात हे औद्योगिकदृष्ट्या प्रगत राष्ट्र झाले आहे. शहरी भागाचा विकास मोठ्या प्रमाणात झालेला आहे. त्यांची विभागणी पुढीलप्रमाणे केली आहे.

१. मॉस्को. रशियाची राजधानी मॉस्को असून तिची लोकसंख्या ९३ लाख आहे. मॉस्कोचे स्थान मस्कवा नदीकिनारी आहे. सांस्कृतिक केंद्र म्हणून त्याचा उदय त्या कालखंडात झालेला आहे. या भागात प्रसिद्ध अशी चर्चेस आहेत. क्रेमलिन, रेड-स्वेअर, सेंट बेजिल चर्च जगप्रसिद्ध आहेत. मॉस्को ऐतिहासिक दृष्ट्या व धार्मिकदृष्ट्या महत्त्वाचे आहे. या भागात सुतीवस्त्र निर्मिती, रसायन उद्योग, यंत्रसामग्री आणि विविध खाद्य पदार्थ यांची निर्मिती केली जाते.

२. बैकाल सरोवर. बैकाल सरोवरच्या परिसरात मोठ्या प्रमाणात औद्योगिक

विकास झालेला आहे. या भागात कागदी लगदा तयार करणे, विविध धातूच्या संबंधी उपकरणे तयार करणे, रासायनिक उद्योग मोठ्या प्रमाणात आहे. औद्योगिक नगरांमध्ये इरकुटस्क, ब्रास्टक, चेरखो, उलन-उदये यांचा उल्लेख करावा लागेल.

३. कुझनेटस्क खोरे. उराल पर्वत श्रेणीपासून १४५० किलोमीटर अंतरावर औद्योगिकदृष्ट्या प्रगत कुझनेटस्क खोरे आहे. या खोऱ्यात मोठ्या प्रमाणात कोळसा क्षेत्र आहे. आवश्यक कच्चे लोह सहज मिळत असल्याने पोलाद उद्योग याच प्रदेशात आहे.

या भागातील प्रमुख नोवोसीबिर्स्क हे प्रमुख शहर असून ट्रान्स सैबेरियन रेल्वे जंक्शन ओब नदीकाठी आहे. या भागात सैबेरिया येथून येणाऱ्या रेल्वे मिळतात. नोवोसीबिर्स्कच्या दक्षिण भागात लोहपोलादाचे कारखाने आहेत.

कुझनेटस्क खोऱ्यात एकाडिमगोंदोक आहे. या नगराची स्थापना १९५७ मध्ये केली गेली. या भागात मोठ्या प्रमाणात वैज्ञानिक राहत आहेत. त्या शहराची लोकसंख्या १ लाख असून या भागात एक उपनगर असून तेथे मोठ्या प्रमाणात औद्योगिक विकास झालेला आहे.

४. उराल क्षेत्र. हे उत्तर भागात सिरावपासून दक्षिण भागात ओर्स्क शहरापर्यंत पसरले आहे. या क्षेत्रामध्ये कोळसा सोडून इतर अनेक खनिजे उपलब्ध आहेत. या भागात औद्योगिक विकासासाठी कोळसा कुझनेटस्क खोऱ्यातून आणला जातो. ज्या भागातून कोळसा आणला जातो त्या भागात परतीच्या वेळी रेल्वे गाडी कच्चे लोह पोलाद कुझनेटस्कला घेऊन जाते.

या केटिरिंबर्ग शहराच्या उराल पर्वतक्षेत्रामध्ये मोठ्या प्रमाणात औद्योगिक क्षेत्र आहे. या शहराची लोकसंख्या १.३८ दशलक्ष आहे. हे शहर औद्योगिक आर्थिक, सामाजिक, सांस्कृतिक आणि विविध गोष्टींचे केंद्र आहे. याच भागात दुसरे महत्त्वाचे क्षेत्र चल्यार्बिस्क आहे. याची लोकसंख्या १.१५ दशलक्ष आहे हा भाग औद्योगिक शहर असून ट्रान्ससैबेरियन रेल्वेने जोडलेला आहे.

५. व्होल्गा : औद्योगिक प्रदेश आणि पोवोलजी प्रदेश. औद्योगिक प्रदेश व्होल्गा नदीच्या मध्य भागात आहेत. या भागात नैसर्गिक गॅस आणि पेट्रोलियम साठे उपलब्ध आहेत. या भागातील कजान, सराटव ही प्रमुख शहरे आहेत. या भागात कृषीची विविध साधने तयार केली जातात. त्याचप्रमाणे या भागात पेट्रोल विविध प्रकारची खाद्य उत्पादने घेतली जातात.

६. पूर्व औद्योगिक प्रदेश. या प्रदेशाच्या शहराच्या जवळ व्हॅल्डीव्हिस्टोक व नखोडक ही दोन शहरे विकसित झाली आहेत. या भागात पेट्रोलियम पदार्थांसाठी

आवश्यक कच्चा माल पुरविला जातो, विविध धातूची निर्मिती केली जाते. बंदर भागात जहाज ये-जा मोठ्या प्रमाणात चालते.

७. केंद्रीय औद्योगिक प्रदेश. मध्य भागात औद्योगिकदृष्ट्या मॉस्को औद्योगिक प्रदेशांचा विकास झालेला आहे. या भागात स्वयंचलित वाहने, कार, ट्रक, त्याचप्रमाणे गाडीचे टायर, सुतीवस्त्र निर्मिती, विविध प्रकारचे धातुशुद्धीकरण विविध प्रकारची यंत्रे तयार केली जातात.

(युक्रेन)

युक्रेनच्या पूर्व बाजूस रशिया, उत्तरेस बेलारूस आणि पश्चिमेस पोलंड, स्लोव्हाकिया, हंगेरी या तीन देशांचा समावेश होतो. दक्षिणेस रुमानिया आहे. युक्रेनचे क्षेत्रफळ ६,०३,७०० चौरस किलोमीटर आहे. जनगणनेनुसार ४९.१ दशलक्ष लोकसंख्या आहे. प्रतिचौरस किलोमीटरमध्ये ८२ व्यक्ती वास्तव्य करतात. देशातील कीएव हे राजधानीचे सांस्कृतिक व ऐतिहासिक शहर असून ती महत्त्वाची नगरी आहे.

युक्रेनच्या पश्चिम भागात कार्पेशियन पर्वतश्रेणी आहे, तर पूर्वभाग हा मैदानी आहे. युक्रेनमध्ये तीन प्रमुख नद्या असून त्या युक्रेनच्या दक्षिणेस असलेल्या काळ्या समुद्रास जाऊन मिळतात.

मका, तंबाखू, गहू, बटाटे ही प्रमुख पिके मैदानी भागात नद्यांच्या परिसरात घेतली जातात. त्याचप्रमाणे पशुपालन व्यवसाय मोठ्या प्रमाणात चालतो.

युक्रेनमध्ये कोळसा, लोह यांचे उत्पादन घेतले जाते.

युक्रेन भागात मोठ्या प्रमाणात हलक्या आणि मोठ्या उपकरणांची, यंत्रांची निर्मिती केली जाते. त्यामध्ये वाहने, शेतीची उपकरणे तयार केली जातात. १९८६ मध्ये झालेल्या चेर्नोबिल दुर्घटनेमुळे १ लाख २५ हजारापेक्षा जास्त लोकांनी स्थलांतर केले आहे.

(स्लोवाकिया)

स्लोवाकिया या राष्ट्राच्या पूर्वेला युक्रेन, पश्चिमेला ऑस्ट्रिया, झेक गणराज्य, उत्तरेला पोलंड, दक्षिणेला हंगेरी असे देश आहेत. स्लोवाकियाचे क्षेत्रफळ ४९,०३६ चौरस किलोमीटर आहे. २००१ च्या आकडेवारीनुसार याची ५४ लाख लोकसंख्या आहे. प्रतिचौरस किलोमीटरमध्ये १०८ व्यक्ती वास्तव्य करतात.

प्राकृतिकदृष्ट्या विचार केला तर पूर्व बाजूस कार्पेथियन पर्वतश्रेणी आहे. तर

मध्यभाग मैदानी आहे. देशामधून डॅन्यूब ही प्रमुख नदी वाहते.

गहू, बटाटे, विविध पालेभाज्या, जव ही प्रमुख कृषी उत्पादने स्लोवाकिया भागात घेतली जातात. या भागात धातू वितळवणे, रासायनिक पदार्थ तयार करणे, वस्त्रउद्योग, काचनिर्मिती हे प्रमुख उद्योग आहेत. त्यांची निर्यात मोठ्या प्रमाणात केली जाते. आयातीमध्ये विविध प्रकारचे पेट्रोलियम पदार्थ, नैसर्गिक गॅस, कच्चा माल, धातू यांचा समावेश होतो.

(स्लोवेनिया)

ॲड्रियाटिक समुद्राच्या उत्तरेला स्लोवेनिया हे राष्ट्र आहे. याचे क्षेत्रफळ २०,२५३ चौरस किलोमीटर आहे. त्याची लोकसंख्या सुद्धा फारच कमी म्हणजे २० लाख असून, प्रत्येक चौरस किलोमीटर मध्ये १०० व्यक्ती वास्तव्य करतात.

गहू, मका, बटाटे ही प्रमुख पिके येथे घेतली जातात. कृषीला जोडधंदा म्हणून पशुपालन व्यवसाय केला जातो. वनांचे महत्त्व समजल्यामुळे वनसंरक्षण मोठ्या प्रमाणात या भागात केले जाते.

उद्योगधंद्याच्या बाबतीत हे प्रगत राष्ट्र असून या भागात विविध यंत्रसामग्रीची निर्मिती, सुती वस्त्र उद्योग, वाहने, रासायनिक पदार्थांची निर्मिती, खाद्यवस्तुनिर्मिती आणि सिमेंट उद्योग मोठ्या प्रमाणात चालतात.

(अल्बानिया)

अल्बानियाचे क्षेत्रफळ २८७४८ चौ. कि. मी. आहे. लोकसंख्या ३.४ दशलक्ष (२००१) असून त्याची घनता ११५ दर चौ.कि.मी. आहे. अल्बानिया हा लहानसा देश आहे. या देशाचा सागर किनारा ३६० कि.मी. असून ॲड्रिॲटीक आणि आयोनियन समुद्राने सीमांकित केलेला आहे. या देशाच्या उत्तरेस युगोस्लाव्हिया हा देश असून आग्नेयेस ग्रीस आहे. तिराना ही देशाची राजधानी आहे.

अल्बानिया हा प्रामुख्याने डोंगराळ देश आहे. अंदाजे तीन चतुर्थांश प्रदेश हा उंचवट्याचा असून तो समुद्रसपाटीपासून ३०० मी. पेक्षा अधिक उंचीचा आहे. सर्वात उंच शिखर कोरब (२७६१ मी.) हे युगोस्लाव्हियाच्या पूर्व सीमेवर आहे. जास्तीत जास्त लोकसंख्या ही अल्बानियाच्या खोऱ्यात व पठारावर राहते.

किनारी भागात भूमध्य सागरी हवामान असून येथील उन्हाळे उष्ण कोरडे व हिवाळे सौम्य आर्द्र आढळतात. किनाऱ्यापासून अंतर्गत भागात भूखंडीय हवामान असून तेथील हिवाळे थंड व उन्हाळे उबदार असतात. आग्नेय भागात ७६ सेंमी तर

उत्तरेकडील किनारी मैदानी भागात २०३ सेंमी इतकी वार्षिक सरासरी पर्जन्य तफावत आढळते.

अल्बानियातील बऱ्याच नद्या पूर्ववाहिनी आहेत. येथील सर्वात मोठी नदी ड्रीन असून ओरीड, शोडर व प्रस्पा ही अल्बानियातील महत्त्वाची सरोवरे आहेत.

अल्बानिया हा खनिजसमृद्ध देश आहे. क्रोम उत्पादनात देशाचा जगात चवथा क्रमांक लागतो. इतर खनिजांमध्ये खनिज तेल, नैसर्गिक वायू, बिटमिन कोळसा, तांबे, लोह, निकेल यांचा समावेश होतो. ड्रीन नदीपासून जलविद्युत पुरवठा होतो. येथील जंगलातून ओक, चेस्टनट, बीच, पाईन आणि फर इत्यादी कच्चामाल कागद उद्योग व लाकडी उद्योगासाठी पुरविला जातो.

अल्बानियाची ९० टक्के लोकसंख्या प्राचीन इलिरियन वंशाची आहे. त्यामध्ये अल्पसंख्याकांचा समावेश होतो. ग्रीक, जिप्सी, सर्ब आणि बल्गेरीयन असे इतर अल्पसंख्याक आहेत.

युरोपमधील इतर देशापेक्षा अल्बानियाची ३७ टक्के लोकसंख्या शहरी आहे. शिक्षण हे सक्तीचे असून १४ वर्षापर्यंत ते मोफत आहे. या देशाने १९६७ मध्ये स्वत:ला नास्तिक राज्य म्हणून जाहीर केले आणि धार्मिक संस्था बंद केल्या. त्यावेळी ७० टक्के लोकसंख्या मुस्लिम, २० टक्के सनातनी ख्रिश्चन आणि १० टक्के रोमन कॅथॉलिक धर्माची होती. पुढे अल्बानियातील शासनाने लोकांना आपल्या घरामध्ये पूजाअर्चा करण्याची परवानगी दिली आणि जानेवारी १९९१ मध्ये पहिला सार्वजनिक मुस्लिम धर्मगुरू झाला.

देशाची २५ टक्के लोकसंख्या शेती व्यवसायात गुंतलेली आहे. कम्युनिस्टांच्या कालावधीत लहान शेतकरी खाजगी जागेत शेती करत होते. अल्बानियातील कारखानदारी राज्याच्या मालकीची होती. खनिजे, कापड आणि अन्नप्रक्रियांचे मुख्य कारखाने आहेत. इ.स. १९९० मध्ये शासनाने आर्थिक सुधारणा कार्यक्रम जाहीर केला. अर्थव्यवस्थेच्या विकेंद्रीकरणासाठी मोठ्या धैर्याने लोकांनी पुढाकार घेतला. परकीय मदतीवरील बंदी उठवल्याने लहान शेतकरी आपला शेतमाल छोट्या बाजारपेठेत विकू लागले.

(अँडोरा)

अँडोरा पूर्व पिरनीजमध्ये फ्रान्स आणि स्पेन यांच्या दरम्यान पसरलेला आहे. याचे क्षेत्रफळ ४६४ चौ कि. मी. आहे. अँडोराची लोकसंख्या ०.१ दशलक्ष (२००१) आहे. साक्षरता प्रमाण १०० टक्के असून सर्व लोकसंख्या ख्रिश्चनधर्मीय

आढळते. अँडोरा हा शेतीप्रधान देश आहे. या देशातील गहू, बार्ली, बटाटा ही मुख्य पिके होत. लोखंड, शिसे, ॲल्युमिनियम, लाकूड व्यवसाय मुख्य उद्योग आहेत. पर्यटनामुळे राष्ट्रीय उत्पन्नात भर पडते. दरवर्षी जवळ जवळ १४ दशलक्ष पर्यटक अँडोराला भेट देतात.

(अर्मेनिया)

अर्मेनियाचे क्षेत्रफळ २९,८०० चौ. कि. मी. असून ३.८ दशलक्ष (२००१) लोकसंख्या आढळते. अर्मेनियामध्ये कॉकेशियन वंशाचे लोक आढळतात. अर्मेनिया हा १९९१ पर्यंत सोव्हिएत संघाचा घटक होता. या देशाच्या सभोवताली जॉर्जिया, अझरबैजान, तुर्कस्थान आणि इराण हे देश आहेत. अर्मेनिया हा पर्वतीय प्रदेश आहे. अर्मेनियाचे हवामान भूखंडीय प्रकारचे असून येथे जोरदार हिवाळे आणि उबदार उन्हाळे आढळतात. अरारत पर्वत तुर्कस्तानच्या सीमेवर असून याच्या पर्वत पायथ्याला असणारे अरारत मैदान शेतीवाढीसाठी योग्य आहे. सेव्हान सरोवराने ५टक्के क्षेत्र व्यापले आहे. जगातील सर्वात मोठे पर्वतीय सेव्हान सरोवर हे अर्मेनियात आढळते. राझदान नदीचा उपयोग जलसिंचन आणि जलविद्युतनिर्मिती यासाठी होतो. अर्मेनियातील ९० टक्के पेक्षा लोकसंख्या नागरी असून लहान खेड्यात राहतात.

शेतीची सीमा ही सुपीक खोऱ्यांपर्यंत आढळते. सुपीक खोऱ्यात सखोल शेती तसेच विस्तृत जलसिंचन करून शेती करतात. गहू, बार्ली, बटाटा,ऑलिव्ह, बदाम, द्राक्षे, लिंबू, तंबाखू, फळे ही मुख्य पिके आहेत. तांबे, सोने आणि मोलिबडेनम ही मुख्य खनिजे अर्मेनियात सापडतात. रासायनिक कारखान्यांचे येरवन आणि किरॉवकन येथे केंद्रीकरण झालेले आढळते.

(ऑस्ट्रिया)

ऑस्ट्रियाचे क्षेत्रफळ ८३,८५८ चौ. कि.मी. असून लोकसंख्या ८.१ दशलक्ष (२००१) आढळते. ऑस्ट्रिया हे भूवेष्ठित राष्ट्र आहे. या राज्याच्या पश्चिमेस लिखटेनस्टीन आणि स्वित्झर्लंड, उत्तरेस जर्मनी आणि झेक प्रजासत्ताक, पूर्वेस हंगेरी व स्लोव्हाकिया आणि दक्षिणेस इटली आणि युगोस्लाव्हिया आहे. पहिल्या महायुद्धात ऑस्ट्रियाचा पराभव झाला आणि ऑस्ट्रिया, हंगेरी साम्राज्याचे विभाजन झाले.

ऑस्ट्रिया हा डोंगराळ देश आहे. येथे आल्प्स पर्वताचा प्रभाव आढळत

असून देशाचा तीन चतुर्थांश आल्प्स पर्वताने वेढला आहे. ऑस्ट्रियातील आल्प्सचे तीन भाग पडतात (१) उत्तरेकडील आल्प्स, (२) दक्षिणेकडील आल्प्स जो चुनखडकाने बनलेला आहे आणि (३) मध्य आल्प्स जो स्फटिकमय खडकाने तयार झालेला आहे.

मध्य आल्प्स मधील सर्वात उंच शिखर हे ग्रॉस ग्लॉकनर (३७९७ मी.)आहे. पर्वतांची सरासरी उंची पश्चिमेकडून पूर्वेकडे कमी होत जाते. तेथेच ब्रेनर खिंड आहे. सेमेरिंग खिंड ही पूर्व ऑस्ट्रियात आढळते. या भागातून संदेशवाहन वाहतूक करता येते.

डॅन्यूब ही देशातील जलवाहतुकीस उपयुक्त नदी असून उत्तर ऑस्ट्रियाच्या सीमेवरून पश्चिम-पूर्वेस वाहते. ऑस्ट्रियातील अनेक नद्याह्न इन, एनस् साल्झा, मूर्झ आणि द्रावा ह्न या डॅन्यूब नदीस येऊन मिळतात. नूसिदलेर (Neusiedler) जलाशयाचे क्षेत्रफळ ३५० चौ.कि. मी. असून ते देशातील सर्वात मोठे तळे आहे. कॉन्सटान्स सरोवर हे ऑस्ट्रिया आणि स्वित्झर्लंडच्या मालकीचे आहे.

ऑस्ट्रियातील हवामान भूखंडीय असून पश्चिमी भाग सौम्य तर पूर्वी भागात टोकाचे हवामान आढळते. जानेवारीतील सरासरी तापमान ३° सें आढळते तर जुलै महिन्यातील जास्तीत जास्त तापमान २०° सें आढळते. वार्षिक सरासरी पर्जन्यमान ६५ सेंमी. ते १०० सेमी. च्या दरम्यान आढळते. उबदार व कोरडे फॉन वारे दक्षिणेकडून वाहतात. त्यामुळे पर्वतावरून घसरणारा बर्फ अचानक वितळतो.

ऑस्ट्रियामध्ये जलसंपदा अधिक असल्याने तेथे नैसर्गिक वनस्पती अधिक प्रमाणात आढळतात. जलसंपदेपासून ६६ टक्के जलविद्युतशक्तीचा पुरवठा होतो. जंगलाने ४० टक्के क्षेत्र व्यापले असून लाकूड बाजारपेठेत पाठविले जाते. अनेक महत्त्वाची खनिजे - मॅग्नेसाईट, ग्राफाइट, लोह, पोलाद, लिग्नाइट, तेल, नैसर्गिक वायू, तांबे, झिंक, शिसे आणि मीठ इत्यादी येथे सापडतात.

ऑस्ट्रिया देश जर्मन भाषिक असून अनेक जातीचे लोक राहतात. या देशात ५०,००० क्रोटस्,२०,००० स्लोव्हन्स् या अल्पसंख्याक जमाती असून अनेक लहान गट आहेत. हंगेरीयन गट, झेक, स्लोव्हक आणि इटालियन गट आहेत. जवळ जवळ ८५ टक्के लोक कॅथॉलिक धर्माचे तर ६ टक्के लोक प्रोटेस्टन्ट धर्माचे आढळतात. व्हिएनामध्ये ज्यू समाजाची १०,००० लोकसंख्या आढळते.

शिक्षण १५ वर्षापर्यंत मोफत आणि सक्तीचे असून येथे १००टक्के साक्षरता आढळते. आयुर्मर्यादा ७८ वर्षे आढळते. वार्षिक लोकसंख्यावाढीचा दर ०.१ टक्के आहे.

जननदर एक हजार लोकसंख्येमागे फक्त चार आहे. हा जननदर जगातील सर्वात कमी आहे. युरोपमध्ये एका डॉक्टरमागे ५०० लोकसंख्या आढळते म्हणजे त्याचे गुणोत्तर १ : ५०० आढळते.

ऑस्ट्रियाचा २० टक्के भाग जिरायती जमिनीचा असून एक तृतीयांश लोक शेती व्यवसायात गुंतले आहेत. शेतीची धारणक्षमता १५ एकरपेक्षा कमी आहे. बार्ली, गहू, राय, ओठ, बटाटे, बीट, मका ही प्रमुख पिके आहेत. येथे दुग्धोत्पादन अधिक असून मांस उत्पादन कमी होते. व्यापारी दृष्टिकोनातून सूचिपर्णी वृक्ष महत्त्वाचे आहेत. ऑस्ट्रियामध्ये लाकडाचा लगदा तयार करणे, पेपर बोर्ड व इमारतीचे लाकूड याचे उत्पादन होते.

कारखानदारीमध्ये अनेक वस्तू तयार केल्या जातात. कच्चे लोह, पोलाद, ऑटोमोबॉइल, ट्रॅक्टर, रेल्वे इंजिन , जड यंत्र सामग्री, इलेक्ट्रिकल वस्तू, प्लास्टिक, पेपर लगदा, फर्निचर, कापड व्यवसाय, तयार अन्नपदार्थ यामध्ये हा देश अग्रेसर आहे. ऑस्ट्रियातील पारंपरिक वस्तू म्हणजे सिरॅमिक, काचेच्या वस्तू, लाकूड काम, चामड्याच्या वस्तू, संगीत वाद्य इत्यादी होय. ऑस्ट्रियातील वाहतूक व्यवस्था आधुनिक आणि कार्यक्षम आढळते. हवाई वाहतूक देशांतर्गत आणि आंतरराष्ट्रीय स्वरूपाची आढळते. रेल्वे वाहतूक ६५०० कि.मी. अंतरापर्यंत असून आल्प्स पर्वतामधील प्रमुख खोऱ्यातून प्रवास होतो. या ठिकाणी ११,००० कि.मी. लांब स्वायत्त आणि द्रुतगती मार्ग आहेत. डॅन्यूब मधील व्हेसेल्स (Vessels) नदीवरून प्रवासी व मालवाहतूक सेवा उपलब्ध आहे.

(बेलारूस)

पूर्वी सोव्हिएट संघ प्रजासत्ताक काळातील १५ पैकी एक घटक असलेला बेलारशिया डिसेंबर १९९१ मधे स्वतंत्र होऊन बेलारूस म्हणून निर्माण झाले. बेलारूसचे क्षेत्रफळ २०,७,६०० चौ. कि.मी. व लोकसंख्या १०.१ दशलक्ष इतकी आहे. बेलारूस हे भूबंदिस्त राज्य असून, त्याच्या वायव्येस लिथुआनिया व लॅटव्हिया, पूर्वेस रशिया, दक्षिणेस युक्रेन तर पश्चिमेला पोलंड आहे. बेलारूसची राजधानी मिन्स्क आहे. बेलारूस ही संज्ञा, येथील लोकांच्या फिक्कट पिवळ्या केसांशी येथील पारंपरिक सफेद लोकनृत्याशी किंवा हा भाग बराच काळ मोगल साम्राज्यापासून स्वतंत्र राहिला याबद्दल वापरली जाते.

बेलारूस हा सखल मैदानी भाग असून त्याच्या दक्षिणेस दलदलीचा जास्त प्रदेश खंडीय असून थंड हिवाळे व उबदार उन्हाळे आहेत. येथील ३५ टक्के जमीन

पाणथळ असून शेतीपूर्व ती कोरडी करावी लागते. येथील ९०टक्के जमीन जंगलव्याप्त असून मृदा ह्या साधारणपणे अनुत्पादक आहेत. तेथील ७८ टक्के लोकसंख्या रशियन तर ४ टक्के लोकसंख्या पोल्सची आहे.

पोटॅश, पिट व खनिजतेल ही येथील महत्त्वाची खनिजे आहेत. ट्रॅक्टर, संगणक, रेडिओ, दूरचित्रवाणी संच, मोटारसायकल, सायकल, शेतीची अवजारे, रासायनिक धागे, पेपर, बांधकाम साहित्य व कापड उद्योग ही येथील प्रमुख उत्पादने आहेत. ताग, बटाटे, आंबाडी, धान्य, ही महत्त्वाची उत्पादने आहेत. १९८६ नंतर चेर्नोबिल येथील अणुभट्टीत अपघात झाल्याने बरीच जमीन दूषित झाली आहे.

(अझरबैजान)

अझरबैजान या देशाचे क्षेत्रफळ ८६,६००चौ. कि. मी. असून त्याची लोकसंख्या ८.१ दशलक्ष (२००१) इतकी आहे. बाकू हे राजधानीचे शहर असून त्याची लोकसंख्या २ दशलक्षापेक्षा जास्त आहे. कॅस्पियन समुद्रालगत ट्रान्सकॉकेशियामध्ये अझरबैजानचे स्थान आहे.

उत्तरेकडील कॉकेशस, कोरड्या स्टेपीचे मध्यवर्ती मैदान, तसेच नैर्ऋत्येकडील कॉकेशसचे उंचवट्याचे भाग इ. अझरबैजानच्या भूरचनेचे महत्त्वपूर्ण भाग आहेत. ॲपशेरॉन पठाराचा कॅस्पियन सागरात बराच पुढे आलेला भाग हे अझरबैजानचे एक प्रमुख वैशिष्ट्य आहे. त्याचा हा भाग बाकू या महानगरीय प्रदेशाला येऊन मिळतो. येथील हवामान निम ओसाड असून उन्हाळे उष्ण तर हिवाळे थंड असतात.

येथील ८० टक्के लोकसंख्या मुस्लिम असून त्यांची भाषा तुर्की सारखी आहे. त्याचप्रमाणे रशियन व अझरबॅजियन लोकसंख्या येथे आढळते. येथील ५२ टक्के लोकसंख्या ग्रामीण आहे. शेतीमध्ये प्रामुख्याने गहू, कापूस, बार्ली, ओट, चहा, रताळे, बटाटे, बदाम, नारळे, तसेच द्राक्षे ही पिके घेतली जातात. आर्थिक व्यवसायात प्रामुख्याने तेल व नैसर्गिक वायूचे उत्पादन हे महत्त्वाचे आहेत. बाकू शहरात तेल शुद्धिकरण तर समगेट (बाकू शहराच्या उत्तरेस) पेट्रोकेमिकल्स उद्योग आहेत. ॲल्युमिनियमचे उत्पादन बऱ्याच भागात घेतले जाते. अन्नप्रक्रिया उद्योग, कापड उद्योग तसेच गालिचा उद्योग इत्यादी महत्त्वाचे इतर उद्योग आहेत.

(बेल्जियम)

बेल्जियमचे क्षेत्रफळ ३०५२१ चौ. कि. मी. असून तेथील लोकसंख्या १०.३ दशलक्ष (२००१) आहे. लोकसंख्येची घनता प्रति चौ.कि.मी. ३३३

व्यक्ती इतकी आहे. वायव्य युरोपातील हा एक लहान देश आहे. त्याच्या उत्तरेस नेदरलँड, पूर्वेस जर्मनी, व दक्षिणेस लक्झेमबर्ग व फ्रान्स हे देश आहेत.

बेल्जियमचा बराचसा प्रदेश हा सागरपातळीपासून अगदीच कमी उंचीवर आहे. येथील उत्तर सागर किनारी प्रदेश व सिग्नान डि बोट्रॅल येथील सर्वात उंच भाग ६९४ मी इतक्या उंचीवर आहे. भूरचनेच्या आधारावर बेल्जियम तीन भागात विभागला जातो.

(१) सखल बेल्जियम - सागरपातळीपासून ५० मीटर उंचीचा भाग. यात प्रामुख्याने उत्तरेकडील भागाचा समावेश होतो.

(२) मध्य बेल्जियम - ५० ते २०० मीटर उंचीचा भाग.

(३) उंच बेल्जियमचा भाग - २०० मी. पेक्षा जास्त उंचीचा भाग.

सखल व मध्य उंचवट्याच्या बेल्जियमचे हवामान मध्यकटिबंधीय सागरी हवामानासारखे आहे. उन्हाळा व हिवाळा या ऋतूतील तापमान कक्षेत असणारी भिन्नता अगदीच नगण्य आहे. उंच बेल्जियम सागरापासून दूर असल्याने येथे तीव्र खंडीय प्रकारचे हवामान आहे.

किनारी भागात जानेवारीपासून सरासरी तापमान ३° सें तर अर्डेनेस येथील बॅस्टोजेन येथे ०° सें इतके आढळत. याच भागात उन्हाळ्यामध्ये मासिक सरासरी तापमान १६° सें (किनारी) व १०° सें इतके आढळते. बेल्जियम पश्चिमी वाऱ्यांच्या प्रभावाखाली येत असल्याने येथे मध्यकटिबंधातील आवर्तापासून वर्षभर पर्जन्य मिळते. ब्रुसेल्स येथे वार्षिक सरासरी पर्जन्य ८० सें.मी. तर ॲर्डेनेस येथे १५० सें.मी. इतके आहे.

बेल्जियमचा ५०टक्के भाग शेल्डट या नदी खोऱ्याने तर ४२ टक्के भाग म्यूस या नदी खोऱ्याने व्यापला आहे. शेल्डट नदी फ्रान्समध्ये उगम पावून बेल्जियममध्ये १९३ की. मी वाहते. ती पूर्णपणे वर्षभर जलवाहतुकीसाठी उपलब्ध असते. म्यूस नदी बेल्जियम व नेदरलँड यांची सीमा निश्चित करते. ही नदीसुद्धा जलवाहतुकीसाठी वर्षभर उपलब्ध असते.

शेतीसाठी या देशात भरपूर वाव आहे. जवळजवळ २४ टक्के जमीन लागवडीयोग्य असून २४ टक्के जमीन चराऊ कुरणासाठी योग्य आहे. सॅब्रेम्यूस खोरे व कॅम्पाइन यामध्ये कोळशाचे मोठे साठे आहेत. त्याचप्रमाणे येथे चुनखडक व वाळूचे मोठे साठे असून त्याचा वापर सिमेंट व काचा बनवण्यासाठी करतात.

बेल्जियम हा जगातील सर्वात जास्त घनता असलेल्या देशापैकी हा एक असा देश आहे, अँटवर्प, ब्रुसेल्स व घेंट या शहरादरम्यानचा भाग जास्त घनतेचा

आहे. तेथील ९७ टक्के लोकसंख्या नागरी व ३टक्के ग्रामीण आहे. येथील लोकांचे सरासरी आयुर्मान ७७ इतके आहे. येथील लोकसंख्या ३५० वर्षांत दुप्पट होऊ शकते.

१८३१ पासून राज्यघटनेने धार्मिक स्वातंत्र्य दिले आहे. येथील ९०टक्के लोकसंख्या रोमन कॅथोलिक आहे. बेल्जियम हे औद्योगिक व व्यापारी राष्ट्र आहे. ऱ्हाइन-म्यूस शेल्डचा त्रिभुज व सुपीक भाग व युरोपचा जलवाहतुकीचा महत्त्वपूर्ण भाग तसेच युरोपीय संघटनेचे सदस्यत्व यापासून त्याला आर्थिक उत्पन्न मिळते. युरोपियन संघटनेचे (EC) मुख्य कार्यालय ब्रुसेल्स येथे आहे.

बेल्जियममध्ये शेत धारण क्षमता लहान आहे परंतु उपलब्ध शेतीयोग्य जमीन विस्तृतपणे वापरली जाते. देशाच्या गरजेचे ८० टक्के उत्पादन देशातच होते. साखर, कुक्कुटपालन, अंडी, बटर, तसेच मांस उत्पादनात बेल्जियम स्वावलंबी आहे.

धातुयंत्रे, रासायनिक कापड व काच हे महत्त्वपूर्ण उद्योग आहेत. धातुविद्यामध्ये लोखंड, पोलाद, तांबे, जस्त, टीन व शिसे इत्यादी महत्त्वाची उत्पादने आहेत. कच्चा माल सर्व आयात केला जातो. येथे उत्पादित केलेला बराचसा माल हा ऑटोमोबाईल, बांधकाम साहित्य, विद्युत उपकरणे, पूल, रेल्वे, यासाठी वापरला जातो.

रासायनिक उत्पादने ही महत्त्वाची असून यात कोळशापासून कार्बोकेमिकल्स व ऑईलपासून पेट्रोकेमिकल्स ही महत्त्वाची आहेत. बेल्जियममधील रासायनिक उद्योग हे अमोनिया, कृत्रिम खते, सौंदर्यप्रसाधने, जंतुनाशके व निरोधक यांचे उत्पादन करतात. येथील कापडउद्योग चौथ्या क्रमांकाचे असून कृत्रिम धाग्याबरोबरच सुती कापड, तागाचे कापड उत्पादित करतात.

बेल्जियममध्ये काचउद्योगसुद्धा महत्त्वाचे आहेत. लिजजवळील व्हाल सेंटर लँबर्ट हा भाग स्फटिक उद्योगासाठी महत्त्वाचा आहे. त्याचप्रमाणे कागद व मुद्रण, अन्नप्रक्रिया उद्योग व चामडे उद्योग तसेच हिऱ्यांना पैलू पाडणारे उद्योग जे अँटवर्प भोवती केंद्रित झाले आहेत. हे उद्योग महत्त्वाचे ठरतात.

बेल्जियम हे राष्ट्र युरोपातील रस्ते व रेल्वे वाहतुकीच्या जाळ्याची जास्त घनता असलेले एक राष्ट्र आहे. युरोपातील रॉटरडॅम या बंदरानंतर दुसऱ्या क्रमांकाचे बंदर अँटवर्प हे बेल्जियममध्ये आहे. ब्रुसेल्स व अँटवर्प ही आंतरराष्ट्रीय विमानतळ आहेत.

जगातील महत्त्वपूर्ण अशा व्यापारी देशात बेल्जियमचा क्रमांक असून

जगाच्या ४ टक्के आयात व निर्यात बेल्जियमकडून होते. बेल्जियम जवळजवळ ४० टक्के औद्योगिक उत्पादने निर्यात करतो.

(बोस्निया व हर्झगोव्हिना)

या प्रदेशाचे क्षेत्रफळ ५१,१२९ चौ. कि.मी. व लोकसंख्या ३.५ दशलक्ष असून लोकसंख्येची घनता ८० चौ. कि.मी. इतकी आहे. पूर्वीच्या युगोस्लाव्हियाच्या सहा प्रजासत्ताकापैकी बोस्निया हा एक होता. मार्च १९९२ मध्ये तो स्वतंत्र झाला. स्वतंत्र झाल्यापासूनच देशात भांडणास सुरूवात झाली. १९९२ मध्ये देशाच्या सर्बियन अल्पसंख्याक योजनेने 'वांशिक स्वच्छता' अमलात आणल्याने युरोपातील दुसऱ्या महायुद्धाप्रमाणे मुस्लिमविरोधी युद्ध सदृश्य परिस्थिती निर्माण झाली.

बोस्नियाच्या उत्तरेस व पश्चिमेस क्रोएशिया, पूर्वेस नवीन युगोस्लाविया (सर्बिया व माँटेनेग्रो) आहे तसेच पश्चिमेला ॲडिॲटिक समुद्र आहे. राजधानी साराजव्होची लोकसंख्या जवळजवळ ६ दशलक्ष असून बोस्ना नदीवरून बोस्निया हे नाव पडले.

या भागातील प्रमुख नद्या म्हणजे साव्हा व नेरेव्हा ह्या आहेत. सागरापासून अंतर्गत भागात हवामानात विविधता आढळून येते. देशातील ५० टक्के जमीन वनांखाली व २५ टक्के जमीन शेतीयोग्य आहे. गहू, बार्ली, ओट, बटाटे, भाज्या, नारिंगी व द्राक्षे यांचे उत्पादन या भागात होते.

सातव्या शतकात स्लाव्हांनी हा प्रदेश पादाक्रांत केला. १४६३ मध्ये तुर्कांच्या अधिपत्याखाली तो आला. तुर्कांच्या राजवटीखाली १८७८ मध्ये ऑस्ट्रियन प्रशासन स्थापले गेले. १९०८ मध्ये ऑस्ट्रिया-हंगेरी यांनी हा जिंकला. आंतरराष्ट्रीय तणावाला व पहिल्या महायुद्धाला हे राष्ट्र मोठ्या प्रमाणात कारणीभूत होते.

(बल्गेरिया)

बल्गेरिया हा देश द्वीपकल्पावर असून ११,०९२ चौ. कि. मी. इतके याचे क्षेत्रफळ आहे. या देशाची लोकसंख्या ८१ दशलक्ष (२००१) इतकी आहे. बल्गेरीयाच्या पूर्वेस काळा समुद्र, दक्षिणेस ग्रीस व तुर्कस्थान, पश्चिमेस युगोस्लाव्हिया व उत्तरेस रूमानिया आहे. वर्तमानात जरी हा लहान प्रदेश असला तरी पूर्वी एक शक्तिशाली राष्ट्र होते. तुर्कांनी चौदाव्या शतकात या राष्ट्रावर ताबा मिळवला होता. १८७८ मध्ये बल्गेरिया राज्याची स्थापना झाली होती. १९४७ ते १९८९ पर्यंत हे राष्ट्र कम्युनिस्ट राजसत्तेखाली होते. सोफिया हे राजधानीचे शहर आहे.

येथील ९० टक्के लोकजीवन भिन्न जातीधर्माचे आहे. सातव्या शतकात बल्गर्स हे भटके लोक मध्य आशियातून येथे येऊन स्थायिक झाले व येथील स्लाव्हांबरोबर मिसळले येथे सर्वात कमी (१० टक्के) लोकसंख्या तुर्कांची आहे. त्यानंतर जिप्सी, आर्मेनियस, ग्रीक, ज्यू व रशियन यांचा समावेश होतो. नागरिकांच्या विविध जातीची एकत्रीकरणाची प्रशासकीय योजना ही दबावाची असल्याने १९८० नंतर स्थलांतरे झाली.

१९८९ पूर्वी कम्युनिस्टाच्या अधिपत्याखाली असल्याने बल्गेरीयाची अर्थव्यवस्था केंद्रीय स्वरूपाची आहे. औद्योगिकीकरणाच्या प्राथमिक अवस्थेत जरी ती परिणामकारक नसली तरी किचकट अर्थव्यवस्थेला ती प्रभावकारी ठरू शकली नाही. १९८९ नंतर कम्युनिस्टांच्या मक्तेदारीचा पाडाव झाल्यावर येथील अर्थव्यवस्था, मुक्त बाजार, लहान उद्योगधंदे यांना अधिकृत मान्यता मिळाली. ह्याच सवलती मोठ्या उद्योगांना सुद्धा लागू झाल्या.

बल्गेरीयाचा ५० टक्के भाग शेतीयोग्य आहे. डॅन्यूब पठार व मरित्सा खोरे हे महत्त्वाचे शेतीविभाग आहेत. मरित्सा खोरे गुलाबाचे खोरे म्हणून प्रसिद्ध आहे. गुलाबांचा वापर अत्तरासाठी होतो. गहू, मका, बार्ली, ओट, रताळे, सूर्यफूल, तंबाखू, फळे, व भाज्या ही इतर उत्पादने होत.

येथील ४० टक्के लोकसंख्या उद्योगधंद्यात गुंतलेली आहे. अन्नप्रक्रिया उद्योग, यंत्रसामग्री, रासायनिक धातूची उत्पादने हे महत्त्वाचे उद्योग आहेत. आता पर्यटनाला उद्योगाचा दर्जा मिळाला आहे.

बल्गेरियाची राजधानी सोफिया हे सर्वात मोठे शहर व सांस्कृतिक केंद्र म्हणून प्रसिद्ध आहे. प्लोव्हडिव्ह् येथे वार्षिक औद्यागिक जत्रा असते. व्हर्ना व बर्गास ही महत्त्वाची बंदरे आहेत.

(क्रोएशिया)

क्रोएशियाचे क्षेत्रफळ ५६,५३८ चौ. कि. मी. व लोकसंख्या ४७ दशलक्ष (२००१) इतकी आहे. हा प्रजासत्ताक युगोस्लाव्हियाचा एक भाग होता. जून १९९१ मध्ये तो स्वतंत्र झाला. ॲड्रिॲटिक सागराची विस्तृत सागरसीमा क्रोएशियाला लाभली आहे. उत्तर क्रोएशियाचा बराचसा भाग साव्हा व ड्राव्हा या नद्यांनी सुपीक बनवला आहे. या नद्या डॅन्यूबच्या उपनद्या आहेत. दक्षिणेला डिनारिक आल्प्स आहे. झाग्रेब ही राजधानी आहे.

सहाव्या शतकात क्रोट लोक येथे आले. येथील ७५ टक्के लोकसंख्या

क्रोट, १२ टक्के सर्ब व १३ टक्के इतरांची आहे. गहू, बाजरी, ओट, बटाटे, ऑलीव्ह, बेदाणे, अंजीर ही महत्त्वाची शेती उत्पादने आहेत. कापड उद्योग, रासायनिक उद्योग, कोळसा, लिग्नाइट, सिमेंट, साखर, पोलाद, रबर हे उद्योगधंदे आहेत. भारताचे एकतृतीयांश लढाऊ आरमार जवळ जवळ ४0 वर्षे क्रोएशियाच्या जहाजबांधणी सामग्री कारखान्यात तयार होत असे. मे २000 मध्ये क्रोएशिया नाटोचा सदस्य झाला.

(झेक रिपब्लिक)

झेक रिपब्लिकचे क्षेत्रफळ ७८,८६४ चौ.कि.मी.असून लोकसंख्या १०.३ दशलक्ष (२00१) इतकी आहे. लोकसंख्येची घनता १३0 व्यक्ती चौ.कि.मी. आहे. प्राग हे राजधानीचे शहर आहे. झेक रिपब्लिक हे भूबंदिस्त राष्ट्र आहे. जर्मनी, पोलंड, स्लोव्हाकिया व ऑस्ट्रिया या राष्ट्रांनी हे सीमांकित झाले आहे.

पश्चिमेला झेकचे बोहेमिया व मोरेव्हिया हे उंचवट्याचे प्रदेश आहेत. ते उत्तरेला सुडेटन व ओर पर्वत आणि पश्चिमेला बोहेमियन जंगले व सुमाव्हा पर्वतांनी सीमांकीत आहेत. हा प्रदेश कार्पेथियन पर्वतांच्या प्रभावाखाली आहे व या देशाचे सर्वोच्च शिखर गेरलाच (२६६३मी) येथे आहे. डॅन्यूब, एल्ब व ओडर ह्या देशाच्या प्रमुख नद्या आहेत.

झेक रिपब्लिकचे हवामान साधारणपणे मध्यकटिबंधीय असून ते सागरी व खंडीय हवामान यांच्या संक्रमणपट्ट्यात येते. तापमान व पर्जन्यमान यात फार कमी विविधता आहे. तापमान क्वचितच २७^{0} से. पेक्षा वर जाते. पर्जन्यमान्य ४५ सेंमी. व १०० सेंमी. दरम्यान आहे. येथील वने सूचीपर्णी व पानझडी प्रकारची आहेत. यात ओक, बीच, प्रूस, फर, यांचा समावेश होतो. देशाचा जवळजवळ एकतृतीयांश भाग वनांनी व्याप्त आहे. येथील ८२ टक्के लोकसंख्या झेक, १४ टक्के मोरव्हियन व सर्बियन व ४ टक्के सोल्व्हा इतकी आहे. येथील ७७ टक्के लोकसंख्या नागरी असून लोकसंख्या वाढीचा वेग वार्षिक ०.२ इतका आहे. येथे विविध जातीची लोकसंख्या दिसते. झेक व सोल्व्हाक येथील अधिकृत भाषा आहे तर रोमन व कॅथोलिक हा प्रमुख पंथ आहे.

रताळ, गहू, ज्वारी, बाजरी, ओट, मका, बटाटा, व राय ही प्रमुख पिके आहेत. कोळसा, युरेनियम व केओलीन यांचे मुबलक साठे आहेत. कच्चे लोखंड व पोलाद, सिमेंट, पेपर व लगदा, कृत्रिम धागे, सल्फ्युरिक आल्म, साखर, दारू, मोहर, व युद्धसामग्री ही प्रमुख औद्योगिक उत्पादने आहेत.

नैसर्गिक साधनसंपत्तीच्या बाबत झेक रिपब्लिकन गरीब देश आहे. कोळसा, युरेनियम, शिसे, तांबे व लोह खनिजे यांचा नैसर्गिक संपत्तीत समावेश होतो.

(डेन्मार्क)

डेन्मार्क हे एक लहान स्कॅंडेनव्हियन राष्ट्र असून त्याचे क्षेत्रफळ ४३,०७४ चौ. कि. मी., लोकसंख्या ५४ दशलक्ष (२००१). तर लोकसंख्येची घनता १२५ व्यक्ती दर चौ. कि.मी इतकी आहे. पश्चिमेला उत्तर सागर तर आग्नेयेला असणाऱ्या बाल्टिक सागरादरम्यान तो आहे. नॉर्वेच्या स्कॅगराक व स्वीडनच्या कॅटेगाट व ओरेसूड चॅनेल्स यानी डेन्मार्क वेगळा झाला आहे. दक्षिणेला जर्मनीची ६८ कि.मी. भूसीमा याला लागली आहे. ज्यूटलँड पठार, झीलँडची बेटे, फुपेन व बार्नहोल्म व इतर लहान ४८० बेटांनी तो बनलेला आहे. जगातील सर्वात मोठे बेट, ग्रीनलँड व फॅरो बेट हे १४ व्या शतकापासून डेन्मार्क ह्या साम्राज्याचाच एक भाग समजले जात असत. परंतु आता ते स्वतंत्र आहेत. डेन्मार्कमधील कुठलाच भाग सागरापासून ५२ कि.मी दूर नाही.

कोपनहेगन शहर हे राजधानीचे शहर जलँड बेटावर वसले आहे. हे शहर डेन्मार्कच्या अगदीच पूर्वेस आहे. बाल्टिक व उत्तर सागरादरम्यान असणाऱ्या द साऊंड (ढहश डेींपव) ह्या मार्गापासून स्वीडन २० कि.मी. इतके दूर आहे. कोपनहेगन एक उत्कृष्ट बंदर म्हणून ओळखले जाते. तेथे आयात व निर्यात मालावर आधारित प्रक्रिया उद्योग, रासायनिक उद्योग अभियांत्रिकी व मद्य उद्योग महत्त्वाचे आहेत.

ज्यूटलँडचे पठार उत्तर सागर व बाल्टिक सागरात बरेच आत घुसले आहे. त्याचे क्षेत्रफळ २९,७६६ चौ कि.मी. असून त्याने डेन्मार्कचा ७०टक्के भाग व्यापला आहे. ज्यूटलँडच्या मध्यपूर्व भागात डिंग स्कोव्हेहोज हे सर्वांत उंच शिखर आहे. डेन्मार्कच्या ७५ टक्क्यापेक्षा भाग सागरपातळीपेक्षा १०० मीटर खाली आहे. चतुर्थ कालखंडाच्या मागील २ दशलक्ष वर्षे डेन्मार्क बर्फाखाली होता. ज्यूटलँड पठाराचा पश्चिम भाग हा हिमनद्या व त्यांच्या पाण्यापासून संचयनाने निर्माण केलेल्या किनारी टेकड्या व उद्धाकित मैदानानी (outwash plain) बनलेला आहे. डेन्मार्कचा पूर्वेकडील भाग हा पश्चिमेपेक्षा जास्त सुपीक आहे.

डेन्मार्कमध्ये मध्यकटिबंधीय सागरी हवामान आहे. उत्तर अटलांटिक प्रवाह हा गल्फ प्रवाहाचे उष्ण पाणी या भागात वाहून आणतो, फेब्रुवारी महिन्यातील सरासरी किमान तापमान ४^{0} इतके तर जुलैमध्ये उबदार महिन्यात १७^{0} इतके असते. कोपनहेगन येथे सरासरी वार्षिक पर्जन्यमान्य ६६ सेमी इतका आहे. डेन्मार्क हा

मध्यकटिबंधीय आवर्ते व हवामानातील विविधतेमुळे प्रभावित होणारा देश आहे.

येथील बराचसा भूप्रदेश हिमनद्यांनी आच्छादित असून लहान सरोवरे व प्रवाह येथे दिसून येतात. येथील ज्यूलँडमधील १५८ कि. मी लांब गुडेना ही नदी महत्त्वाची आहे तर उत्तर झीलँडमधील सर्वात ॲरेसो हे ४१ चौ कि. मी. क्षेत्रफळ असणारे सरोवर महत्त्वाचे आहे. येथे बऱ्याच भागात खाऱ्या पाण्याचे साठे (आखात, खाड्या, लॅगून) भरपूर आहेत. बऱ्याच प्रवाहांचा उपयोग शेतीयोग्य जमीन सुधारण्यासाठी केला आहे.

ज्यूटलँडच्या पश्चिमेस कमी नैसर्गिक सुपीकता असणारी वालुकामय पॉडझॉइल्ड मृदा महत्त्वाची आहे. डेन्मार्कच्या बऱ्याच भागात तपकिरी रंगाच्या विविध प्रकारच्या मृदा असून त्या उत्पादक आहेत. पूर्वी दलदल असणारे भाग आता लागवडीखाली आणले गेले आहेत.

डेन्मार्कचा १२ टक्के प्रदेश वनांनी व्याप्त आहे. येथे मध्यकटिबंधीय पानझडी वने आहेत. तेथे मिश्र प्रकारची वने असून बीच ही प्रमुख वनस्पती आहे. ज्यूटलँडच्या पश्चिम भागात सूचिपर्णी वने असून टेकड्या असणाऱ्या प्रदेशात, स्प्रूस व पाईन वृक्षांची वने आहेत. शेतीमुळे येथील प्राणिजीवनात बदल झाला आहे. डेन्मार्कमध्ये सस्तन प्राण्यांच्या ५०० तर पक्ष्यांच्या ३०० जाती आहेत.

डेन्मार्कमध्ये खनिजे कमी असून चुनखडक, चिकणमाती, वाळूचे साठे जास्त आहेत. ज्यूटलँडच्या उत्तर भागात नीठाचे साठे आहेत. दुसऱ्या महायुद्धानंतर त्याचे उत्खनन सुरू झाले. बार्न होल्थ बेटावर ग्रॅनाइट व केनालीन यांचे साठे आहेत. १९७२ पासून खनिज तेल व नैसर्गिक वायूचे साठे उत्तर सागरातील डॅनिश प्रांतात दिसून येतात. या भागास डेनफिल्ड म्हणतात.

१९५० नंतर डेन्मार्कची विद्युतऊर्जेचे उत्पादन १० पटीने वाढले आहे. ते प्रामुख्याने खनिजतेलापासून मिळवले जाते. १९८० पासून डेन्मार्क खनिज तेल व नैसर्गिक वायू उत्तरसागरातून मिळवत आहे.

डेन्मार्कमधील बहुतांश लोकसंख्या नॉर्डिक स्कँडिव्हियन वंशाची आहे. डॅनिश ही राष्ट्रीय भाषा आहे. ग्रीनलँड बेटावरील एस्किमो फरोस ही बोलीभाषा वापरतात. डेन्मार्कची ८५ टक्के लोकसंख्या नागरी आहे. लोकसंख्यावाढीचा दर खूपच कमी, वार्षिक जवळजवळ ०.२ टक्के इतका आहे. नागरिकांचे आयुर्मान ७५ वर्षे इतके आहे.

डेन्मार्कची अर्थव्यस्था ही प्रामुख्याने शेतीवर आधारित असून दुग्धशेती, व तृतीय आर्थिक व्यवसाय, जसे व्यापार हे महत्त्वाचे आहेत. डेन्मार्क ह्या देशात

बटर, अंडी, चीझ, मांस, वाळवलेले डुकराचे मास ही प्रमुख उत्पादने आहेत.

डेन्मार्कचा ६० टक्के भूप्रदेश शेतीसाठी वापरला जातो. देशाची ५ टक्के लोकसंख्या शेतीत गुंतलेली आहे

देशाचा शेती हा प्राथमिक व्यवसाय आहे. डेन्मार्कचा एक तृतीयांश निर्यात व्यापार हा शेतीवर आधारित आहे. ज्वारीचे उत्पादन ५० टक्के होते व ते प्रमुख उत्पादन आहे. त्यानंतर चराऊ कुरणासाठी २२ टक्के उत्पादन ठेवले आहे. बटाटे, रताळे, बीट यांचे उत्पादन ८ टक्के क्षेत्रावर होते. यातील बऱ्याच उत्पादनांचा हिस्सा हा पाळीव प्राण्यांसाठी राखून ठेवला जातो. शेतीतून मिळणारे ९० टक्के उत्पादन हे प्राण्यापासून मिळते. शेतीधारण क्षमता ही लहान असून जमिनीचा सरासरी आकार २१ हेक्टर इतका आहे.

डेन्मार्कमध्ये पशुपालन यशस्वी होण्याची काही कारणे पुढीलप्रमाणे आहेत:

(१) पर्यावरणीय घटक : डॅनिश जमीन व हवामान हे चराऊ गवत, पिके, जसे जव, बटाटे, रताळे यांच्यासाठी उपयुक्त आहे.

(२) बाजार : विस्तृत युरोपीय बाजारपेठ व डेन्मार्कचे इतर संघाचे असलेले सदस्यत्व महत्त्वाचे आहे.

(३) शेतीचे श्रेष्ठत्व : डॅनिश लोकांनी कौटुंबिक शेतीला प्रोत्साहन दिल्याने येथील शेती व्यवसाय वृद्धिंगत झाला आहे. शेतीसाठी आर्थिक सहाय्य, शेतीविषयक संशोधने व शिक्षण, खाजगी अनुदाने यामुळे शेती व्यवसाय वाढीस लागला आहे.

(४) सहकार : सहकार क्षेत्रामुळे शेतमालासाठी योग्य किंमती मिळण्यास मदत झाली. त्याचप्रमाणे मालाचा दर्जा राखण्यासाठी मदत झाली.विस्तृत प्रमाणावर बाजार व किंमती ठरविण्यासाठी डॅनिश शेतकऱ्यांना सवलती व स्वातंत्र्य दिले गेले आहे.

(५) शिक्षण : शिक्षणाचा उत्तम दर्जा हे शेतीची सफलता व सहकार याचे प्रमुख कारण आहे. शाळेमध्ये प्रौढ शिक्षणावर जास्त भर दिला जातो.

शेती व दुग्ध शेती हे येथील प्रमुख व्यवसाय आहेत. गहू, बार्ली, ओटस्, गवत, बीट, बटाटा व पालेभाज्या ही प्रमुख पिके घेतली जातात.

शेल, पीट व फॉस्फरस ही प्रमुख खनिजे आहेत. जहाजबांधणी, फर्निचर, कागद, पत्रे, गारमेंटस, शेतीयंत्र आणि विद्युत मोटार ही उद्योगधंद्यातील प्रमुख उत्पादने आहेत.

डेन्मार्कची २० टक्के लोकसंख्या उद्योगधंद्यामध्ये गुंतलेली आहे. अन्नप्रक्रिया उद्योगामध्ये फिनलंड अग्रेसर असून त्यामध्ये प्रामुख्याने खारवून वाळवलेले डुकराचे

मांस, लोणी, चीज, मद्य इत्यादींचा समावेश होतो. फिनलंडमध्ये कच्चा माल आयात करून त्यावर प्रक्रिया केली जाते व तो डेन्मार्कवासी ग्राहकांना पुरविला जातो व निर्यातही केला जातो.

(एस्टोनिया)

एस्टोनियाचे क्षेत्रफळ ४५,१०० चौ कि.मी. असून लोकसंख्या १.४ दशलक्ष आहे (२००१). इ.स. १९९९ मध्ये हा रशियातून वेगळा झाला आहे.

एस्टोनियाच्या पश्चिम व उत्तरेला रशिया तर दक्षिणेला लॅटेविया हे देश आहेत. एस्टोनियाची भूमी हिमाच्छादित असून येथे छोटी छोटी सरोवरे व नद्या आहेत. एकूण क्षेत्रफळाच्या ३५ टक्के क्षेत्र जंगलानी व्यापले आहे. तेलसाठे व फॉस्फेट येथील प्रमुख नैसर्गिक साधनसंपत्ती आहे. एस्टोनियाच्या आर्थिक स्थितीवर पूर्वीच्या रशियन समाजवादाचा वाईट परिणाम झालेला दिसून येतो. १९९२ मध्ये सरकारने फिनलँड व पश्चिम राष्ट्रांशी व्यापारी करार केला.

एस्टोनियाच्या लोकसंख्या वाढीचा दर वार्षिक -०.५ टक्के असून तो दर अद्यापही दुप्पट झाला नाही. ७० टक्केपेक्षा जास्त लोकसंख्या शहरांमध्ये राहते. टॅलिनिन ही राजधानी असून ते सर्वात मोठे शहर आहे.

(फिनलँड)

फिनलँड देशाचे क्षेत्रफळ ३,३८,००० चौ.कि.मी. याचा युरोपमध्ये क्षेत्रफळाच्या बाबतीत पाचवा क्रमांक लागतो. फिनलँडची एकूण लोकसंख्या ५.२ दशलक्ष होती (२००१) तर घनता १५ व्यक्ती प्रती चौ कि.मी. एवढी होती. हेलसिंकी ही जगातील सर्वाधिक उत्तरेकडील राजधानी आहे. देशाचा एक तृतियांश भाग उत्तर आर्क्टिक कटिबंधात येतो. फिनलँडच्या उत्तरेस नॉर्वेची सीमा आहे, पूर्वेस रशिया, दक्षिणेस फिनलँडचे आखात तर पश्चिमेस बोथनियाचे आखात व स्वीडन आहेत.

फिनलँडची आर्थिक स्थिती वन उद्योगावर आधारीत असून हा देश टिंबर व कागद उद्योगात अग्रेसर आहे.

फिनलँडच्या भूरचनेत हिमाच्छादित, प्राचीन अग्निजन्य खडक व रूपांतरीत खडक, हजारो सरोवरे व दलदलीयुक्त जमीन आढळून येते. हालतियाकडे म्हणजे वायव्येस जास्त उंची आढळते. सर्वाधिक उंचीचा बिंदू उंची १३२८ मी. एवढी आहे. तेथे अंतर्गत भागात ग्रॅनाईट हा मूळ खडक आहे.

फिनलँडचे भूरचनेनुसार तीन विभाग आहेत : (१)किनारपट्टीय प्रदेश, (२) सरोवर प्रदेश आणि (३) उत्तरेकडील उंच भाग.

किनारपट्टी जवळजवळ ६५-१३० कि.मी. पसरलेली असून तिचा विस्तार दक्षिणेकडे फिनलँडचे आखात आणि पश्चिमेकडे बोथनियाच्या आखातापर्यंत आहे. फिनलँडमधील किनारपट्टी ११०० कि.मी. लांब असून ती दंतूर आहे. अनेक ठिकाणी खडकाळ भूमी आढळून येते. सरोवरीय प्रदेशात (दक्षिण मध्यफिनलँडमध्ये) पाणथळ व दलदलीचा प्रदेश असून तो दाट जंगलानी व्यापलेला आहे. उत्तरेकडील आर्क्टिक कटिबंधात उत्तर व उंच सखल भाग येतो. येथे निकृष्ट जमीन असून येथे लोकवस्ती विखुरलेली आढळते. अतिउत्तरेकडे आर्क्टिक वन टुंड्रासारखे गोठलेले कमी वनस्पतीचे प्रदेश आहेत.

फिनलँडमध्ये दोन्ही सागरीय व भूखंडीय हवामान आढळून येते. किनार-पट्टीच्या सभोवतालच्या प्रदेशात वसंत ऋतूत थंड हवामान असते व त्यानंतर मात्र उबदार असते. खंडीय हवामानामध्ये पूर्वेकडून उत्तरेकडे भरपूर बदल होतात. उत्तर भाग हा आर्क्टिक महासागराच्या प्रभावाखाली येतो. दक्षिणेकडून ७० सेंमी. ते उत्तरेकडे ४० सेंमी. एवढे पावसाचे प्रमाण कमी कमी होत जाते. सर्वाधिक पाऊस ऑगस्ट ते सप्टेंबर दरम्यान होतो तर किमान हलका पाऊस फेब्रुवारी ते एप्रिल दरम्यान होतो. उन्हाळे दोन चार महिने असून (वनस्पती) वाढीचा काळ चार ते पाच महिने असतो.

फिनलँडला सरोवर व बेटांची भूमी म्हणून ओळखले जाते. येथे ६०,००० पेक्षा अधिक सरोवरे ७ मी. पेक्षा जास्त खोल आहेत. ती नद्यांना व कालव्यांना जोडली आहेत. फिनलँडमधील नद्या लहान व उथळ आहेत.

फिनलँडमध्ये एकूण क्षेत्रफळाच्या ६० टक्के प्रदेश जंगलानी व्यापलेला आहे. त्यामध्ये पाईन ५५ टक्के, स्प्रूस ३० टक्के तर बर्च १४ टक्के असे वृक्षांचे प्रमाण आहे. बोअर, याक (एल्क) व रेनडिअर हे प्रमुख प्राणी आहेत. एकूण जंगलापैकी ६६टक्के ही खाजगी मालकीची असून ३४ टक्के जंगल हे शासनाधिकाराखाली आहे.

फिनलँडमध्ये वन ही प्रमुख साधनसंपदा आहे. तांबे, निकेल, लोह, झिंक, क्रोमियम, शिसे आणि आयर्न पायराईट ही महत्त्वाची खनिज संपत्ती आहे. तरीही आर्थिकदृष्ट्या खाणकाम मागासलेले आहे. चुनखडी व ग्रॅनाईट हे बांधकामासाठी वापरले जाते आणि फिनलँडच्या पूर्वेस असलेल्या खाणीतून तांबे व झिंक उत्पादन घेतले जाते. जलवाहतुकीद्वारे दूरपर्यंत वाहतूक केली जाते. फिनलँड मोठ्या

प्रमाणावर पेट्रोलियम व नैसर्गिक वायू यांच्या आयातीवर अवलंबून आहे. तेथे चार अणुऊर्जा प्रकल्प प्रगतिपथावर आहेत. इतर घरगुती इंधनासाठी सरपण, लाकूड व पीट कोळशाचा वापर केला जातो. पीटच्या वापरामुळे इंधन म्हणून लाकडाचा वापर कमी झाला आहे.

येथे विखुरलेली लोकवस्ती आढळते. लोकवस्ती मोठ्या प्रमाणावर देशाच्या दक्षिण भागात सुपीक जमीन असलेल्या उबदार प्रदेशातच आढळते. तेथे मिश्र वांशिकता आढळते.

फिनिश भाषा फिनो उर्गीक कुटुंबातील आहे. ती ९४ टक्के लोक बोलतात. स्वीडीश व लॅपही इतर महत्त्वाच्या भाषा आहेत. एकूण ६५ टक्के लोक नागरी वस्तीत राहतात. सरासरी आयुर्मान ७८ वर्षांचे आहे.

येथे प्रामुख्याने परंपरागत व्यवसाय आढळतात. त्यामध्ये प्रामुख्याने लाकूड प्रक्रिया, लगदा तयार करणे व कागद तयार करणे इत्यादी व्यवसायांचा समावेश होतो. जनावरांचा चारा, ओटस् व बार्ली ही शेतीतील प्रमुख पिके आहेत. त्याचप्रमाणे गुरे पाळणे व त्यापासून दूध व दुधाचे पदार्थ बनविणे इत्यादी व्यवसाय चालतात. सद्य:स्थितीत धातू उद्योग व इंजिनियरींग उद्योगामध्ये भरपूर कामगार आहेत. येथे रासायनिक उद्योग महत्त्वपूर्ण आहे. अन्नप्रक्रिया, धातू उद्योग, यंत्रे, कापड व इलेक्ट्रिक माल महत्त्वाचे आहेत.

फिनलंडमध्ये रस्ते वाहतूक जास्त आहे. जवळ जवळ ७५ टक्के घरमालकांकडे कमीत कमी एक मोटार आहे. रेल्वेने हे स्वीडन व रशिया या देशांशी जोडले आहे. हिवाळ्यामध्ये नद्यातील व बंदरातील वाहतूक बर्फ गोठल्यामुळे बंद पडते. परंतु सद्यस्थितीत आईसब्रेकरमुळे ही समस्या कमी झाली आहे.

फिनलँड परकीय व्यापारावर अवलंबून आहे. विविध प्रकारच्या वस्तू निर्यात केल्या जातात. त्यामध्ये वनवस्तू / पदार्थ व इंजिनिअरींग माल यांचे प्रमाण जवळ जवळ ७५ टक्के एकूण उत्पादनाच्या निर्यात केले जाते. धातू पदार्थांनाही व पदार्थांएवढेच निर्यातीच्या बाबतीत महत्त्व आले आहे. आयातीमध्ये प्रामुख्याने कच्च्या माल, इंधन आणि यंत्राचा समावेश होतो. फिनलँड हा युरोपियन कम्युनिटीचा सदस्य आहे.

(फ्रान्स)

फ्रान्सचे एकूण क्षेत्रफळ ५,४३,९६५ चौ. कि. मी. असून रशिया वगळता तो युरोपमध्ये सर्वात मोठा देश आहे. फ्रान्सची लोकसंख्या ५९.२ दशलक्ष

(२००१) होती तर घनता ११० व्यक्ती प्रती चौ.कि.मी. एवढी होती. या राष्ट्राचा षटकोनाप्रमाणे आकार आहे. देशाच्या वायव्येस इंग्लिश खाडी, पश्चिमेस अटलांटिक महासागर आणि बिस्केचा उपसागर तर आग्नेयेस भूमध्यसमुद्र आहे. मध्यभाग साधारणपणे पर्वतीय असून ती रांग सात युरोपियन राष्ट्रामध्ये विभागली गेली आहे. ईशान्येस बेल्जियम आणि लक्झेंबर्ग आणि दक्षिणेस जर्मनी, स्वित्झर्लंड, इटली, स्पेन व अँडोरा आहे.

प्रमुख भूमी विभाग आणि कोर्सिका हे मोठे बेट भूमध्य सागराच्या इटालीच्या किनाऱ्यावर आहेत. फ्रान्सचे देशाबाहेरचे तीन प्रमुख विभाग आहेत : दक्षिण अमेरिकेमध्ये फ्रान्स गयाना, वेस्ट इंडिजमध्ये गुडलोप मार्टिन आणि हिंदी महासागरामध्ये रियुनियन बेट.

फ्रान्सचे प्रामुख्याने दोन विभाग होतात. नैर्ऋत्येस ब्रिटन तर ईशान्येस लक्झेंबर्ग ह्या काल्पनिक रेषेच्या उत्तर व पश्चिमेस मोठा मैदानी प्रदेश असून त्यावर कमी उंचीच्या टेकड्या, उंच पठारे व उंच पर्वत आहेत. सर्वात उंच, माउन्ट ब्लॅन्क (४,८०७ मी.) असून ते फ्रान्समध्ये सर्वाधिक उंचीचे ठिकाण आहे. युरोपमध्ये त्याचा उंचीनुसार दुसरा क्रमांक लागतो. दुसऱ्या प्रकारच्या प्रदेशात पसरट दऱ्या व अनेक खिंडारे आहेत. त्यामध्ये बेलफोर्ट खिंडार, सीन दरी, वरच्या टप्प्यातील ऱ्होन दरी, एकत्रित ऱ्होन व सोन, लिऑनच्या दक्षिणेस असलेला प्रदेश तसेच खिंड कारकासोनी आणि टोलिअस.

फ्रान्समध्ये प्रमुख दोन पर्वतरांगा आहेत. स्पेनच्या सीमेलगत पिरनीज आणि आल्पस् आहेत. त्याची सीमा स्वित्झर्लंड व इटली यांच्याशी निगडित आहेत. पिरनीस जास्त उंचीमुळे पार करण्याला अवघड आहे. त्याचप्रमाणे तेथे ३००० मी. पेक्षा जास्त उंचीची अनेक शिखरे आहेत व त्यांना खिंडी नाहीत. फ्रान्समधील आल्प्स पर्वत म्हणजे युरोपची पश्चिमेकडील रांग होय. ही ओबडधोबड असून तिची उंची ३,५०० मी. पेक्षा जास्त आहे. परंतु ती ऱ्होन इलादि नद्यांमुळे अनेक ठिकाणी खंडित झाली आहे. स्वित्झर्लंड ही जुरा या पर्वतीय प्रदेशाची सीमा आहे.

हवामानाच्या दृष्टीने फ्रान्सचे खालील भाग पडतात :

(१) मध्य कटिबंधीय खंडीय हवामान : यात तापमान भिन्न भिन्न असते. जुलैमध्ये १८° सें. तर २° सें. जानेवारीमध्ये पर्जन्यमान्य ६५ सें.मी. असते.

(२) पर्वतीय हवामान : जुलै मध्ये १७° सें. तर जानेवारी मध्ये२° सें. पर्जन्य ५५ सेंमी. (उदा. आल्प्समधील ब्रिनकॉन).

(३) भूमध्यसागरी हवामान : तपमान जुलैमध्ये २३°सें. ते जानेवारी ७° सें. पर्यंत पर्जन्य ५८ सें.मी. हिवाळ्यात (उदा. मार्सेलिस).

फ्रान्समध्ये सीन ही मुख्य नदी असून ती पॅरिस खोऱ्यातून वाहते. तिची एकूण लांबी ७८० कि.मी. असून तिची प्रमुख उपनदी मेम नदी आहे. फ्रान्समध्ये लोइरे नदी सर्वात मोठी असून तिची लांबी १००० कि.मी. पेक्षा जास्त आहे. तिच्या प्रमुख उपनद्या सारथे, चेर, अलियर, ऱ्होन या होत. नदी खोल असून तिची पाणी वाहून नेण्याची क्षमता मोठ्या प्रमाणावर आहे. तिची लांबी ५२३ कि.मी. आहे. गॅरोन व दोरदोने या नद्यांचा संगम बोर्डो येथे असून तेथून पुढे ती गिरोन्डे म्हणून ओळखली जाते.

देशाच्या एकूण क्षेत्रफळाच्या २५% क्षेत्र जंगलाखाली आहे. मैदानी प्रदेशातील जंगलक्षेत्र शेतीखाली आणले आहे. मोठ्या प्रमाणावर अरण्ये हे टेकड्या व आल्प्स व जुरू पर्वतीय प्रदेशात आहेत. वृक्षलागवड योजनेद्वारा पर्वत व टेकड्यांच्या उतारावर सूचिपर्णी वृक्षांची पुनर्लागवड केली जात आहे.

युरोपीय देशात फ्रान्स शेतीमध्ये आघाडीवर आहे. येथे शेतमालाचे उत्पादन मोठ्या प्रमाणावर होते. इतर विकसित राष्ट्रांपेक्षा फ्रान्सची शेती अर्थव्यवस्था महत्त्वपूर्ण आहे. डुकरे, कुक्कटपालन, चीज व दुधाचे पदार्थ आणि अंड्याच्या उत्पादनात फ्रान्स युरोपमध्ये आघाडीवर आहे.

एकूण उत्पादनात शेतीचा ४०% वाटा आहे. गहू, बार्ली, मका, ओट्स आणि बीट हे महत्त्वाची शेती उत्पादने आहेत. गहू प्रामुख्याने पॅरिस खोऱ्यात मोठ्या प्रमाणावर घेतला जातो. ऱ्होनच्या त्रिभुज प्रदेशात जलसिंचनाद्वारे भात पिकविला जातो. द्राक्षे पूर्ण देशभर घेतली जातात. त्यामध्ये प्रामुख्याने भूमध्यसागरीय प्रदेशात जास्त घेतल्या जाणाऱ्या जाती आहेत.

मेटझजवळ लॉरेन कोळसा खाण, लील जवळ नॉर या महत्त्वाच्या कोळसा खाणी असून ते फ्रान्समधील प्रमुख औद्योगिक केंद्र आहे.

लोहखनिजाच्या प्रदेशात लोहपोलाद कारखाने उभारले आहेत. कोळसाक्षेत्र मोठ्या प्रमाणावर पसरले आहे. लॉरेनमध्ये युरोपमधील लोहखनिजाचे साठे सर्वाधिक आहेत. दक्षिणेत बॉक्साईटची मोठी खाण आहे. मलहाऊसच्या जवळ उद्योगास लागणाऱ्या पोटॅशचे साठे मोठ्या प्रमाणावर आहेत. स्पॅनिश सीमेजवळ पऊ येथे नैसर्गिक वायूचे साठे असल्याचे १९५१ मध्ये निश्चित झाले. फ्रान्समध्ये इंधन साधनसंपदा कमी आहे.

दुसऱ्या महायुद्धानंतर मात्र मोठ्या प्रमाणावर लोक शहरांकडे स्थलांतरित

झाले. सद्य स्थितीत फ्रान्समध्ये शेतीकामगार फक्त ७% आहेत. परंतु इतर विकसित राष्ट्राच्या मानाने फ्रान्समधील हे प्रमाण जास्तच आहे. म्हणून उद्योगधंद्यापेक्षा शेती उत्पादन मोठ्या प्रमाणावर वाढलेले आहे. कोळसा उत्पादनावर तेल व नैसर्गिक वायू यांचा परिणाम झाला आहे.

फ्रान्सच्या ईशान्य भागापेक्षा पश्चिम फ्रान्स व मासिफ केंद्र, शहर व उद्योगाबाबतीत कमी लोकप्रिय आहे. बोर्दोची लोकसंख्या ७,००,००० आहे. ट्युलोज व नानेटेजची लोकसंख्या ६,५०,००० व ४,००,००० आहे. बोर्दो हे बंदर गारोनी नदीवर आहे. अनेक वर्षापासून मद्य निर्यात करीत असल्यामुळे आजूबाजूच्या प्रदेशात हे शहर प्रसिद्ध आहे.

आधुनिक यंत्रसामग्री, रसायने व विमाननिर्मितीसाठी ट्युलोज हे शहर जुने व ऐतिहासिक आहे. फ्रान्समधील लोहपाद उद्योग दोन प्रदेशात विभागला आहे: लॉरेन लोह विभाग आणि सांबरे - मेऊस कोळसाक्षेत्र. लॉरेन प्रदेशात मेटस्, ब्रेई, नान्सी आणि लाँगवे ही महत्त्वाची केंद्रे आहेत तर क्लिरमॉन्ट फेरांड लि. क्रेडसोट सेंट एतिन लिली वलेन्सिनीज नैर्ऋत्य आशियातून पेट्रोलियम आयात करतात. अणुऊर्जा ६०% ऊर्जेची गरज भागविते, २२% जलविद्युत तर २०% औष्णिक विद्युतपासून ऊर्जेची गरज भागविली जाते. ओडिलिओ येथे पहिली सौरऊर्जा निर्माण केली, तर ब्रिटानीजवळ ऱ्हास नदीवर भरती ऊर्जा निर्माण केली जाते.

उद्योगधंद्यामध्ये २५% लोक गुंतले आहेत. धातू यांत्रिक उद्योग व इंजिनिअरींग, उद्योग फ्रान्समध्ये महत्त्वपूर्ण आहेत. रशिया, जर्मनी, इटली नंतर फ्रान्स लोहपोलादामध्ये आघाडीवर आहे. फ्रान्समध्ये रेल्वे इंजिन, जनित्र, इलेक्ट्रॉनिक उपकरणे, अणुऊर्जा प्रकल्प, बंदरे व दूरचित्रवाणी संच इत्यादीचे महत्त्वपूर्ण उत्पादन घेतले जाते. फ्रान्स मिराज, काखेलीइ, कोनकारडी इत्यादी विमाननिर्मितीच्या बाबतीत प्रसिद्ध आहे. अनेक रसायने, त्यामध्ये अत्तरे, औषधे, नायट्रिक ॲसिड, सल्फ्युरिक ॲसिड आणि खतांची निर्मिती मोठ्या प्रमाणावर केली जाते. वस्त्रांच्या फॅशन्सचे फ्रान्समध्ये महत्त्व आहे.

पश्चिम युरोमधील जुने अवजड उद्योग व खाणकाम यामुळे अमेरिकेशी स्पर्धा करण्यास अवघड जात आहे. कारण तेथे मोठ्या प्रमाणावर साधनसंपत्ती उपलब्ध आहे. लोरेन्सच्या लोहपोलाद कारखान्यातून उत्पादन भरपूर होते. परंतु दर्जा मात्र कमी आहे.

तेथे विसाव्या शतकात जवळजवळ ४ दशलक्ष लोक आले आहेत. जास्त लोकसंख्येचा प्रदेश मोठ्या प्रमाणावर आर्थिक क्रियांचे केंद्र बनले आहे. उदा.

उत्तरेस औद्योगिकीकरण, कोते द अझूरच्या आजूबाजूला असणारे लिऑने पर्यटनावर अवलंबून आहे. पॅरिसमध्ये विविध आर्थिक क्रियांचे केंद्रीकरण झाले आहे. जवळजवळ ७५% लोक शहरामध्ये राहतात. पॅरिस ही फ्रान्सची राजधानी आहे. ते सर्वात मोठे शहर असून उद्योगधंद्याचे केंद्र आहे. पॅरिस प्रायमेट शहराचे अतिशय समर्पक उदाहरण आहे. पॅरिस मोक्याच्या ठिकाणी वसले असून नैसर्गिक वाहतुकीच्या मार्गावर आहे. उत्पादन वाढीचे ठिकाण फ्रान्सच्या मध्यवर्ती आहे. लंडनजवळसुद्धा उद्योगासाठी लागणाऱ्या साधनसंपदा नाहीत तरीसुद्धा ते महत्त्वपूर्ण उद्योगधंद्याचे केंद्र बनलेले आहे.

पॅरिसमध्ये उच्च दर्जाच्या वस्तू बनविल्या जातात. उदा. अत्तरे, सौंदर्य प्रसाधने, ज्वेलरी/ दागिने इत्यादीसाठी फ्रान्स प्रसिद्ध आहे. मागच्या तीन दशकामध्ये मार्सलिस, लियान, ॲटस आणि लील यांच्यात मोठ्या प्रमाणावर वाढ झाली आहे.

फ्रान्स व्यापारामध्ये जगात चौथ्या क्रमांकावर आहे. दोन प्रमुख बंदरे असून त्यामध्ये भूमध्यसागर येथे मार्सेलीस आहे. ल हावरे बंदर सेन नदीच्या मुखाजवळ इंग्लिश खाडी येथे आहे. पेट्रोल, पेट्रोलियम पदार्थ, यंत्रसामग्री, अन्न, रसायने, वाहने, कच्चा माल, लोह व पोलाद, कापड प्रामुख्याने आयात केले जाते. यंत्रसामग्री, वाहने, रसायने, लोहपोलाद इत्यादी निर्यात केले जाते. व्यापार प्रामुख्याने युरोपियन कम्युनिटीजमध्ये जास्त होतो.

फ्रान्स सरकार लोकसंख्या जलद गतीने वाढण्यासाठी प्रोत्साहन, सवलती देते. उद्योगांची वाढ होण्यासाठी अणुऊर्जेची फार मोठी मदत होत आहे. फ्रान्समध्ये शेतीतून उद्योगांकडे कामगार आकर्षिले जात आहेत. त्याचप्रमाणे औद्योगिक, शेती व आर्थिक विकासाबाबत उत्तम प्रतीचे शिक्षण दिले जाते.

(जॉर्जिया)

प्रजासत्ताक जॉर्जियाचे क्षेत्रफळ ६९,७०० चौ. कि.मी. असून लोकसंख्या ५.४५ दशलक्ष इतकी होती (२००१). लोकसंख्येची घनता प्रति चौ. कि.मी. ७७ व्यक्ती आहे. पूर्वीच्या रशियातून जॉर्जिया डिसेंबर १९९१ मध्ये स्वतंत्र झाला. जॉर्जियाला काळा समुद्र, तसेच तुर्कस्थान, अर्मेनिया आणि अझरबजैन इत्यादी राष्ट्रांच्या सीमा जोडल्या आहेत. तिबलिसी (Tiblisi) ही राजधानी आहे.

काळ्या समुद्राच्या पूर्वकिनारपट्टीत कॉकेशस पर्वत रांग आहे. जॉर्जियाचे हवामान सौम्य आहे. युरोपमधील इलब्रूस हे सर्वात जास्त उंचीचे शिखर असून ते

जॉर्जियामध्ये आहे.

वार्षिक लोकसंख्या वाढीचा दर ०.४% आहे. जवळजवळ ५६% लोक नागरी वस्तीत राहत असून ते द्वितीयक व तृतीयक श्रेणीच्या व्यवसायावर अवलंबून आहेत. जगामध्ये जॉर्जियात मँगेनीजचे साठे मोठ्या प्रमाणावर आहेत. इतर खनिजे, कोळसा, तेल, संगमरवर आणि लोहखनिज ही महत्त्वाची साधनसंपत्ती आहे.

चहा, लिंबू / नारिंगी, फळे, द्राक्षे, गहू, ओटस् फ्लॅक्स, तंबाखू, बटाटा आणि पालेभाज्या ही शेतातील प्रमुख उत्पादने आहेत. अन्न प्रक्रिया, चहा, मद्य, कापड, कृत्रिम धागा, कागद आणि धातू उद्योग ही महत्त्वाची कारखानदारी आहे.

(युनायटेड किंग्डम)

युरोप खंडातील हे एक प्रगत राष्ट्र आहे. यामध्ये इंग्लंड, स्कॉटलंड, वेल्स आणि उत्तर आयर्लंड याचबरोबर हेबरिड,ऑर्कनी आणि शेटलँड यांचा समावेश आहे. या देशाचे एकूण क्षेत्रफळ २,४४,१०८ चौरस किलोमीटर आहे. २००१ च्या जनगणनेनुसार याची लोकसंख्या ६ कोटी असून २४३ व्यक्ती प्रतिचौरस किलोमीटर मध्ये वास्तव्य करतात.

युनायटेड किंग्डमच्या सर्व बाजूला समुद्र किनारा लाभलेला आहे. पश्चिमेला अटलांटिक महासागर तर इतर दिशांना डोव्हर सामुद्रधुनी, आयरिश समुद्र, उत्तर समुद्र यांचा समावेश होतो. आयर्लंडच्या उत्तर भागात थोड्या प्रमाणात पठारी स्वरूपाचा भाग आहे. इंग्लंडच्या उत्तर बाजूला ग्रोम्पियन पर्वतश्रेणी आहे. पश्चिम बाजूस पेनाईन पर्वतरांग असून या पर्वतांच्या दोन्ही भागात कोळशाच्या खाणी स्थापित आहेत. पर्वताच्या पूर्व भागात विस्तारित प्रमाणात मैदानी भाग आहे. पर्वतीय क्षेत्रातील स्काफेल-पाईकची उंची ९७८ मी. इतकी आहे. काही प्रदेश खाड्यांचा आहे. त्यामध्ये सेंट जॉर्जची खाडी, इंग्लिश खाडी यांचा समावेश होतो.

या देशाचे सरासरी तपमान १५° सें.च्या पुढे व १८° सें.च्या खाली असते. या भागात जानेवारीचे तापमान ५° सें. असते. वर्षभर तापमान थंड असते. हा भाग शीतोष्ण कटिबंधात येतो.

येथील एकूण क्षेत्रापैकी ७% क्षेत्र जंगलाखाली आहे. स्कॉटलँड आणि वेल्स या भागात जास्त पर्जन्य पडत असल्याने वृक्षापेक्षा गवताचे प्रमाण जास्त आहे. त्यामुळे पशुपालन व्यवसायाचा मोठा प्रसार झाला आहे. केंब्रिजच्या पूर्व-उत्तर भागात सर्वात मोठे क्षेत्र जंगलाखालील असून ते बेरकलँड नावाने प्रसिद्ध आहे.

गहू, वाटाणा, हरभरे, विविध भाजीपाला, फुले यांचे उत्पादन मोठ्या प्रमाणात

घेतले जाते. देशातील ७५% क्षेत्र कृषीखाली आहे. पशु उत्पादनात प्रामुख्याने दुग्ध व्यवसाय व मांस उत्पादन घेण्यासाठी जनावरांचे पालन केले जाते. फुले उत्पादन व भाजीपाला उत्पादन काचेच्या फार्महाऊसमध्ये घेतले जाते.

युनायटेड किंग्डम प्रामुख्याने उद्योगधंद्यात पाच घटकांत अग्रेसर आहे. ते पुढीलप्रमाणे आहेत.

१. लोह-पोलाद उद्योग : लोह पोलाद उत्पादनात यु.के. चा जगात पाचवा क्रमांक लागतो. लोहपोलाद उत्पादनात यु.के. मधील पुढील क्षेत्रे समाविष्ट होतात. न्यूपोर्ट, तलबट, ग्लासगो, कार्डिफ, लँकेशायर, कम्बरलँड, लिंकनशायर, नॉर्दम्पटन, मिडिल्सबरो, न्यू कॅसल, डरहॅम, नरदम्बरलँड, लिस्टर.

२. जहाज बांधणी : जहाज बांधणीत प्रामुख्याने पुढील केंद्रांचा समावेश होतो : फोर्थ, साउदॅम्पटन, डरहॅम, लंडन, ग्लासगो, लिव्हरपूल, मँचेस्टर, न्यूकॅसल, ॲबर्डीन.

३. सुतीवस्त्र उद्योग : युकेमध्ये मोठ्या प्रमाणात सुतीवस्त्र उद्योग विकसित झाला आहे. त्याची प्रमुख केंद्र लँकेशायर, मँचेस्टर अशी आहेत.

४. कोळसा उत्पादन : युकेचा कोळसा उत्पादनात पाचवा क्रमांक लागतो. कोळसा उत्पादनात मोठ्या प्रमाणात १७व्या व १८व्या शतकात विकसित झालेले राष्ट्र होते. कोळसा इतर भागात उपलब्ध झाल्याने त्यांचे महत्त्व क्रमाक्रमाने कमी होत गेले.

५. इतर उद्योग : हॉस्पिटलची अत्याधुनिक साधने तयार करणे, संगणक, दूरसंच, रेडिओ, वाहन, धातू वितळवणे व प्रक्रिया करणे, कृषी अवजारे व तंत्रज्ञान, सैनिकी अस्त्र तयार करणे व त्यांची निर्यात करणे.

देशात जलमार्गाचा विकास मोठ्या प्रमाणात झालेला आहे. त्यामध्ये समुद्र-किनारी भागात मँचेस्टर, लिव्हटपूल, आर्केने, साउदॅम्पटन, फोर्थ हार्टपूल, मिलफोर्ड हेवन यांचा समावेश होतो. तर सर्वात वेगवान मार्ग एकूण २४०० किलोमीटरचा आहे.

१९५१ च्या जनगणनेमध्ये काही अशी नगरे अस्तित्वात आली की, जेथे एक नगर कधी संपते व दुसरे कधी सुरू होते याची कल्पनासुद्धा येत नाही. त्याला एकत्रित नगरे (Conurbation) म्हणतात. यापैकी काही खालीलप्रमाणे आहेत :

१. ग्लासगो : क्लाइड नदीच्या तीरी या एकत्रित नगराचा विकास झालेला आहे. या ग्लासगो-केरन-हॅमिल्टन-आयरडरी-कोटब्रिज या भागात विद्युत निर्मितीची पाते, स्टील, लोखंडी खांब बनविण्याचे कारखाने आहेत.

२. मेर्सीसाइड नगर : पुढील शहरांमध्ये स्टील, विद्युत उपकरणे तसेच विविध प्रकारची उपकरणे तयार केली जातात. यात लिव्हरपूल, मँचेस्टर, अशा शहरांचा समावेश होतो.

३. पश्चिम यॉर्कशायर नगर : वाहन निर्मिती, विद्युत उपकरणे, इंजिनिअरिंग, स्टील उद्योगांचे एकत्रित उद्योग पुढील शहरात विकसित झाले आहेत. ब्रेडफोर्ड, लोमूर, लिड्स, एक्स्टन, चेस्टरफील्ड, स्टॉकब्रिज, शेफील्ड, रोथरहम.

४. बर्मिंगहॅम : मोठ्या यंत्राची निर्मिती, हॉस्पिटलच्या उपकरणांची निर्मिती पुढील शहरात होते. डडले, रेडिच, कॉवेंट्री.

५. दक्षिण पूर्व लँकेशायर : सुतीवस्त्र निर्मिती व इतर औद्योगिक क्षेत्रामुळे या भागापुढील शहरांचा समावेश होतो. बोल्टन, बरी, ब्लॅकबर्न, विगान, ओल्थम, स्टॉलपोर्ट.

थेम्स किनारी लंडन शहर असून त्यांची लोकसंख्या ७३ लाख आहे. ते सांस्कृतिक, औद्योगिकदृष्ट्या प्रगत शहर आहे. विद्युत उपकरणे, ट्रॅक्टर, धातू, वैज्ञानिक उपकरणे, सुती आणि लोकरी कपडे, विद्युत पाते, विमाने, क्षेपणास्त्र यांची निर्यात मोठ्या प्रमाणात केली जाते. विविध प्रकारचा कच्चा माल, खनिजे, नैसर्गिक गॅस, खाद्यवस्तू, तंबाखू, विविध शीतपेये यांची आयात मोठ्या प्रमाणात केली जाते.

(जर्मनी)

जर्मनी युरोपच्या नकाशावर १९९० मध्ये एक एकसंघ राष्ट्र म्हणून अस्तित्वात आले. ३,५७,०४२ चौ. कि.मी. क्षेत्रफळ असलेल्या जर्मनीची एकूण लोकसंख्या ८२.२ दशलक्ष (२००१ नुसार) असून लोकसंख्येची घनता २२५ दर चौ. कि.मी. आहे. जर्मनीची राजधानी बॉन असून, जर्मनीच्या उत्तर बाजूला उत्तरी समुद्र, डेन्मार्क व बाल्टिक समुद्र आहेत. जर्मनीच्या पूर्वेला पोलंड आणि झेक प्रजासत्ताक, दक्षिणेला ऑस्ट्रिया, स्वित्झर्लंड हे देश तर पश्चिमेला फ्रान्स, लक्झेंबर्ग, बेल्जियम आणि नेदरलँड हे देश आहेत.

जर्मनीचे भूपृष्ठरचनेप्रमाणे पाच प्रमुख विभाग पडतात.

(१) उत्तरेकडील सखल प्रदेश : बाल्टिक समुद्राच्या दक्षिणेला हा सखल प्रदेश पसरला आहे. या सखल मैदानी प्रदेशात क्वार्टनरी कालखंडातील संचय आढळून येते. तसेच काही प्रमाणात हिमयुगाची चिन्हेही आढळतात. या प्रदेशातील मृदा ही नापीक असून, तिला मशागतीची व खतांची आवश्यकता आहे.

(२) दक्षिणेकडील स्थित्यंतरीय सीमावर्ती प्रदेश : या संक्रमणशील प्रदेशात हिमोढांचे संचय आढळतात. येथील मृदा ही सुपीक आहे. देशातील बहुतांश दगडी कोळशाचे, प्रामुख्याने लिग्नाईटचे साठे या प्रदेशात आढळतात.

मिटीललँड कॅनाल हा प्रदेशातील प्रमुख वाहतुकीचा मार्ग आहे.

(३) मध्यवर्ती उंचवट्याचा प्रदेश : हा प्रदेश पॅलॉझॉईक कालखंडातील अवशेषांनी बनला आहे. या मध्यवर्ती उंचवट्यावर दाट जंगले त्याचप्रमाणे मृत ज्वालामुखी, पठारे व ग्रॅनाईटच्या खडकांनी युक्त अशा डोंगररांगा आहेत.

(४) डोंगराळ प्रदेश : ह्या प्रदेशात नैर्ऋत्येकडील खडकाळ प्रदेश समाविष्ट होतो. त्याचप्रमाणे ईशान्येकडील थुरीनजियन (Thuringian) अरण्यांचा प्रदेश, सॅक्सेन उंचवट्याचा प्रदेश आणि आग्नेयेकडील बोहिमियनचा अरण्याचा प्रदेश समाविष्ट होतो. तसेच अनेक दऱ्याखोऱ्यांनी युक्त असा हा प्रदेश आहे. मध्य ऱ्हाईन नदीचे खोरे महत्त्वाचे व चित्रातील मनोहर दिसणारे खोरे याच भागात आढळते. ही नदी बिनगेनपासून बॉनपर्यंत एका घळईतून (८० कि.मी. लांब) वाहते.

(५) आल्पाईनचे भूशीर व आल्प्सचा प्रदेश : आल्प्सच्या ईशान्येला आल्पाईनचे भूशीर आहे. ते एका विस्तृत मैदानी प्रदेशाप्रमाणे दिसते. आल्प्स पर्वतांमध्ये उगम पावणाऱ्या नद्या, भूशीरातील रुंद दलदलयुक्त दऱ्या पार करून जातात. यातील फक्त डॅन्यूब नदी जलमार्गास उपयुक्त आहे. आल्प्स पर्वताचा फार थोडा भाग जर्मनीत असून तो दक्षिणेकडील भागात आढळतो. झ्युगेसपिटीज हे जर्मनीतील सर्वात उंच पर्वतशिखर असून त्याची उंची २९६३ मी. आहे व ते म्युनिचच्या दक्षिणेला आहे.

जर्मनीमध्ये विस्तीर्ण असे नद्यांचे जाळे आढळते. यातील बऱ्याचशा नद्या बाल्टिक समुद्र व उत्तरी समुद्र यास जाऊन मिळतात. याला डॅन्यूब नदी अपवाद असून ती काळ्या समुद्रास जाऊन मिळते. ऱ्हाईन ही जर्मनीतील महत्त्वाची जलप्रणाली असून ती जलवाहतुकीस उपयुक्त आहे. त्याचप्रमाणे एल्ब, ओडर, स्प्री, वेजर, ईम्स, सेली या इतर महत्त्वाच्या नद्या आहेत. आल्प्स पर्वतातील कॉन्स्टंसी हे सरोवर महत्त्वपूर्ण असे आहे.

जर्मनीचे हवामान वायव्य युरोपियन समशीतोष्ण कटिबंधीय प्रकारचे आहे. याचे प्रमुख कारण म्हणजे ॲटलांटिक महासागरावरून वाहणारे पश्चिमी वारे आहेत. उन्हाळे त्याचप्रमाणे हिवाळे मध्यम स्वरूपाचे असून वायव्य जर्मनीतील वार्षिक सरासरी तापमान १०^{0} सें. पर्यंत आढळते. पूर्वेकडील खंडीय प्रदेशात थंड हिवाळे व कमी उष्ण उन्हाळे आढळतात. ह्या प्रदेशातील वार्षिक सरासरी तापमान

हे २°सें. ते ४°सें. च्या दरम्यान आढळते. हिवाळ्याच्या बर्फमय दिवसात बाल्टिक बंदरातील कारभार वारंवार बंद असतो.

पर्जन्याचे प्रमाण विशेष कमी जास्त न होता सगळीकडे सारख्या प्रमाणात वितरीत झालेले दिसते. डोंगराळ भागात पर्जन्याचे प्रमाण जास्त असून ते १०० सेंमी पर्यंत जाते. किनारावर्ती प्रदेशातील वार्षिक पर्जन्य ८० सेंमी पर्यंत आहे.

जर्मनीच्या एकूण प्रदेशांपैकी २५% प्रदेश हा अरण्याखाली असून बराचसा अरण्यांचा प्रदेश हा डोंगराळ भागात आहे. या अरण्यातील दोन तृतीयांश अरण्ये ही सूचीपर्णी वृक्षांची आहेत तर बाकीची अरण्ये पानझडी प्रकारची आहेत. बर्च, बीच, चेस्टनट, ओक आणि वॉलनट हे प्रमुख वृक्ष पानझडी प्रकारच्या अरण्यात आढळतात. जर्मनीत वनीकरणाच्या कार्यक्रमाची अंमलबजावणी केली आहे. जर्मनीतील जंगलांवर आम्लपर्जन्य व प्रदूषण यांचा परिणाम झालेला दिसतो. पूर्व जर्मनीतील अरण्याचा भाग हा सर्वात जास्त प्रदूषणामुळे प्रभावित झालेला युरोपातील प्रदेश आहे.

पहिल्या शतकात ऱ्हाईन नदीच्या पश्चिमेपासून पोलंडच्या जवळील विस्तीर्ण प्रदेशाचा भाग जर्मनीतील भटक्या लोकांनी व्यापलेला होता. पाचव्या आणि सहाव्या शतकात जर्मन लोक ऱ्हाईन व डॅन्यूब सीमावर्ती प्रदेश भेदून पश्चिम रोमन साम्राज्य व पश्चिम युरोपच्याही पलीकडे आले.

पूर्वीच्या पश्चिम जर्मनीतील जवळजवळ ४५% लोक हे कॅथॉलिक आहेत. त्याचप्रमाणे पूर्वीच्या पूर्व जर्मनीतील ४७% लोक हे प्रोटेस्टंट तर ७% कॅथॉलिक व ४६% इतर लोक आहेत.

१००% लोकसंख्या साक्षर असून शालान्त परीक्षेपर्यंतचे शिक्षण हे मुक्त आणि सक्तीचे आहे. सर्व प्रकारच्या पारंपरिक शाळांचे एकत्रीकरण आहेत.

पश्चिम जर्मनीतील फारच थोडे लोक शेती, मासेमारी व वन यावर आधारित व्यवसायात गुंतलेले होते. पूर्वीच्या पूर्व जर्मनीतील ९५% जमीन शेतीखाली होती. ओट, बार्ली, गहू, बटाटे ही जर्मनीतील प्रमुख पिके आहेत. पशुपालन केले जाते व त्यापासून मांस, दूध ही उत्पादने मिळवली जातात व त्यांची निर्यात केली जाते. तंबाखू, सूर्यफूल, जवस, ताग ही व्यापारी तत्त्वावरची पिके घेतली जातात.

उत्तरी समुद्र हे प्रमुख मासेमारी क्षेत्र आहे. परंतु एकूण राष्ट्रीय उत्पन्नाच्या फारच थोडे उत्पन्न मासेमारीतून मिळते.

जर्मनीत विपुल प्रमाणात खनिज संपत्ती आहे. हार्ज पर्वत, सॅक्सन, एरजीबर्ज हा जर्मन-चेक सीमेवरील प्रदेश, सिलसियाचा वरचा भाग आणि सुडेनटेन पर्वताचा

प्रदेश, सार खोरे इत्यादी प्रमुख खनिज प्रदेश आहेत. ऱ्हूर दगडी कोळसा क्षेत्र ऱ्हाईनच्या उत्तरेकडील भागात आहे. हे युरोपातील मोठे कोळसा क्षेत्र आहे. दगडी कोळसा, पोटॅश, लिग्नाईट ही प्रमुख खनिजसंपदा पूर्वीच्या पश्चिम जर्मनीत आढळते. त्याचप्रमाणे लोहखनिज, शिसे, जस्त आणि तांबे ही इतर खनिजेही या प्रदेशात आढळतात. ऱ्हूर खोरे हे कोक व इतर प्रकारच्या दगडी कोळशाचे केंद्र आहे. लिग्नाईटचे थर कलोनजवळ मोठ्या प्रमाणात आढळत असून ते भूपृष्ठाच्या जवळ आढळतात. परंतु १९७० नंतर कठीण अशा दगडी कोळशाच्या उत्पन्नात घट होऊ लागली. तरीसुद्धा लिग्नाईटचे उत्पादन हे मध्यम स्वरूपाचे आहे. उत्तरी समुद्रातून काही प्रमाणात पेट्रोलियमचे उत्पादन मिळते, तसेच जवळजवळ एकतृतीयांश विद्युत ऊर्जा ही आण्विक शक्तीतून निर्माण केली जाते.

जर्मनी हा जगातील उद्योगधंद्यातील अग्रेसर देशांपैकी एक देश आहे. पोलाद आणि रसायने ही प्रमुख उत्पादने आहेत. त्याचप्रमाणे ऑटोमोबाईल, वाहतूक साधने, अवजड यंत्रे इत्यादी इतर उत्पादने आहेत. पर्यटन हा आणखी एक व्यवसाय जर्मनीत मोठ्या प्रमाणात आढळतो.

युरोपीय देशात जर्मनीचा लोहखनिज उत्पादनात दुसरा तर कच्च्या पोलाद उत्पादनात आठवा क्रमांक लागतो. जर्मनीतील ऱ्हूरचे खोरे हे पोलाद उत्पादनाचे फार मोठे क्षेत्र युरोपात आहे. एसेन, ड्युसेलडॉर्फ, बॉचम, गेलसेनक्रिचन, सोलिनेगेन, क्रिफेल्ड इत्यादी जर्मनीतील प्रमुख लोहपोलाद उत्पादनाची केंद्रे आहेत. ऱ्हूर खोऱ्याशिवाय लोहपोलादाचे कारखाने क्रिफेल्ड, साल्जगिदर, हॅनोव्हर व फ्रँकफर्ट यामध्ये पाहावयास मिळतात.जर्मनीतील उद्योगधंदे हे फक्त ऱ्हूर व सेक्सोनीमध्येच नाहीत तर ते इतर शहरी भागात विखुरलेले आहेत. जर्मनीत अनेक मोठी शहरे आहेत परंतु मॉस्को, लंडन व पॅरिस प्रमाणे कोणत्याही एका शहराचे जर्मनीत प्रभुत्व जाणवत नाही कारण बऱ्याच कालापर्यंत जर्मनी अनेक राज्यात विभागले होते.

जर्मनीच्या आयातीत खाद्यान्नाचा वाटा जास्त आहे. त्याचप्रमाणे रबर, पेट्रोल आणि यंत्रे, वाहतूक साधने यांचीही आयात केली जाते. औद्योगिक साधने, अनेक उद्योगांसाठी लागणारा कच्चा माल, इंधन इत्यादी निर्यात जर्मनीतून मोठ्या प्रमाणात होते. जर्मनीतील वस्तूंची निर्यात प्रामुख्याने जपान व पूर्व युरोपीय देशांना केली जाते.

(ग्रीस)

ग्रीस हे प्रजासत्ताक राष्ट्र असून त्याचे एकूण क्षेत्रफळ १,३१,९९० चौ.कि.मी.,

आहे तर एकूण लोकसंख्या १०.९ दशलक्ष (२००१) नुसार आहे व लोकसंख्येची घनता दर चौ.कि.मी. ८०ला आहे. ग्रीस या देशाने बाल्कन द्वीपकल्पाचा दक्षिणेकडील भाग व्यापला आहे. ग्रीसची भूसीमा तुर्कस्थान, बल्गेरिया, मॅसिडोनिया आणि अल्बानिया या राष्ट्रांबरोबर जोडलेल्या आहे. या मुख्य भूमीपासून दूर असलेली अनेक बेटे ग्रीसच्या मालकीची आहेत. अथेन्स ही ग्रीसची राजधानी असून ते एक सांस्कृतिक केंद्र आहे. ग्रीसच्या एकूण लोकसंख्येपैकी ४०% लोकसंख्या अथेन्समध्ये आहे. अथेन्स हे प्राचीन शहराचे नमुनेदार उदाहरण आहे. पुरातन ग्रीस संस्कृतीच्या खुणा दाखविणाऱ्या अनेक संस्मरणीय कलाकृती आपणास ग्रीसमध्ये पाहावयास मिळतात त्या वास्तुशिल्पाचा अजोड नमुना आहेत.

प्राचीन ग्रीसमध्ये पाश्चिमात्य संस्कृतीचा जन्म झाला. त्यानंतर त्याचा विस्तार रोमन साम्राज्याने केला. पंधराव्या शतकाच्या सुरुवातीला ग्रीसवर ओटोमन तुर्कांचे राज्य आले. १८२७ मध्ये ग्रीसने स्वातंत्र्य मिळवले. दुसऱ्या महायुद्धाच्या काळात ग्रीसवर जर्मनीने वर्चस्व मिळवले. दुसऱ्या महायुद्धानंतर ग्रीसचे तुर्कस्थान, अल्बानियन व मॅसिडोनिया या बरोबर युद्ध झाले. त्यामुळे ग्रीस जगातील एक स्फोटक प्रदेश बनला.

ग्रीसमधील क्रोनिथच्या आखाताच्या उत्तरेकडील द्वीपकल्प पिंनडोंज पर्वतांनी व्यापलेले आहे. या पर्वतांचा विस्तार पुढे आयोनियन बेटे व एजियन समुद्रापर्यंत आहे. क्रोनिथ आखाताच्या दक्षिणेकडील ग्रीस पेलोपोनिस या नावाने ओळखला जातो. तो प्रामुख्याने आर्केडियन पर्वतांपासून बनला आहे. समुद्रकिनारे आणि पर्वतीय सुळके यांच्या दरम्यान असलेल्या सखल मैदानी प्रदेशात जास्त लोकसंख्या आढळते. ॲटीका मैदान हा सुप्रसिद्ध सखल प्रदेश आहे. पेरियस हे प्राचीन ग्रीसमधील बंदर असून अजूनही त्या बंदराचे वर्चस्व ग्रीसमध्ये टिकून आहे.

ग्रीसची भूरचना प्रामुख्याने चुनखडीयुक्त आहे व तेथील हवामान भूमध्यसागरीय स्वरूपाचे असून तेथे मध्यम स्वरूपाचा पाऊस, तीव्र हिवाळे व कोरडे उन्हाळे यांचे मिश्रण आहे. ह्या हवामानाचे प्रमुख गुणधर्म दक्षिणेकडे जास्त जाणवतात.

आत्ताच्या काळात ग्रीसमध्ये शेती जरी प्रामुख्याने केली जात असली तरीही या ठिकाणची परिस्थिती ही शेतीला पूरक नाही. फक्त ३०% भाग हा शेतीखाली आहे.

ग्रीसमधील शेती ही निसर्गावर अवलंबून आहे. याठिकाणी हिवाळ्यात गहू हे प्रमुख पीक घेतले जाते. काही ठिकाणी बार्लीसारखे गव्हाच्या बरोबरीने प्रामुख्याने कोरड्या व कमी सुपीक जमिनीत घेतले जाते.

ऑलीव्ह, द्राक्षे, लिंबूवर्गीय फळे,भाज्या इत्यादी इतर पीके या प्रदेशात घेतली जातात. ऑलीव्हच्या झाडांची त्याचप्रमाणे द्राक्षांच्या वेलींची मुळे ही जमिनीत खूप खोलवर जाऊ शकतात. त्यामुळे उन्हाळ्यासारख्या कोरड्या ऋतुतही ती जगू शकतात. द्राक्षांपासून प्रामुख्याने दारू बनवली जाते. ज्या ठिकाणी जलसिंचनाच्या सुविधा आहेत त्या प्रदेशात हिवाळा किंवा वसंत ऋतूत भाजीपाला घेतला जातो. जनावरांच्या चाऱ्यासाठीही काही पीके मोठ्या प्रमाणात घेतली जातात. या जनावरांचा उपयोग प्रामुख्याने मांस मिळवण्यासाठी केला जातो. तंबाखू हे पीक व्यापारी तत्त्वावर घेऊन त्याचा उपयोग प्रामुख्याने निर्यातीसाठी केला जातो. ग्रीस हा युरोपियन युनियनमधील गरीब देशांपैकी एक आहे.

(हंगेरी)

हंगेरीचे एकूण क्षेत्रफळ ९३,०३३ चौ.कि.मी असून एकूण लोकसंख्या १०.९ दशलक्ष (२००१) आहे तर लोकसंख्येची घनता दर चौ.कि.मी. ला ११ व्यक्ती आहे. हंगेरी हा युरोपच्या पूर्वमध्य भागात वसलेला आहे. हंगेरी हा एक भूवेष्टित देश आहे. या देशाच्या पश्चिमेला ऑस्ट्रिया हा देश आहे उत्तरेला चेकोस्लाव्हाकिया, रूमानिया आणि युक्रेन, पूर्वेला आणि दक्षिण सीमेला युगोस्लाव्हिया व क्रोएशिया हे देश आहेत.

हंगेरीची भूपृष्ठरचना ही तीन भागात विभागली आहे.

(१) पश्चिमेकडील ट्रान्स-डॅन्यूब, हा प्रदेश प्रामुख्याने सखल प्रदेश असला तरी काही पर्वतही या प्रदेशात आहेत. लिटल प्लेन (किसालफोल्ड) सारखी काही सखल मैदाने याच प्रदेशात आहेत.

(२) उत्तरमध्य पर्वतीय प्रदेश हा दुसरा विभाग आहे. यात ईझाकी कोझीफेगेसेग व त्याचप्रमाणे सोलव्हाक हे पर्वतीय प्रदेश आहेत.

(३) डॅन्यूब नदीच्या पूर्वेला असलेला विस्तीर्ण मैदानी प्रदेश केकास पर्वत (१०१५ मी.) हा सर्वात उंच प्रदेश आहे.

जानेवारी महिन्यातील सरासरी तापमान -१° सें. च्या खाली जाते आणि जुलै महिन्यात ते २२° सें. पर्यंत जाते. वार्षिक सरासरी पर्जन्यमान्य जवळजवळ ६३ सेंमी. पर्यंत आहे. मे ते जुलै ह्या दिवसात प्रामुख्याने पावसाळा हा ऋतू असतो.

डॅन्यूब ही हंगेरीतील प्रमुख नदी आहे. त्याचप्रमाणे तिस्झा आणि द्राव्हा याही महत्त्वाच्या नद्या आहेत. बाल्टोन सरोवर हंगेरीच्या पश्चिमेला आहे. ते युरोपातील सर्वात मोठे सरोवर आहे.

हंगेरीतील मृदा ही डॅन्यूब नदीच्या संचयन कार्याचा परिणाम आहे. लोएसचा प्रदेश हा शेतीसाठी योग्य प्रदेश आहे.

लोकजीवन/मानवी जीवन

एकूण लोकसंख्येपैकी ९६% लोकसंख्या ही हंगेरीयन लोकांची आहे तर उर्वरीत लोकसंख्या ही जर्मन, स्लाव्ह, रूमानियन व जिप्सी या लोकांची आहे. पूर्व युरोपियन देशातील हंगेरी हा सर्वात कमी जननदर असलेला देश आहे. तो दर जवळपास −०.४% इतका आहे. लोकसंख्येची वाढ ही ऋणात्मक आहे. हंगेरीतील जवळजवळ एकूण लोकसंख्येपैकी ६३% लोकसंख्या शहरी विभागात राहते.

एकूण शेतीखालील जमिनीपैकी जवळजवळ ६४% शेतजमीन सामुदायिक शेतीखाली आहे. त्यातील २७% जमीन राज्यसंस्थेच्या वर्चस्वाखाली आहे. ९% जमिनी काही अंशी खाजगी आहेत. मका, बीट, गहू, बटाटे आणि द्राक्षे ही येथील प्रमुख पीके आहेत. दूध आणि अंडी ही या देशातील प्रमुख उत्पादने आहेत. औद्योगिक क्षेत्रातही हंगेरी आघाडीवर आहे. एकूण राष्ट्रीय उत्पादनात ६५% वाटा हा औद्योगिक क्षेत्राचा आहे.

डॅन्यूब हा प्रमुख जलमार्ग हंगेरीत उपलब्ध आहे. त्याचप्रमाणे लोहमार्ग व महामार्ग ह्या वाहतुकीच्या सोयी आहेत. सर्व मोठ्या शहरात वाहतुकीच्या पुरेशा सुविधा आहेत. हंगेरीची स्वत:ची अशी प्रभावी, मोठी हवाई सेवा नाही.

हंगेरी ज्या वस्तू आयात करते त्यात प्रामुख्याने कच्चे तेल, नैसर्गिक वायू, खनिजे, कृत्रिम धागे इत्यादींचा समावेश होतो तर निर्यात केल्या जाणाऱ्या प्रमुख वस्तू म्हणजे तयार कपडे, चामड्याच्या वस्तू, भाज्या, फळे, दारू, औषधे इत्यादी.

(आईसलँड)

१,०३,००० चौ.कि.मी. क्षेत्रफळ, ०.३ दशलक्ष लोकसंख्या (२००१ नुसार) तर दर चौ. किमी. मागे ३ व्यक्ती अशी घनता असलेला आईसलँड हा एक मोठ्या प्रमाणात शहरीकरण झालेला देश आहे. ग्रेट ब्रिटननंतर हे युरोपातील दुसरे सर्वात मोठे बेट आहे. आईसलँड हे उत्तर अटलांटिक महासागरात आर्टिक वर्तुळाच्या दक्षिणेस वसलेले आहे. नॉर्वेपासून आईसलँड ९६५ किमी. लांबीवर आहे. आईसलँडची राजधानी रेकजाविक (१४,००० लोकसंख्या) नैर्ऋत्य किनाऱ्यावर आहे. १९४४ मध्ये आईसलँड स्वतंत्र झाले. त्यापूर्वी त्यांच्यावर डेन्मार्कचे प्रभुत्व होते.

रेकजाविक प्रांतात, मासेमारी व त्यावर आधारित प्रक्रिया उद्योग महत्त्वाचे आहेत. त्याचप्रमाणे धातू उद्योग,कापड उद्योग, फर्निचर, खते व सिमेंट उद्योग महत्त्वाचे ठरतात. खनिज संपत्तीमध्ये डायटोमाइट ज्याचा वापर गाळणीसाठी होतो महत्त्वाचे आहे. आयात केलेल्या ॲल्युमिनियमचा वापर नवीन पक्क्या मालाची निर्यात करण्यासाठी होतो. विस्तृत प्रमाणावर ॲल्युमिनियम निर्मिती करण्यासाठी येथील विद्युतनिर्मिती प्रकल्प व उष्ण पाण्याच्या झऱ्यांचा वापर होतो.

आईसलँडमध्ये रेल्वे वाहतूक अस्तित्वात नसून अनेक दुर्गम भागाशी संपर्क साधण्यासाठी रस्ते वाहतुकीचा उपयोग होतो. हवाई वाहतुकीचा वापर हा अंतर्गत व आंतरराष्ट्रीय वाहतुकीसाठी केला जातो. रेलीक व कॅप्लेविक या विमानतळांची देखभाल अमेरिकेकडून केली जाते.

आईसलँडची भूपृष्ठरचना ही १५० ते २०० ज्वालामुखींपासून बनलेली आहे. अगदी अलीकडच्या काळात सुरटसी हे बेट ज्वालामुखीपासून तयार झाले आहे. फक्त एकतृतीयांश बेटांवर वनस्पतींचे आच्छादन आहे. बाकीची बेटे ही ओसाड आहेत. या प्रदेशातील खडबडीतपणा या ठिकाणी असणारे हिमाच्छादन व ज्वालामुखी यांचे अस्तित्व दाखवतो. हिमनद्या या अंतर्गत भागात आहेत. व्हायाटिना हिमनदी ही या प्रदेशातील मोठी हिमनदी आहे. तिने जवळजवळ ८४०० चौ.कि.मी.चे क्षेत्र व्यापले आहे. धबधबे, सर्क (cirque) आणि फियोर्ड ही भूस्वरूपे आपल्याला जवळपास सर्वच बेटांवर दिसतात. आईसलँडमध्ये अनेक गरम पाण्याचे झरे आढळतात. आईसलँड हा भूऔष्णिक ऊर्जेचा सर्वात जास्त वापर करणारा देश आहे. गरम पाण्याच्या झऱ्यातील पाणी घरे उबदार ठेवण्यासाठी, हरितगृहांमध्ये विकास करण्यासाठी केला जातो. आईसलँडमधील नद्या ह्या नौकानयनासाठी उपयुक्त नाहीत. व्हॅनेडालश्नुकूर (यावमी) हे सर्वात उंच ठिकाण आहे.

आईसलँडमधील लोक, नॉर्वेजियन व काही केल्टिक वंशाचे आहेत. येथील बऱ्याच लोकसंख्येत सर्व बाबतीत समानता आढळून येते. येथील लोकसंख्या वाढीचा वार्षिक दर ०.८% इतका असून सरासरी आयुर्मान ९० वर्षे इतके आहे. येथील ९२% लोकसंख्या नागरी आहे. सर्व शिक्षण सुविधा ह्या मोफत पुरवल्या जातात. ७ ते १५ वर्षे वयाच्या सर्व मुलांना शिक्षण सक्तीचे आहे.आरोग्यसुविधा ह्या कमी किमतीत सर्वत्र उपलब्ध आहेत. जगातील सर्वात कमी बालमृत्यू दर व सरासरी जास्त आयुर्मान हे आईसलँडमध्ये आढळते. तात्पर्य, आईसलँडचे राहणीमान हे अति-उच्च दर्जाचे आहे.

(आयर्लंड)

आयर्लंडचे क्षेत्रफळ ७०,२८२ चौ. किमी. असून लोकसंख्या ३.८ दशलक्ष (२००१) इतकी आहे. येथील लोकसंख्येची घनता दर चौ.कि.मी. ५३ व्यक्ती इतकी आहे. युनायटेड किंग्डमच्या पश्चिमेस उत्तर अंटलाटिकजवळ आयर्लंडचे स्थान आहे व डब्लिन हे राजधानीचे शहर आहे.

आयर्लंड हा देश सरोवरे व टेकड्यांचा मानला जातो. त्याचप्रमाणे दलदलीचे भाग, कुजलेल्या वनस्पतीचे दलदलीचे भाग, हिरवागार गवताळ प्रदेश या भागात आढळतात. देशाचा बराचसा भाग सागरपातळीपासून १५० मी. खाली, सखल मैदानाचा आहे व त्यातील बराचसा भाग कार्बोनीफेरस कालावधीतील चुनखडकांचा बनलेला आहे. या भागात बराचसा भूप्रदेश हिमनद्यांनी व्याप्त असून त्यापासून विविध भूआकार उदाहरणार्थ, एस्कर्स, ड्रमलिन्स दिसून येतात. मध्यवर्ती सखलप्रदेश हा तुटक पर्वतरांगांनी वेढलेला आहे. आयर्लंडच्या दक्षिणेस, डेव्होनियन चुनखडकाच्या समांतर पर्वतरांगा आढळून येतात. डेव्होनियन काळातील ग्रॅनाईटचे साठे आयर्लंडच्या ईशान्य भागात दिसून येतात.

आयर्लंडमध्ये सागरीय प्रकारचे हवामान आढळून येते. जुलैमधील सरासरी किमान तापमान हे दक्षिण भागात १६^{0}सें. व उत्तर भागात १४^{0}सें. दरम्यान आढळते. हिवाळे तीव्र असून, तापमान ४^0 सें. ते ७^0 सें. या दरम्यान असते. वार्षिक सरासरी पर्जन्य १५० सेंमी ते २५० सेंमी असून ते पश्चिमेकडून पूर्वेकडे कमी होत जाते.

आयर्लंडमध्ये अनेक नद्या व सरोवरे आहेत. येथील कोल शॅनोन ३७० कि.मी. लांब ही नदी असून देशाच्या मध्यवर्ती भागातून वाहते. तिचा बराचसा प्रवाह नौकानयनासाठी उपलब्ध असतो. देशातील बरीच वने ही शेतीसाठी व चराऊ कुरणासाठी तोडण्यात आली आहेत. देशात सगळ्यात जास्त ओक वनाचे भाग आता फक्त किलर्ने काही भागातील डोंगरदऱ्यात आढळून येतात. दलदलीच्या भागात शेवाळ, लहान झुडपे व फर्न आढळून येतात.

आयर्लंडमध्ये शेती हा व्यवसाय प्रमुख आहे. देशाचा ७०% भाग हा लागवडीखाली आहे तर ५% पेक्षा कमी भाग हा वनांनी आच्छादलेला आहे. युरोपातील हा वनांचे कमी प्रमाण असलेला देश आहे.

लागवडीखालील बराचसा भाग, कुरणे आहेत. पश्चिम भागात गुरांच्या मासांचे प्रकल्प असून जास्त उत्पादन पूर्व भागात होते. शेळीपालन हे उंचवट्याच्या भागात करतात. प्रमुख पिकांमध्ये जव, ओट, गहू, बटाटे व रताळे यांचा समावेश होतो.

मत्स्यपालन हा येथील लोकसंख्येचा प्रमुख व्यवसाय आहे. कॉड, व्हाइटिंग, प्लाइस, सोल, हॅडोक, हेरिंग, व मॅकरेल या माशांच्या प्रमुख जाती आहेत. निर्यात व्यापारात एकतृतीयांशपेक्षा जास्त हिस्सा हा शेती उत्पादनाचा, यांत्रिकी व कापड व्यवसायाचा आहे. कोळसा, खनिज तेल व पक्का माल येथे आयात केला जातो.

शिसे, चांदी, जस्त, जिप्सम, डोलोमाईट व कोळसा ही येथील प्रमुख खनिजे आहेत. पीटचा वापर इंधन म्हणून केला जातो. दक्षिणेकडील किनारी भागात चुनखडक, ग्रॅनाइट, वाळू, चिकणमाती यांचे विपुल प्रमाणात साठे आहेत. त्याचप्रमाणे नैसर्गिक वायूचे साठे सुद्धा आढळतात.

हिमनदीच्या संचयन व खननकार्य यामुळे येथील बऱ्याच मृदा तयार झालेल्या आहेत. चुनखडक हा मुख्य असल्याने येथील मृदा अल्पशा अल्कलाइन आहेत. सखल भागातील तपकिरी मृदा ह्या सुपीक आहेत. टेकड्यांमध्ये पॉडझोला मृदा आढळतात. पीट कोळशाचे साठे हे हजारो हेक्टरांवर पसरलेल्या दलदलीच्या (raised bogs) भागात आढळून येतात. उंच पर्वत रांगावर सुद्धा पीट साठे आहेत. ओसाड भागातील वनस्पती ह्या शेळ्यासाठी अन्न म्हणून उपयोगात आणल्या जातात.

येथील बहुतांशी लोकसंख्या ही ब्रिटनमधून येऊन स्थायिक झाली आहे. येथील ९५% लोकसंख्या, रोमन कॅथॉलिक धर्माची आहे. येथील ५७% लोकसंख्या ही नागरी असून लोकसंख्या वाढीचा वेग ०.५% इतका आहे. ६ ते १५ वर्षे वयोगटाच्या सर्व मुलांना प्राथमिक शिक्षण सक्तीचे आहे.

(इटली)

हा देश ३,०१,२६८ चौ.कि.मी. प्रदेशावर पसरलेला आहे व त्याची लोकसंख्या ५८.८ दशलक्ष (२००१) असून घनता १९० व्यक्ती दर चौ.कि.मी. आहे. इटली भूमध्य सागरी प्रदेशामधील सर्वात प्रसिद्ध देश आहे. युरोपातील इटली हा एक विकसित देश म्हणून ओळखला जातो. तो साधारणत: आल्प्स पर्वत भागापासून ते भूमध्य प्रदेशापर्यंत विस्तारलेला आहे.

स्वाभाविक रचनेप्रमाणे द्वीपकल्पीय विस्तार मोठा असून दक्षिणेकडे लिंग्युरिअन समुद्र व पूर्वेला ॲड्रिॲटिक समुद्रापर्यंत पसरलेला दिसतो. या राज्यांच्या अधिपत्याखाली सार्डिनिया व सिसिली या दोन बेटांचा समावेश होतो. समुद्राच्या आतील भागांमध्ये काप्री, इल्बा, इसाचिया आणि लिपारी अशी छोटी बेटे आहेत. इटलीच्या द्वीपकल्पीय भागामध्ये रोममधील व्हॅटिकन शहर व रिमिनी जवळील सॅन

मॅरिनो प्रजासत्ताक असे छोटे प्रदेश आहेत. इटलीच्या वायव्य सरहद्दीस फ्रान्स, उत्तरेस स्वित्झर्लंड, ईशान्येस ऑस्ट्रिया व पूर्वेस क्रोएशिया आहेत.

प्रशासकीयदृष्ट्या इटलीस वीस प्रांत आहेत. कॅलब्रिया हा टाचेप्रमाणे असणारा इटलीचा प्रदेश असून, याच्या तुलनेत इटलीचा उत्तरेकडील निम्मा भाग खूप विकसित आहे.

इटलीचे वर्णन करताना महत्त्वाच्या दोन प्रदेशांचा उल्लेख होतो : प्रगतिशील उत्तरेकडील प्रदेश आणि स्थिर विकासाचा दक्षिणेकडील प्रदेश.

भूरचनेच्या विचार करता इटलीचे तीन विभाग पडतात. (१) अंतर्गत (२) द्विपकल्पीय (३) खंडीय. इटलीचे उत्तरेकडील मैदान हे त्रिकोणाकृती असून सखल प्रदेश आहे. आल्प्स पर्वत उत्तर सीमेची सरहद्द आहे. ही पर्वत रांग पुढे लिंग्युरीयन किनाऱ्यावरील सॅव्हानापासून पूर्वेकडे ट्रिडास्टेपर्यंत पसरलेली आहे.

आल्पस् पर्वतात सिंपलॉन, ग्रॅन पॅरॉडीसो, माऊंट बॅल्क ही उंच शिखरे आहेत. इटलीत या पर्वताची सर्वात जास्ती उंची ४६३४ मीटर इतकी आहे. इटलीच्या मध्यवर्ती भागातून गेलेल्या आल्प्स् पर्वताच्या रांगा पश्चिमेस सिंप्लॉन व रेसीचा दोन खिंडी आहेत.

दक्षिणेला उत्तर इटालियन मैदानापर्यंत द्वीप पसरलेला आहे. द्वीपकल्पाचा ॲपेनियन्स हा प्रमुख भाग असून त्याची उंची मध्यवर्ती भागात किंवा ॲब्रूजी येथे सर्वात जास्त आहे.

टस्कनी व लॅटियनच्या टायरेहेनिअनच्या किनाऱ्यावर विस्तृत सखल मैदाने व गोलाकार मंद उताराच्या टेकड्या हे प्रमुख वैशिष्ट्ये आहेत. दक्षिणेला टायरेहेनिअन किनाऱ्याला उंच पर्वत रांगा आहेत. हा किनारा खडकाळ, तीव्र उताराचा आहे. नेपल्सच्या जवळच युरोपातील व्हेसुवियस हा जागृत ज्वालामुखी आहे.

इटलीच्या किनाऱ्यावर अनेक छोटी बेटे आहेत. उदा. सार्डिनिया, सिसली इ. सिसलीच्या उत्तर किनाऱ्याजवळ स्ट्रोमबोली व व्हलक्यानो हे दोन जागृत ज्वालामुखी आहेत.

पो ही इटलीतील सर्वात जास्त लांबीची (६५२ कि.मी.) नदी आहे.पो नदी उत्तरेकडील मैदानी प्रदेशातून वाहत येऊन ॲड्रियाटीक समुद्राला व्हेनिसच्या दक्षिणेला जाऊन मिळते. ॲडगी ही इटलीतील दुसरी सर्वात मोठी नदी आहे. हीसुद्धा ॲड्रियाटीक समुद्राला पो नदीच्या उत्तरेला जाऊन मिळते. द्वीपकल्पीय इटलीतील टिबर (४०५ कि.मी.) नदी रोमकडून वाहत जाते. ओसानिया आणि एरोना ह्या आणखी दोन महत्त्वाच्या नद्या आहेत.

गार्डा हे इटलीतील सर्वात मोठे सरोवर इटलीतील आल्प्स पर्वतात असून ते हिमनदीपासून निर्माण झाले आहे. या सरोवराने ३७० चौ.कि.मी. चा प्रदेश व्यापला आहे. मागोरी व कोमो ही आणखी दोन महत्त्वाची सरोवरे आहेत. टायसिमिनो आणि बोलसेना ही द्वीपकल्पीय इटलीतील सर्वात मोठी सरोवरे आहेत.

आल्प्सचा प्रदेश सोडून इटलीत इतर सर्व भागात उंचीनुसार हवामान बदललेले दिसते. इटलीच्या उत्तरेला खंडीय स्वरूपाचे हवामान असून दक्षिणेला भूमध्यसागरी स्वरूपाचे हवामान आहे. उन्हाळ्यातील सरासरी तापमान २४^0 सें. आहे. त्याचप्रमाणे आल्प्स पर्वतांचा प्रदेश वगळता संपूर्ण इटलीमध्ये उंचीनुसार जुलै महिन्यातील सरासरी तापमान १६^0 सें. आहे आणि जानेवारीतील सरासरी तापमान ७^0 सें. आहे.

त्याचप्रमाणे ट्रिएस्टा येथे ९० सेंमी. व पालिरमो या ठिकाणी ६० सेंमी. इतकी सरासरी पर्जन्याची नोंद आहे. दक्षिणेकडील भूमध्य सागरीय भागात पाऊस साधारणपणे हिवाळ्यात पडतो तर उत्तरेकडील भागात तो उन्हाळ्यात पडतो.

पो आणि इतर नद्यांच्या खोऱ्यात आपल्याला सर्वात जास्त सुपीक मृदा आढळते. अल्पाईन अरण्याच्या प्रदेशात पॅडझोलिक मृदा आढळतात. टस्कनी आणि लॅटियम या जागृत ज्वालामुखीच्या खालच्या उतारावर रिगोलस तयार झाले आहेत ते प्रामुख्याने ज्वालामुखीच्या विदारीत पदार्थाचे संचयन आहे. ॲप्युलीया आणि इतर चुनखडीची प्रदेश यात प्रामुख्याने लाल मृदा आढळते.

इटलीचा साधारणपणे २५% प्रदेश अरण्याखाली आहे. कमी उंचीच्या प्रदेशात पानझडी वृक्ष आढळतात आणि जास्त उंचीच्या प्रदेशात पाईन, देवदार आणि सूचिपर्णी वृक्ष आढळतात. सखल प्रदेशातील अरण्यात आपल्याला ओक, क्रोक वनस्पती, पाईन, कारोवास इ. विविध प्रकारची झाडे आढळतात. त्याचप्रमाणे अतिउंचीवरील जंगलात ओक, बीच, पाईन, पांढरे फायर, लार्च आणि स्पूस ह्या वनस्पती आढळतात. हिमरेषा आणि अरण्ये यांच्यामधल्या प्रदेशात अल्पाईन कुरणे आहेत.

गंधक आणि पारा या खनिज साधनसंपत्तीत इटली हा समृद्ध आहे. दगडी कोळसा हा सार्डिनियाच्या प्रदेशात आहे तर लिग्नाईट इटलीच्या विविध ठिकाणी विखुरलेल्या भागात आहे. उत्तरेकडील मैदानी प्रदेशात नैसर्गिक वायुचे साठे मोठ्या प्रमाणात आढळतात. आल्प्समधून वाहत येणाऱ्या नद्यांवरत मोठ्या प्रमाणात जलविद्युत शक्तीची निर्मिती केली जाते.दक्षिण इटलीच्या बासीलिक्टा प्रदेशातील अंग्री नदीच्या खोऱ्यात मोठ्या प्रमाणात खनिज तेलाचे साठे आढळतात. इटलीच्या दक्षिणेकडील मेझोगियरनोच्या आर्थिक विकासात अग्री नदीच्या खोऱ्यात सापडलेल्या

खनिज तेल साठ्यांची मोठ्या प्रमाणात मदत होईल अशी आशा आहे. आत्ताच्या काळात उत्तरेकडील इटलीचा प्रदेश हा दक्षिणेकडील इटलीपेक्षा जास्त विकसित आहे.

इटली हा वांशिकदृष्ट्या युरोपातील एकजिनसी प्रदेश आहे. इटलीतील मूळ लोक प्रामुख्याने इटालियन व इतर उपभाषा बोलतात. रोमन कॅथॉलिक पंथ हा या देशातील प्रमुख पंथ आहे. इटलीमध्ये ०.२ दशलक्ष प्रोटेस्टंटपंथीय लोक आहेत तर ३५,००० ज्यू वंशाचे लोक आहेत.

इटली हा युरोपातील जास्त लोकसंख्येची घनता असलेल्या देशांपैकी एक आहे. फक्त आल्प्स पर्वतात आपल्याला विरळ लोकसंख्या आढळते. येथील जननदर हा कमी असून ६७% लोकसंख्या आपल्याला शहरी भागात आढळून येते. २०% पेक्षा जास्त लोकसंख्या ही ६५ वर्षापेक्षा जास्त लोकांची आहे. खनिज तेलाची आयात ही प्रामुख्याने सौदी अरेबिया, अरब अमिराती, इराण, कुवेत व इराक या देशातून केली जाते.

(लाटव्हिया)

हा देश ६३,७०० चौ.कि.मी. प्रदेशावर पसरलेला आहे व त्याची लोकसंख्या २.४ दशलक्ष (२००१) असून घनता ७५ व्यक्ती दर चौ.कि.मी. आहे. लाटव्हियाच्या उत्तरेकडे बाल्टिक समुद्र व इस्टोनिया, दक्षिणेकडे लिथुआनिया व बेलारुस आणि पूर्वेकडे रशियाच्या सरहद्दी आहेत. सोव्हिएत युनियनपासून फुटून ऑगस्ट १९९१ मध्ये लाटव्हिया बाहेर पडला.

एकूण लोकसंख्येपैकी साधारणपणे ७० टक्के शहरी भाग आहे. जन्मदर दर १००० लोकसंख्येत ८ आहे व मृत्युदर १००० लोकसंख्येत १४ आहे. वार्षिक लोकसंख्यावाढीचा दर वार्षिक ०.६ टक्के असल्याने बऱ्याच वर्षांत तो दुप्पट होणार नाही. सर्वसाधारण आयुर्मान ७६ वर्षे आहे. लोकसंख्यावाढीसाठी सरकार पुरेसे उत्तेजन देते.

मुख्य कृषि उत्पादके ओटधान्य, जव, राय , बटाटे, जवस, बीट, मांस, दूध व अंडी हे आहेत. लोकांचा मुख्य व्यवसाय गुरेढोरे निपजविणे व दुधदुभत्याचा व्यवसाय करणे हा आहे. पीट, दगडी कोळसा व जिप्सम ही महत्त्वाची खनिज संपत्ती आहे. विद्युतसंबंधीच्या वस्तू, रेल्वेचे डबे, कागद, बिनतारी दूरध्वनीसंच, लोकरीच्या वस्तू, लाकूड, रासायनिक खते, होजियरी, कपडे, चामड्याच्या वस्तू, पादत्राणे, रासायनिक तंतू, बसेस इत्यादी मुख्य कारखानदारी वस्तूंचा समावेश होतो.

(लिखेनस्टीन)

हा देश फक्त १६० चौ.कि.मी. प्रदेशावर विस्तारलेला आहे आणि लोकसंख्या फक्त ०.०३ दशलक्ष (२००१) आहे. याच्या दक्षिण व पश्चिम स्वित्झर्लंड आणि पूर्वेस ऑस्ट्रिया यांची सरहद्द आहे. लिखेनस्टीन याच्या पश्चिमेकडील हद्दीवरून ऱ्हाईन नदीचा वरचा भाग आहे. हा देश स्वित्झर्लंडशी चालीरीती, चलन व पोस्टाची व्यवस्था यासंबंधी जवळीक ठेवतो. या कृतीमुळे लिखेनस्टीन स्वित्झर्लंडच्या वैभवाची शान वाढविण्यात वाटेकरी आहे. त्याबरोबर त्याचा औद्योगिक विकास त्याच्या नागरिकांना जगातील एक सर्वात जास्त दरडोई उत्पन्न असणारे बनवितो.

स्वाभाविक रचनेवरून लिखेनस्टीन बहुधा दोन भागात विभागला जातो.

देशाच्या खालच्या भागाच्या पश्चिमेकडील भाग हा ऱ्हाईनचा सपाटी मैदानी भाग आहे व उरलेला (वरचा भाग) आल्प्सच्या पर्वतीय प्रदेशाने व्यापलेला आहे. आल्प्स हा पूर्व–पश्चिम पसरलेला आहे. उंचीनुसार वार्षिक पावसात बदल आढळतो. सखल प्रदेशात साधारण १०० सें.मी. ते पर्वतावर २०० सें.मी. पर्यंत आहे. सरासरी मासिक तापमान जानेवारी व जुलैमध्ये –१° सें. व १९° सें. अनुक्रमे नोंदते.

येथे एलिमेनीस ही जर्मनची स्थानिक बोलीभाषा एकजिनसी असे लोक बोलतात. ९० टक्के लोकसंख्या रोमन कॅथॉलिक आहे. वडुस हे राजधानीचे शहर आहे. लोकसंख्यावाढीचा दर कमी आहे. तो ०.६ टक्के प्रतिवर्ष इतका आहे. एकूण लोकसंख्येपैकी सुमारे ७० टक्के लोकसंख्या शहरी प्रकारची आहे. एकूण खूपच थोडे लोक शेती करतात तर इतर दुधदुभत्या व कत्तलखान्यासाठी गुरे राखणे ही कामे करतात. लिखेनस्टीनचा अगदी भिन्न असा औद्योगिक पाया आहे त्यात यंत्रे व औद्योगिक उपकरणाचे उत्पादन, बहुमोल हत्यारे, दंतविषयक पुरवठा करणे, कपडे, मातीची भांडी, औषधोत्पादके व प्रक्रिया केलेले अन्नपदार्थ यांचा समावेश होतो. येथे २५,००० पेक्षा जास्त परदेशी व्यापारसंबंधी व बँकांनी आपले मुख्यालय तेथे असलेल्या अनुकूल कर धोरणामुळे स्थापना केलेली आहे. पर्यटन व्यवसाय प्रामुख्याने हिवाळ्यातील स्कीईंगच्या कालावधीत महत्त्वाचा आहे.

(लिथुआनिया)

बाल्टीक समुद्राच्या पूर्व किनाऱ्यावर हे वसलेले असून, लिथुआनियाच्या उत्तरेस लाटव्हिया, पूर्वेस बेलारूस, नैर्ऋत्येस पोलंड व रशियन शासित कोरोलेव्ह आहे. याचा परिसर ६५,२०० चौ.कि.मी. आहे व लोकसंख्या ३.७ दशलक्ष

(२००१) आहे. राजधानी विलीनस किंवा विलीना (लोकसंख्या : ०.६ दशलक्ष) आहे. लिथुआनिया हे सोव्हिएत युनियनच्या १९ प्रजासत्ताक राज्यापैकी एक होते. हे रशियन प्रजासत्तेतील पहिले जास्त पार्टी पद्धतीसाठी परवानगी दिलेले राज्य आहे. सप्टेंबर १९९१ मध्ये लिथुआनिआला संपूर्ण स्वातंत्र्य मिळाले.

लिथुआनियाची स्वाभाविक रचना हिमनद्यांच्यापासून झालेली असून त्याचा विस्तार पुढे पूर्व युरोपच्या सपाट प्रदेशापर्यंत आहे. त्यात तलाव, नद्या बऱ्याच प्रमाणात आहेत. बऱ्याचशा किनारपट्टीचा प्रदेश हा खुल्या समुद्रापासून लांबलचक अरुंद अशा वालुकागिरी पट्टीने वेगळा झालेला दिसतो. त्यास करलँड वालुका दांडा असे म्हणतात. या वालुका दांड्याच्या मागील भागातील पाण्याच्या भागास करलॅड लगून म्हणतात. कलईपेडा हे लिथुआनियातील एकमेव बंदर आहे. ते लगुन खुल्या समुद्राला मिळते तिथे वसलेले आहे. येथे थंड उन्हाळे व मध्यम हिवाळ्याबरोबर माफक हवामान आहे. पर्जन्यमान ५६ सें.मी. ते ८६ सें.मी. दरम्यान आहे. निमन ही प्रमुख नदी आहे.

एकूण लोकसंख्येपैकी सुमारे ८०% लोकसंख्या लिथुआनियाची आहे. त्यातील ९% रशियन व ८% पोलीश, त्याबरोबर उरलेल्या लोकांमध्ये बेलोरशियन, युक्रेनियन व ज्यू महत्त्वाचे आहेत.

लिथुआनियाची चिकणमाती व वाळू हे महत्त्वाची साधनसंपत्ती असून ती सिमेंट, ग्लास व मातीची भांडी बनविण्यासाठी वापरली जाते. येथे पेट्रोलियम व नैसर्गिक वायूचे मर्यादित साठेसुद्धा आहेत. तथापि याच्या गरजेच्या वस्तूंची मोठ्या प्रमाणावरील आयात रशिया व नैऋत्य आशियातील देशांकडून केली जाते. येथे अणुशक्ती कमी प्रमाणात केली जाते. देशातील एकूण उत्पन्नापैकी फक्त २५% उत्पन्न शेतीतून होते. कृषितील वैशिष्ट्ये मांस व दुधदुभत्यात आहे. मुख्य औद्योगिक उत्पादनात धातूची कामे, तेलशुद्धीकरण, जहाज बांधणी, औद्योगिक उपकरणाचे उत्पादन, कागद व लगदा, रासायनिक उत्पादने, कापड उद्योग, बांधकाम सामग्री व फर्निचर तयार करणे याचा समावेश होतो.

(लक्झेंबर्ग)

हा देश २,५८६ चौ.कि.मी. परिसरात पसरलेला आहे व लोकसंख्या ०.४ दशलक्ष (२००१) असून घनता १४८ लोक दर चौ.कि.मी. आहे. पश्चिमी युरोपातील लक्झेंबर्ग हा स्वतंत्र देश आहे. हा उत्तरेकडे बेल्जियम, पूर्वेकडे जर्मनीने व दक्षिणेला फ्रान्सने वेष्टित आहे. मध्यवर्ती स्थानामुळे लक्झेंबर्ग परकीय हल्ले व

त्याचे ऐतिहासिक प्रभुत्व यावरून ओळखला जातो. लक्झेंबर्ग सिटी हे राजधानीचे ठिकाण आहे.

लक्झेंबर्गच्या उत्तरेकडील एकतृतीयांश भागास ओयसलिंग म्हणतात. हा जंगलाचा, हळूहळू उतार कमी होणारा बेल्जियन आर्डेन्सला जोडलेला भाग आहे. दक्षिणेकडील भागास गुटलॅड किंवा बॉन पेअस् म्हणतात (भाषेत, जर्मन व फ्रेंच मधील पृथ्वीचा चांगला भाग). हा लॉरेइयन पठाराचा विस्तार आहे. लक्झेंबर्गमधून बरेच ओढे व नद्या पूर्वेकडे वाहत जाऊन जर्मनीतील मोसेइ व सुरी नद्याच्या उपनद्या बनतात. येथील हवामान थंड आहे. जानेवारी व जुलै मधील सरासरी मासिक तापमान १^{0} सें. ते १७^{0} सें. च्या मध्ये आहे. सरासरी वार्षिक पर्जन्य १०० सें.मी. आहे.

अत्यधिक आर्थिक औद्योगिकीकरणामुळे लक्झेंबर्ग हे युरोपमधील सर्वाधिक उच्च राहणीमानात असलेले राष्ट्र आहे. देशाच्या दक्षिणेकडील भागात कारखाने एकत्रित झालेले आहे. तेथे मोठ्या प्रमाणावर लोहाचे साठे आहेत. लक्झेंबर्गच्या औद्योगिक उत्पादनापैकी जवळजवळ अर्धे उत्पादन त्याच्या आर्थिक घटकाचा आत्मा असलेल्या लोह व पोलाद उद्योगातून होते. गेल्या काही वर्षात खूप वेगवेगळे कारखाने निर्माण झाले आहेत व आजकाल रासायनिक, प्लॅस्टिक, रबर व सिन्थेटिक तंतू यांचे उत्पादन केले जाते. मध्य लक्झेंबर्गमध्ये शेतीशी संबंधित असे ५% पेक्षा कमी कामगार एकत्रित आहेत. पर्यटन हा सुद्धा एक महत्त्वाचा आर्थिक व्यवसाय आहे तो उत्तरेजवळ केंद्रित झाला आहे. १९४८ मध्ये लक्झेंबर्ग बेनेलुक्स कसटोमी युनियन मध्ये जोडला गेला व १९५८ मध्ये युरोपियन कम्युनिटीमध्ये जोडला गेला.

(मॅसिडोनिया)

हा देश २५,७१३ चौ.कि.मी.वर पसरलेला आहे व लोकसंख्या २ दशलक्ष (२००१) असून घनता ४० लोक दर चौ.कि.मी.आहे. मॅसिडोनिया हा पूर्वीच्या प्रजासत्ताक युगोस्लाव्हियामधील सर्वात गरीब देश आहे. हा भूवेष्टीत देश असून तो बल्गेरिया, ग्रीस, अल्बानिया व युगोस्लाव्हिया यांनी वेढलेला आहे. याला ८ सप्टेंबर १९९१ ला स्वातंत्र्य मिळाले. स्कोपजे ही राजधानी आहे. वार्षिक लोकसंख्यावाढीचा दर ०.८ टक्के आहे. साधारणपणे ६० टक्के लोकसंख्या शहरी आहे व आसुर्मान वर्षे ७२ आहे.

गहू, मका, कापूस, सायट्रस फळ, पालेभाज्या, लाकूड, पाळीव प्राणी व

दुग्ध पदार्थ ही कृषीतील महत्त्वाची उत्पादने आहेत. इलेक्ट्रिकल वस्तू, लोह, पोलाद व सिमेंटचे उत्पादन ह्या महत्त्वाच्या कंपन्या आहेत.

(माल्टा)

माल्टा हा देश बेटांच्या समूहाचा बनलेला असून तो भूमध्यसमुद्रातील सिसीलीच्या दक्षिणेला९३ कि.मी. वर इटली व उत्तर आफ्रिका यामध्ये आहे. व्हालेटा ही राजधानी असून ती एक दक्षिण युरोपातील सुंदर बंदराची जागा आहे. १९६४ पर्यंत ही इंग्रजांची वसाहत होती. त्यानंतर ती स्वतंत्र झाली. याची लोकसंख्या ०.४ दशलक्ष (२००१) आहे.

हे बेट प्रामुख्याने कमी उंचीच्या चुनखडीच्या खडकापासून बनलेले आहे. माल्टाला भूमध्य हवामान आहे. उन्हाळे गरम असून जुलैमध्ये सरासरी तापमान २५^{0}सें. आहे. तथापि हिवाळे सौम्य असून जानेवारीत सरासरी तापमान १३^0 सें.आहे. सरासरी वार्षिक पाऊस ५१ सें.मी. असून त्यातील साधारण ७५ टक्के पाऊस हिवाळ्यात पडतो. काही वेळेस हे बेट झंझावाताच्या मार्गात येते. माल्टाची मिश्र प्रकारची वांशिक लोकसंख्या वेगाने वाढत असून जगातील एक सर्वाधिक घनता असलेला देश (१,११५ लोक दर चौ.कि.मी.) आहे. माल्टीस व इंग्रजी या महत्त्वाच्या भाषा आहेत. साधारण सर्वच लोकसंख्या रोमन कॅथॉलिक आहे. ६ ते १६ वयामध्ये शिक्षण सक्तीचे आहे. वार्षिक लोकसंख्येचा वाढीचा दर ०.६ टक्के आहे. साधारणपणे ९० टक्के लोकसंख्या ही शहरी आहे.

माल्टाच्या कृषिउत्पादनात गहू, बाजरी, सायट्रस फळे, कांदा, बटाटे, पालेभाज्या, अंजीर व ऑलीव्ह यांचा समावेश होतो. कापड, पादत्राणे, रबर उत्पादने व प्लॅस्टिक हे निर्यात केले जाते. जहाज दुरुस्ती व जहाज बांधणी हे महत्त्वाचे उद्योग आहेत. पर्यटनामुळे मोठ्या प्रमाणावर परकीय चलन मिळते.

(मॉलडोव्हा)

हा देश ३३,७०० चौ.कि.मी. भागात पसरलेला असून लोकसंख्या ४.३ दशलक्ष (२००१) असून घनता १२३ लोक दर चौ.कि.मी. आहे. मॉलडोव्हा हे पूर्वीच्या सोव्हिएत युनियनमधील प्रजासत्ताक होते. ते डिसेंबर १९९१ ला स्वतंत्र झाले. किशन्यु (पूर्वीचे किशनिव्ह) ही त्याची राजधानी होती. रूमेनियन ही मुख्य भाषा आहे आणि लोकसंख्या ख्रिश्चन व मुस्लिम यांनी बनलेली आहे. लोकसंख्या वाढीचा दर ० टक्के आहे. साधारणपणे ९० टक्के लोकसंख्या शहरी आहे व

सरासरी लोकसंख्येचे वयोमान ७८ वर्षे आहे.

गहू, बाजरी, बीट, सायट्रस फळे, द्राक्षे, तंबाखू, पालेभाज्या व बटाटे ही महत्त्वाची पिके आहेत. दारू बनविणे, तंबाखू प्रक्रिया, फळे हवाबंद डब्यात भरणे, लाकडाचे काम, कापड उद्योग, धातु शुद्ध करणे व दुग्ध व्यवसाय हे महत्त्वाचे उद्योग आहेत. येथे टी.व्ही., फ्रिज, वॉशिंग मशिन व रासायनिक व इलेक्ट्रीक वस्तूचे उत्पादन घेतले जाते.

(मोनॅको)

मोनॅको हे राष्ट्र फक्त १.९५ चौ.कि.मी. वर वसलेले आहे व लोकसंख्या ३१,७०० आहे. मोनॅको ही त्याची राजधानी आहे. लोकसंख्या ख्रिश्चन धर्माची आहे व फ्रेंच ही अधिकृत भाषा आहे. येथे राहणाऱ्या लोकसंख्येपैकी ४० टक्के फ्रेंच, १७ टक्के इटालियन व ५ टक्के ब्रिटिश आहेत.

भूमध्य किनारपट्टीवर फ्रान्सच्या आग्नेयेला मोनॅको आहे. दरवर्षी १.६ दशलक्ष पेक्षा जास्त पर्यटक येथील अद्ययावत पद्धतीच्या रिसोर्टला भेट देतात. गायन-नृत्य क्लब व आंतरराष्ट्रीय मोटार स्पर्धा हे मुख्य आकर्षण आहे. पर्यटन, जुगार व तंबाखू प्रक्रिया हे येथील उत्पादनाचे मुख्य स्रोत आहेत.

येथे रसायने, प्लॅस्टिक व अतिशय अचूक असलेली उपकरणे बनवण्याचा उद्योग आहे.

(नेदरलँड)

४१,८६३ चौ.कि.मी.च्या परिसरात पसरलेले आहे. (त्यामध्ये ७,९२६ चौ.कि.मी. अंतर्गत पाण्याचा भाग) व त्याची लोकसंख्या १६ दशलक्ष (२००१) असून घनता ३७६ लोक दर चौ.कि.मी. आहे. नेदरलँड्स हे हॉलंड व अनटाइल्सचे बनलेले आहे. हे युरोपीय देशांतील छोटे स्वतंत्र राष्ट्र उत्तर समुद्रावर आहे. इतिहासात प्रदेशानंतर काही वेळेस यास हॉलंड म्हटले जाई. त्याच्या पूर्वेस जर्मनी व त्याच्या दक्षिणेस बेल्जियम आहे. पश्चिमेकडील फ्रिशियन बेटे ही उत्तरेला किनाऱ्यापासून दूर आहेत. याचे नाव डच शब्द नेदिरपासून तयार झालेले आहे. 'खालचे देश' (Lower Countries) हे एकत्रितरीत्या बेल्जियम, लक्झेम्बर्ग व नेदरलँडसाठी वापरण्यात येते. ॲमस्टरडॅम ही राजधानी आहे.

'कमी उंचीचे नेदरलँड' हा उत्तर व पश्चिमेकडे समुद्रसपाटीपासून १ मी. उंच आहे. याविरुद्ध 'जास्त उंचीवरील नेदरलँड', दक्षिण व पूर्वेकडील ३२१ मी.

उंचीपर्यंत आहे. साधारणपणे एकतृतीयांश भाग भरतीच्या पातळीखाली वसलेला आहे. आणखी २५ टक्के भाग कमी उंचीचा असूनही वालुकागिरी, भित्तिखडक व नियमित अतिरिक्त पाणी बाहेर काढल्याने तेथे पूर येत नाही. जो भाग भित्तिखडकांनी वेढलेला आहे तेथे भूजल पाणी मर्यादित असते. त्यास 'पोल्डर' म्हणतात. सर्वात कमी उंचीचा भाग समुद्रसपाटीपासून ६.७ मी. पेक्षा खाली आहे. हे रॉटरडॅमच्या थोडेसे ईशान्येला आहे.

नैसर्गिक वनस्पती शेतीखाली जमीन आणण्यासाठी व चाऱ्यासाठी तोडल्या जातात. फक्त ८ टक्के भाग जंगलाखाली आहे. त्यामुळे रानटी प्राण्यांची संख्या मोठ्या प्रमाणात कमी झाली आहे. वाडेनझी हे नावाजलेले पक्ष्यांचे अभयारण्य आहे.

नेदरलँडसला उत्तर सामुद्रिक हवामान आहे. छोट्या आकारामुळे व कमी उंचीमुळे देशाच्या प्रादेशिक हवामानात खूप कमी बदल दिसून येतात. जुलैमध्ये सरासरी तापमान १७°सें. व जानेवारीत ३°से. असते. वार्षिक सरासरी पाऊस साधारण ७६ सें.मी. आहे आणि त्यातील तफावत खूप कमी आहे.

युरोपातील मुख्य तीन नद्या-मेऊस, ऱ्हाईन व शेल्डट - या नैर्ऋत्येस असलेल्या सामाईक त्रिभुज प्रदेशातून समुद्रास मिळतात. कॅनॉल व भित्तिखडकामुळे कृत्रिम जलप्रणालीचे जाळे जमीन कोरडी ठेवते.

डेल्टा प्लेन हा मोठा पूर नियंत्रण प्रकल्प १९५८ मध्ये सुरू झाला. तो १९८६ मध्ये पूर्ण झाला. धरणाची मालिका व बंधारे बांधल्यामुळे समुद्राचे पाणी या मर्यादेच्या बाहेर राहते. मेऊस व पूर्वीय शेल्डट नद्या आणि हारिंगव्हेट व ग्रीव्हलीगन हे शुद्ध पाण्याचे तलाव तयार झाले आहेत. फक्त पश्चिमेकडील शेल्डट व नवीन पाण्याचा मार्ग हे अँटवर्प (बेल्जियम) व रॉटरडॅम यांच्याशी खुल्या संबंधाशी निगडित आहेत.

उत्तरेकडे १९५९ मध्ये स्टोचेटर्न येथे नैसर्गिक गॅसचा शोध लागला. ते नैसर्गिक साधनसंपत्ती पुढारलेले क्षेत्र आहे. उत्तर व दक्षिणेकडे खनिज तेल सुद्धा काढले जाते परंतु याचे उत्पादन राष्ट्राच्या गरजेच्या ५ टक्क्यापेक्षा कमी आहे. कोळसा खूप कमी प्रमाणात सापडतो. इतर खनिज संपत्तीत मीठ, मारल (सुपीकता वाढविण्यासाठी उपयुक्त अशी माती), पीट, रेती/वाळू व चिकणमाती यांचा समावेश होतो.

डच हे प्राचीन जर्मन कुळाचे एकजिनसी लोक असून काही मिश्र केल्टिक आहेत. मूळचे उपप्रकार असलेले वेगळे असे फ्रिशीय उत्तरेकडे आहेत. परदेशातून

कायमचे वस्तीसाठी येणाऱ्या लोकांमध्ये दक्षिण मोल्युकनस, सुरीनामीज व भूमध्य देशांकडील परदेशी कामगार महत्त्वाचे आहेत. डच आणि जर्मन भाषा या अधिकृत भाषा आहेत. साधारण ३६ टक्के डच लोकसंख्या ज्यू वंशाची आहे. एकूण लोकसंख्येपैकी ६२ टक्के लोकसंख्या ही शहरी आहे. वार्षिक लोकसंख्या-वाढीचा दर ०.३ टक्के आहे. सरासरी आयुर्मान ७९ वर्षे आहे. ॲमस्टरडॅम व रॉटरडम ही सर्वात मोठी शहरे आहेत. सरासरी वय वर्षे ६ ते १६ मधील मुलांसाठी शाळेत पूर्ण वेळ उपस्थिती सक्तीची असून जी मुले १६ वयाच्या वरची असतात त्यांना आणखी दोन वर्षे अर्धवेळ शाळेत शिक्षण घ्यावे लागते.

डच शेतीत वाढ ही १८७० नंतर परदेशी बियाणाच्या वापरानंतर जास्तीत जास्त सखोल व वैशिष्ट्यपूर्ण झाली. आघाडीवरील निर्यात उत्पादनात बटर व चीज बऱ्याच डच समाजाच्या नावानी ओळखली जातात.

इजमुद्दीन, शुव्हेनीनजर व य्रुक ही मुख्य मासेमारीची बंदरे आहेत. महत्त्वाच्या किंमती माशात सोले, प्लाइस, श्रिम्पस, मुसेल्स व ऑयस्टर हे पकडले जातात.

नेदरलँड्स नैसर्गिक वायू सोडून उद्योगधंद्यासाठी लागणारा सर्व प्रकारचा कच्चा माल आयात करतो. परिणामी मुख्य औद्योगिक प्रदेश रॉटरडॅमच्या (युरोपोर्ट) महत्त्वाच्या भागाच्या आजूबाजूला व ॲमस्टरडॅम, उत्तर समुद्रातील हजमुईदीन जवळ वसला आहे. आघाडीच्या उद्योगधंद्यात प्रक्रिया अन्न, लोखंडी फर्निचर व वैशिष्ट्यपूर्ण असे पियानो, साबण व घरगुती वापराची हत्यारे याचा समावेश होतो. नेदरलँड्सला शेतीचा मोठा आधार आहे. ते दुग्ध पदार्थ,चीज, मांस, पालेभाज्या व ट्युलिप्स (फुले) निर्यात करतात. त्याबरोबर औद्योगिक उत्पादने, इलेक्ट्रीक व इलेक्ट्रॉनिक मशिन्स व उपकरणे,रसायने,खनिज तेल व नैसर्गिक वायू यांचाही समावेश होतो. वेलसेन हे उत्तर समुद्र कॅनलवर लोह व पोलादाचे केंद्र आहे. रॉटरडम एक आघाडीचे खनिज तेल शुद्धीकरण केंद्र आहे व इन्डोव्हेन हे इलेक्ट्रॉनिक्सचे केंद्र आहे. अन्नप्रक्रिया प्रकल्प सर्वत्र पसरलेले आहेत. परंतु रॉटरडॅममध्ये रासायनिक उत्पादन एकत्रित झालेले आहे. लिम्बर्गमध्ये खनिज तेल रासायनिक उद्योग एकवटले आहेत. नेदरलँडमध्ये दोन अणुभट्ट्या आहेत. देशात दरवर्षी साधारण ५ दशलक्षापेक्षा जास्त पर्यटक येतात.

नेदरलँड्समध्ये विस्तृत असे रस्त्याचे जाळे चांगल्या प्रकारे विकसित झालेले आहे. ऱ्हाइन व म्युस कालव्यामधून जलवाहतूक केली जाते. ऱ्हाईन ही जगात सर्वात जास्त जलवाहतूक करणारी नदी आहे. ती युरोपमधील सर्वात जास्त वापरातील नदी आहे. राज्याच्या मालकीच्या रेल्वे प्रणालीला अनुदान दिले जाते.

ॲमस्टरडॅम विमानतळ युरोपातील सर्वात वर्दळीचा आहे. शेटरडॅम (युरोपोर्ट) हे उत्तर समुद्राशी वाढविलेल्या नवीन जलमार्गाने जोडलेले आहे, हे युरोपातील सर्वात मोठे व वर्दळीचे बंदर आहे.

नेदरलँडच्या महत्त्वाच्या निर्यातीत खनिज इंधने, खनिज तेल उत्पादके, नैसर्गिक तेल, रासायनिक उत्पादने, यंत्रे व दळणवळण उपकरणे आणि अन्नपदार्थ यांचा समावेश होतो. कच्चे खनिज तेल, यंत्रसामग्री, रासायनिक उत्पादने व काही अन्नपदार्थ आयात करतात. जास्तीत जास्त व्यापार हा इसी (युरोपियन कम्युनिटी) देशाबरोबर, मुख्यत: जर्मनीबरोबर केला जातो. नेदरलँड १९४८ मध्ये बेल्जियम व लॅक्सेम्बर्गशी जोडले गेले. त्यातून बेनेलॅक्स कस्टमी युनियन तयार झाले व इतर युरोपियन राष्ट्राबरोबर १९५७ साली इसी तयार झाले.

(नॉर्वे)

नॉर्वे हा मध्यरात्रीच्या सूर्याचा देश म्हणून ओळखला जातो. हे युरोपच्या स्कँडेनेव्हियन पठारावर वसलेले आहे. अटलांटिक महासागरात याची खडबडीत लांबलचक किनारपट्टी देशाच्या बऱ्याचशा किनारपट्टीचा भाग आहे. उत्तर समुद्र नॉर्वेला ब्रिटिश बेटांपासून विलग करते व स्कॅगेरकचा दक्षिणेकडील भाग डेन्मार्कला यापासून वेगळा करते.

हा देश ३,२३,८९५ चौ. कि.मी. परिसरावर विस्तारलेला आहे व याची लोकसंख्या ४.५ दशलक्ष (२००१) असून घनता १४ लोक दर चौ.कि.मी. आहे. साधारणपणे नॉर्वेचा ७० टक्के भाग ओसाड जमीन आहे. बऱ्याचशा दगडाच्या भागात खूप थोडी किंवा काहीच नसलेला असा मातीचा भाग आहे. फक्त ३ टक्के भाग लागवड करण्यायोग्य किंवा चराऊ जमीन व उरलेला जंगलाखाली आहे.

नॉर्वेच्या लोकसंख्या वाढीचा दर अतिशय मंद आहे. लोकसंख्या वाढीचा वेग ०.४ टक्के आहे. सरासरी वयोमान ७८ वर्षे आहे. एकूण लोकसंख्येपैकी ७५ टक्के लोकसंख्या शहरी आहे. शिक्षण मोफत आहे व ते १६ वर्षापर्यंत सक्तीचे आहे.

सुपीक अशा दऱ्यांमधील छोट्या सरासरी १७ हेक्टरच्या क्षेत्रामध्ये शेती केली जाते. एकूण क्षेत्रापैकी ३ टक्के भाग पीक घेण्यायोग्य आहे व ७५ टक्के भाग पीक घेण्यायोग्य नाही. पर्वतावरील चारा साधारण २ टक्के इतका आहे. दुग्ध व्यवसाय महत्त्वाचा आहे. एकूण क्षेत्राच्या साधारणपणे २१ टक्के भाग जंगलाखाली आहे व बरेचसे शेतकरी जंगलाच्या संबंधित उद्योग आणखी एक उत्पन्न म्हणून करतात.

खनिज तेल व नैसर्गिक वायू ही किनाऱ्यापासून दूरवर असलेल्या ठिकाणाचा शोध लागल्यानंतर एक महत्त्वाचे उत्पादन करणारा उद्योग ठरला आहे. पाण्यापासून वीजनिर्मिती, लाकडाच्या वखारी, लगदा व कागद उत्पादन, धातु शुद्धीकरण, विद्युत तसेच रासायनिक उद्योग व विविध गृहपयोगी वस्तू तयार करणारे उद्योग हे महत्त्वाचे आहेत. अन्नपदार्थ, दारू व तंबाखू प्रक्रिया हे दुसऱ्या क्रमांकाचे आहेत. दळणवळणाची उपकरणे, जहाज व बोटी (महत्त्वाची निर्यात) याचा तिसरा क्रमांक आहे. त्याबरोबर धातू व धातूच्या वस्तू यांचेही उत्पादन घेतले जाते.

नॉर्वेमध्ये कोळसा हा फक्त स्वॉलबारर्डे (स्पिटस्बर्ग) येथे आर्क्टिक बेटाजवळ सापडतो. खनिज तेल हे उत्तर समुद्रात काढले जाते. जलविद्युत शक्ती ही महत्त्वाची विद्युत शक्ती आहे. नॉर्वेला आवश्यक असणाऱ्या विद्युतशक्तीची गरज पूर्ण करण्यासाठी अणुऊर्जेच्या भट्टीची गरज लागत नाही. उत्तर समुद्रात खनिज तेल सापडते. नॉर्वेची मासेमारी उद्योग हा त्याच्या आर्थिकदृष्ट्या अतिशय महत्त्वाचा आहे. उत्तर समुद्रात सापडलेल्या तेल व नैसर्गिक वायूमुळे नॉर्वेचे आर्थिक जीवन बदलले आहे.

नॉर्वेचा लांबलचक आकार व ओबडधोबड भूरचना यामुळे तेथील दळणवळणाचे जाळे तयार करणे जिकिरीचे आहे. त्यामुळे ते फक्त आग्नेय दिशेस विकसित झाले आहे. किनारपट्टी जहाजासाठी वापरली जाते. उत्तरेकडील एकतृतीयांश भागात मार्ग रस्ते नाहीत व त्यामुळे तेथे प्रवास बस किंवा मोटारगाड्या यांनी होतो. राज्याच्या मालकीचे रेल्वे मार्ग आहेत. विमानाचा वापर दुसऱ्या भागांशी संपर्क स्थापण्यासाठी होतो.

खनिज तेल व नैसर्गिक वायू याच्या निर्यातीतून एकतृतीयांशपेक्षा जास्त उत्पन्न मिळते. धातू व धातू उत्पादके, यंत्रसामग्री, दळणवळणाची उपकरणे, मासे ही इतर महत्त्वाची निर्यात केली जाणारी उत्पादने आहेत. यंत्रसामग्री व दळणवळणाची उपकरणे, उद्योगासाठी कच्चा माल, धातू व धातू उत्पादके आणि अन्नपदार्थ हे आयात केले जातात. पर्यटनामुळे परकीय चलन मिळते.

(पोलंड)

पोलंड ३१२,६७७ चौ.कि.मी. परिसरात पसरलेला आहे व लोकसंख्या ३८.८ दशलक्ष असून घनता १२४ लोक दर चौ.कि.मी. आहे. पोलंड हे मध्य युरोपच्या उत्तर बाजूकडील एक प्रजासत्ताक आहे. वॉर्सा या राष्ट्राच्या राजधानीची लोकसंख्या १,६५,००० आहे.

पोलंडचे महत्त्वाचे स्वाभाविक विभागासंबंधीचे वैशिष्ट्य म्हणजे त्याचे मैदान राष्ट्राच्या बऱ्याच मोठ्या क्षेत्रावर पसरलेले आहे. कार्पेथियन व सुडेनटन पर्वत हे दक्षिणेकडील सरहद्दीजवळ असून त्यातील सर्वाधिक उंची कार्पेथियनच्या उंच अशा टाटरा रांगेवरील रेसे (२४९९ मी.) याची आहे. ओडर व विस्तुला या पोलंडमधील दोन महत्त्वाच्या नद्या आहेत. यातील ओडर, जर्मनी व पोलंड हद्दीवरून वाहते आणि विस्तुला देशाच्या मध्यभागातून आडवी जाते. या दोन्ही नद्या बाल्टिक समुद्राला मिळतात.

पोलंडचे हवामान खंडांतर्गत प्रकारचे असून ते अटलांटिक महासागर व बाल्टिक समुद्र यामुळे सौम्य असे आहे. वॉर्साचे वार्षिक सरासरी पर्जन्यमान ६४ सेंमी. असून झोकोपनी ह्या पर्वतीय रिसोर्टवर दुप्पट पाऊस पडतो.

दुसऱ्या महायुद्धापूर्वी पोलंडची लोकसंख्या जर्मन, युक्रेनियन व बेलोरशियन होते. एकूण लोकसंख्येपैकी ६२ टक्के लोकसंख्या शहरात राहते. १६ वर्षपर्यंतचे प्राथमिक शिक्षण विनामूल्य व सक्तीचे आहे.

जव, ओट, धान्य, राय धान्य व गहू ही मुख्य पिके आहेत. बटाट्याचे व बीटाचे उत्पादन हे जगातील सर्वाधिक आहे. पोलीश शेतीमध्ये पारंपरिकरीत्या डुकराचे मांस साठवले जाते. परंतु १९८० मध्ये गाई व शेळ्या पालन व्यवसाय वाढत आहे. साधारणपणे २० टक्के शेतीखालील जमीन चराऊ आहे.

पोलंड हे लोह व पोलाद, रसायने, कपडे उद्योग, मोटारगाडी, इलेक्ट्रॉनिक्स व अन्न प्रक्रिया उद्योगात प्रसिद्ध आहेत. कोळसा, तांबे, जस्त व पीट ही मुख्य खनिजे पोलंडमध्ये सापडतात. रेल्वे व रस्ते यांचे जाळे मोठ्या प्रमाणावर देशात पसरलेले आहे. गडन्स्क, गडन्याइआ व रोझेकझेनीन ही महत्त्वाची बंदरे असून आधुनिक जहाजे बांधण्याचे कारखाने व रेल्वेचे डबे तयार करण्याच्या उपकरणांनी युक्त आहेत. पोलिश राष्ट्रीय विमानतळातून सर्व महत्त्वाच्या पोलिश शहरांसाठी नियमित उड्डाणे आहेत. महत्त्वाच्या निर्यात उत्पादनात कोळसा, यंत्रे व शेतीसंबंधी उत्पादने आहेत. आयात केल्या जाणाऱ्या महत्त्वाच्या उत्पादनात खनिज तेल व नैसर्गिक वायू यांचा समावेश होतो. पोलंड हा जगातील सर्वात जास्त प्रदूषण असलेला देश आहे. येथील सर्वात जास्त जंगले ही आम्ल पावसाने नष्ट होतात.

(पोर्तुगाल)

हा देश ९२,३८९ चौ.कि.मी. क्षेत्रावर पसरला आहे व त्याची लोकसंख्या १० दशलक्ष (२००१) असून घनता ११ लोक दर चौ.कि.मी. आहे. युरोपच्या

नैर्ऋत्य टोकावर अॅटलांटिक महासागराजवळ पोर्तुगाल हा स्वतंत्र देश आहे. याने आयबेरीयन द्विपकल्पाचा साधारण १६ टक्के भाग व्यापला आहे. ओझोर्स व मादेरा ही बेटे पोर्तुगीजचा स्वायत्त भाग आहे. युरोपातील इतर देशाच्या मानाने तुलनात्मकरीत्या पोर्तुगाल गरीब राष्ट्र आहे. लिस्बन ही राष्ट्रीय राजधानी व पोर्टो हे दुसऱ्या क्रमांकाचे शहर ही किनारपट्टीवरील शहरे आहेत.

पोर्तुगालचा अंतर्गत भाग पर्वतीय मेसेताचा बनलेला आहे व पश्चिमेकडील किनारपट्टीचा भाग उत्तर-दक्षिण पसरलेला आहे. इस्ट्रेला (१९९३ मी.) हा सर्वात उंच पर्वत मध्य पोर्तुगालच्या सिराडा इस्ट्रेलाच्या रांगेवर आहे. टागुस नदी ही पोर्तुगालमध्ये पूर्वेपासून पश्चिमेकडे वाहते. नदीच्या दक्षिणेकडील जमीन कमी उंचीची व गोलाकार आहे.

पोर्तुगालला वैशिष्ट्यपूर्ण असे भूमध्य हवामान लाभलेले आहे. उत्तरेकडील भाग सरासरीपेक्षा आर्द्र आहे. थोडे कोरडे हवामान असते व दक्षिणेकडील उष्ण कटिबंधात निमशुष्क हवामान आढळते. किनारपट्टीजवळ जानेवारीत सरासरी मासिक तापमान ९° सें. १२° सें. असते तर जुलैमध्ये ते २०° सें. ते २४° सें. असते. अंतर्गत भागात सरासरी तापमान हे ३° सें. किंवा ४° सें. पर्यंत हिवाळ्यात खाली उतरते व उन्हाळ्यात ते कळून येण्यापर्यंत बाढते. वार्षिक सरासरी पर्जन्य उत्तरेला १०० सें.मी. ते १३० सें.मी. पासून दक्षिणेकडे ४० सें.मी. ते ६० सें.मी. पर्यंत कमी होत जाते.

मिन्हो, दावरू , टागुस व गौडीना या चार मुख्य नद्यांचा उगम स्पेनमध्ये होतो व यातील गौडीना सोडून सर्व नद्या पोर्तुगालच्या पूर्वेकडून पश्चिमेकडे वाहत जातात. देशामध्ये गरम खनिजाचे झरे त्याच्या औषधी कारणासाठी प्रसिद्ध आहेत.

पोर्तुगालचे सुमारे ३१ टक्के क्षेत्र जंगलानी व्यापलेले आहे. ओक हे उत्तरेकडे पानझडी व दक्षिणेकडे सदाहरित जंगलानी एकतृतीयांश भाग व्यापलेला आहे व पाईन झाडांनी साधारण ५० टक्के भाग व्यापलेला आहे.

नद्यांच्या खोऱ्यामध्ये गाळाची मृदा आढळते. उत्तरेकडील उंच सखल प्रदेशात पेटी ही नापिक मृदा, आर्द्र शिखरांवर व सौम्य सुपीक मृदा ही चांगल्या निचऱ्याच्या जमिनीत आढळतात. लिस्बनच्या जवळील डोंगराळ प्रदेशामध्ये कमी जाडीची कोरडी मृदा सर्वसामान्यतः दिसते.

युरोपमधील पोर्तुगाल हे अशुद्ध टंगस्टनचे आघाडीचे उत्पादक आहे व महत्त्वाचे असे कोळसा व तांबे ह्याचे सुद्धा साठे आढळतात. चिकण माती, हेमाटाईट (अशुद्ध लोह), कॅसीटशट (अशुद्ध टिन) व सोने या व्यतिरिक्त अनेक

खनिजे पोर्तुगालमध्ये सापडतात. जलविद्युत शक्ती हे मुख्य शक्तीचा स्रोत आहे. लिस्बनच्या थोडेसे उत्तरेकडे साकाव्हेम हे अणुशक्तीचे केंद्र आहे.

एकूण क्षेत्रफळापैकी साधारणपणे ४८ टक्के भाग हा शेतीखाली तर ६ टक्के चराऊ जमिनीखाली आहे. १५ टक्के जमिनीत खुरट्या वनस्पती, दलदलीचा प्रदेश व इतर पडीक जमिनीचा समावेश होतो. देशातील सर्वात उत्तम प्रतीची शेती जमीन ही आर्द्र व उत्तरेकडील भागातली आहे. परंतु शेते ही छोटी व जास्त पीक न देणारी अशी आहेत. परिणामी त्यांना लागणारे साधारणपणे ५० टक्के अन्नपदार्थ आयात केले जातात. तृणधान्य मोठ्या प्रमाणावर असून साधारणपणे दोनतृतीयांश शेतीखालील जमिनीत ते घेतले जाते. गहू, जव व डाळी ही महत्त्वाची तृणधान्ये आहेत. द्राक्षे, सायट्रस फळे व ऑलीव्ह ही नगदी पिके आहेत. पाळीव जनावरांमध्ये शेळ्या, गाई, बकरी, डुक्कर, गाढवे व खेचर हे महत्त्वाचे आहेत. कॉर्क ओक हे एक महत्त्वाचे झाड आहे. सार्डिन्स, मॅकरेल, हाके, हाडॉऑक, कॉड व ट्युना हे महत्त्वाचे किंमती मासे आहेत.

इब्रीयन हा मुख्य पोर्तुगीज वंश आहे. सध्या ही लोकसंख्या एकजिनसी अशी आहे. येथे १० हजार आफ्रिकेतील काळे वसाहतीतील निर्वासित हे एकमेव महत्त्वाचे अल्पसंख्याक आहेत.

पोर्तुगीज भाषा ही अशी रोमन भाषा आहे की जी अरेबिक व इतर परकीय भाषांचे मिश्रण आहे. साधारणपणे ९७ टक्के लोकसंख्या रोमन कॅथॉलिक धर्माची आहे. देशातील जवळजवळ ८०टक्के लोकसंख्या टागुस नदीच्या उत्तरेला केंद्रित झालेली आहे. जवळजवळ ५० टक्के लोकसंख्या ही शहरी आहे. देशातील लोकांचे सरासरी आयुर्मान ७६ वर्ष इतके आहे.

पोर्तुगालमधील व्यापारात खनिज तेल, लोह-पोलाद, साखर, वाहन उद्योग, कापूर, तेलबिया व गहू हे आयात केले जाते तर निर्यात मालात प्रामुख्याने मद्य, लाकडाचा लगदा, बुचाच्या झाडाच्या साली, रेझीन, टर्पेन्टाईन, सार्डिन्स व लांडग्याचे कातडे याचा समावेश होतो. देशातील प्रमुख बंदरे लिस्बन, सेतूबाल व लेबिस हे आहेत.

(रुमानिया)

क्षेत्रफळ २,३७,५०० चौ.कि.मी.असून लोकसंख्या २२.४ दशलक्ष (२००१) इतकी आहे. लोकसंख्येची घनता ९४ व्यक्ती दर चौ.कि.मी. इतकी आहे. मध्य युरोपच्या आग्नेय दिशेला रुमानिया वसलेला आहे. रुमानियाच्या

उत्तरेला मॉलडोव्हा व युक्रेन, पश्चिमेला हंगेरी व युगोस्लाव्हिया, दक्षिणेला बल्गेरीया तर पूर्वेला काळा समुद्र आहे. तुर्की साम्राज्यापासून १८७७ मध्ये रुमानिया स्वतंत्र झाला. देशात १८८१ मध्ये स्थापन झालेली राजेशाही कम्युनिस्टांमुळे १९४७ मध्ये संपुष्टात आली. १९८५ ते १९८९ च्या दरम्यान निकोली कॅसेक्यु याच्या हुकुमशाहीखाली हा देश होता.डिसेंबर १९८९ साली झालेल्या हिंसक क्रांतीमुळे त्याची हुकुमशाही संपुष्टात आली. त्यानंतर रुमानिया देश हा लोकशाही पुरस्कृत देश म्हणून उदयास आला.

भूरचनेच्या आधारावर रुमानियाचे तीन विभाग केले जातात.

(१) मध्यवर्ती भागातील ट्रान्सलॅव्हिनियन खोरे हे डोंगराळ भागातील सुपीक शेतजमिनीचा भाग.

(२) कार्पोथियन पर्वत हा ट्रान्सलॉव्हिनियन सभोवतालचा दुसरा विभाग आहे. पूर्वेकडील कार्पेथियन हे मॉलडोव्हा व युक्रेन यांच्या सीमेवर पसरलेले आहे. उंच दक्षिण कार्पोथियन किंवा ट्रान्सलाव्हीनियन आल्प्स ब्रासोव्ह ते युगोस्लाव्हियन सीमेच्या पश्चिमेला पसरलेला आहे. याची उंची माऊंट मोलडोव्हीन्यू येथे २५४३ मी. इतकी आहे. ही देशातील सर्वात जास्त उंची आहे.

(३) रुमानियाचा तिसरा विभाग हा मैदानी प्रदेशाचा आहे. जो संपूर्ण देशाला उत्तर भागाशिवाय वेढतो. डॅन्यूबचा दलदलीचा त्रिभुज प्रदेश पुढे गलाटीपासून दक्षिणेपर्यंत आहे. डॅन्यूब व काळा समुद्र दरम्यान कमी उंचीचे डोब्रुजा हे पठार आहे.

रुमानियामध्ये ऊबदार उन्हाळे व थंड हिवाळे आढळतात. जानेवारीमधील सरासरी तापमान -३° से. ते ५° से. व जुलैमध्ये २२° सें. ते २४° सें. इतके आहे. वार्षिक सरासरी पर्जन्य हे मैदानी भागात ६५ सेंमी. तर पर्वतीय प्रदेशात १२० सेंमी. इतके आहे.

रुमानियाचा बहुतांश भाग हा डॅन्यूब नदी व तिच्या उपनद्यांनी व्यापला आहे. विस्तृत असे दलदलीचे भाग हे प्रामुख्याने डॅन्यूबचा त्रिभुज प्रदेश व डॅन्यूबच्या उत्तरेकडील काठावरील वॉलचीयन मैदानापर्यंत आढळतात. देशाचा २५ टक्के भाग वनाखाली आहे. अल्पाइन चराऊ कुरणे ही १५०० ते १८०० मी.उंची दरम्यान आढळून येतात.

रुमानियाची प्रमुख नैसर्गिक साधनसंपत्ती म्हणजे सुपीक मृदा व उताराला अनुसरून जोरदार वाहणारे प्रवाह जे विद्युतनिर्मितीसाठी अनुकूल आहेत. रुमानियामध्ये असणारे खनिज तेलाचे प्रमुख साठे संपुष्टात आलेले आहे. नैसर्गिक वायू व दगडी

कोळशाचे साठे हे संपुष्टात येत असणाऱ्या खनिज तेलाला पर्याय आहेत. शिसे, जस्त, गंधक व मीठ याबाबत हा देश स्वावलंबी आहे.

देशातील ८७ टक्के लोकसंख्या ही रुमानियन, ८ टक्के हंगेरीयन, २ टक्के जिप्सी, १.५ टक्के जर्मन व उरलेली युक्रेनियन, रशियन व तुर्की साधारणपणे एकूण लोकसंख्येपैकी ५५ टक्के शहरी आहे. वार्षिक लोकसंख्या वाढीचा दर -0.२ आहे.

अशा तऱ्हेने औद्योगिकीकरणाची सुरुवात करून देणारा हा खंड आहे. ह्याचबरोबर नागरिकरणाचीही सुरुवात याच खंडात झाली. परंतु युरोप खंडातील विविध देशांमध्ये नेहमीच भिन्न गट भिन्न आंतरराष्ट्रीय भूमिका, प्रसंगी युद्ध असा इतिहास आहे. दोन्ही महायुद्धाची सुरुवातही याच खंडातील देशांमध्ये झाली. म्हणूनच अमेरिकेसारखा देश महासत्ता बनला व आंतरराष्ट्रीय राजकारणात व आर्थिक विकासात या खंडाला दुय्यम स्थान प्राप्त झाले.

□

प्रकरण - ३

आफ्रिका

प्रस्तावना

आफ्रिका खंड विस्ताराने जगात दुसऱ्या क्रमांकाचा असून आशिया खंडानंतर त्याचा क्रमांक लागतो. जगातील एकूण लोकसंख्येपैकी १२% म्हणजे ८.१८ कोटी (२००१) लोकसंख्या आफ्रिका खंडात असून या खंडाची सरासरी घनता दर चौ. कि.मी. ला २२ आहे. या खंडाचा उत्तरेकडील भाग सोडता इतर भाग महासागराने वेढलेले आहेत. उत्तरेस सुएझचे आखात व तांबडा समुद्र यामुळे आशियापासून तर भूमध्य सागर व जिब्राल्टरची सामुद्रधुनी यामुळे युरोपपासून आफ्रिका खंड वेगळा झाला आहे. या खंडाच्या पश्चिमेस अटलांटिक महासागर व पूर्वेस हिंदी महासागर आहे. आफ्रिका खंडात मोडणारी बेटे दोन्ही महासागरात आढळतात. हिंदी महासागरात मादागास्कर, मॉरिशस, रियुनियन, झांझिबार, पेम्बा, सेशेल्स व कोमोरोस आहेत. अटलांटिक महासागराच्या उत्तर भागात कॅनरी, केप वर्डे व मॅडिरा ही बेटे आढळतात तर दक्षिण अंटलांटिक महासागरात असेन्शन व सेंट हेलेना ही बेटे आढळतात. गिनीच्या आखातात पगालू, साओ तोस व प्रिन्सिपे ही बेटे आहेत.

प्राकृतिक रचना

प्राकृतिक रचनेच्या दृष्टीने आफ्रिका खंड वैशिष्ट्यपूर्ण आहे. तेथे विविधता पूर्ण भूरूपे आढळून येतात. जगातील सर्वात मोठे वाळवंट सहारा आफ्रिका खंडातच आढळते. सहारा वाळवंटामुळे उत्तरेकडील किनारी प्रदेश, खंडाच्या उर्वरित भागापासून वेगळा झाला आहे. गिनीच्या आखातालगतच्या या मैदानी प्रदेशात जवळ जवळ कायम दलदल असते, तर अंगोला ते दक्षिणेकडे केपटाउनपर्यंत कोरड जमीन आढळते. पूर्व किनारी भागातही दलदल, जंगलाने व्यापलेले ही

वैशिष्ट्ये आढळतात. पूर्व सागरी मैदानालगत तीव्र उतार असलेला पर्वतीय प्रदेश असून, ते प्रदेश आफ्रिकन उंच पठारी प्रदेशाचा भाग आहेत.

आफ्रिका खंडात हिमालयासारखी विस्तृत पर्वतरांग आढळत नाही. या भागात प्रामुख्याने अनेक लहान पर्वतरांगा आढळतात. आफ्रिका खंडाचा बहुतांश भाग सपाट, मंद उतार अशी रचना असणाऱ्या पठारांनी व्यापलेला आहे. या पठारी भागाची सलगता लहान पर्वतरांगांनी तोडलेली आढळते. आफ्रिकेतील सर्वात उंच शिखर माउंट किलिमांजारो असून त्याची उंची समुद्रसपाटीपासून ५८९५ मी. आहे. तर सर्वात कमी उंची, जिबूती जवळ असाल सरोवरालगत सुमारे समुद्रपातळीपेक्षा १५५ मी. खोली असणाऱ्या ठिकाणी आढळते. आफ्रिका खंडाच्या वायव्य भागात ॲटलास पर्वत रांग ट्युनिशिया, अल्जेरिया व मोरोक्को या देशांदरम्यान पूर्व-पश्चिम अशी पसरलेली आहे. या पर्वत रांगेतील सर्वात उंच ठिकाण माउंट टोउबकाल हे मोरोक्कोत आढळते. (३००० मी. पेक्षा जास्त उंची). ड्रॅकेन्सबर्ग पर्वत रांग दक्षिण आफ्रिकेचा पूर्व भाग व लेसोथो या दरम्यान आढळते. आफ्रिका खंडाचे प्राकृतिक वैशिष्ट्य असणाऱ्या उंच पठारी प्रदेशाचा विस्तार इथिओपियाच्या नैर्ऋत्येपासून अंगोला, नामिबिया पर्यंत आढळतो. या प्रदेशादरम्यान इथिओपियन मॅसिफ, पूर्व आफ्रिकन पठार, रुबेनझोरी पर्वतरांग, झांबियामधील मुंचिंगा पर्वतरांग, अंगोलातील बिहे पर्वतरांग आढळतात. आफ्रिकेतील सर्वात उंच शिखर किलिमांजारो (५८९५ मी.) ही नंतर माउंट केनिया (५,१९९ मी.) व माऊंट इल्गोन (४३२१ मी.) आहेत. या शिखरांची निर्मिती ज्वालामुखीमुळे झाली आहे. सहारा हे विस्तृत वाळवंट असून या वाळवंटादरम्यान तिबेस्ती मॅसीफ, आहगार व इर पर्वतरांगा आढळतात.

कॅमेरून पर्वत (४,१०८ मी.) व अदामावाचा उंच प्रदेश कॅमेरून देशात आढळते. हे पश्चिम आफ्रिकेतील उंच पर्वत असून त्यांची निर्मिती ज्वालामुखीमुळे झाली आहे. गिनी व लायबेरीया या देशात फुटा जालोनचा उंच प्रदेश आढळतो. या उंच प्रदेशातून पश्चिम आफ्रिकेतील नायझर व सेनेगल या मोठ्या नद्या उगम पावतात.

या सर्व उंच प्रदेशादरम्यान नद्यांनी निर्माण केलेले विस्तृत खोरे आहे. त्यात नायझर, चाड व सुद नदीचे खोरे सहाराच्या दक्षिण किनारी भागात आहेत.

कांगोचे खोरे मध्य व विषुववृत्तालगतच्या भागात तर कलाहरी वाळवंट आफ्रिका खंडाच्या उत्तर भागात आढळते. भूरचनेच्या विविधतेमुळे आफ्रिका खंडामध्ये जगात सर्वात जास्त जलऊर्जा निर्माण करण्याची क्षमता आहे.

आफ्रिका खंडातील प्राकृतिक रचनेच्या दृष्टीने लक्षणीय विशेषता असणारी

भूरचना म्हणजे खचदरी. ती ग्रेट रिफ्ट व्हॅली या नावाने ओळखली जाते. या खचदरीचा विस्तार उत्तरेकडील मृत समुद्रापासून दक्षिणेस मोझांबिक व स्वाझीलँड दरम्यान सुमारे ६९०० कि.मी. इतका आहे. या खचदरीचा उत्तर भाग आफ्रिका व अरेबिया दरम्यान असणाऱ्या तांबड्या समुद्राने व्यापलेला आहे. मध्यभाग इथिओपियातून जातो व रूडॉल्फ सरोवराजवळ त्याच्या पश्चिम व पूर्व अशा दोन शाखा होतात. पश्चिम शाखा युगांडामधून जाते. खचदरीच्या या भागात अल्बर्ट, एडवर्ड, किवू व टांगानिका सरोवरे आढळतात. पूर्व शाखा केनिया व टांझानिया यांच्या प्रदेशातून पुढे पश्चिम शाखेत न्यासा सरोवराजवळ जोडली जाते. काही ठिकाणी खचदरीच्या भिंतीची उंची ३२०० मी. पेक्षा जास्त उंच आढळते.

आफ्रिका खंडाची निर्मिती गोंडवन या महाखंडापासून झाली आहे. ज्युरॅसिकचा उत्तर कालावधी ते क्रिटॅशियसचा सुरुवातीच्या कालावधी दरम्यान त्यांचे विभाजन झाले. सुमारे २० दशलक्ष वर्षांपूर्वी अरेबियाच्या भूभागापासून हा विभागला गेला. दक्षिण अमेरिकेपासून आफ्रिकेचे ८० दशलक्ष वर्षापूर्वी विभाजन झाले.

सुमारे १०० दशलक्ष वर्षांपूर्वी गोंडवाना लँडच्या अस्तित्वाच्या वेळी दक्षिण आफ्रिकेचा भाग द्वायका हिमयुगात हिमाने व्यापलेला होता. या हिमयुगानंतर तो भाग जसा कोरडा होऊ लागला तसे कलाहारी व कांगो यांच्या खोऱ्यात हिमयुगात निर्माण झालेल्या गाळाचे संचयन झाले. या थराची जाडी सुमारे ७ कि.मी. दरम्यान आहे.

नदी प्रणाली

प्राकृतिक रचनेमुळे आफ्रिकेतील नदीप्रणालीचे वैशिष्ट्यपूर्ण स्वरूप आढळते. अनेक नद्यांच्या उगमाजवळचा प्रवाह खोल घळ्यातून वाहतो. नद्यांच्या मार्गात लहान-मोठे धबधबे व ऋतूनुसार कमी-जास्त होणारे पाण्याचे प्रमाण यामुळे जलमार्गाच्या दृष्टीने आफ्रिकेतील नद्या अयोग्य आहेत.

जगातील जलऊर्जा निर्मितीची सर्वात जास्त क्षमता असूनही फार थोड्या प्रमाणात जलऊर्जा निर्मिती केली जाते. एकट्या काँगो नदीची जलऊर्जा निर्मिती क्षमता जगाच्या एकूण क्षमतेपैकी १३% आहे. यावरून आफ्रिकेतील जलऊर्जा क्षमतेचे स्थान लक्षात येते.

नाईल नदीची लांबी ६६५० कि.मी. असून, ती जगातील सर्वात लांब नदी आहे. या नदीचा उगम युगांडामध्ये व्हिक्टोरिया सरोवरालगत होऊन ती उत्तरेकडे वाहत जाते व भूमध्य सागरास जाऊन मिळते. नाईल नदीने तिच्या मुखाजवळ सुमारे २५,००० चौ.कि.मी. असा विस्तृत त्रिभुज प्रदेश निर्माण केला आहे. ब्ल्यू नाईल

ही तिची मुख्य उपनदी आहे. तिचा उगम टाना सरोवराजवळ होऊन ती खार्टुमजवळ व्हाईट नाईलला मिळते. नाईल नदीवरील आस्वान धरण व नासेर सरोवरामुळे पूर नियंत्रण करणे शक्य झाले आहे. या पाण्याचा उपयोग इजिप्तमधील नदी किनारी प्रदेशात असणाऱ्या शेतीच्या उपयोगासाठी मोठ्या प्रमाणात होत आहे.

नायजर नदी आफ्रिकेतील तिसऱ्या क्रमांकाची नदी असून तिचा उगम पश्चिम आफ्रिकेतील फुटा जालोन येथे होऊन ती ४१८५ कि.मी. अंतर पार करून गिनीच्या आखातात समुद्राला जाऊन मिळते. झाम्बेझी नदी दक्षिण मध्य आफ्रिकेत उगम पावून झिंबाब्वे व झांबिया देशातून खोल घळईतून प्रवास करत, मध्य मोझँबिक मध्ये हिंदी महासागरास सुमारे २६५० कि.मी. अंतर पार करून जाऊन मिळते. ऑरेंज नदी वर्क ड्राकेन्सबर्ग पर्वत रांगेत उगम पावते व पश्चिम दिशेस प्रवाहित होऊन दक्षिण आफ्रिकेतून अटलांटिक महासागरास २१०० कि.मी. अंतर कापून जाऊन मिळते.

सरोवरे

आफ्रिका खंडात अनेक सरोवरे आढळतात. त्यांची निर्मिती, आर्थिक क्षमता व आकर्षणाचे केंद्र या गुणांमुळे आफ्रिका खंडाच्या अभ्यासात त्यांना विशेष स्थान आहे. आफ्रिकेत मोठी व खोल अशी अनेक सरोवरे पूर्व भागात असणाऱ्या खचदरीत व त्यालगत आढळतात.

खचदरीच्या पूर्व व पश्चिम शाखेदरम्यानच्या भागात आढळणारे व्हिक्टोरिया सरोवर हे आफ्रिकेतील सर्वात मोठे सरोवर आहे. त्याने ६९,४८१ चौ. कि.मी. एवढे क्षेत्र व्यापले आहे. टांगानिका सरोवराची खोली १४३६ मी. असून ते जगातील दुसऱ्या क्रमांकाचे खोल सरोवर आहे.

खचदरी दरम्यान अनेक सरोवरे आढळतात. खचदरीच्या पश्चिम शाखेत आल्बर्ट सरोवर, एडवर्ड, किवू, टांगानिका व न्यासा ही सरोवरे आढळतात तर पूर्व शाखेत रुडॉल्फ सरोवर, नॅट्रॉन व इयासी ही सरोवरे आढळतात. नायजर, नायजेरिया व चाड या देशांदरम्यान असणारे चाड सरोवर अतिशय उथळ असून, पावसाच्या प्रमाणावर त्याचा विस्तार अवलंबून असतो.

हवामान

आफ्रिका खंडाचे स्थान पाहता बहुतांश भाग हा उष्ण कटिबंधीय प्रदेशात येतो कारण आफ्रिकेच्या जवळ जवळ मध्यातून विषुववृत्त गेलेले आहे. इथिओपिया व पूर्व आफ्रिकेतील उंच प्रदेश व खंडाच्या उत्तर व दक्षिणेकडील सीमालगतच्या काही भागात उपोष्ण कटिबंधीय व समशीतोष्ण हवामान आढळते. आफ्रिका

खंडाच्या पश्चिम किनारपट्टी, सहारा प्रदेशाजवळ वाहणारा कॅनरी थंड समुद्रप्रवाह व कलहरीच्या लगत वाहणारा बेंग्युला नावाचा थंड प्रवाह यामुळे या प्रवाहांमुळे प्रभावित भूभागाच्या हवामानात बदल आढळतो. तेथील तापमानात प्रामुख्याने बदल झालेला दिसून येतो. आफ्रिका खंडाचा विस्तार मोठा असूनही कोणताही मोठ्या भूभागाचा अडथळा नसल्याने उष्ण कटिबंधीय प्रदेशातील वाऱ्याचे वहन खंडादरम्यान सहज होते. त्यामुळे हवामानात सातत्याने बदल आढळतो.

आफ्रिकेतील पर्जन्यमानात मोठी विविधता आढळते. विषुववृत्तालगतच्या प्रदेशात मोठ्या प्रमाणात पाऊस पडतो. सर्वात जास्त पाऊस गिनीच्या आखातात व मादागास्कर बेटाच्या पूर्व भागात पडतो. पश्चिम कॅमेरूनच्या भागातदेखील सर्वात जास्त पावसाचे ठिकाण आहे. या प्रदेशाचे सरासरी वार्षिक पाऊस २०३ सें.मी.पेक्षा जास्त आहे.

जसजसे विषुववृत्तापासून दूर जावे तसे पावसाचे प्रमाण कमी कमी होत जाते. सहारा, नामिबिया व कलाहारी या वाळवंटी प्रदेशात १२ सें.मी.च्या दरम्यान पर्जन्य आढळते. मृदा व वनस्पती यांचे वितरण, मानवी घनता व मानवी जीवन पद्धती यावर इतर हवामान घटकांपेक्षा पावसाचा प्रभाव आफ्रिका खंडात जास्त आढळतो.

आफ्रिका खंडातील हवामानाच्या विविधता व वैशिष्ट्यांच्या आधारे हवामानाचे सहा प्रमुख भाग पडतात.

(१) अतिपर्जन्याचा उष्णकटिबंधीय प्रदेश – हा प्रदेश प्रामुख्याने विषुववृत्तालगतच्या प्रदेशात आढळतो. खंडाच्या पश्चिम भागात या हवामान प्रकाराचा जास्त प्रभाव आहे कारण पूर्वभागात असणारे पर्वत, उंच पठारे यामुळे हवामानात काहीसा बदल आढळतो. या प्रदेशातील सरासरी तापमान २५° से. पेक्षा जास्त असते व दर महिन्यात १० सें.मी. पेक्षा जास्त पर्जन्य पडते. त्यामुळे वर्षभर सापेक्ष आर्द्रता जास्त असते, तर वार्षिक तापमान कक्षा कमी म्हणजे सुमारे ५°से. असते. पर्जन्य प्रकार व तीव्रतेत विविधता नसते. वर्षभर मुसळधार पर्जन्य सर्वत्र आढळतो. या हवामान स्थितीमुळे सदाहरित विषुववृत्तीय अरण्य या प्रदेशात आढळतात.

(२) सॅव्हाना प्रकारचे हवामान – या हवामान प्रकारात दीर्घ कालावधी शुष्कतेचा तर उन्हाळ्यातील अल्पकाळात पर्जन्य पडतो. विषुववृत्तीय प्रदेशानंतर दोन्ही गोलार्धात या प्रदेशाचा विस्तार १५° उत्तर व १५° पश्चिमपर्यंत आढळतो. या प्रदेशात पर्जन्य कमी असले तरी बाष्पीभवन कमी असल्याने पर्जन्याची

परिणामकारता वाढते. त्यामुळे ह्या भागात मोठ्या उंचीचे गवत सर्वत्र आढळते. या गवताळ प्रदेशात विखुरलेल्या स्वरूपात पानझडी वृक्ष आढळतात. हवामानाची अनुकूलता व विपुल गवत यामुळे येथील प्राणिजीवन समृद्ध आहे.

(३) उष्णकटिबंधीय हवामान प्रदेश – सॅव्हाना प्रदेशानंतर ह्या हवामानाचा प्रदेश आहे. येथील पर्जन्यमान कमी असते व प्रत्येक वर्षी त्यात विविधता दिसून येते. तसेच प्रदीर्घ काळाचा दुष्काळ हे या भागाचे वैशिष्ट्य होय. पश्चिम व मध्य उत्तर आफ्रिका आणि सहारा वाळवंटाच्या दक्षिण भागास साहेल या नावाने ओळखतात. त्याचा अर्थ वाळवंटी प्रदेशाचा सीमा भाग असा होतो.

(४) उष्णकटिबंधीय वाळवंटी हवामान प्रदेश – सहाराचे वाळवंट, कलहरीचे वाळवंट व नामिबियाच्या वाळवंटी प्रदेशात आढळणाऱ्या हवामान वैशिष्ट्यांना उष्ण कटिबंधीय वाळवंटी हवामान असे संबोधले जाते. या प्रदेशाची लक्षणीय बाब म्हणजे पर्जन्य. वार्षिक पर्जन्य २० सेंटिमीटर पेक्षा कमी असते व दैनिक तापमान कक्षेत विलक्षण फरक असतो. तो साधारण १५^{0}से. पर्यंत नोंदला गेला आहे. आजपर्यंतचे या प्रदेशातील व जगील सर्वात जास्त तापमान ५८^{0}से., सहारा वाळवंटातील लिबियाच्या हद्दीत असणाऱ्या अझिझीया या ठिकाणी नांदले गेले आहे. पाण्याचे दुर्भिक्ष्य असल्याने शेती विकास कमी व मानवी वितरण अतिशय विरळ आहे.

(५) भूमध्यसागरी हवामान प्रदेश – उत्तर भागात भूमध्य समुद्रलगत असणाऱ्या मोरोक्को, अल्जिरीया, ट्युनिशिया या देशांचा किनारी प्रदेश व दक्षिण भागात तसेच दक्षिण आफ्रिकेचा केप ऑफ गुडहोपचा प्रदेश या भागात भूमध्यसागरी हवामान आढळते. या भागातील उन्हाळा दीर्घकालावधीचा व उष्ण असतो, तर हिवाळा आल्हाददायक व पर्जन्य पडणारा ऋतू आहे. या प्रदेशाचे वैशिष्ट्य म्हणजे समशीतोष्ण कटिबंधीय आवर्तांमुळे हिवाळ्यात प्रामुख्याने पर्जन्य पडते.

या प्रदेशात मानवी वस्तीची घनता जास्त आहे. आर्थिक प्रक्रियेत शेतीचे महत्त्व जास्त असून धान्य उत्पादनाबरोबर, फळफळावळांचेही मोठ्या प्रमाणात उत्पादन घेतले जाते.

(६) आर्द्र उप उष्ण कटिबंधीय हवामान प्रदेश – या प्रदेशातील तापमान मध्यम स्वरूपाचे म्हणजे वर्षभर सुमारे २०^{0} सें.च्या आसपास असते. पाऊस जवळजवळ वर्षभर असतो व वार्षिक तापमान कक्षा कमी असते. दक्षिण आफ्रिकेतील नाताळ प्रांताच्या समुद्र किनारी प्रदेशालगत असणाऱ्या प्रदेशात हे हवामान आढळते.

वनस्पती जीवन

आफ्रिका खंडातील प्रदेशानुसार असणाऱ्या हवामान वैशिष्ट्यानुसार येथील

नैसर्गिक वनस्पती जीवनात प्रचंड विविधता असून काही प्रदेशात मानवी हस्तक्षेपाने झालेला बदलही जाणवतो. विषुववृत्तीय प्रदेशात पडणारा मुसळधार पाऊस व जास्त तापमान यामुळे अतिशय समृद्ध वनस्पती जीवन या प्रदेशात आहे. झाडांचे विविध थर, उंच झाडे, अनेक वेली यामुळे वनस्पती व प्राणी जीवनाची प्रचंड घनता आढळते. त्यामुळे मानवी वास्तव्याच्या दृष्टीने हा भाग दुर्गम बनला आहे. वृक्षांच्या एकजिनसीपणाऐवजी त्यांच्या वितरणात विविधता आहे. या प्रदेशात रबर, रोझवूड, एबोनी, सिंकोना, ऑईल पाम, साग, सिल्क कॉटन हे उष्ण-कटिबंधीय, कठीण लाकडे असणारे वृक्ष प्रामुख्याने आढळतात.

दोन्ही गोलार्धात विषुववृत्तीय प्रदेशालगत सॅव्हाना हा गवताळ प्रदेश आहे. तेथील उंच गवत व विखुरलेल्या स्वरूपात ऐरणीसारख्या आकाराचा झाडाचा बुंधा असणारे अॅकसिया वृक्ष काटेरी विखुरलेल्या स्वरूपात आढळतात. जसे सॅव्हाना प्रदेशापासून वाळवंटी प्रदेशाकडे जावे तसे खुरटे गवत, काटेरी झुडपे आढळून येतात. वाळवंटी प्रदेशात बहुतांश भाग वनस्पती विरहित आहे. विरळ प्रमाणात वनस्पती आढळतात. त्यात स्टीफा गवत, टामारिस्क ही वनस्पती आढळते. भूमध्यसागरी हवामान प्रदेशात पाईन, ज्युनिपर, कॉर्क, सेडार व ऑलिव्ह वृक्ष प्रकार विपुल प्रमाणात आहेत. समुद्रकिनाऱ्यालगत खाडी प्रदेशात मॅनग्रोव्ह वनस्पती आढळतात.

मानवी हस्तक्षेपामुळे नैसर्गिक वनस्पती जीवनात परिणाम झालेला दिसतो. साहेल या वाळवंटी प्रदेशालगत असणाऱ्या आसपासच्या प्रदेशात मोठ्या प्रमाणात गुरेचराई केल्याने तेथील गवत व वनस्पती आच्छादन कमी होऊन वाळवंटाने अतिक्रमण केलेले दिसून येते. वणवे, मोठ्या प्रमाणात गवतछाटणी व वृक्षतोड करून त्यांचा वापर, बांधकाम, शेतीकाम, पशुपालन यामुळे वनस्पती आच्छादन कमी होत आहे.

वन्य जीवन

परिसंख्येच्या नियमाप्रमाणे विपुल वनस्पती जीवन असल्यास त्यावर आधारित शाकाहारी प्राणी व पर्यायाने मांसाहारी प्राणी विपुल प्रमाणात आढळतात. हवामानात वैविध्य असल्याने त्याप्रमाणे प्राणिजीवनातही विविधता मोठ्या प्रमाणात आफ्रिका खंडात आढळते.

आफ्रिकेतील विषुववृत्तीय प्रदेशात घनदाट अरण्य असल्याने तेथे विपुल प्रमाणात प्राणिजीवन असून, तेथील जंगल २४ तास जागे असते असे संबोधले जाते. या जंगलात गोरिला, चिपांझी, माकडांचे इतर प्रकार, रानडुक्कर, चक्राकार

शिंगाची हरणे असे अनेक प्राणी आहेत. तसेच या प्रदेशातील सरोवर, नदी व दलदलीच्या प्रदेशातही, मगर, पाणघोडा, सरडे, साप हे प्राणी आढळतात. तसेच फ्लेमिंगो, पेलिकन, बगळे, करकोचा व किंगफिशर सारखे अनेक पक्षी दिसून येतात.

सॅव्हाना प्रदेश वन्यप्राण्यांचे नंदनवन म्हणूनच ओळखले जाते. हत्ती, गेंडे, जिराफ, झेब्रा, गवे, हरणे यांचे कळप मोठ्या प्रमाणात आहेत. समृद्ध शाकाहारी प्राणिजीवन असल्याने त्याच्यावर अवलंबून असणारे मांसाहारी प्राणी जीवन समृद्ध आहे. त्यात सिंह, चित्ता, तरस, कोल्हे इ. प्राणी आढळतात. तसेच सॅव्हाना प्रदेशात बस्टर्ड, बहिरी ससाणा व शहामृग इत्यादी पक्षीही आहेत. अनियंत्रित शिकार, चोरटी शिकार व पर्यटनाचा अतिरेक यामुळे या समृद्ध प्राणिजीवनावर दुष्परिणाम होऊन दिवसेंदिवस प्राणिसंख्या कमी होत आहे.

त्से त्से माशी, किटकांचे अनेक प्रकारही आफ्रिकेत आढळतात.

मृदा

आफ्रिकेतील प्राकृतिक वैशिष्ट्ये, हवामानातील विविधता व मानवाचा निसर्गात होणारा हस्तक्षेप याचा प्रभाव तेथील मृदेवर दिसून येतो.

आर्द्र उष्णकटिबंधीय प्रदेशात मुसळधार पाऊस पडत असल्याने मृदेतील चुना, पोटॅश, फॉस्फरस व ह्युमस मातीच्या वरच्या थरातून वाहून जाते. अशाने मृदेत लोह व ॲल्युमिनियम या खनिजांचे प्रमाण जास्त राहते. त्यामुळे मृदेचा थर टणक बनून पाण्याचे झिरपणे व वनस्पतीच्या मुळांना जमिनीत शिरकाव करणे कठीण बनते.

उष्ण कटिबंधामध्ये पाण्याचे दुर्भिक्ष्य व जास्त तापमान यामुळे कायिक विदारणाचा प्रभाव जास्त असतो. तेथे आढळणारी मृदा जाडीभरडी, वाळूची बनलेली असते. तिच्यात कॅल्शियमचे प्रमाण जास्त व ह्युमसचे प्रमाण कमी आढळते.

शेती उत्पादनाच्या दृष्टीने समृद्ध असणारी गाळाची मृदा प्रामुख्याने नद्यांच्या खोऱ्यात आढळते. सेनेगल नदीच्या खोऱ्यात, नायजरच्या नदीच्या मध्य भागा-लगतच्या प्रदेशात व मध्य सुदानमध्ये व्हाईट व ब्ल्यू नाईल यांचा संगम जुबा येथे होतो तेथून खालच्या भागात गाळाची मृदा विपुल प्रमाणात विस्तारलेली आहे. त्यामुळे बहुतांश नद्यांच्या मार्गात जलसिंचन प्रकल्प उभे केले आहेत.

दक्षिण आफ्रिकेतील व्हेल्डचा उंचवट्याचा भाग, केनियाच्या व कॅमेरूनच्या काही भागातही चांगल्या प्रतीची मृदा आहे. तिची सुपीकता ज्वालामुखीच्या उद्रेकातून बाहेर पडलेल्या पदार्थांचे प्रमाण असल्याने चांगली आहे. शेतीचे अयोग्य

तंत्रज्ञान, नियोजन व व्यवस्थापनाचा अभाव, जमिनीचा सतत होणारा वापर यामुळे लाखो हेक्टर जमीन लागवडीस अयोग्य बनत चालली आहे.आफ्रिकेतील चांगल्या प्रतीच्या मृदेचा तुलनात्मकदृष्ट्या कमी असणारा विस्तार व वर नमूद केल्याप्रमाणे अयोग्य वापर त्यामुळे मृदा संवर्धन ही अत्यावश्यक बनले आहे.

जलसंपत्ती

आफ्रिकेतील नद्या उगमानंतर आपल्या मुखाजवळ समुद्रास मिळण्यापूर्वी अतिशय दुर्गम व उतार असलेल्या भागातून मार्गक्रमण करतात. त्यामुळे जलऊर्जा निर्मितीच्या दृष्टीने प्रचंड संभाव्यता त्यांच्यात आहे. विविधतापूर्ण भौगोलिक स्थितीमुळे जगातील ४०% जलऊर्जानिर्मिती क्षमता एकट्या आफ्रिका खंडात आहे. काँगो नदी व तिच्या उपनद्या यांच्यामुळे झैरे या एकट्या देशाची जलऊर्जा उत्पादन संभाव्यक्षमता जगाच्या २०% आहे. परिणामत: आफ्रिका खंडात जलऊर्जा निर्मितीसाठी अनेक धरणे उभी राहिलेली दिसून येतात. त्यात इजिप्तमधील आस्वान धरण, मोझँबिक मधील कॅबोरा बांसा धरण, झैरेमधील इंगा धरण, घानामधील ओसोम्बो धरण व नायजेरियातील कैन्जी व जोस प्रकल्प ही काही प्रमुख उदाहरणे आहेत. आस्वान धरण, कारीबा धरण झांबिया व झिम्बाब्वे या दोन देशातले व दक्षिण आफ्रिकेतील ऑरेंज नदी प्रकल्प बहुउद्देशीय आहेत. जलऊर्जानिर्मिती बरोबर यांचा वापर जलसिंचन, मासेमारी, पूर नियंत्रण व मृदा संवर्धन यासाठी होतो.

खनिज संपत्ती

आफ्रिका खंडात विपुल प्रमाणात खनिज साधनसंपत्ती आहे. खनिज तेल व नैसर्गिक वायू यांचे साठे अल्जिरीया, लिबिया, इजिप्त व नायजेरिया आणि गॅबान येथील समुद्रकिनारी प्रदेशात आहेत. दगडी कोळशांचे साठे दक्षिण आफ्रिका, झिम्बाब्वे, मोझंबिक व नायजेरिया यात मोठ्या प्रमाणात आढळतात. युरेनियम अनेक ठिकाणी सापडते. परंतु प्रमुख खाणी गॅबन, नामिबिया, नायजर व दक्षिण आफ्रिका यात आहेत. तांब्याचे उत्पादन झांबिया, झैरे व दक्षिण आफ्रिका यात प्रामुख्याने होते, तर लोह खनिज उत्पादन मुख्यत: अंगोला, अल्जेरिया, लायबेरिया, मॉरिटेनिया व दक्षिण आफ्रिका यात आहेत. इतर खनिजात आफ्रिकेमध्ये क्रोमियम, अँटिमनी, मँगनीज, बॉक्साइट, कोबाल्ट व जस्त यांचे साठे विपुल प्रमाणात आहेत. दक्षिण आफ्रिकेत सोने आणि तेथे व बोटस्वाना यामध्ये हिऱ्याचे होणारे उत्पादन लक्षणीय आहे.

अशाप्रकारे आफ्रिका खंडात विपुल प्रमाणात खनिज साधनसंपत्ती आहे. तथापि दुर्गम भाग व प्रवास सुलभता नसल्याने अद्यापही बराचशा भागात सर्वेक्षण

व शोध घेणे शक्य झाले नाही. खऱ्या अर्थाने खनिज साधनसंपत्तीचा शोध व वापर वसाहतीच्या कालावधीतच मोठ्या प्रमाणावर सुरू झाला. आजही आफ्रिकेतील बहुतांश खाणी बहुद्देशीय कंपन्यांच्या ताब्यात आहेत. त्यामुळे उत्पन्नाच्या तुलनेत खनिज साधन संपत्तीचा स्थानिक उद्योगवाढीत कमी प्रमाणात वापर केला गेला. आफ्रिकेतील अनेक देशांना खनिज साधनसंपत्तीच्या निर्यातीतून, मोठ्या प्रमाणात महसूल जमा होत आहे. अंगोला, अल्जिरीया, लिबिया, नायजेरिया देशांना पेट्रोलियम पदार्थापासून, लायबेरीया व मॉरिटानियास लोह खनिज व झांबियास तांब्यापासून मोठ्या प्रमाणात महसूल मिळतो. दक्षिण आफ्रिका हा देश खनिज साधनसंपत्तीच्या दृष्टीने सर्वात जास्त समृद्ध आहे. या देशात सोने, हिरे व मौल्यवान दगडांचे मोठ्या प्रमाणात उत्पादन होते.

लोकसंख्या

आफ्रिका खंडात लोकसंख्या वितरण, घनता, वंश, संस्कृती, भाषा, धर्म इत्यादी लोकसंख्या वैशिष्ट्याच्या बाबतीत लक्षणीय विविधता आढळते. काही राज्ये किंवा प्रदेश वांशिक वैशिष्ट्याच्या आधारावर एकसंध झालेले दिसतात. राष्ट्रीय एकात्मतेच्या दृष्टीने हा आधार महत्त्वपूर्ण ठरला आहे. सांस्कृतिक व वांशिक वैशिष्ट्याविषयी भावनात्मक संबंध तीव्र असल्याने, भिन्नभाषिक, भिन्न-धर्मीय वा खटाऱ्यातला इत्यादी सांस्कृतिक वैशिष्ट्ये असणाऱ्या बरोबर वाद हे पूर्वीपासून या प्रदेशाचे लक्षण मानले गेले आहे. त्यात वसाहतीच्या राज्यांतर्गत स्थानिक सांस्कृतिक गुणांचा विचार न करता सीमा आखल्या गेल्याने आफ्रिका खंडातील लोकांच्या विभाजनात भरच पडली.

रवांडा व बुरुंडी या दोन देशादरम्यान झालेल्या वांशिक वादात लाखो लोकांचे प्राण गेले. हे येथील अस्थिरतेचे एक अलीकडचेच उदाहरण आहे.

लोकसंख्येबाबत ठळक जाणवणारी बाब म्हणजे लोकसंख्येचे असमान वितरण होय. वाळवंटी प्रदेश, डोंगराळ प्रदेश व विषुववृत्तीय प्रदेशातील घनदाट अरण्य अशा दुर्गम व प्रतिकूल प्रदेशात लोकसंख्या घनता खूपच विरळ आहे. सहारा वाळवंटाच्या काही भागात लोकसंख्या दर १५ चौ.कि.मी.ला एक व्यक्ती एवढे अल्प प्रमाण आहे. लोकसंख्येची जास्त घनता समुद्रकिनाऱ्यालगतचे मैदानी प्रदेश, नदीची सुपीक खोरे, शहरे, खनिज उत्पादन व औद्योगिक केंद्रे अशा ठिकाणी एकवटलेली आहे. गिनीच्या आखातालगतचा मैदानी भाग, नाईल नदीचा मैदानी प्रदेश, ईशान्येकडील भूमध्य महासागरालगतचा भाग, पूर्व आफ्रिकेतील उंचवट्याचा भाग, काही देशातील प्रमुख शहरे व औद्योगिक केंद्र या ठिकाणाची घनता जास्त आहे.

आफ्रिका खंडातील मानवी समूहांची वैशिष्ट्ये पाहता सहाराचा वाळवंटी प्रदेश हा कॉकेसॉइड वंशाशी साम्य असणारे लोक व दक्षिणेकडील कृष्णवर्णीय लोक असा विभाजन करणारा आहे. भूमध्यसागर लगतचे व सहारातील देशात तुरेग, बर्बर, सेमिटिक (यांना अरब असेही संबोधले जाते) हे तीन प्रमुख समूह आढळतात. शेती व पशुपालन हे यांचे प्रमुख व्यवसाय आहेत. तसेच सहाराच्या शेती प्रधान व पशुपालन चालणाऱ्या भागात हौसा, फुलानी, बाम्बारा ह्या प्रमुख जमाती आहेत. ईशान्य आफ्रिकेतील इथिओपियाचा पूर्वभाग व सोमालियात सोमाली व गाला, तर सुदानमधील नाईलच्या वरच्या भागात डिंका व न्युएर या समूहांचे प्रमाण जास्त आहे.

गिनीच्या आखातालगत असणाऱ्या देशांमध्ये नायजेरियातील योरुबा व इबो, घानातील सहान्ती व गा, आयव्हरी कोस्ट व लायबेरियातील क्रू या प्रभावशाली जमाती आहेत. त्याचबरोबर अनेक भाषा, प्रदेश, संस्कृती मूल्य व संकेत, परंपरा असणारे असंख्य वांशिक समूह या भागात राहतात. आफ्रिकेतील विषुववृत्तीय घनदाट अरण्यामध्ये फंग, पिग्मी लोक प्रामुख्याने राहतात. पूर्व आफ्रिकेतील सॅव्हाना प्रदेशात मसाई, किकियू व काम्बा या पशुपालन करणाऱ्या जमाती राहतात. ल्यू व बागंदा या जमाती व्हिक्टोरिया सरोवराच्या उत्तरेस आहेत.

आफ्रिका खंडात लोकसंख्येचे वितरण असमान आहे. नायजेरिया, दक्षिण आफ्रिका, झैरे, इजिप्त व इथिओपिया या देशात लोकसंख्या जास्त आहे तर सहारा व विषुववृत्तीय प्रदेशात ती कमी आहे. पूर्वी आफ्रिका खंडात जन्मदर व मृत्युदर दोन्हीही जास्त होते. परंतु मागील काही दशकात पोषक अन्नधान्य, वैद्यकीय सोयी, स्वच्छतेविषयी जागृतता व सुविधांमुळे मृत्युदरात घट होत गेली. त्यामुळे आज जास्त जन्मदर व कमी मृत्युदर या कारणांनी लोकसंख्येची वाढ जास्त वेगाने होत आहे. बेनिन, टोगो, नायजर, चाड, इथिओपिया, रवांडा या देशाची आयुर्मर्यादा ५० वर्षांपेक्षा कमी आहे. एकंदरीत लोकसंख्या वितरणाचा विचार करता जास्तीत जास्त भागात कमीतकमी लोकसंख्या व कमीतकमी भागात जास्तीतजास्त लोकसंख्या वितरण दिसते.

आफ्रिका खंडाचा सर्वसाधारण विचार करता ग्रामीण लोकसंख्येचे प्रमाण जास्त आहे. तथापि अलीकडे शहर वाढीचा वेग जास्त आहे कारण ग्रामीण भागातून रोजगार व सर्वांगीण विकास यासाठी मोठ्या प्रमाणावर लोक शहराकडे स्थलांतर करत आहेत. बहुतांश आफ्रिकन देशातील देशांची राजधानी ही सर्वात मोठे शहर असते. दक्षिण आफ्रिका, इजिप्त, नायजेरिया, मोरोक्को, झिम्बाब्वे या

देशात औद्योगिक शहरे विकसित झाली आहेत. ग्रामीण भागातून रोजगारसाठी स्थलांतर करणाऱ्या अकुशल कामगारांच्या वाढत्या प्रमाणामुळे झोपडपट्टीची समस्या गंभीर बनली आहे. त्यामुळे अनेक शहरांच्या सौंदर्यात बाधा निर्माण झाली आहे. त्याचप्रमाणे अनेक सामाजिक समस्याही शहरामध्ये निर्माण होत आहे.

भाषा

आफ्रिका खंडात सांस्कृतिक वैशिष्ट्यात विविधता मोठ्या प्रमाणात असल्याने भाषिक विविधताही तेवढीच समृद्ध आहे. त्यामुळे अनेक भाषा येथे बोलल्या जातात. सुमारे १८०० भाषा आफ्रिका खंडात प्रचलित आहेत असे एका अंदाजानुसार मांडले आहे. आफ्रिकेमध्ये आफ्रो-एशियन, युरोपियन व अरेबिक ह्या प्रमुख गटातील भाषा बहुसंख्य लोक वापरात आणतात.

उत्तर आफ्रिकेमध्ये आफ्रो-एशियन भाषेचा प्रभाव जास्त आहे. या भाषा समूहात बर्बर, कुशिटिक, सेमिन्टिक, चाडा, कॉपटिक या भाषा मोठ्या प्रमाणात प्रचलित आहेत. युरोपियन भाषांचा विचार करता इंग्रजी, फ्रेंच, इटालियन, पोर्तुगीज व जर्मनचा भाषा वापरात आहेत. टांझानियामध्ये स्वाहिली भाषा बोलली जाते. हा अपवाद सोडता पूर्वीच्या सर्व ब्रिटिश वसाहतीमध्ये इंग्रजी ही प्रशासकीय भाषा आढळते. यातील काही ठिकाणी दोन प्रशासकीय भाषेपैकी इंग्रजी एक प्रशासकीय भाषा असते. सहारा वाळवंटाच्या दक्षिणेस पूर्वी फ्रेंच वसाहती असणाऱ्या देशात आजही फ्रेंच भाषा मोठ्या प्रमाणात आहे. शहरांमध्ये हे प्रमाण जास्त आहे. मोरोक्को, ट्युनिशिया, लिबिया, सुदान, इजिप्त, अल्जिरीया, चाड इत्यादी देशात अरबी भाषा अग्रक्रमाने वापरली जाते.

बोलीभाषाचे प्रकार जास्त असल्याने राष्ट्रीय एकात्मकता भावना वाढीस नेहमी अडथळे निर्माण होतात कारण भाषेच्या आधारावर स्थानिक अथवा आदिवासी लोक आपले अस्तित्व टिकवण्यासाठी झगडत असतात. आफ्रिका खंडात इस्लाम, ख्रिश्चन व पारंपरिक आदिवासी धर्म प्रामुख्याने प्रचलित आहेत. इस्लाम धर्म सर्वात प्रमुख असून त्यांचे सुमारे १६ कोटी अनुयायी आफ्रिका खंडात आहेत. आफ्रिका खंडाच्या उत्तर भागात इस्लामचा प्रभाव सर्वात जास्त आहे. त्याखालोखाल ख्रिश्चनधर्मीयांची संख्या जास्त असून त्यांची लोकसंख्या सुमारे १४ कोटी आहे. आदिवासी धर्माचा व जडप्राणवादीचा (रपळाळीा) प्रभाव जवळजवळ ४०% लोकांवर असलेला दिसून येतो.

अर्थव्यवस्था

आफ्रिका खंड नैसर्गिक साधनसंपत्तीबाबत जरी समृद्ध असला तरी

औद्योगिकीकरण विकासाची प्रक्रिया मंद आहे. बहुतांश देशांची अर्थव्यवस्था शेतीवर अवलंबून आहे. मागील काही दशकात दक्षिण आफ्रिका, इजिप्त, अल्जिरीया, झिम्बाब्वे, ट्युनिशिया इत्यादी देशात औद्योगिकीकरणाने जोर पकडलेला दिसून येतो. तथापि सर्वसाधारण आफ्रिका खंडाचा विचार करता बहुतांश आफ्रिकन देशामध्ये राजकीय अस्थिरता, भांडवल व तंत्रज्ञान यांचा अभाव, पायाभूत सवलतींचा अभाव, अकुशल कामगार, प्राथमिक आर्थिक क्रियावर अवलंबून असणारी अर्थव्यवस्था त्यामुळे कमी क्रयशक्ती या कारणांमुळे औद्योगिक विकास अपेक्षेप्रमाणे झालेला दिसत नाही. त्यात वसाहतीच्या राज्यकारभाराच्या वेळेस आफ्रिका खंडातील साधनसंपत्ती युरोपियन राज्यकर्त्यांनी आपल्या देशाच्या विकासासाठी वापरली. त्यामुळे औद्योगिकविकासासाठी पार्श्वभूमी या खंडातील देशांना लाभली नाही.

अनेक देशांनी स्वातंत्र्यप्राप्तीनंतर मात्र आर्थिक विकासावर भर देण्यास सुरुवात केली. त्यापैकी दक्षिण आफ्रिका या देशाने मोठ्या प्रमाणात प्रगती केलेली दिसून येते. लोह व पोलाद उद्योग, सिमेंट, पेट्रोकेमिकल्स इत्यादी अवजड उद्योग उभारण्यावर भर दिल्याने दक्षिण आफ्रिका देश बहुतांश देशांची औद्योगिक गरज पूर्ण करत आहे. त्याचप्रमाणे अनेक देशांनी कापड, मद्यपेय, अन्नप्रक्रिया, औषधे अशा हलक्या उद्योगांना प्रोत्साहन दिलेले दिसून येते.

शेती

आफ्रिका खंडातील बहुतांश देशातील अर्थव्यवस्थेचा कणा शेती आहे. सुमारे ७५% लोक प्रत्यक्ष व अप्रत्यक्षपणे शेतीवर यावर अवलंबून आहेत. तसेच निर्यातीतून प्राप्त होणाऱ्या परकीय चलनाच्या उत्पन्नापैकी एकतृतीयांश उत्पन्न केवळ शेतीपासून निर्माण होणाऱ्या उत्पादनापासून मिळते. रासायनिक खते, कीटकनाशके, तणनाशके इत्यादी आधुनिक पद्धतीतील साधनांचा वापर अल्प असल्याने शेतीतील दर एकरी उत्पादनही अल्पच आहे. त्यामुळे बहुतांश भागात उपजीविकेची शेती केली जाते. विषुववृत्तीय प्रदेशात शेती आधुनिक पद्धतीने केली जाते. शेतीतील मळ्याची कामे स्त्रिया किंवा घरातील मोठी माणसे प्रामुख्याने करतात. तरुणांचा ओढा शहराकडे नोकरीसाठी जास्त असतो. मका, भात, धान्ये, कासावा, बटाटे, वाटाणे व इतर काही पिके प्रामुख्याने घेतली जातात.

विषुववृत्तीय हवामानाच्या प्रदेशात मळ्याची शेती केली जाते. त्यात प्रामुख्याने कॉफी उत्पादन जास्त प्रमाणात घेतले जाते. त्याचप्रमाणे चहा, तंबाखू, केळी यांचे उत्पादन घेतले जाते. काही भागात कापूस व ऊसही घेतला जातो. अशा प्रकारे मळ्याच्या शेतीत नगदी पिकांचे उत्पादन घेतले जाते. या मळ्यांची मालकी

प्रामुख्याने शहरातील सधन वर्ग, राजकीय अथवा बहुउद्देशीय कंपन्याकडे आहे. मोठ्या प्रमाणात भांडवल, आधुनिक साहित्य व साधनांचा वापर करून उत्पादन घेतले जाते. मात्र मजूर अतिशय कमी दरात उपलब्ध असल्याने ही शेती फायदेशीर ठरत आहे.

शेतीबरोबर पशुपालनही आफ्रिकेत उपजीविकेच्या दृष्टीने महत्त्वाचे आहे. जगातील गुरांच्या एकूण संख्येपैकी १५% गुरे केवळ आफ्रिका खंडात आहेत. सॅव्हाना व अर्ध शुष्क प्रदेश प्रामुख्याने मेंढ्या, शेळी व गुरांवर अवलंबून आहे. मात्र त्यांची दूध व मांस या दोन्ही दृष्ट्या उत्पादक क्षमता कमी प्रतीची व प्रमाणाची आहे. दक्षिण आफ्रिका, केनिया, झिम्बाब्वे येथे मात्र युरोपियांच्या वास्तव्यामुळे व्यापारी तत्त्वावर पशुपालन केले जाते.

आफ्रिका खंडातील शुष्क व अर्ध शुष्क भागात पडणारा दुष्काळ, शेतीतील आदानांचा (inputs) वाढता खर्च, शेती व्यवस्थापनाचा अभाव, मृदेची झीज, पर्यावरणाचा ऱ्हास व शेती उत्पादनास मिळणारा कमी भाव ह्या येथील प्रमुख समस्या आहेत. त्याचप्रमाणे जंगलांचे प्रमाण पाहता आफ्रिकेचा २५% भाग जंगलांनी व्यापलेला असूनही वनउद्योग फारसा विकसित अवस्थेत नाही. वृक्ष प्रकारांची प्रचंड विविधता, दुर्गम व वाहतुकीच्या सुविधेचा अभाव त्यामुळे वनांचा उत्पन्नाच्या दृष्टीने फारसा उपयोग होत नाही. महोगनी, एबोनी वृक्षांची लाकडे युरोपियन देशात निर्यात केली जातात. त्यात कॅमेरून, कांगो, गॅबन व आयव्हरी कोस्ट मुख्य उत्पादक व निर्यात करणारे देश आहेत.

मासेमारी हा व्यवसाय फारसा विकसित झालेला नाही. दक्षिण आफ्रिका, नामिबिया, अंगोला व भूमध्य समुद्रालगतचे काही देश सोडता मासेमारी फारशी विकसित झालेली नाही.

वाहतूक व दळणवळण

घनदाट अरण्ये, विस्तृत वाळवंट व दुर्गम भाग यामुळे आफ्रिकेमध्ये पूर्वीच्या काळी वाहतूक व्यवस्था फारशी विकसित नव्हती. युरोपीय देशांच्या वसाहतीच्या राज्यावेळी त्यांच्या अधिपत्याखालील भागाचा विस्तार व सुरक्षा यांबरोबर स्थानिक साधनसंपत्तीची आपल्या मायदेशात निर्यात यासाठी रस्ते व रेल्वे यांच्या सुविधा खऱ्या अर्थाने विकसित झाल्या. मात्र इतर भागात अद्यापही वाहतूक व दळणवळण यांची दुरावस्थाच आहे. आफ्रिकेतील कच्चा माल व खनिज साधनसंपत्ती आजही खंडाच्या विविध भागातून सागरी बंदराकडे रेल्वेनेच मोठ्या प्रमाणावर नेली जातो. द ग्रेट चुरु रेल्वे झांबियाच्या खाणीतील तांबे टांझिनियातील दार-ए-सलाम यांना

जोडते. बेंग्वेला रेल्वे झैरेतील शाबा प्रांतातून अटलांटिक महासागरालगत असणाऱ्या बेंग्वेला बंदरापर्यंत तांब्याची वाहतूक करते.

भूमध्यसागरालगतच्या देशांमध्ये व दक्षिण आफ्रिकेत रस्त्यांची घनता व अवस्था चांगली आहे. उर्वरित आफ्रिकेच्या बहुतांश भागात मात्र रस्त्याची अवस्था अविकसित व कमी दर्जाची आहे. ग्रामीण भागात रस्त्यांची स्थिती अतिशय खराब आहे. पावसाळ्यात तर अनेक भागांचा संपर्कच तुटलेला असतो. त्यामुळे आफ्रिकेतील आर्थिक व सामाजिक मागासलेल्या प्रदेशाची स्थिती व त्यांच्या विकासाच्या अडथळ्यास वाहतूक व दळणवळण सोयीची परिस्थिती एक मुख्य कारण आहे. त्यामुळे ग्रामीण भाग व शहरे यांना जोडणाऱ्या वाहतुकीच्या व दळणवळणाच्या मार्गाचा विकास ही आर्थिक व सामाजिक विकासाच्या दृष्टीने महत्त्वपूर्ण बाब आहे.

आफ्रिकेतील नद्या मोठ्या असल्याने झैरे, कांगो, नायजेरिया व सुदान या देशातील स्थानिक वाहतूक बऱ्याचदा नदीतूनच होते. तथापि नदीच्या मार्गात असणाऱ्या धबधबे, व इतर अडथळे यांच्यामुळे नदीतील जलवाहतूक फारशी विकसित होऊ शकली नाही.

आफ्रिका खंडाचा बहुतांश दुर्गम भाग व स्वातंत्र्यानंतर होणारा विकास यामुळे विमानसेवा मोठ्या प्रमाणावर विकसित होत आहे. अनेक देशांनी देशांतर्गत व आंतरराष्ट्रीय स्तरावर विमानसेवा चालू केली आहे. दुर्गम भागात जाण्यासाठी लागणारा वेळ व तेथे जमिनीवरील वाहतूक सुविधा उपलब्ध करण्यासाठी येणाऱ्या अडचणी व खर्च यांचा विचार करता विमान वाहतूक अशा ठिकाणी सोयीची ठरत आहे. तसेच दळणवळणाची साधनेही आता बहुतांश भागापर्यंत सुरू होत आहेत. त्यामुळे रेडिओ, फोन व चित्रवाणी आता बहुतांश भागात उपलब्ध आहे.

व्यापार

आफ्रिका खंडातून प्राथमिक आर्थिक क्रियांचा प्रभाव असल्याने शेती व पशुपालनापासून मिळणाऱ्या उत्पादनाबरोबर, कच्च्या मालाच्या निर्यातीवर भर देण्यात आला आहे. त्यात मळ्याच्या शेतीतील उत्पादने, विविध प्रकारची पेय, कमावलेली कातडी, मांस, लोकर, हस्तिदंत, बांबू, कागदासाठी लागणारा लगदा, विविध खनिजे, सोने, तांबे, मौल्यवान दगड, पेट्रोलियम पदार्थ, महागोनी व एबोनी सारखे टणक लाकूड व रासायनिक खते प्रामुख्याने निर्यात केले जातात.

आफ्रिका खंडात होणारी आयात मुख्यत: औद्योगिक उत्पादनातून निर्माण होणाऱ्या पक्क्या मालाची आहे. त्यात तयार कपडे, विद्युत साहित्य, रसायने, ऑटोमोबाईल उत्पादने, औषधे, जड यंत्रे व प्रगत परंतु नाजूक व अचूक असणारी

साधने यांची प्रामुख्याने आयात होते. आफ्रिका खंडातील देशांचे व्यापारी संबंध जगभर जरी असले तरी प्रमुख व्यापारी संबंध अँग्लो-अमेरिका व युरोपियन देशांशी आहेत.

पश्चिम मध्य आफ्रिका

अ. क्र.	देशाचे नाव	राजधानीचे शहर
१	कॅमेरून	याऔंडे
२	मध्य आफ्रिकी प्रजासत्ताक	बांगुई
३	कांगो (झैरे)	ब्राझव्हिले
४	गॅबोन	लिब्रव्हिल
५	विषुववृत्तीय गिनी	मालाबो
६	साओ टोम- प्रिन्सिप	साओ टोम
७	अंगोला	लुआंडा
८	बोटस्वाना	ग्रॅबोरोन
९	कोमोरोस	मोरोनी
१०	लेसोथो	मासुरु
११	मादागास्कर	आन्तानानारिव्हो
१२	मालावी	लिलोंगवे
१३	मोझांबिक	मापुटो
१४	नामिबिया	विंडहूक
१५	सेशेल्स	व्हिक्टोरिया
१६	स्वाझीलँड	म्बाबाने
१७	दक्षिण आफ्रिका	प्रेटोरिया
१८	टांझानिया	दोडोमा
१९	झांबिया	लुसाका
२०	झिम्बाब्वे	हरारे

पश्चिम मध्य आफ्रिका

विषुववृत्ताच्या अगदी जवळ पश्चिम-मध्य आफ्रिकेतील मध्य आफ्रिकन प्रजासत्ताक, कॅमेरून, काँगो, गॅबोन, गिनी, साओ टोम व प्रिन्सिप द्वीप इ. देशांचा समावेश होतो. याचा विचार उत्तरेकडून आफ्रिकन प्रजासत्ताकापासून दक्षिणेकडे

काँगोपर्यंत आहे. जवळपास सर्व देश पूर्वी युरोपियन देशांच्या अधिपत्याखाली होते.

या प्रदेशात उंच सखल भूभाग आहेत. काँगो नदीचे खोरे वगळता जो खोलगट भाग आहे तेथे पूर्वी सरोवर होते. या प्रदेशात काँगो नदीच्या खोऱ्याने अधिकांश भाग व्यापला आहे. या नदीवर विविध ठिकाणी लिव्हिंगस्टोन, इंगा, स्टॅन्ले इ. मोठमोठे धबधबे आहेत. या नदीतून जलमार्ग काढलेला असल्याने वाहतुकीची सोय होते. कॅमेरून व नायजेरिया यांच्या सीमा भागात उंच पर्वतरांगा आहेत. या ठिकाणचा सागर किनारा फारसा दंतूर नाही. येथे काही सरोवरे तसेच ज्वालामुखी आढळतात.

येथील हवामान सामान्यत: विषुववृत्तीय आहे. तापमान २० से. ते ३०°से. असून या प्रदेशात दररोज पाऊस पडतो. येथे विषुववृत्तीय सदाहरित जंगले आहेत. उत्तरेला व दक्षिणेला किनाऱ्यालगत सव्हाना गवताचा मैदानी प्रदेश आहे. येथील जंगलामध्ये साग, साल, बांबू, रोजवूड, मोहगनी, एबनी अशी कठीण वने आढळतात.

लोकसंख्या

या प्रदेशात विविध जाती-जमाती आढळतात. बटवा, त्वा, स्वा, बबिंगा, फंग, बोंगो इ. मुख्य आहेत. हे सर्व कांगो नदीच्या खोऱ्यातील घनदाट जंगलात राहतात. त्यांना त्से-त्से माश्यांचा उपद्रव होतो. मागील दोन दशकात विकास होत आहे. येथे अधिकांश लोक ख्रिश्चन धर्माचे व ख्रिश्चनधर्म मानणारे आहेत. तसेच लोकांचे आयुर्मान ३५ ते ४० वर्षे एवढेच आहे. बहुतांशी लोक ग्रामीण भागात राहत असल्याने नागरीकरण येथे फारसे रुजलेले नाही.

(कॅमेरून)

हा देश विषुववृत्ताच्या उत्तरेस असून या देशाच्या पूर्वेस मध्य आफ्रिकन प्रजासत्ताक व कांगो, दक्षिणेस गॅबोन व गिनी, नैऋत्येस गिनीचे आखात तर पश्चिमेस नायजेरिया हे देश आहेत या देशाचे एकूण क्षेत्रफळ ४७,५,४४२ चौ.कि.मी व लोकसंख्या १५.८ दशलक्ष तर घनता ३२ चौ.कि.मी आहे. (२००१). या देशात नागरीकरण अधिक असून ४४% लोक नागरी प्रदेशात राहतात. ख्रिश्चन, मुसलमान याचबरोबर आदिवासी येथे आहेत. सरासरी आयुर्मान ४४ वर्षे आहे.

हा देश कृषिप्रधान समजला जातो. येथे रबर, कोको, कॉफी, वेली, कापूस यांचे उत्पादन घेतले जाते. ॲल्युमिनियम, रासायनिक पदार्थ, सिमेंट, खनिज तेलाचे कारखाने येथे आहे. या देशाच्या पूर्वभागात कारखाने अधिक असल्याने हाच भाग जास्त विकसित झालेला आहे. याऊंदे ही या देशाची राजधानी असून ती देशाची

सांस्कृतिक व औद्योगिक केंद्र बनली आहे.

(मध्य आफ्रिकन प्रजासत्ताक)

हा देश कृषिप्रधान आहे. तसेच तो विषुववृत्तीय घनदाट जंगलामध्ये येतो. या देशाच्या दक्षिण काँगो, नैर्ऋत्येस कांगो प्रजासत्ताक व गॅबॉन तर पश्चिमेस कॅमेरून हे देश येतात. या देशाचे क्षेत्रफळ ६,२२,९८४ चौ.कि.मी. व लोकसंख्या ३५ लाख पण घनता केवळ ७ आढळते. (२००१). हा देश १९५८ पर्यंत फ्रान्सच्या अधिपत्याखाली होता. शहरी लोकसंख्येचे प्रमाण ४०% व लोकांचे आयुर्मान ४५ वर्षापर्यंत आहे. बांगुई ही या देशाची राजधानी आहे.

या देशामध्ये ख्रिश्चन व इस्लामधर्मीय लोक राहतात. कापूस, कॉफी, मका, भात, तंबाखू ही उत्पादने शेतीत घेतली जातात. याशिवाय खनिज उत्पादनामध्ये युरेनियम, लोह यांचे उत्पादन होते. तसेच सुतीवस्त्र, लाकूड, यंत्रे यांचे उत्पादन घेतले जाते.

[काँगो (झैरे)]

या देशातून विषुववृत्त जाते. या देशाच्या आग्नेय लुम्बा, कटंगा व लुंडा, दक्षिणेस अंगोला तर पश्चिमेस कांगो प्रजासत्ताक असून उत्तरेला मध्य आफ्रिकन प्रजासत्ताक हे देश आहेत. या देशाचे क्षेत्रफळ २३,४४,५८५ चौ.कि.मी. असून ५२.२ दशलक्ष लोकसंख्या व २२ घनता (२००१) आहे. या देशात ख्रिश्चन, मुस्लिम व विविध जातीचे लोक राहतात. किन्शासा ही या देशाची राजधानी आहे.

१९६० पर्यंत हा देश बेल्जियमच्या अधिपत्याखाली होता. १९६५ मध्ये या देशाचे नाव बदलून काँगो करण्यात आले. हा देश सुद्धा कृषिप्रधान आहे. नागरी लोकसंख्या २९% आहे. येथे कॉफी, रबर, मका, भात, तंबाखू यांचे उत्पादन घेतले जाते. येथे उद्योगांमध्ये सुतीवस्त्र, खाण्याचे पदार्थ, यंत्रे, तंबाखू, सिगारेट बनविली जातात. शिल्पकला महत्त्वपूर्ण उद्योग मानला जातो.

(गॅबॉन)

या देशाच्या उत्तरभागातून विषुववृत्त जाते. त्यामुळे येथे विषुववृत्तीय हवामान आढळते. या देशाच्या उत्तरेला मध्यम आफ्रिकन प्रजासत्ताक, पूर्वेस, दक्षिणेस काँगो प्रजासत्ताक व पश्चिमेस अटलांटिक महासागर आहे. या देशाचे क्षेत्रफळ २,६७,६६७ चौ.किमी तर लोकसंख्या १२ लाख, व घनता फक्त ५ आढळते. हा देश १९६० सालापर्यंत फ्रान्सच्या अधिपत्याखाली होता. येथे ख्रिश्चन लोकांचे

प्राबल्य आढळते. लिब्रव्हिल हे शहर देशाची राजधानी आहे. ग्रामीण लोकांचे प्रमाण किरकोळ असून ते केवळ २७% आहे.

हा देश घनदाट अरण्याचा आहे. येथे शेतीमध्ये कॉफी, कोको, भात, मूग, अशी पिके घेतली जातात. जगातील मँगनीजचे सर्वात मोठे भांडार या देशात आहे. तसेच खनिज तेल, नैसर्गिक वायू, युरेनियम, सोने, चांदी, शिसे यांच्या खाणी येथे आहेत. सुतीवस्त्र, लाकूड, रासायनिक पदार्थ, खाद्य पदार्थ तयार केले जातात.

(विषुववृत्तीय गिनी)

हा देश अटलांटिक महासागराच्या पूर्व किनारपट्टीवर व विषुववृत्ताच्या उत्तरेस आढळतो. या देशाच्या उत्तरेस आणि ईशान्येस कॅमेरून, दक्षिणेस व पूर्वेस गॅबोन देश आढळतात. या देशाची राजधानी मलाबो ही आहे. येथील बहुतांशी लोक ख्रिश्चनधर्मीय आहेत. स्पॅनिश ही येथील कार्यालयीन भाषा आहे. येथे मका, कॉफी, साखर, मुख्य शेती उत्पादने तर वनांपासून लाकूड हे उद्योग केले जातात. ८०% उत्पादन निर्यात केले जाते. मासेमारी हा महत्त्वपूर्ण व्यवसाय आहे. येथे कुपोषणाचे प्रमाण जास्त असून निरक्षरता अधिक आहे. लोकांचे राहणीमान एकदम खालच्या दर्जाचे आहे. राहणीमान, शिक्षणावर एकदमच कमी खर्च केला जातो.

(साओ टोम/ प्रिन्सीप द्वीप समूह)

हा देश विविध बेटांनी बनला आहे. याचे एकूण क्षेत्रफळ ९६४ चौ.कि.मी. व लोकसंख्या ०.२ दशलक्ष असून लोकसंख्येची घनता २०७ आहे. (२००१). ग्रामीण लोकसंख्या ८६% आहे. लोकांचे आयुर्मान ६२ वर्षे आहे. कोको हे मुख्य पीक आहे. येथे औद्योगिक विकास फारच कमी आहे. साक्षरता कमी, जीवनाचा दर्जा कमी, कुपोषणाचे प्रमाण अधिक अशी एकंदरीत स्थिती येथे आढळते. साओ-टोम ही देशाची राजधानी आहे. बेटाचे राष्ट्र असल्याने मासेमारीला अधिक वाव आहे व हा उद्योग येथे जोरदार चालतो.

(दक्षिण आफ्रिका)

दक्षिण आफ्रिका या विभागात अंगोला, बोटस्वाना, लेसोथो, मालावी, मोझांबिक, नामिबिया, दक्षिण आफ्रिका, झांबिया, झिम्बाब्वे या देशांचा समावेश होतो. १९६० ते १९७० या दशकात हे देश युरोपीय अधिपत्यातून मुक्त झाले. हे

देश उष्णकटिबंधीय व समशीतोष्ण कटिबंधाच्या हवामान पट्ट्यात येतात. या प्रदेशातील भूवर्णनाने व आल्हाददायक हवामानामुळे युरोपियन लोक आकर्षित झाले व त्यांनी तेथील साधनसंपत्ती काही प्रमाणात विकसित केली. येथे झुलू व खोसा या जमाती आढळतात.

(अंगोला)

हा देश विषुववृत्ताच्या थोडासा दक्षिणेस आहे. या देशाच्या पूर्वेस झांबिया, दक्षिणेस नामिबिया, पश्चिमेला अटलांटिक महासागर तर उत्तरेस झैरे हे देश आहेत. या देशाचे क्षेत्रफळ १२,४६,६९९ चौ.कि.मी. लोकसंख्या १२.३ दशलक्ष व घनता केवळ १० आहे (२००१). आफ्रिका खंडातील काही मोठ्या देशात याचा समावेश होतो. १९७५ पर्यंत हा देश पोर्तुगालच्या अधिपत्याखाली होता. हा देश शेतीप्रधान आहे.

एकूण लोकसंख्येच्या ८०% लोकसंख्या कृषीवर अवलंबून आहे. शेतीतून ज्वारी, बाजरी, मका, केळी, तसेच कापूस, कॉफी, ताडतेलाचे उत्पादन घेतले जाते. तसेच सुतीवस्त्र, सिमेंट, तेल, साखर, शिल्पकला हे व्यवसाय आहेत. पण उद्योगीकरण फारसे नाही. लुआंडा ही या देशाची राजधानी आहे. या देशातून पेट्रोलियम पदार्थ, कॉफी, हिरे, लोह, लाकूड, मासे यांची मोठ्या प्रमाणात निर्यात केली जाते. राजधानीचे शहर एक नैसर्गिक बंदर असल्याने त्याला महत्त्व प्राप्त झाले आहे. व लाखो पर्यटक येथे भेटी देतात. हस्तकलेला येथे विशेष महत्त्व आहे व हा व्यवसाय चांगला चालतो.

(बोटस्वाना)

हा देश २०° दक्षिण अक्षवृत्ताजवळ वसलेला आहे. या देशाच्या दक्षिणेला दक्षिण आफ्रिका, पश्चिमेला नामिबियाचे वाळवंट, उत्तरेला नामिबिया, तर ईशान्येला झिम्बाब्वे हे देश येतात. या देशाचे एकूण क्षेत्रफळ ५,८१,७३० चौ.कि.मी., लोकसंख्या फक्त १६ लाख व घनता फक्त २ आहे (२००१).

इंग्रजी ही या देशाची राष्ट्रभाषा आहे. ख्रिश्चन व मुस्लिम लोकांचे येथे प्राबल्य आढळते. ६४% लोकसंख्या ग्रामीण भागात राहते. अधिकांश लोक शेती, पशुपालन, खाणकाम करतात. शेळ्या, मेंढ्या, म्हैस, घोडे, खेचरे इत्यादी पशुपालन येथे आढळते. शेतीतून मका, बाजरी, ज्वारी, गहू यांचे उत्पादन काढले जाते. तसेच खाणीतून हिरे, कोळसा, मँगनीज, तांबे, निकेल यांचे उत्पादन होते. ग्रॅबोरोन देशाची राजधानी असून ते एक या देशाचे सांस्कृतिक केंद्र बनले आहे.

त्यामुळे पर्यटक भेटी देत असतात. तरीही आर्थिक विकासाचा वेग मंदच आहे.

(कॉमोरोस)

या देशाचे स्थान विषुववृत्ताच्या दक्षिणेस असून त्याच्या उत्तरेला मादागास्कर, दक्षिणेला मोझांबिक चॅनल असून या देशाचे तीन द्वीपसमूह आहेत. त्यामध्ये ग्रांडे-कोमरोस, अंजुआन, मोहेली यांचा समावेश होतो. काही लहानमोठ्या पर्वतमाला येथे आढळतात. त्यामध्ये माऊंट कर्थाला सर्वात उंच असून (२३६१ मीटर्स). या देशात जंगलाचे प्रमाण जास्त आहे. शेतीमधून फळे, भाजीपाला, मका, तांदळाचे उत्पादन घेतले जाते. नारळ, तसेच शिकार व जंगलावर आधारित उद्योग केले जातात. मोरोनी हे राजधानीचे शहर आहे. ग्रामीण लोकसंख्येचे प्रमाण ६३% आहे.

(लेसोथो)

या देशाला १९६६ मध्ये इंग्लंडपासून स्वातंत्र्य मिळाले. या देशाला दक्षिण आफ्रिका प्रजासत्ताकाने घेरले आहे. या देशाचे एकूण क्षेत्रफळ ५०३५५ चौ.कि.मी., लोकसंख्या २२ लाख व घनता केवळ ७२ आहे (२००१). या देशात ख्रिश्चन धर्माच्या लोकांचे प्रमाण अधिक आहे. मसेरू ही या देशाची राजधानी आहे. ग्रामीण भागात शहरी भागापेक्षा जास्त लोकसंख्या आढळतो. तपमान २२ ते २७^{0} से पर्यंत व पर्जन्यमान १५० सें.मी. पर्यंत आढळते. हा देश तसा कृषिप्रधान समजला जातो. येथे शेतीतून मका, गहू, मटार, बार्ली ही मुख्य पिके आहेत. याशिवाय पशुपालन, हिरे, लोकर, चामड्याच्या वस्तूंचे उत्पादन केले जाते.

मादागास्कर (मालागासी)

हिंदी महासागरात मोझांबिकच्या किनाऱ्यापासून सुमारे ३०० कि.मी. अंतरावर जे बेट आहे त्यास मादागास्कर असे म्हणतात. हे बेट जगातील चौथ्या क्रमांकाचे असून, याचे एकूण क्षेत्रफळ ५,८७,३४१ चौ.कि.मी आहे. व लोकसंख्या १३.४ दशलक्ष आहे. लोकसंख्या घनता दर चौ. कि. मी. ला २३ एवढी आहे.

येथे मध्यभागी मोठे असे पठार असून त्याची उंची १५०० मीटर्स आहे. येथे मोठमोठ्या दऱ्याखोऱ्या व खाड्या आहेत. ज्वालामुखीमुळे लोक प्रभावित होत असतात. राजधानीचे शहर आस्तानानारिओ या उंच पठारावर वसलेले आहे. येथील सर्वात उंच शिखर मारमोकोतरा (२८७६ मीटर्स) हे आहे. पूर्व बाजूस ५० कि.मी. लांबीचे मैदान आहे.

हिंदी महासागराच्या किनारपट्टीला टोआमासिना हे नैसर्गिक बंदर असून जलवाहतुकीस ते अत्यंत उपयुक्त व महत्त्वपूर्ण आहे. वार्षिक पर्जन्य ३७० सें.मी. आहे. येथे मलाया–पोलीनेशन लोक राहतात. येथील सामाजिक–आर्थिक विकासास अनेक नैसर्गिक अडचणी येतात. ४०% लोक ख्रिश्चन असून त्यानंतर इस्लाम व इतर धर्म आहेत. हा एक शेतीप्रधान देश आहे. तांदूळ व कसावा ही प्रमुख पिके आहेत. वस्त्र, खाण्याचे पदार्थ तयार करण्याचे कारखाने आहेत. तसा हा देश फारच मागासलेला आहे. साक्षरता कमी आहे.

(मालावी)

हा देश खंडांतर्गत देश असून या देशाच्या आग्नेय, दक्षिण व नैऋत्येस मोझांबिक, पश्चिमेस झांबिया तर उत्तरेस व ईशान्येस टांझानिया हे देश आहेत. या देशाचे क्षेत्रफळ १,१८,७८४ चौ.कि.मी. लोकसंख्या १०.२ दशलक्ष व लोकसंख्येची घनता ८६ आहे. (२००१). मालावी सरोवर हे पूर्वी न्यासा सरोवर म्हणून ओळखले जात होते. हे आफ्रिकेतील तीन नंबरचे मोठे सरोवर आहे.

मालावी हा एक नैसर्गिकदृष्ट्या सुंदर देश असल्याने अनेक पर्यटक येथे भेटी देतात, त्यातून परकीय चलन प्राप्त होते. हा व्यवसाय जोरात चालतो. इंग्रजी येथील सरकारी भाषा आहे. हा देश १९६७ पर्यंत ब्रिटनच्या अधिपत्याखाली होता. येथे नैसर्गिक साधनसंपत्तीचे प्रमाण फारच कमी आहे. शेती हा येथील मुख्य व्यवसाय आहे. तसेच सुतीवस्त्र, साखर, सिमेंट, रासायनिक पदार्थांचे कारखाने आहेत. लिलोंग्वे हे शहर देशाची राजधानी असून ते एक सामाजिक व सांस्कृतिक शहर बनले आहे.

(मॉरिशस)

मॉरिशस हे एक ज्वालामुखीपासून तयार झालेले बेट आहे. हे बेट हिंदी महासागरामध्ये मादागास्कर पासून ८०० किमीवर आहे. हे बेट प्रवाळ खडकांनी वेढलेले आहे. या देशाचे एकूण क्षेत्रफळ २०४० चौ.कि.मी. लोकसंख्या १.२ दशलक्ष व घनता ६०० आहे. (२००१). येथे भारतीय लोकांचे प्रमाण जवळपास ४०% आहे. हा देश १९६८ मध्ये ब्रिटनच्या अधिपत्यातून मुक्त झाला.

ऊसाच्या शेतीसाठी येथे भारतीयांना बोलावून घेण्यात आले होते. शेतीतून ऊस, चहा, तंबाखू, बटाटा, तांदूळ ही मुख्य पीके घेतली जातात. या देशाला मिळालेल्या नैसर्गिक देणगीमुळे लाखो पर्यटक भेटी देतात. त्यातूनच पर्यटन व्यवसाय विकसित होऊन परकीय चलन प्राप्त होते. याशिवाय सुतीवस्त्र उद्योग, चैनीच्या

वस्तू तयार केल्या जातात. त्यामुळे हा देश विकसित आहे. दरडोई उत्पन्न चांगले आहे. यांची राजधानी सेंट लुई आहे.

(मोझांबिक)

मोझांबिक हा देश आफ्रिका खंडात आग्नेय टोकाजवळ असून तो ११° दक्षिण ते २५° दक्षिण अक्षांश यादरम्यान हा देश वसलेला आहे. या देशातून मकरवृत्त जाते. हा १९७५ पर्यंत पोर्तुगालच्या अधिपत्याखाली होता.

या देशाचे क्षेत्रफळ ७९९३८० चौ.कि.मी. लोकसंख्या १९.४ दशलक्ष व घनता २५ आहे (२००१). या देशाच्या पूर्वेस हिंदी महासागर, नैर्ऋत्येस दक्षिण आफ्रिका, पश्चिमेस झिंबाब्वे, झांबिया, वायव्येस मालवी, उत्तरेस टांझानिया हे देश आहेत.

या देशाची राजधानी मापुटो आहे. हा देश कृषिप्रधान असून ७०% पेक्षा जास्त लोक शेती हा व्यवसाय करतात. ऊस, कापूस, काजू, तसेच मका, केळी, तांदूळ, नारळ, विविध भाज्यांची शेती केली जाते. या देशात हिरे, कोळसा, लोह या खाणी आहेत.

(नामिबिया)

हा देश आफ्रिका खंडाच्या नैर्ऋत्य टोकाजवळ १७° ते २८° दक्षिण अक्षांशाच्या दरम्यान वसलेला आहे. या देशाच्या पूर्वेस व दक्षिणेस दक्षिण आफ्रिका, पश्चिमेस अटलांटिक महासागर, उत्तरेस अंगोला व ईशान्येस झांबिया देश आहेत.

या देशाचे एकूण क्षेत्रफळ ८,२६,७०० चौ.कि.मी, लोकसंख्या १८ लाख तर घनता फक्त २ आहे. (२००१). १९९० पर्यंत हा देश ब्रिटनच्या अधिपत्याखाली होता. या देशाला पूर्वी दक्षिण-पश्चिम आफ्रिका हे नाव होते.

विंडहूक ही या राज्याची राजधानी आहे. हा देश उष्ण कटिबंधात असून येथे मोठे वाळवंट आहे. म्हणून लोकसंख्येची घनता अत्यल्प आहे. बुशयेन ही येथील वाळवंटातील जमात आहे. लोकांचे आयुर्मान ४० ते ४२ वर्ष असते. येथे सुतीवस्त्र, चामड्याच्या वस्तू, खाण्याच्या वस्तू तयार करण्याचे कारखाने आहेत. हिरे, तांबे, शिसे, मँगनीज, जस्त, युरेनियम यांच्या खाणी येथे आहेत. तसेच पशुपालन केले जाते.

(सेशेल्स)

सेशेल्स हा देश हिंदी महासागरामध्ये मादागास्करच्या ईशान्येला ११००

कि.मी. अंतरावर आहे. हे बेट प्रवाह खडकांपासून बनलेले आहे. या देशाचे क्षेत्रफळ ३०० चौ.कि.मी. व लोकसंख्या १ लाख तर घनता ३२२ आहे. (२००१). १९७६ पर्यंत हा देश ब्रिटनच्या अधिपत्याखाली होता. या देशाची राजधानी व्हिक्टोरिया आहे. या देशाच्या लोकसंख्येमध्ये युरोपियन, आफ्रिकन, अरब, भारतीय, चिनी यांचे संमिश्रण आहे. या देशात शेती हा प्रमुख व्यवसाय असून शेतातून नारळ, दालचिनी, चहा, मका, तांदूळ यांचे उत्पादन होते. तसेच मासेमारी, खाद्य डबाबंद करणे यासारखे व्यवसाय केले जातात. बेट असल्यामुळे लाखो पर्यटक येथे भेटी देतात. पर्यटन व्यवसायाचा त्यामुळे विकास झाला आहे.

(स्वाझीलँड)

या देशाचे स्थान दक्षिण आफ्रिकेत असून मोझांबिकची नैर्ऋत्य सीमा त्यास टेकलेली आहे. हा देश खंडातर्गत असून तो १९६८ पर्यंत इंग्रजांच्या अधिपत्याखाली होता. या देशाचे एकूण क्षेत्रफळ १७,३६३ चौ.कि.मी., लोकसंख्या ११ लाख, घनता ६४ आहे. (२००१). म्बाबाने ही या देशाची राजधानी आहे.

या देशातील ८०% लोक ग्रामीण भागात राहतात. हा फारच मागासलेला देश आहे. लोकांचे आयुर्मान ३५ वर्षांपर्यंत आहे. हे आयुर्मान जगात कमी मानले जाते. देशाच्या पश्चिमेस करेकनबर्ग पर्वतावरून नद्या कमी लांबीच्या पण उतारामुळे वेगाने वाहतात. या देशातील उंच ठिकाण १८६२ मीटर्स आहे. वार्षिक पर्जन्यमान १६० सें.मी.पर्यंत तर तापमान २०^{0}से. पर्यंत असते. शेती हा व्यवसाय मुख्य आहे. मका, ज्वारी, बाजरी, ऊस, कापूस अशी पीके घेतली जातात. त्याचबरोबर पशुपालन हा व्यवसाय केला जातो. फळांना, भाज्यांना परदेशातून मागणी आहे.

या देशात विविध प्रकारची खनिजे सापडतात. लोह, सोने, बिटुमिनस यांच्या खाणी आहेत. या देशामध्ये यंत्रे, वाहने, रासायनिक पदार्थ तयार होतात व निर्यातही होतात.

(दक्षिण आफ्रिका प्रजासत्ताक)

या देशाचे स्थान आफ्रिका खंडाच्या दक्षिण टोकाजवळ असल्यामुळेच त्याला दक्षिण आफ्रिका हे नाव दिले असावे. हा देश २२^{0} ते ३३^{0} अक्षांशाच्या दरम्यान विस्तारलेला आहे. या देशाला मोठी सागरकिनारपट्टी लाभलेली आहे. या देशाच्या पूर्व, दक्षिण व पश्चिमेस हिंदी व अटलांटिक महासागर, वायव्येस नामिबिया, उत्तरेस बोटस्वाना व झिम्बाब्वे तर ईशान्येस मोझांबिक हे देश आहेत.

या देशाचे क्षेत्रफळ १२,२३,२०० चौ.कि.मी. लोकसंख्या ४३.६ दशलक्ष तर घनता ३३ आहे (२००१). येथे जगातील महत्त्वाची खनिजे सापडतात. येथे मोठमोठी शहरे, व नैसर्गिक बंदरे आहेत. येथे सामाजिक विविधता आढळते. अनेक जातीधर्माचे लोक आहेत. या देशाच्या भूगोलाचा अभ्यास तीन भागात केला जातो.

(१) ट्रान्सवाल राज्य :- हे राज्य देशाच्या मध्यवर्ती असून पठारी आहे. येथून ऑरेंज नदी वाहते. नद्या पश्चिम वाहिन्या व हिंदी महासागराला जाऊन मिळतात. जगात सर्वात जास्त सोने येथे आढळते. शेतीतून मका, गहू, फळे, भाज्या यांचे उत्पादन काढतात. तसेच पशुपालन केले जाते. नद्यांवर धरणे बांधून वीज निर्मिती केली जाते.

(२) नाताल :- हिंदी महासागराच्या पूर्वेस हा विभाग येतो. याला कवा-जूलू असेही म्हणतात. येथे ऊस, गहू अशी नगदी पिके घेतली जातात. मासेमारी केली जाते. येथे भारतीय मजुरांचे प्रमाण जास्त आढळते.

(३) केप प्रदेश :- हा प्रदेश तसा देशाच्या दक्षिणेस येतो. बराचसा भाग वाळवंटीय आहे. गरम हवा असते. मासेमारी व्यवसाय अधिक केला जातो.

जोहान्सबर्ग ही या देशाची राजधानी आहे. या शहराचे औद्योगिकीकरण अधिक झाले आहे. त्यामुळे या शहराला गॅटिंग असे म्हणतात.

(टांझानिया)

हा देश आफ्रिकेच्या पूर्वेस असून या देशाच्या पूर्वेस हिंदी महासागर, आग्नेयेस मोझांबिक, दक्षिणेस झांबिया व मालावी, पश्चिमेस झैरे तर उत्तरेस युगांडा, केनिया हे देश आहेत. हा देश विषुववृत्ताच्या अगदीच जवळ असल्याने येथे विषुववृत्तीय अरण्ये, हवामान आढळते. या देशाचे एकूण क्षेत्रफळ ९,४५,०८७ चौ.कि.मी., लोकसंख्या ३२.१ दशलक्ष व घनता ३४ आहे. (२००१). १९६४ मध्ये हा देश अलग होऊन अस्तित्वात आला. येथे ख्रिश्चन व मुस्लिम लोक जास्त प्रमाणात आहेत.

आफ्रिकेतील प्रसिद्ध तीन सरोवरे येथे आहेत. त्यामध्ये व्हिक्टोरिया, टांगानिका व न्यासा इ.यांचा समावेश होतो. तसेच आफ्रिकेतील सर्वात अधिक उंचीवरील ठिकाण किलीमांजारो याच देशात आहे. हा देश कृषिप्रधान आहे. शेतीतून ऊस, कापूस, चहा, तंबाखू, कॉफी ही मुख्य पीके घेतली जातात. शेतीला जोडधंदा पशुपालन व मासेमारी हे व्यवसाय केले जातात. येथे हिरे, सोने, टिनच्या खाणी

असून हिरे व सोने मोठ्या प्रमाणात निर्यात होते. तसेच चामड्याच्या वस्तू, वस्त्र उद्योग यांचे मोठ्या प्रमाणात उद्योग आहेत.

(झांबिया)

हा देश आफ्रिका खंडाच्या दक्षिण भागात असून या देशाच्या पूर्वेस मालावी, आग्नेयेस मोझांबिक, दक्षिणेस झिंबाब्वे, पश्चिमेस अंगोला तर उत्तरेस झैरे व टांझानिया हे देश आहेत. त्यामुळे हा देश खंडांतर्गत आहे. या देशाचे एकूण क्षेत्रफळ ७५२६२० चौ.कि.मी. लोकसंख्या ९.८ दशलक्ष व घनता १३ आहे. (२००१). हा देश इंग्रजांपासून १९६४ मध्ये मुक्त झाला.

लुसाका ही या देशाची राजधानी आहे. या देशात कमी उंचीचे भाग असलेली पर्वत श्रेणी आहे. मालावी सीमेजवळ येथील उंच ठिकाण असून त्यांची उंची २१६४ मीटर्स आहे. येथे सव्हाना गवताळ प्रदेश आहे. वार्षिक पर्जन्य १२० सें.मी., तापमान १६ ते २७^{0} सें. तर उन्हाळ्यात तापमान ३० ते ३२^{0}सें. पर्यंत वाढते.

येथील लोक पूर्ण काळ्या रंगाचे आहेत. सरकारी भाषा इंग्रजी आहे. इतर भाषा खूप आहेत. ख्रिश्चन लोकांचे प्रमाण ७०% पेक्षा अधिक आहे. येथे हिंदू व इस्लाम अल्पसंख्यांक आहेत. राजधानीचे शहर लुसाका हे मोठे व सांस्कृतिक केंद्र म्हणून ओळखले जाते.

या देशातून काँगो नदी वाहते व झांबिया नदी तिची उपनदी आहे. याशिवाय चामबेशी व लुपुला या मोठ्या नद्या या देशातून वाहतात. या देशात खनिज संपत्ती मोठ्या प्रमाणात आहे. चांदी, शिसे, झिंक, कोळसा यांचे उत्पादन होते. शिक्षणाचा प्रसार वेगाने होत आहे. शिक्षण, वैद्यकीय सोयी सर्वत्र वाढत आहेत.

शेतीतून मका, भुईमूग, कासावा, तंबाखू, भाज्या, फळे, सुतीउद्योग, पशुपालन, गाय, शेळ्या, मेंढ्या, मासेमारी इत्यादी उद्योग येथे आढळतात. लोह, फर्निचर, चांदी यांचे उद्योग आहेत.

(झिंबाब्वे)

हा देश आफ्रिका खंडाच्या दक्षिण भागात असून या देशाच्या पूर्वेस मोझांबिक, दक्षिणेला दक्षिण आफ्रिका, पूर्वेस बोटस्वाना व झांबिया हे देश आहेत. येथे उष्णकटिबंधीय हवामान आहे. या देशाचे क्षेत्रफळ ३९१०९० चौ.कि.मी. लोकसंख्या ११.३ दशलक्ष व घनता २९ आहे. (२००१). हा देश खंडातर्गत आहे. १९६५

पर्यंत या देशावर ब्रिटिशांचे राज्य होते.

या देशाचा बराचसा भाग उंच पठारांचा व टेकड्यांचा आहे. १२०० मीटर्सपेक्षा जास्त उंचीच्या भागाने क्षेत्र व्यापलेले आहे. खनिजांच्या बाबतीत श्रीमंत देश समजला जातो.

येथील हवामान उष्ण कटिबंधीय असून तापमान ११ ते ३०° से. पर्यंत असते. वार्षिक पर्जन्य २६० सें.मी. आहे. झांबेझी ही येथील मुख्य नदी ती कैरोबीच्या सरोवराला जाऊन मिळते. येथे कोळसा, चांदी, क्रोमियम, ॲसेबेस्टॉस, प्लॅटिनम सोने यांच्या खाणी आहेत.

लोकसंख्येच्या ९५% पेक्षा जास्त काळे आफ्रिकन लोक येथे आहेत. इंग्रजी ही येथील सरकारी भाषा आहे. ख्रिश्चन २५% असून इतर धर्मीय लोक येथे भरपूर आहेत. शेती हा उद्योग महत्त्वाचा आहे. सूत, गहू, ऊस, मका, तांदूळ यांचे उत्पादन घेतले जाते.

(पश्चिम आफ्रिका)

आफ्रिका खंडाच्या पश्चिम भागात बारा देशांचा समावेश होतो. त्यात सेनेगल, गँबिया, गिनी, बिसाऊ गिनी, सिएरा लिओन, लायबेरीया, आयव्हरी कोस्ट, बुर्कीना फासो, घाना, टोगो, बेनिन व नायजेरिया यांचा समावेश होतो.

पश्चिम आफ्रिकेचा विस्तार सेनेगलपासून पूर्वेच्या नायजेरिया पर्यंत आहे. बुर्किना फासो देश वगळता सर्व देशांना समुद्रकिनारा आहे.

पश्चिम आफ्रिकेतील देशांमध्ये प्राकृतिक रचना व हवामान वितरणामध्ये विविधता आहे. उत्तरेस गिनी बिसाऊ ते पूर्व नायजेरिया असा पूर्व-पश्चिम उंच प्रदेशाचा विस्तार आढळतो. या उंच प्रदेशामध्ये लहान टेकड्या, पठार, कमी उंचीचे पर्वत व त्यांच्या विविध अवस्था स्पष्टपणे दिसून येतात. या प्रदेशानंतर दक्षिणेस अरुंद परंतु पूर्व-पश्चिम विस्तारलेला सागरी मैदानी प्रदेश आहे. मात्र ज्या ठिकाणी नद्या त्रिभुज प्रदेश करतात, तेथे या सागरी मैदानाचा विस्तार रुंद आहे. किनारपट्टीलगत वाळूचा दांडा व मॅनग्रोव्हची झाडे विविध भागात आहेत. वाळूच्या दांड्यामुळे नैसर्गिक बंदर निर्माण होण्यास मदत झाली आहे.

हवामानाचे वितरण पाहता या प्रदेशात सॅव्हाना शुष्क, उष्ण कटिबंधीय गवताळ प्रदेश, आर्द्र सॅव्हाना असे हवामानाचे प्रदेश आढळतात. दक्षिण व आग्नेय सागरीकिनारी भागात उष्ण कटिबंधीय अरण्येही आहेत. तापमानाचे वितरण पाहता उंचवट्याचा प्रदेश जास्त उंच नसल्याने तापमान वितरण सखल भागाच्या तुलनेत

जास्त फरक दर्शवत नाही. किनारी प्रदेशालगत तापमान २०° सें.च्या आसपास असते तर जुलैमध्ये सरासरी कमाल तापमान ३०° सें. एवढे असते.

उष्णकटिबंधीय सॅव्हाना हवामान प्रदेशात लोकसंख्येचे प्रमाण जास्त आढळते. पश्चिम आफ्रिकेची लोकसंख्या १६५ दशलक्ष असून त्यापैकी नायजेरिया या देशाची लोकसंख्या सर्वात जास्त आहे तर घानाची लोकसंख्या त्या खालोखाल आहे. एकूण लोकसंख्येच्या दोन तृतीयांश लोकसंख्या या दोन देशातच आहे.

वसाहतीच्या साम्राज्याच्या वेळी गाम्बिया, सिएरा लिओन, घाना व नायजेरिया हे ब्रिटिशांच्या अधिपत्याखाली, टोगो व बेनिन फ्रेंचाच्या व गिनी बिसाऊ पोर्तुगीजाच्या अधिपत्याखाली होते. लायबेरिया हा देश स्वतंत्र होता.

(बेनिन)

गिनीच्या आखाताच्या उत्तर भागात बेनिन (पूर्वीचा दाहोमी) हा आफ्रिकेतील एक देश आहे. बेनिनच्या उत्तर भागात नायजर, पूर्व भागात नायजेरिया तर पश्चिमेला बुर्किना फासो व टोगो हे देश आहेत. या भागाचे एकूण क्षेत्रफळ ११३ हजार चौरस किलोमीटर असून प्रती चौरस कि.मी. मध्ये ५७ व्यक्ती वास्तव्य करतात. बेनिन हा देश आफ्रिका खंडाच्या पश्चिम भागात आहे. देशातील लोकांचे आयुर्मान ५१ वर्षे आहे.

प्राकृतिक सामर्थ्य चांगले आणि मैदानी असल्याने कृषी व्यवसायाची चांगली प्रगती झालेली दिसून येते. शहरी भागात एकूण लोकसंख्येच्या ६४% लोक वास्तव्य करतात. या भागातील प्रमुख पिके म्हणजे ज्वारी, ऊस, कापूस, कॉफी त्याचप्रमाणे साखर उद्योग, पाम-तेल आणि दारू तयार करणे हे कृषिव्यवसाय आहेत. या देशाची राजधानी पोर्टो-नोव्हो असून ती समुद्रकिनारी आहे.

(बुर्किना फासो)

आफ्रिकेच्या खंडांतर्गत बुर्किना फासो देश (पूर्वीचा अपर व्होल्टा) हा असून याच्या उत्तरेकडील भागात माली आणि नायजर देशाची सीमा असून दक्षिण भागात आयव्हरी कोस्ट, घाना, टोगो, बेनिन या देशांच्या सीमा आहेत. या देशाचे क्षेत्रफळ २७४ हजार चौ.कि.मी. आहे. २००२ च्या जनगणनेनुसार ११६ दशलक्ष लोकसंख्या असलेल्या देशातील प्रति चौरस किलोमीटरमध्ये ४७ व्यक्ती वास्तव्य करतात. या भागातील लोकांचे आयुर्मान ४६ वर्षे आहे.

बुर्किनो फासो या देशाचा भूभाग सुपीक आहे. हा देश कृषिप्रधान देश असून

ग्रामीण भागात जवळजवळ ८६% लोक वास्तव्य करतात तर शहरी भागात १४% लोक वास्तव्य करतात. बाजरी, ज्वारी, कापूस, मका, भुईमूग, याम यासारखी पीके घेतली जातात. औद्योगिकदृष्ट्या हा देश मागासलेला आहे.

(आयव्हरी कोस्ट)

दक्षिण अटलांटिक महासागराच्या उत्तरेला हे राष्ट्र असून याच्या उत्तरेला माली, पूर्व भागात घाना, पश्चिमेला गिनी व लायबेरिया हे देश आहेत. देशाचे एकूण क्षेत्रफळ ३२२ हजार चौरस कि.मी. आहे. २००२ च्या जनगणनेनुसार १६ दशलक्ष लोकसंख्या आहे. प्रति चौरस किलोमीटरमध्ये १५ व्यक्ती वास्तव्य करतात. गिनीच्या आखातालगत व किनारपट्टीच्या भागात आबिदजान ही राजधानी आहे.

देशाच्या पश्चिम भागात पठारी प्रदेश असला तरी पूर्व भाग मैदानांनी व्यापलेला आहे. त्यामुळेच कृषीचा विकास मोठ्या प्रमाणात झालेला आहे. या भागातील लोकसंख्या मोठ्या प्रमाणावर कृषीवर अवलंबून आहे. शेतीमध्ये प्रामुख्याने ऊस, कापूस, केळी, ज्वारी यासारखी पिके घेतली जातात. कॉफी उत्पादनात याचा जगात तिसरा क्रमांक तर कोको उत्पादनात प्रथम क्रमांक आहे.

खाणकाम व्यवसाय पश्चिम भागात असून येथे हिरे, मँगेनीज यांचे उत्पादन होते. त्यांची निर्यात युरोपीय देशात होत असते.

(गँबिया)

आफ्रिका खंडाच्या पश्चिम भागातील एक छोटेसे राष्ट्र असून त्यांचे क्षेत्रफळ ११ दशलक्ष असून २००१ च्या जनगणनेनुसार लोकसंख्या १.३ असून तेथे प्रति चौरस कि.मी. मध्ये ११० व्यक्ती वास्तव्य करतात. राजधानी बेन्जुल आहे. जास्त प्रमाणात व्यक्ती ग्रामीण भागात वास्तव्य करीत असून त्यांची संख्या ६६% आहे.

गँबिया देशातून वाहत असलेल्या नदीच्या दोन्ही खोऱ्यात मोठ्या प्रमाणात शेती व्यवसाय केला जातो. भुईमूग व तांदूळ, ज्वारी, ऊस यांचे उत्पादन घेतले जाते. शेती उद्योग प्रगती पथावर असून, औद्योगिक विकास झालेला नाही. या भागात युरोपीय देशातून विद्युत उपकरणे विविध प्रकारची वाहने, यंत्रसामग्री आयात केली जाते.

(घाना)

घानाच्या दक्षिणेला गिनीचे आखात तर उत्तरेला बुर्किना फासो, पूर्व भागात टोगो तर पश्चिमेला आयव्हरी कोस्ट हे देश आहेत. एकूण क्षेत्रफळ २३९ हजार चौरस कि.मी. असून प्रतिचौरस किलोमीटर मध्ये ८२ व्यक्ती वास्तव्य करतात. देशाची एकूण लोकसंख्या २० दशलक्ष आहे. ६८% लोक ग्रामीण भागात वास्तव्य करतात. देशाची आक्रा ही राजधानी असून येथील प्रमुख धर्म इस्लाम व रोमन कॅथॉलिक ख्रिस्ती धर्म आहे.

नैसर्गिक देणगीमुळे कृषी विकास झाला असून या भागात मका, कॉफी, केळी आणि रबर यांचे उत्पादनाबरोबरच नगदी पिकात कोको आणि नारळ यांचे उत्पादन घेतले जाते. औद्योगिकदृष्ट्या या भागात ॲल्युमिनियम, सुतीवस्त्र निर्मिती, लहान यंत्रसामग्री आणि खाद्यपदार्थ तयार केले जातात.

(गिनी बिसाऊ)

गँबिया राष्ट्राच्या शेजारी असणाऱ्या गिनीचे क्षेत्रफळ लहान असून ते फक्त ३६ हजार चौरस कि.मी. आहे. २००२ च्या जनगणनेनुसार लोकसंख्या १.२ दशलक्ष आहे तर प्रतिव्यक्ती २९ इतकी आहे. पूर्व भागात पठारी आहे तर पश्चिम भाग मैदानी आहे. पश्चिम भाग हा किनारी आहे. राजधानी बिसाऊ आहे.

देशातील बऱ्याच भागात शेतीचा विकास झालेला आहे. त्यामध्ये तांदूळ, नारळ, भुईमूग, ऊस, बटाटे, मका यासारखी पिके मोठ्या प्रमाणात घेतली जातात. या भागात प्रामुख्याने दारू तयार करणे, विविध खाद्य पदार्थ तयार करणे हे उद्योग विकसित झाले आहेत.

(लायबेरिया)

या देशाच्या पूर्वेला आयव्हरी कोस्ट, वायव्येला सिएरा लिऑन तर उत्तरेला गिनी हे देश आहेत. दक्षिणेला ॲटलांटिक महासागर आहे. देशाचे एकूण क्षेत्रफळ १११ हजार चौरस कि.मी. असून प्रति चौरस कि.मी. २६ व्यक्ती वास्तव्य करतात. देशात २००२ च्या जणगणनेनुसार ३ दशलक्ष लोक वास्तव्य करतात. नैर्ऋत्येला ५६० किलोमीटर्सचा समुद्रकिनारा लाभलेला आहे. ईशान्य भाग डोंगरी आहे. या पर्वताची सरासरी उंची १३८२ मीटर्स आहे. पर्वतात उगम पावणाऱ्या नद्या जवळच असणाऱ्या अटलांटिक महासागराला जाऊन मिळतात. त्यांची लांबीसुद्धा कमी आहे.

विषुववृत्तीय भागात जवळ असल्याने येथील तापमान उष्ण आहे. ते सरासरी १५° से. ते ३०° से.असते. येथील पर्जन्यमान सर्वात जास्त असून ते ४५० सें.मी. आहे. शेतीचा विकास मोठ्या प्रमाणात झालेला असल्याने येथे मोठ्या प्रमाणात तांदूळ, रबर, कॉफी यांचे उत्पादन घेतले जाते. नगदी पिकात प्रामुख्याने पामतेल घेतले जाते. या भागातून ते युरोपीय देशामध्ये लोह पोलाद निर्यात केले जाते.

(सिएरा लिओन)

दक्षिण अमेरिकेच्या पश्चिम किनारी भागात सिएरालिओन हा देश असून तो विषुववृत्तीय भागाजवळ आहे. याच्या पूर्वेला लायबेरिया आहे तर उत्तरेला गिनी देश आहे. देशाचे क्षेत्रफळ ७३ हजार चौरस कि.मी. आहे तर प्रति चौरस कि.मी.मध्ये ६५ व्यक्ती वास्तव्य करतात. देशाची एकूण लोकसंख्या २०० च्या जनगणनेनुसार ५ दशलक्ष आहे. विषुववृत्तीय भागात असल्याने तापमान १४° सें. ते २८° सें. च्या जवळपास असून पर्जन्यमान ४०० सेंमी. आहे.

कृषीच्या दृष्टीने विकसित राष्ट्र असून या भागात मका, ज्वारी, तांदूळ, आले यांचे उत्पादन केले जाते. नगदी पिकात कॉफी, कोको यांचे उत्पादन घेतले जाते. या भागात प्रामुख्याने सोने, बॉक्साईट, हिरे यांचा औद्योगिक विकास झाला आहे. विविध प्रकारची विद्युत उपकरणे, वाहने, यंत्रसामुग्री आयात केली जाते.

(टोगो)

गिनीच्या आखातालगत टोगो देश आहे. टोगोच्या पूर्वेला बेनिन, पश्चिमेला घाना, उत्तरेला बुर्किना फासो हे देश आहेत. टोगोचे एकूण क्षेत्रफळ ५६ हजार चौरस किलोमीटर्स असून २००२ च्या जनगणनेनुसार लोकसंख्या ५ दशलक्ष आहे. प्रतिव्यक्ती ९० चौरस किलोमीटर वास्तव्य करतात. देशाची राजधानी लोम आहे. टोगोच्या दक्षिण भागात किनारपट्टीवर हे शहर आहे.

प्राकृतिकदृष्ट्या दक्षिण किनारी भाग मैदानी स्वरूपाचा आहे तर उत्तरेकडील भाग पर्वत व पठारे यांनी व्यापलेला आहे. या देशातील ओटी व मोनो ह्या दोन प्रमुख नद्या आहेत. त्या प्रदेशात प्रामुख्याने शेतीचा विकास झालेला दिसून येतो. तेथे भुईमूग, कॉफी, कोको यांचे उत्पादन तर खाणकाम व्यवसायात प्रामुख्याने फॉस्फेटचे उत्पादन घेतले जाते. उद्योगधंद्यामध्ये विविध प्रकारच्या हस्तकला निर्मिती केली जाते. खाद्य उत्पादने, सुतीवस्त्रनिर्मिती, चामडे उद्योग महत्त्वाचे

आहेत. या भागात मोठ्या प्रमाणात विविध यंत्र सामग्री, वाहने, विद्युत उपकरणे यांची आयात होत असते.

(नायजेरिया)

आफ्रिका खंडाच्या पश्चिम भागातील बिआफ्राचे आखातालगत असलेला देश म्हणजे नायजेरिया. पूर्व भागात कॅमेरून, पश्चिमेला बेनिन तर उत्तर भागात नायजर हे देश आहेत. देशाचे एकूण क्षेत्रफळ ९२४ हजार चौरस किलोमीटर्स असून २००२ च्या जनगणनेनुसार १२७ दशलक्ष लोकसंख्या देशाची आहे. प्रति चौरस किलोमीटर्समध्ये १४ व्यक्ती वास्तव्य करतात तर देशातील लोकांचे आयुर्मान ५० वर्षे असून ८५% लोक ग्रामीण भागात वास्तव्य करतात. देशाच्या उत्तरेकडील भागात मुस्लिम तर दक्षिण भागात ख्रिस्ती लोक वास्तव्य करतात. देशाची राजधानी लागोस आहे.

ग्रामीण भागात जास्त प्रमाणात लोक राहत असल्याने शेती व्यवसायाचा विकास मोठ्या प्रमाणात झाला असून, बाजरी, ज्वारी, तांदूळ, ऊस, कापूस, कोको, ताड, तेले, भुईमूग, रबर यांचे उत्पादन घेतले जाते. कृषीला जोडधंदा म्हणून पशुपालन व्यवसाय केला जातो.

खनिज उत्पादनात कोळसा, लोह, पोलाद, कोलंबाईट, पेट्रोलियम पदार्थ किनारी भागात सापडतात. नायजर नदीच्या परिसरात तेल आणि गॅस उत्पादन घेतले जाते. त्याची निर्यात केली जाते.

देशात वाहन, साबण, रासायनिक पदार्थ, सिमेंट उद्योग, सुतीवस्त्र निर्मिती, दारू उत्पादन हे प्रमुख उद्योग असून महागाई आणि बेकारी जास्त आहे.

(सेनेगल)

आफ्रिका खंडाच्या पश्चिम बाजूस एक प्रगत देशात गणना केला जाणारा देश म्हणजे सेनेगल आहे. देशाच्या पश्चिम बाजूस अटलांटिक समुद्र, पूर्वेस माली, उत्तरेस मॉरिटॅनिया तर दक्षिणेस गँबिया हे देश आहेत. देशाची २००२ च्या जनगणनेनुसार १० दशलक्ष लोकसंख्या असून प्रतिचौरस क्षेत्रात ४९ व्यक्ती वास्तव्य करतात तर देशाचे एकूण क्षेत्रफळ १,९६,००० चौरस किलोमीटर्स आहे.

सेनेगलच्या पश्चिम किनारी मैदानी भागात लाल प्रकारची मृदा आढळते. देशातील तापमान विषुववृत्तीय प्रदेशामुळे उष्ण असून ते सरासरी ३०°से च्या पुढे आढळते. त्याचप्रमाणे कासमेन्स नदीच्या परिसरात १३०°सें.च्या जवळपास पाऊस

पडत असतो. या भागात सर्वात कमी तापमान हिवाळ्याच्या कालखंडात २३° से.च्या जवळपास असून मे मध्ये सर्वात जास्त म्हणजे ३५°से.च्या पुढे आढळते.

या भागाला सर्वात जास्त समुद्र किनारा लाभलेला आहे. समुद्रकिनारी भागात पामतेलांची झाडे आढळतात.

खनिज संपत्तीच्या बाबतीत सोने, पेट्रोल, लोह पोलाद, नैसर्गिक गॅस, युरेनियम यांचे साठे आढळतात. या भागात उत्पादन होणारे फॉस्फेट मोठ्या प्रमाणात निर्यात केले जाते.

या देशात आदिवासीमध्ये वची-खुची जात असून त्यांचे प्रमाण अल्प आहे. ख्रिस्ती धर्माचे लोक ८% असून मुस्लिमांचे प्रमाण जवळजवळ ९०% च्या जवळपास आढळते.

पश्चिमेकडील मैदानी भागात शेतीचा विकास झालेला आहे. त्या भागात भुईमूग उत्पादन घेऊन त्यांची निर्यात केली जाते. तर ज्वारी, बाजरी आणि विविध इतर धान्याचे उत्पादन घेतले जाते. नगदी पिकांमध्ये प्रामुख्याने तांदूळ, कापूस, ऊस विविध प्रकारच्या भाज्यांचा समावेश होतो.

किनारी प्रदेशात मोठ्या प्रमाणात मासेमारी व्यवसाय विकसित झालेला आहे. कापड, रसायने, पेट्रोलियम पदार्थाचे उद्योग आहेत. या भागातील नैसर्गिक देणगीमुळे पर्यटन व्यवसायसुद्धा मोठ्या प्रमाणात चालतो. या देशाची डाकार ही राजधानी आहे.

(गिनी)

आफ्रिका खंडातील प्रगत देशात या देशाची गणना केली जाते. पश्चिमेला अटलांटिक महासागर, याच्या उत्तरेला मॉरिटानिया, पूर्व बाजूला माली, दक्षिण दिशेस सिएरा लियोन, लायबेरिया, आयव्हरी कोस्ट तर नैर्ऋत्येला गिनी बिसाऊ या देशांचा त्यामध्ये समावेश होतो. या देशाचे क्षेत्रफळ २४६ हजार चौरस कि.मी. असून लोकसंख्या ७.३ दशलक्ष आहे. लोकसंख्येची घनता दर चौरस किलोमीटर्सला ३२ एवढी आहे.

गिनीमध्ये सर्वात उंच शिखर जिम्बा असून त्याची उंची १७३२ मीटर आहे. या भागात देशातील प्रसिद्ध असा गवताळ प्रदेश आहे. अंतर्गत भागातील फुना दीजोन पर्वतात नायजर नदीचा उगम होतो तर किनारपट्टीचा प्रदेश मैदानी आहे.

विषुववृत्तीय प्रदेशातील हा देश असल्याने या भागात वार्षिक तपमान

२५° से. च्या थोडेसे जास्त आढळते. कोनाक्रीच्या राजधानी शहरात सर्वात जास्त पर्जन्यमान ४३० सें.मीटर आहे. मार्चच्या शेवटच्या आठवड्यापासून ते सप्टेंबरच्या शेवटच्या आठवड्यापर्यंत पर्जन्य सर्वात जास्त असते. या भागात विविध धर्मांच्या लोकांचे प्रभुत्व आढळते. त्यामध्ये प्रामुख्याने लोमा, मॅनन, गुरेज-कपिले, कोमा, किस्सी, सूसू, फुलानी, फुता-जलौन यांचा समावेश होतो.

मैदानी प्रदेशामुळे शेतीचा विकास मोठ्या प्रमाणात झालेला असून त्यावर जवळजवळ ८५% लोक अवलंबून आहेत. शेतीमध्ये उत्पादित पिकांत मका, तांदूळ, केळी, ऊस, कासावा यांचा समावेश होतो. या भागात मोठ्या प्रमाणात बॉक्साईट सापडते. त्यामुळे उद्योगधंदे मोठ्या प्रमाणात विकसित झाले आहे. बॉक्साईटपासून ॲल्युमिनियम तयार करणे व त्यांची निर्यात करणे हाच त्याचा प्रमुख व्यवसाय आहे.

(ईशान्य आफ्रिका)

आफ्रिकेचा ईशान्य भाग हा सहारा वाळवंटाच्या दक्षिणेकडे असून या भागात बुरुंडी, जिबूती, एरिट्रिया, इथिओपिया, केनिया, रवांडा, सोमालिया, तांझानिया आणि युगांडा हे देश समाविष्ट होतात. या देशात तेथील प्राकृतिक व सांस्कृतिक घटकात अनेक प्रकारची विविधता आहे.

(बुरुंडी)

या देशाचे एकूण क्षेत्रफळ २७,८३४ चौ. कि.मी. आहे तर येथील लोकसंख्या ६.२ दशलक्ष आहे. येथील लोकसंख्येची घनता २१० व्यक्ती प्रति चौ. कि.मी. इतकी आहे. बुरुंडी हा देश मध्य आफ्रिकेतील खंडांतर्गत देश असून त्याच्या पूर्व व दक्षिणेस तांझानिया, पश्चिमेस झैरे नदी, उत्तरेस रवांडा असे देश आहे. या देशाच्या दक्षिणेस टांगानिका सरोवर असून तेथे शेजारील देशाच्या सीमा एकत्र येतात.

बुरुंडी या देशातील लोकसंख्या वाढीचा दर प्रतिवर्षी ३% असून ९५% लोक हे ग्रामीण व ५% लोक नागरी भागात राहतात. बुंजुमबुरा हे शहर देशातील सर्वात मोठे असून ते देशाचे राजधानीचे शहर आहे. १ जुलै १९६२ रोजी या देशाला स्वातंत्र्य प्राप्त झाले असून स्वातंत्र्यापूर्वी ते बेल्जियमच्या अधिपत्याखालील वांडा-बुरुंडी वसाहतीचा एक भाग होते.

बुरुंडी देशातील अधिकांश (८५%) लोक हुतू, तुरसी या टोळ्यांचे

आदिवासी आहेत. अधिकांश लोक ख्रिस्ती धर्म व इस्लामचे अनुयायी आहेत. बुरुंडी हा आफ्रिकेतील अत्यंत गरीब देशापैकी एक आहे.

या देशाची कृषी आधारित अर्थव्यवस्था असून येथे रताळे हे मुख्य अन्न पीक व कॉफी हे नगदी पीक घेतले जाते. या देशाची ८२% निर्यात ही या पिकांवर अवलंबून आहे. पशुपालन देखील या देशातील मुख्य व्यवसाय आहे. येथील गुरांना (विशेषत: गाय) महत्त्वपूर्ण मानले जाते, कारण ते कुटुंबास पत प्रदान करतात असा समज आहे.

(जिबूती)

जिबूती हे प्रजासत्ताक तांबड्या समुद्राच्या पश्चिम किनारपट्टीवर स्थित असून याच्या उत्तरेस एरिट्रिया, दक्षिणेस इथिओपिया व सोमालीया व पूर्वेस तांबडा समुद्र आहे. या देशाचे क्षेत्रफळ २३,२८३ कि.मी. असून त्यावर ०.६ दशलक्ष लोक राहतात. येथील लोकसंख्येची घनता ३२ व्यक्ती प्रति चौरस कि.मी. आहे. एडन बंदराच्या पश्चिमेस या देशाचे स्थान असल्यामुळे त्यास राजनैतिक महत्त्व प्राप्त झालेले आहे. या देशाची राजधानी जिबूती हे शहर असून अरबी ही येथील मुख्य भाषा आहे.

२७ जून १९७७ रोजी या देशाला स्वातंत्र्य मिळाले असून तत्पूर्वी तेथे फ्रान्सची वसाहत होती.

जिबूती हा आफ्रिकेतील गरीब देश असून या देशातील सरासरी आयुष्यमान ४८ वर्षे आहे. भौगोलिकदृष्ट्या हा देश ज्वालामुखी वाळवंटाच्या पट्ट्यात असून येथे अनेक पर्वत विखुरलेले आहे. त्यामुळे येथे शेती ही फार मर्यादित स्वरूपाची (५%) केली जात असून जलसिंचनाची मदत घेतली जाते. येथील पशुधनसंपदा शेळ्या, बकऱ्या व उंट यांच्या स्वरूपात आहे. मीठ उत्पादन हा येथील प्रमुख व्यवसाय असून अटॉल सरोवर, असाल सरोवराच्याभोवती मोठी मिठागरे आढळतात.

'जिबूती' हे या देशातील महत्त्वाचे बंदर असून देशाचा व्यापार या बंदरावर अवलंबून आहे. फ्रान्स व अरब देशातून मिळणारे वित्त साहाय्य या देशाच्या अर्थव्यवस्थेचे आधारस्तंभ आहेत. अधिकांश ग्राहकोपयोगी वस्तू व डाळी आयात केल्या जातात तर मीठ, कातडे, पादत्राणे, सोरघम यांची निर्यात केली जाते.

(एरिट्रिया)

एकूण क्षेत्रफळ १,१७,६०० चौ. कि.मी. असून ४.३ दशलक्ष लोक, दर

चौ.कि.मी. ला ३४ व्यक्ती या घनतेने वास्तव्यास आहे. या देशाच्या पश्चिमेस सुदान, दक्षिणेस इथिओपिया, पूर्वेस तांबडा समुद्र असून या देशाचा विकास स्तर हा अधिक उंच नाही. येथील साक्षरता दर फक्त २०% आहे. अधिकांश लोक मुस्लिम व ख्रिश्चन आहे.१९९३ साली हा देश इथिओपियाच्या अधिपत्याखालून मुक्त झाला. पूर्वी ही इटलीची वसाहत होती.

एरिट्रियामध्ये नऊ महत्त्वपूर्ण वांशिक गट आहेत. अस्मारा ही एरिट्रियाची राजधानी असून औद्योगिक व वित्तीय केंद्र आहे. मासावा व आसाब ही तांबड्या समुद्राच्या किनारपट्टीत वसलेली दोन महत्त्वाची बंदरे आहेत. या देशातील लोक मुख्यत: मुस्लिम व ख्रिश्चन आहेत. देशातील एकूण जमिनीपैकी ५% जमीन शेतीसाठी वापरली जाते. येथील अधिकतम लोक येमेन, सुदान व इजिप्त या देशात स्थलांतरित झालेले आहेत.

येथील लोकजीवन हे शेती व पशुपालन यावर आधारित असून मुख्य पीके सोरघम, मका, द्विदल वनस्पती, कापूस व कुरणे ही आहेत. येथे उंट, शेळ्या व मेंढ्या हे मुख्य पशु आढळतात. किनारवर्ती भागातील लोक मुख्यत: मासेमारी करतात. सोने, तांबे, जस्त, पोटॅश व लोह हे येथील मुख्य खनिज पदार्थ आहेत. हे पदार्थ निर्यात देखील केले जातात.

स्वातंत्र्यप्राप्तीनंतर एरिट्रियाने अनेक पर्यावरण हितकारी प्रकल्प सुरू केले. आज अनेक भूगोल तज्ज्ञ एरिट्रियाला सहारामधील शाश्वत विकासाचे प्रदर्शन करणारे प्रारूप म्हणून गणना करतात. स्वातंत्र्यप्राप्तीनंतर थोड्याच कालावधीत देशाने परकीय चळवळीचा बोजा उतरवला; लोकसंख्यावाढीवर आळा घातला व बेकारी, दारिद्र्य, उपासमार, कुपोषण या अनेक समस्यांचे निराकरण करण्यासाठी आश्वासक पावले उचलली.

(इथिओपिया)

इथिओपियाचे क्षेत्रफळ ११०४.३ चौ.कि.मी. असून यावर ६५.४ दशलक्ष लोक वास्तव्यास आहेत. इथिओपियाच्या उत्तरेस एरिट्रिया, आग्नेयेस सोमालिया, दक्षिणेस केनिया व पश्चिमेस सुदान असे देश आहे. इथिओपिया हा देश अविकसित देशांमधील एक आहे. या देशातील १६% लोक नागरी भागात राहतात. एकूण लोकसंख्येच्या ५०% लोकसंख्या ही १४ वर्षाखालील असून येथील सरासरी आयुष्यमान ४२ वर्षे इतके आहे. येथील साक्षरता प्रमाण ३५% असून या देशाची अदिसअबाबा ही राजधानी आहे. ते देशातील सर्वात मोठे शहर आहे.

इथिओपिया पर्वतरांगेच्या पूर्व बाजूस कमी उंचीचे पठार आहे. तांबडा

समुद्र, एडनच्या आखातात व हिंदी महासागराकडे किनारपट्टीचा भाग आहे. या भागात अतिशय उष्णता असून येथे शुष्कताही अधिक असते. त्यामुळे शेतीवर बंधने येतात. येथील लोक सामान्यत: भटक्या स्वरूपाचे, मुस्लिम धर्मीय असून ते उंट, शेळ्या, मेंढ्या पाळतात. मरूस्थळीच्या जागी शेती करण्यात येते. शुष्क सखल भागात मध्य पूर्व भागाची लक्षणे आढळतात.

इथिओपियामध्ये मुबलक प्रमाणात खनिजे असून या संपत्तीचा पूर्णत: विकास झालेला नाही. परकीय वित्तसहाय्यामधून येथील खनिज संपत्ती विकसित करण्याचा प्रयत्न चालू आहे. काही प्रमाणात उद्योग व मोजक्या धरण संख्येच्या आधारे येथील जलविद्युतक्षमता विकसित करण्याचे प्रयत्न येथील सरकार करत आहे.

इथिओपिया हा कृषी व कुरणाधारित देश आहे. कॉफी हे मुख्य पीक आहे. इतर पिकात गहू, बार्ली, मका, ऊस, कापूस, तेलबिया या मुख्य आहेत. एकूण लोकसंख्येच्या १५% लोक पशुपालन करतात. येथील शेती वेळोवेळी पडणाऱ्या दुष्काळाने प्रभावित झालेली आहे.

या देशात अन्नप्रक्रिया, वस्त्रोद्योग, सिमेंट, चर्मोद्योग व साखरोद्योग हे महत्त्वाचे उद्योग आहेत. या देशातील शेती ही दुष्काळाने प्रभावित असल्याने सिंचनाच्या सुविधा आवश्यक आहेत. सुपीक ज्वालामुखी, राखयुक्त मृदा परंतु कमी जलस्रोत त्यामुळे सिंचनाच्या थोड्या सुविधेवर शेती करणे शक्य होते.

१९८४-८५ मध्ये पडलेल्या दुष्काळाचे इथिओपियावर तीव्र परिणाम झाले. १० लक्ष लोक प्रभावित झाले. अनेक लोक दुष्काळी शिबिरात दाखल झाले. त्यामुळे जल कमतरता, अन्न कमतरता वाढली. १९८४ मधील दुष्काळात अनेक निर्वासित सुदान प्रदेशात स्थानांतरित झाले.

निर्यातीत कॉफी उद्योगाचा ६७% वाटा आहे. येथील उत्पादन उद्योग हा वस्त्रनिर्मिती व अन्नप्रक्रिया या पुरता मर्यादित आहे. निर्वनीकरणामुळे येथे लाकडाचा तुटवडा पडतो.१९५० पर्यंत एकूण क्षेत्राचा ४०% भाग जंगलाखाली होता. सद्यस्थितीत हे प्रमाण १% आहे. वनीकरण क्रिया येथील चिरकालीन विकासास आवश्यक आहे.

इथिओपियामध्ये वाहतुकीचा दर्जा फार निम्न पातळीचा आहे. ४८०० कि.मी. चांगल्या प्रतीचे रस्ते १९३० पर्यंत येथे इटलीद्वारे बांधण्यात आले. जिबूती ते अदिसअबाबा ही रेल्वे लाईन फ्रान्सने बांधली आहे. इथिओपियातील भूपृष्ठरचना ही रस्ते बांधणीतील मुख्य अडसर आहे. हवाई वाहतूक ही दुर्गम भागास जोडण्यासाठी

उपयुक्त आहे.

पूर्वाश्रमीचा ॲबिसिनिया म्हणून ओळखले जाणारे इथिओपिया हे सर्वात जुने असे कृष्णवर्णीय राज्य आहे. येथे अंदाजे ५७ दशलक्ष विविध संस्कृती व वंशाचे लोक वास्तव्यास होते. चौथ्या शतकात इजिप्त मधून आम्हारा समुदायाचे लोक (ख्रिश्चन अनुयायी) येथे आले व वास्तव्य केले.

(केनिया)

हा पूर्व आफ्रिकेतील सर्वात महत्त्वाचा देश मानला जातो. याचे क्षेत्रफळ ५,८२,६४६ चौ.कि.मी. असून लोकसंख्या २९.८ दशलक्ष आहे. येथील लोकसंख्येची घनता ५१ व्यक्ती प्रति चौ.कि.मी. असून या देशास उत्तरेस सुदान व इथिओपिया, दक्षिणेस टांझानिया व हिंदी महासागर, पश्चिमेस युगांडा व लेक व्हिक्टोरियाच्या सीमा आहेत.

नैरोबी या देशाची राजधानी असून हे शहर केनियाचे औद्योगिक, वित्तीय व सांस्कृतिक केंद्र आहे.

आफ्रिकेतील दुसऱ्या क्रमांकाचे उंच पर्वत शिखर माऊंट केनिया हे या देशात आहे. केनियाची भूपृष्ठरचना पर्वतमय आहे. येथे अनेक पठारेही आहेत. केनियाच्या पठाराची उंची ही साधारणपणे ९०० ते १८०० मी. या दरम्यान आहे. हिंदी महासागराच्या बाजूने या देशाचा सखल भाग आहे. या देशातील प्रत्येक पठारावर वैविध्यपूर्ण उठाव, हवामान व नैसर्गिक वनस्पती आढळतात. जेथे सखल भाग आढळतो तेथेही अविशिष्ट टेकड्या व पर्वत आढळतात. या देशाच्या मधोमध खचदऱ्या आढळून येतात. या खचदरीच्या दरम्यान व्हिक्टोरिया नावाचे सरोवर आहे जे केनिया, टांझानिया, युगांडा यांना विभक्त करते. या देशातील वैशिष्ट्यपूर्ण गोष्ट म्हणजे खचदरीच्या नजिक मोठी पर्वत शिखरे आढळतात.

ज्वालामुखी ही आणखी एक वैशिष्ट्यपूर्ण क्रिया या भागात आढळते. या भागात किलीमांजरो व किरीनयागा ही दोन मृत ज्वालामुखी शिखरे आढळतात जी सदैव बर्फाच्छादित असतात. या प्रदेशातील एलेगॉन हा पर्वत ज्वालामुखीचे केंद्र मानला जातो. केनियाच्या नैर्ऋत्य भागात ज्वालामुखी प्रवाहापासून निर्माण झालेली अनेक भूरूपे आहे. ज्वालामुखीय राखेतून निर्माण झालेली मैदाने ही आफ्रिकेतील अत्यंत सुपीक मैदाने मानली जातात.

केनियातील हवामान हे उष्ण कटिबंधीय सव्हाना प्रकारचे असून येथील तापमान व हवेच्या दाबाची कक्षा फार मोठी आहे. येथील भूपृष्ठाच्या उंच

सखलतेपणामुळे तापमान व दाब परिस्थिती यात सूक्ष्म बदलही आढळतात. नैरोबी या राजधानीच्या शहरात वसंत ऋतुसारखे हवामान वर्षभर राहते. येथील पर्जन्यमानात, कालावधीत, परिणामकारकतेत व दिनमानातही कमालीचे वैविध्य आढळून येते. येथील हवामान हे मोठ्या कालावधीसाठी शुष्क असून येथील दुष्काळाची वारंवारता ही अधिक आहे.

आर्द्रतेची पूरकता व विखुरलेल्या स्वरूपात असणारी सुपीक जमीन ही येथील लोकसंख्येचा मुख्य आधार आहे.

केनियात मुख्यत: पानझडीच्या नैसर्गिक वनस्पती आढळतात. येथे गवताळ प्रदेशही आढळतात. येथील लाकूड औद्योगिकदृष्ट्या कमी प्रतीचे असून येथे मऊ लाकडाचा तुटवडा आढळून येतो. नैसर्गिक वनस्पतीची उत्कृष्ट वाढ व्हिक्टोरिया सरोवराच्या सभोवताली आढळून येते. निर्वनीकरण, मृदा ऱ्हास हे येथील शेतीच्या दृष्टीने कमी साहाय्यभूत आहेत.

केनियातील गवताळ प्रदेशातील वन्यजीव हे अन्नाच्या शोधात अनेक ठिकाणी स्थलांतरित होतात. त्यामुळे या देशात अनेक उद्याने आहेत ज्याद्वारे वन्यजीवनावर नियंत्रण ठेवले जाते. यामध्ये प्रसिद्ध उद्यान हे मारा, अंबेसोलेई राष्ट्रीय उद्यान इत्यादी आहे.

नद्यांची खोरी व डोंगर उतारावरील पायऱ्या या फार सुपीक आहेत. जेथे ज्वालामुखीय राख आढळते तेथे अधिक सुपीक मृदा आढळते. सव्हाना गवताळ प्रदेशात मोठ्या प्रमाणात ह्युमसचे प्रमाण आढळते. डोंगराळ प्रदेशात जेथे तीव्र उतार आहे तेथे मृदा कमी जाडीची आढळते. मृदेचा ऱ्हास ही मोठी समस्या आहे.

येथील एकूण लोकसंख्या ३० दशलक्ष आहे. व तिची वाढ फार जोराने होत आहे. येथील आयुष्यमान सरासरी ४९ वर्षे आहे. येथील लोकसंख्येची घनता ५१ व्यक्ती प्रति चौरस कि.मी. असून लोकसंख्यावाढीचा दर २.७% प्रति वर्ष आहे. येथील २७% लोक नागरी तर ७३% लोक ग्रामीण भागात राहतात. नैरोबीमध्ये लोकसंख्येची घनता अधिक असून व्हिक्टोरिया सरोवराच्या पूर्व किनाऱ्यावरही अशी स्थिती आहे.

(रवांडा)

रवांडा हा विस्ताराने लहान देश असून त्याचे क्षेत्रफळ २६,३८८ चौ.कि.मी. एवढे आहे. हा खंडान्तर्गत देश असून यांच्या उत्तरेस युगांडा, पूर्वेस टांझानिया, दक्षिणेस बुरुंडी व पश्चिमेस झैरे हे देश आहे. रवांडाची लोकसंख्या ७३ लाख

असून लोकसंख्येची घनता ३१५ व्यक्ती दर चौ.कि.मी. एवढी आहे. किगाली हे शहर रवांडाची राजधानी आहे.

रवांडा पूर्वी बेल्जियम देशाच्या अधिपत्याखाली होते. १९६२ साली या देशास स्वातंत्र्य मिळाले. आजही या देशाची ९५% जनता ग्रामीण भागात राहते, ती प्रत्यक्ष अथवा अप्रत्यक्षपणे शेतीवर अवलंबून आहे. त्यामुळे ही या देशातील प्रधान आर्थिक प्रक्रिया आहे. येथे शेतीतून कॉफी, कापूस, ज्वारी, कासावा, रताळे याचे उत्पादन मुख्यत्वे घेतले जाते. खनिज साधनसंपत्तीही अत्यल्प प्रमाणात आहे. त्यामुळे औद्योगिक वाढ विकसनशील अवस्थेत आहे. अन्न प्रक्रिया, कातडी कमावणे, चामडे प्रक्रिया हे प्रमुख उद्योग आहेत. त्यांची निर्यातही केली जाते.

रवांडा हा देश वांशिक युद्धामुळे मोठ्या संकटास सामोरा गेला आहे. हजारो लोकांनी स्थलांतर केले. तेथील हुतू व तुत्सी या लोकांमधील संघर्ष हा वांशिक व सामाजिक-आर्थिक विषमतेवर आधारलेला आहे.

(सोमालिया)

सोमालिया हा लोकशाही प्रजासत्ताक देश असून या देशाचे क्षेत्रफळ ६,३७,६५७ चौ.कि.मी. आहे. लोकसंख्या १ कोटी १४ लाख असून घनता १८ व्यक्ती दर चौ.कि.मी. आहे. सुमारे ९९% लोक वांशिकदृष्ट्या सोमाली समूहाचे असून ते धर्माने मुस्लिम आहेत. मोगादिशू हे राजधानीचे शहर असून हे हिंदी महासागरालगत देशाच्या आग्नेय दिशेस आहे. या देशाच्या पश्चिमेस जिबूती, इथिओपिया व केनिया हे देश असून पूर्वेस व उत्तरेस हिंदी महासागर (एडनचे आखात) आहे.

हवामानाच्या दृष्टीने सोमालिया देश उष्ण कटिबंधीय प्रदेशात येतो. हिंदी महासागराचे सान्निध्य व प्राकृतिक रचना यांचा प्रभाव हवामानावर झालेला दिसतो. एकूण भूमीपैकी २ टक्के जमीन खऱ्या अर्थाने लागवडीखाली आणली जाते. पाऊस अल्प व भरवशाचा नसल्याने सोमालियात शेती करणे म्हणजे जुगारच आहे. दुष्काळ व उपासमारी यांनी या देशाच्या विकासास खीळ घातली आहे.

सोमालियाची अर्थव्यवस्था गुरे पाळण्यावर आधारित आहे. त्यात शेळी, मेंढी, उंट व गुरे यांचे पालन प्रामुख्याने केले जाते. ओमान, येमेन व सौदी अरेबिया वगैरे देशात प्राणी निर्यात केले जातात. खनिज साधनसंपत्तीचा अभाव असल्याने अन्नप्रक्रिया हा प्रमुख उद्योग आहे.

(टांझानिया)

टांझानियाचे क्षेत्रफळ ९४५,०८७ चौ.कि.मी. असून लोकसंख्या ३६.२ दशलक्ष आहे. उत्तरेस केनिया व युगांडा, दक्षिणेस मोझॅम्बिक, मालावी व झांबिया, पश्चिमेस झैरे, बुरुंडी, रवांडा हे देश तर पूर्वेस हिंदी महासागर आहे.

टांझानिया पूर्वी तांगानिका या नावाने ओळखले जात होते. त्याची झांजिबार व पेम्बा ही बेटे होती. आज संयुक्त प्रजासत्ताक टांझानिया स्थापन असून झांजिबार व पेम्बा यांची संसद व अध्यक्ष वेगवेगळे आहेत.

टांझानियाची प्राकृतिक रचना पाहता डोंगराळ व पठारी प्रदेशामुळे उंच-सखल स्वरूपाची आहे. पूर्व दिशेस सागरी किनारपट्टीचे मैदान आहे. येथील पठाराची उंची ९०० ते १८०० मी. उंच असून काही ठिकाणी त्यापेक्षा जास्त उंची आहे. तेथील तापमान, पर्जन्य, मृदा व नैसर्गिक वनस्पती यांच्यातील विविधतेवर प्राकृतिक रचनेचा प्रभाव आहे. येथील हवामान सॅव्हाना उष्ण कटिबंधीय प्रकारचे आहे तर नैसर्गिक वनस्पतीमध्ये पानझडीचे वृक्ष व त्यांच्या दरम्यान गवताळ प्रदेश आहे. रुफिजी नदी ही तेथील प्रमुख नदी आहे.

येथील ९९% लोक आफ्रिकन असून त्यांचे सुमारे १२० वंशिक समूहात विभाजन आहे. सर्वात मोठा वांशिक समूह सुकुमा आहे. या समूहाची लोकसंख्या १३% आहे. येथील प्रशासकीय भाषा इंग्रजी असून, प्रामुख्याने बोलली जाणारी बोलीभाषा बांटू आहे.

टांझानियामध्ये प्रामुख्याने उपजीविकेची शेती केली जाते. शेती पारंपरिक पद्धतीने करत असल्याने उत्पादन मर्यादित स्वरूपातच होते. ऊस, कापूस, कॉफी, चहा, तंबाखू, मका व ज्वारी ही प्रमुख पिके येथे घेतली जातात. त्याचप्रमाणे पशुपालन हा व्यवसायही मोठ्या प्रमाणात येथे केला जातो. टांझानियामध्ये सोने व टिन यांचे साठे विपुल प्रमाणात आहेत. हिरे, कॉफी, चहा व प्रक्रिया केलेले पदार्थांची प्रामुख्याने निर्यात केली जाते.

उपजीविकेची शेती व अत्यल्प खनिज उत्पादन यामुळे औद्योगिक विकास फार प्रमाणात झालेला नाही. अन्नप्रक्रिया, कापड, लांब धाग्याचा दोरा, कातडी कमावणे, पादत्राणे उत्पादन, चामडी उद्योग हे प्रमुख व्यवसाय आहेत.

दार-ए-सलाम हे राजधानीचे शहर असून सांस्कृतिक केंद्र, बंदर व औद्योगिक केंद्र म्हणून प्रसिद्ध आहे. येथे खनिज तेल शुद्धीकरण कारखाना आहे. येथील लोकसंख्या १.१ दशलक्ष आहे. डोडोमा हे नवीन राजधानीचे शहर असून त्याचे स्थान टांझानियाच्या मध्य भागात आहे. त्याची लोकसंख्या १,००,००० च्या

आसपास आहे.

(युगांडा)

युगांडाच्या उत्तरेस सुदान, पूर्व बाजूस केनिया पश्चिमेस झैरे नदी तर दक्षिणेस व्हिक्टोरिया सरोवर आहे. हा देश भूसीमाबद्ध असून येथील लोकसंख्या २४ दशलक्ष आहे. येथील लोकसंख्या घनता ९ व्यक्ती प्रति चौ.कि.मी. आहे. देशाच्या दक्षिण भागातून विषुववृत्त जाते. युगांडा १९६२ साली स्वतंत्र झाले.

युगांडा हा जरी पर्वतीय नसला तरी युगांडा–रवांडा सीमेवर व्हजुना पर्वतराजीत अनेक जागृत ज्वालामुखी आहे. या जागृत ज्वालामुखीतील एक ज्वालामुखी माऊंट एलगॉन असून तो रूव्हेनझोरी पर्वतरांगेचा एक भाग आहे. तिला 'चंद्राचे पर्वत' अशी संज्ञा आहे. स्टॅनली धरण श्वेत नाईल नदीवर बांधलेला असून त्यापासून विद्युतनिर्मिती केली जाते.

युगांडामध्ये पाऊस हा दोन भिन्न ऋतूत पडतो. (मार्च ते मे आणि ऑक्टोबर ते नोव्हे.) निमशुष्क आग्नेय भागात १०० सें.मी. पाऊस पडतो तर व्हिक्टोरिया सरोवराच्या भोवतालच्या प्रदेशात १५० सें.मी. पाऊस पडतो. येथील तापमान खचदरीच्या सखल भागात व सुदान सीमेवर ३५° से. असते. नैर्ऋत्य भागात उच्चभूमीवर ते ५° से. खाली उतरते.

युगांडामध्ये उष्णकटिबंधीय सव्हाना प्रकारचे हवामान असून तापमान वितरणावर समुद्रसपाटीपासूनच्या उंचीचा प्रबळ प्रभाव आहे. अधिक उंचीवर आढळणाऱ्या कमी तापमानामुळे विषुववृत्तीय भागात गहू, सफरचंद, स्ट्रॉबेरीचे उत्पादन घेतले जाते.

युगांडामधील वने ही पानझडी स्वरूपाची असून गवताळ प्रदेशही विस्तृत आहे. जंगलातील लाकूड, औद्योगिकदृष्ट्या कमी प्रतीचे आहे. निर्वनीकरण, अतिचराई, पेरणी यांनी तीव्र उतारावरील वैशिष्ट्ये प्रभावित केली आहेत.

युगांडामधील लोकसंख्येत युरोप व भारतीय उपखंड यातून मोठ्या प्रमाणावर महत्त्वाच्या आदिम जाती व अल्पसंख्याक आलेले आहेत. येथील न्यारो व गांडा हे प्रबळ वांशिक गट आहेत व ते बांटू भाषा बोलतात. आशियाई लोक त्याच्या वाणिज्य व व्यापाराचे आधार होते. १९७० मध्ये नेते इदी अमिन यांनी त्यास देशाबाहेर हुसकावले.

युगांडाची अर्थव्यवस्था ही कृषी व पशुपालन यावर आधारलेली आहे. हा देश आफ्रिकेतील कॉफी उत्पादनात सर्वात मोठा देश म्हणून ओळखला जातो. इतर

पिकांत कापूस, चहा, ऊस, मका, द्विदल धान्ये, तेलबिया, फळबागायती पालेभाज्या या मुख्य आहे. गुरे हे चराई व कृषी चराई करणाऱ्या लोकात अधिक प्रसिद्ध आहे.

युगांडामध्ये तांबे व कोबाल्ट यांचे विपुल साठे आहेत. साखर उद्योग, अन्न प्रक्रिया, तंबाखू, वस्त्रोद्योग सिमेंट व मद्य उद्योग हे महत्त्वाचे उद्योग आहे. युगांडातील अर्थव्यवस्था ही झपाट्याने विकसित होत आहे. येथील लोकांचे सरासरी वय (४९ वर्षे) हे जगातील निम्नतम आहे. येथील १४% लोक नागरी व ८६% लोक ग्रामीण भागात राहतात. कंपाला हे शहर देशातील सर्वात मोठे शहर असून ते देशाचे राजधानीचे शहर आहे.

(उत्तर आफ्रिका)

आफ्रिका खंडाच्या उत्तर भागात भूमध्य सागराच्या लगतचे देश व साहेल म्हणजे सहारा वाळवंटालगत व सहाराचा भाग असलेल्या देशांचा समावेश होतो. भूमध्यसागरी प्रदेशालगत असणाऱ्या देशात पश्चिमेकडून पूर्वेकडे मोरोक्को, अल्जिरीया, ट्यूनिशिया, लिबिया, इजिप्त हे देश आहेत तर साहेल संबोधल्या जाणाऱ्या प्रदेशात केप व्हर्डे, चाड, माली, मॉरीटेनिया, नायजर, सेनेगल व सुदान या देशांचा समावेश उत्तर आफ्रिकेत होतो.

प्राचीन काळी उत्तर आफ्रिकेचा बहुतांश भाग सुपीक होता. त्यामुळे अनेक पुढारलेल्या संस्कृती तेथे विकसित झाल्या होत्या. त्यामुळे अनेक शोध, तंत्रज्ञानाचा उगम, विचारांचा उगम या प्रदेशात झाला. याची थोर परंपरा ह्या भागाच्या संस्कृतीत आढळते. मात्र वर्तमान स्थिती पाहता या देशात वाळवंटाचा वाढता प्रभाव, कमी पर्जन्यमान, खनिज साधनसंपत्तीची अनुपलब्धता, पाण्याचे अभाव व त्यामुळे पाण्याचे स्रोत व वाटप यावरून होणारे वाद तसेच धार्मिक, वांशिक आणि सांस्कृतिक भिन्नता असणारे समूह व त्याचे वाद यामुळे हा प्रदेश विकासाच्या दृष्टीने पाहता काही अल्पसा भाग सोडता अविकसितच राहिला आहे.

(इजिप्त)

या प्रदेशातला इजिप्त हा महत्त्वपूर्ण देश आहे. मानवी संस्कृती विकासाच्या दृष्टीने येथील प्राचीन संस्कृती प्रसिद्ध आहे. इजिप्तचा विस्तार ९,९७,६७७ चौ.कि.मी. असून, लोकसंख्या ६ कोटी ९८ लाख आहे. लोकसंख्येची घनता दर चौ.कि.मी. ६९ लोक आहे. इजिप्तमधील लक्षणीय असणारी नाईल नदी ही तेथील वाळवंटी प्रदेशातून वाहते. विपुल प्रमाणात पाण्याचा सतत वाहणारा

प्रवाह व त्याच्यामुळे सुपीक मातीचे होणारे संचयन यामुळे प्राचीन काळापासून ही नदी संस्कृती विकासाचे महत्त्वपूर्ण स्थान बनले आहे. त्यामुळे गेल्या ३००० वर्षापासून सांस्कृतिक विकास व नवनवीन तंत्रज्ञानाचा विकास यासाठी इजिप्तचे स्थान जगात वैशिष्ट्यपूर्ण आहे.

इजिप्तचे स्थान आशिया व आफ्रिका या खंडाच्या दरम्यान आहे. इजिप्त हा सिनाई द्वीपकल्पाच्या आशिया खंडाच्या भूमीत येतो. इजिप्तच्या सभोवताली पूर्वेस इस्रायल व तांबडा समुद्र, दक्षिणेस सुदान, पश्चिमेस लिबिया व उत्तरेस भूमध्य समुद्र आहे.

इजिप्तचे स्थान भूसागरीदृष्ट्या महत्त्वाचे आहे कारण हा देश आशिया व आफ्रिका या दोन खंडांना जोडणारा दुवा आहे. त्याचप्रमाणे सिनाई द्वीपकल्पामुळे आकाळाचे आखातावर लक्ष ठेवणे शक्य होते. तसेच हिंदी महासागर व अटलांटिक महासागर, भूमध्य सागराद्वारे जोडणाऱ्या सुएझ कालव्यावर इजिप्तचे नियंत्रण आहे.

इजिप्त देशाची प्राकृतिक रचना जवळजवळ एकसमान असून उत्तरेकडे उतार आहे. भूमध्य समुद्रालगत असणारा त्रिभुज प्रदेश हा सर्वात सुपीक भाग आहे. हा त्रिभुज प्रदेश काही प्रमाणात मंद रीतीने खचत असून त्यामुळे भूमध्य समुद्राचे खारे पाणी त्यावर पोहोचल्यास क्षारमय जमीन होण्याची भीती आहे. इजिप्तमध्ये अनेक अपवहन खळगे आहेत. कतारा खळगा हा अपवहन खळगा कैरोपासून २०० कि.मी. अंतरावर असून त्याची खोली समुद्रसपाटीपासून १३५ मी. आहे. वाऱ्याच्या अपवहन प्रक्रियेमुळे फैयुम खळगाची निर्मिती हे एक अजून एक चांगले उदाहरण आहे.

इजिप्तचा बहुतांश भाग हा वाळवंटी आहे. त्यामुळे उन्हाळ्यात तापमान जास्त असते. जुलै महिन्यातील सरासरी कमाल तापमान ३५° से. च्या आसपास असते तर हेच तापमान जानेवारी महिन्यात २५° से. असते. हिवाळ्यात तापमान १०° से. एवढे असते. भूमध्यसागरी हवामानाच्या प्रभावाखाली इजिप्त असल्याने पाऊस हिवाळ्यात येतो. इजिप्तच्या बहुतांश भागात २० सें.मी. पेक्षा कमी पर्जन्य पडते. येथील हवामानाचे वैशिष्ट्य म्हणजे खामसिन हे उष्ण वारे इजिप्तमध्ये पश्चिमेकडून वाहतात.

इजिप्तची लोकसंख्या ६ कोटी ९८ लाख आहे. एकूण लोकसंख्येपैकी शहरी लोकसंख्या ४३% तर ग्रामीण लोकसंख्या ५७% आहे. ग्रामीण भागातून शहराकडे जाणाऱ्या लोकांचे प्रमाण जास्त असल्याने शहरात होणारी गर्दी ही मोठी समस्या बनली आहे.

इजिप्तमध्ये नाईल नदीचे पात्र व तिच्यालगत असणारा सुमारे २० कि.मी.चा प्रदेश व त्रिभुज प्रदेश या भागात प्रामुख्याने शेती केली जाते. इजिप्तमध्ये केवळ ३% क्षेत्र शेतीखाली असून ते सर्व नाईल नदीच्या आसपासच्या भागात आहे.पावसाळ्यात नाईलच्या पात्राचा वाढणारा विस्तार व उर्वरित काळात कमी होणारे पात्र यामुळे दरवर्षी मृदेची सुपीकता वाढण्यास मदत होते.

नाईल नदीचा कायम वाहणारा स्रोत व सुपीक जमीन यामुळे प्राचीन काळापासून पारंपरिक पद्धतीने पुराच्या पाण्याचा वापर करून जलसिंचनाचा शेतीसाठी वापर केला जात होता. नंतर आस्वान धरण बांधल्यानंतर लाभक्षेत्रात जलसिंचनाचा मोठ्या प्रमाणात वापर होऊ लागला. त्यामुळे शेतीत दुबार पिके निघू लागली. त्याचबरोबर जलवाहतूक, पूर नियंत्रण यासाठी आस्वान धरणाचा फायदा झाला. आस्वान धरण १९६० मध्ये बांधले गेले. या धरणामागे नासेर सरोवराचे क्षेत्रफळ ४८० चौ.कि.मी. असून जगातील सर्वात मोठ्या कृत्रिम सरोवरापैकी एक आहे. या धरणामुळे ५०% पेक्षा जास्त जमिनीवर जलसिंचन होते व ४०% देशाची वीज गरज या प्रकल्पाद्वारे पूर्ण केली जाते. तसेच क्षार जमिनीची वाढ, दलदल व रोगराई या समस्या या धरणालगतच्या क्षेत्रात आढळून येतात.

इजिप्त देश प्रामुख्याने शेतीप्रधान देश आहे. राष्ट्रीय उत्पन्नाच्या एक तृतीयांश वाटा शेतीचा आहे. सुमारे ७०% लोकसंख्या प्रत्यक्ष व अप्रत्यक्षरीत्या शेतीवर अवलंबून आहे. मर्यादित शेतजमीन व वाढत्या लोकसंख्येचा ताण त्यामुळे शेतीचे दर हेक्टरी जास्त उत्पादन घेण्यावर भर दिल्याने दर हेक्टरी उत्पादनाच्या बाबतीत इजिप्त जगातील जास्त उत्पादन घेणाऱ्यांपैकी एक आहे.

मका, बार्ली, भात, अन्नधान्य, ऊस, बटाटे, फळे, कांदे व भाजीपाला ही पिके मोठ्या प्रमाणावर घेतली जातात. पशुसाठी खाद्य म्हणून हिरवे गवत व लेगमस्क याचे उत्पादन घेतले जाते. त्याचा उपयोग जमिनीची सुपिकता वाढवण्यासाठीही होतो. फळांमध्ये अंजीर, खजूर, द्राक्षे, संत्र व मोसंबी इत्यादी प्रमुख फळे घेतली जातात. कापूस हे प्रमुख नगदी पिक असून, लांब धाग्याचा कापूस, जो जगात त्याच्या दर्जाबाबत प्रसिद्ध आहे. त्याचे उत्पादन मोठ्या प्रमाणात घेतले जाते. इजिप्तमधून निर्यात होणाऱ्या उत्पादनामध्ये कापसाचे प्रमाण जास्त आहे ज्याद्वारे २०% परकीय चलन प्राप्त होते.

मासेमारी व्यवसाय नाईल नदीत व भूमध्यसमुद्रात पूर्वीपासून होत आहे. आस्वान धरणानंतर भूमध्य समुद्रालगत मासेमारीवर परिणाम झाला. तथापि पुन्हा मासेमारी व्यवसाय जोर धरू लागला आहे. आजही नदी व सरोवरात एकूण

मासेमारी पैकी ७०% मासेमारी केली जाते.

इजिप्तमध्ये मँगनीज, मीठ, लोहखनिज, फॉस्फेट व पेट्रोलियमजन्य पदार्थ यांचे प्रमाण समृद्ध आहे. तसेच दगडी कोळसा व नैसर्गिक वायू यांचेही साठे आहेत. या उत्पादनापैकी खनिज तेलाची प्रामुख्याने निर्यात होते.

इजिप्तमध्ये चांगल्या प्रतीचा कापूस विपुल प्रमाणात होत असल्याने कापड उद्योग सुरुवातीपासूनच प्रमुख उद्योग राहिलेला आहे. इतर औद्योगिक उत्पादनात कृत्रिम रबर, रसायने, खते, लोह व खनिज यांचे उत्पादन घेतले जाते. साखर, तंबाखू, सरकी तेल, धातू उत्पादन, पादत्राणे, फर्निचर यांचेही उत्पादन मोठ्या प्रमाणात घेतले जाते.

औद्योगिक प्रदेश कैरो, अलेक्झांड्रीया येथे केंद्रित झालेले आहेत. सुएझ, पोर्ट सैद, इस्लामिया, आस्वान व थिबस येथे हलके उद्योग आहेत.

इजिप्तमध्ये असणारा सांस्कृतिक व ऐतिहासिक ठेवा समृद्ध असल्याने पर्यटन व्यवसाय परकीय चलन देणारा प्रमुख व्यवसाय बनलेला आहे.

कैरो शहर हे राजधानीचे शहर असून ते नाईलच्या त्रिभुज प्रदेशालगत वसलेले आहे. इजिप्तची १६% जनता याच शहरात राहते. हे शहर प्रशासकीय, शासकीय व धार्मिकदृष्ट्या महत्त्वाचे केंद्र असून, त्याला अरब जगताची सांस्कृतिक राजधानी असेही संबोधले जाते. त्याचबरोबर कैरो शहर व्यापार व औद्योगिकीकरणाचेही केंद्र आहे.

सुएझ कालवा हा जगातील प्रमुख जलमार्गापैकी एक असून तो इजिप्तच्या अधिपत्याखाली आहे. हा कालवा आफ्रिका, आशिया व युरोप या खंडांना जोडणारा महत्त्वाचा जलमार्ग आहे. भूमध्य समुद्र व तांबडा समुद्र यांना जोडणाऱ्या सुएझच्या आखातामधून हा कालवा जातो. त्यामुळे संलग्न आंतरखंडीय व्यापारास मोठी चालना मिळाली आहे.

सुएझ कालव्याचे बांधकाम १८६९ मध्ये फर्दिनांड-दी-लेसेप्स यांच्या मार्गदर्शनाखाली पूर्ण झाले. सर्वसाधारण दिवसाला ६० जहाजे या मार्गातून जातात. भूसागरिक व आर्थिकदृष्ट्या या कालव्याचे महत्त्व जास्त आहे. त्यामुळे युरोप, दक्षिण आशिया, आग्नेय आशिया व पूर्व आशिया यांच्यामधील अंतरात खूप फरक पडला.

(लिबिया)

लिबियाचे क्षेत्रफळ १७,५९,५४० चौ.किमी. असून लोकसंख्या ६१ लाख आहे. लोकसंख्येची घनता दर चौ.कि.मी. ला ३ आहे. लिबियाच्या पूर्वेस

इजिप्त व सुदान, दक्षिणेस चाड व नायजर, पश्चिमेस ट्युनिशिया व अल्जिरिया, व उत्तरेस भूमध्य समुद्र आहे. पूर्वी लिबिया ही इटली या देशाची वसाहत होती व १९५१ मध्ये तिला स्वातंत्र्य मिळाले.

भूमध्य समुद्रालगतचा भाग सलग मैदानी प्रदेशाचा असून दक्षिणेस उंच भूभाग आहे. तेथेच नाफूशाहचे पठार आहे. ईशान्य भागात सिड्राचे आखात असून दक्षिणेकडे अरुंद अल्-मर्जच्या मैदानी भागापासून पुढे उंच जबल-अल् अखद्र पर्वत आहे. लिबियाचा दक्षिण भाग प्रामुख्याने वाळवंटी प्रदेशाने व्यापलेला आहे. एकूण भूभागांपैकी ९०% भाग वाळवंटी प्रदेशाने व्यापलेला आहे.

प्राकृतिक रचनेच्या आधारावर लिबियाचे पुढील भाग पडतात :- वायव्येस ट्री पोलिटॅनिया, पूर्वेस सायरेनैका, आणि नैर्ऋत्येस फेझान. लिबियातील सर्वात उंच शिखर, बेटे, हे २२८६ मी. उंचीवर चाड देशाच्या सीमेलगत आहे. अल्-कुफराह, घाट व गुदामिस ही प्रमुख वाळवंटातील पाणथळाची ठिकाणे असून तेथे पाणी सहज उपलब्ध होते.

भूमध्य समुद्रालगतच्या प्रदेशात भूमध्यसागरी प्रकारचे हवामान आढळते. त्यामुळे उन्हाळा उष्ण व कोरडा असतो तर हिवाळा थंड व आर्द्र असतो. या भागात उन्हाळ्यात तापमान सरासरी ३०° से. तर हिवाळ्यात १०° से. च्या जवळ असते. हिवाळ्यात पडणारे पर्जन्य सरासरी ४० सेंमी. असते. जगात सर्वात जास्त नोंदवलेले तापमान अल् अझीझिया येथील ५८° से. आहे. ग्हीबली हे उष्ण वारे असून ते मे ते जुलै दरम्यान वाढतात. त्यांचे तापमान ४०° से. पेक्षा जास्त असते. त्यांच्यामुळे तापमानात वाढ होऊन फळबागा, लोक व संपत्ती यांना हानी पोहोचते.

जबल-अल्-अखब्र पर्वतीय भागात अरण्य आढळते. उत्तरेकडील अर्ध-शुष्क वाळवंटी प्रदेशात सेपी प्रकारचे वनस्पती तर वाळवंटी प्रदेशात (झेरॉफेटीक) वनस्पती आढळतात.

पेट्रोलियम पदार्थ व नैसर्गिक वायू, प्रमुख खनिज साधनसंपत्ती असून लोह खनिजे व पोटॅशसुद्धा काही प्रमाणात सापडतात. लिबियातून खनिज उत्पादनापैकी खनिज तेलाची प्रामुख्याने निर्यात होते.

लिबिया हा मुख्यत: अरब वंशियांचे प्राबल्य असलेला देश आहे. सुमारे ९८% लिबियन हे मुस्लिम आहेत व ९०% पेक्षा जास्त अरेबिक भाषा बोलतात. बर्बर, हारॅटिन, टुआरेग व तेबू या अल्पसंख्यांक जमातीही आढळतात.

लोकसंख्येचे वितरण पाहता भूमध्य समुद्रालगत ९०% पेक्षा लोकसंख्या एकवटलेली आहे. त्रिपोली व बेंगाझी ही मोठी शहरे आहेत. उर्वरित भाग हा

अर्धशुष्क व शुष्क प्रदेशाचा असून लोकसंख्या खूपच विरळ आहे. एक व्यक्ती दर १५ चौ.कि.मी. एवढी आहे. देशाच्या एकूण लोकसंख्येपैकी २०% लोक भटके असून ते पूर्व भागात राहतात.

मोठ्या प्रमाणात शुष्क व अर्धशुष्क प्रदेश असल्याने खऱ्या अर्थाने शेती योग्य क्षेत्र हे एकूण क्षेत्राच्या ६% आहे. वाळवंटामध्ये जेथे पाणथळ जागा आहे. तेथेच अल्पप्रमाणात शेती चालते. शेती प्रामुख्याने भूमध्य समुद्र किनारी प्रदेशाच्या मैदानी भागात केली जाते. तेथे गहू, बार्ली, जव, अंजीर, संत्री, मोसंबी प्रजातीची फळे, बदाम, द्राक्षे, भाजीपाला व हिरवा चारा ही पिके या प्रदेशात घेतली जातात. वाळवंटातील 'वाडी'भागात काही प्रमाणात गहू घेतला जातो. शेतीयोग्य जमिनीचा अभाव व पाण्याचे दुर्भिक्ष्य त्यामुळे लिबिया अन्नधान्याबाबत स्वयंपूर्ण नाही. जलसिंचन वाढवून, अन्नधान्य, फळे, भाजीपाला यात स्वयंपूर्णता यावी यासाठी ग्रेट मॅन-मेड रिव्हर हा महत्त्वाकांक्षी प्रकल्प हाती घेतला आहे.

लिबियात पेट्रोलियम उद्योग, रासायनिक, कापड, हातमाग व हस्तव्यवसाय हे प्रमुख उद्योग आहेत. पेट्रोलियम पदार्थाची निर्यात प्रमुख असून एकूण निर्यातीच्या ९०% उत्पन्न त्यापासून मिळते तर यंत्रे, अन्नधान्य व शस्त्रास्त्रे यांची मुख्यत: आयात केली जाते. पेट्रोलियम पदार्थाच्या निर्यातीतून मिळणाऱ्या उत्पन्नावर सार्वजनिक उपक्रम, शिक्षण, गृह शेती व सामाजिक-आर्थिक विकासाचे प्रकल्प राबवले जातात.

(अल्जिरीया)

अल्जिरीयाचे क्षेत्रफळ २३,८१,७४१ चौ.कि.मी. आहे. लोकसंख्या (३२ दशलक्ष) असून घनता १३ दर चौ.किमी. आहे. अल्जिरीयाच्या पश्चिमेस मोरोक्को, दक्षिणेस मॉरिटानिया, माली व नायजर, पूर्वेस ट्युनिशिया व लिबिया, तर उत्तरेस भूमध्य समुद्र आहे. पूर्वी अल्जिरीया फ्रान्सची वसाहत होती व १९६२ मध्ये ते स्वतंत्र प्रजासत्ताक बनले.

अल्जियर्स भूमध्य समुद्राच्या किनाऱ्यालगत असणारे शहर असून, ते अल्जिरीयाची राजधानी व सर्वात मोठे शहर आहे. सन २००० मध्ये त्याची लोकसंख्या १.५ दशलक्ष एवढी होती. ओरान हे समुद्र बंदर असून दुसऱ्या क्रमांकाचे महत्त्वाचे शहर आहे. ही दोन्ही शहरे सांस्कृतिक व औद्योगिक केंद्र आहेत. अन्नाबा, कॉन्स्टॅनटाइन, बेचर व स्कीकदा ही इतर महत्त्वाची शहरे आहेत.

अल्जिरीयाच्या उत्तर भागात अल्पाईन पर्वत प्रणालीतील ॲटलस पर्वतरांग आहे. ॲटलस पर्वतरांगांचा विस्तार नैर्ऋत्य ते ईशान्य असा असून त्याच्या दोन

शाखा आहेत. उत्तरेकडील भूमध्यसमुद्राजवळ एक शाखा असून दक्षिणेस वाळवंटाजवळ असणारी दुसरी सहारा रांग आहे. या दोन प्रमुख रांगा दरम्यान अनेक समांतर लहान पर्वत रांगा, सखल भाग आहेत. ॲटलस पर्वत रांगानंतर वाळवंटी प्रदेश सुरू होतो. ॲटलस पर्वतामुळे पर्जन्य छाया प्रदेशाचा परिणाम काही भागात दिसून येतो तर काही भागात मुबलक प्रमाणात पर्जन्य मिळतो. त्याचा परिणाम तेथील भूमिउपयोजनावरही झालेला दिसून येतो.

अल्जिरीयाच्या उत्तर भागात भूमध्य समुद्री प्रकारचे हवामान आहे. उन्हाळा उष्ण व कोरडा आणि हिवाळा आर्द्र असतो. जसजसे दक्षिणेकडे जावे तसतसे तापमान अर्धशुष्क व शुष्क असे होत जाते. अशा ठिकाणी १५ सें.मी. पेक्षा कमी पर्जन्य पडतो. समुद्र सान्निध्य व वाळवंटी प्रदेश याचा परिणाम तापमान वितरणावर दिसून येतो. उत्तर भागात जानेवारी महिन्याचे सरासरी तापमान १०^{0} से. च्या आसपास तर जुलै महिन्याचे सरासरी तापमान २८^{0} से. च्या आसपास असते. पाऊस साधारणत: १०० सेंमीच्या दरम्यान हिवाळ्यात पडतो तर दक्षिण भागात शुष्क प्रदेशात तापमान जास्त तर पाऊस अतिशय अत्यल्प (१५ सें.मी.च्या आसपास) आहे.

तेथे असलेले तापमान, पर्जन्य व भूमीची उंची या घटकांचा वनस्पती वितरणावरील परिणाम ठळकपणे जाणवतो. उत्तर भूमध्य समुद्राजवळच्या भागात भूमध्य समुद्रीय वनस्पती जीवन आढळते. त्यात कॉर्क, ओक व सिडार हे वृक्ष आढळतात तर दक्षिणेकडील वाळवंटी प्रदेशात काटेरी झुडपे आढळतात. या दोन भिन्न वैशिष्ट्ये असणाऱ्या प्रदेशादरम्यान स्टेपी प्रकारचे वनस्पती जीवन आढळते. ॲटलस पर्वतीय प्रदेशात उंचीप्रमाणे वृक्ष वितरणात फरक आढळतो.

अल्जिरीयामध्ये अरब लोक बहुसंख्येने आढळतात. बर्बर लोकही येथे आढळतात परंतु त्यापैकी बहुसंख्य लोकांनी इस्लाम स्वीकारलेला असून ते अरबी भाषा बोलतात व बहुसंख्य लोकांनी अरब परंपरेचा स्वीकार केला आहे. युरोपीय वसाहतीच्या कालावधीत फ्रेंच, स्पॅनिश व इटालियन अल्जिरीयात स्थायिक झाले आहेत.

अल्जिरीयातील लोकसंख्या वितरण पाहता ९०% लोक भूमध्य समुद्रालगतच्या प्रदेशात राहतात.अल्जियर्स, ओरान, अन्नाबा ही शहरे याच भागात असून बहुतांश लोक याच शहरात राहतात. एकूण लोकसंख्येपैकी ५७% लोक शहरी आहेत. ते याच भागात प्रामुख्याने एकवटलेले आहेत तर ४३% लोक ग्रामीण असून ते इतर भागात विखुरलेले आहेत. सहारा वाळवंटातील शुष्क व

अर्धशुष्क प्रदेशातील लोक प्रामुख्याने भटके असून याठिकाणी पाणथळीचा भाग असून तेथे जलसिंचनातून शेती उत्पादन घेतले जाते. येथे लोकसंख्यावाढीचा दरही जास्त आहे.

अल्जिरीयातील एकूण भूभागापैकी १०% भूभाग हा शेतीखाली आहे. शेती प्रामुख्याने भूमध्य समुद्रालगत असणाऱ्या मैदानी प्रदेशात केली जाते. शेती उत्पादनात गहू, बार्ली, बटाटे, तंबाखू, भाजीपाला, अंजीर, ऑलीव्ह व संत्री प्रजातीतील फळे मोठ्या प्रमाणात घेतली जातात. सहारा वाळवंटातील पाणथळ जागेतही जलसिंचनाच्या साहाय्याने शेती केली जाते. तेथे खजूर, गहू, बार्ली व भाजीपाला याचे उत्पादन घेतले जाते. पर्वतरांगा दरम्यान असणाऱ्या सखल भागात पशुपालन मोठ्या प्रमाणात केले जाते.

अल्जिरीयात वसाहतीच्या काळाप्रमाणे आजही विस्तृत प्रमाणावर फार्म आहेत. त्यांचे विस्तार क्षेत्र मोठे असून तेथे स्थानिक लोकांना मजूर म्हणून रोजगार दिला जातो. तसेच ते आधुनिक साधनांचा मोठ्या प्रमाणावर वापर करतात.

लोहखनिज, पारा, जस्त, तांबे, अँटिमनी, फॉस्फेट व पेट्रोलियम याबाबत अल्जीरिया समृद्ध आहे. अल्जीरियातील खनिज तेल साठे मध्यपूर्व भागातील सहाराच्या प्रदेशात आहे तसेच तेथे नैसर्गिक वायूचाही साठा आहे. येथून खनिज तेल पाईपद्वारे भूमध्य समुद्रालगत असणाऱ्या बंदरापर्यंत वाहून नेले जाते.

खनिज तेलाच्या विपुल उत्पादनामुळे खनिज तेल शुद्धीकरण प्रकल्प, नैसर्गिक वायूचे द्रवात रूपांतर करणारे प्रकल्प, पेट्रोकेमिकल्स याचबरोबर लोह व खनिज यांचे लहान प्रकल्प आहेत. अल्जियर्स, ओरान, अन्नाबा, स्किकदा या शहरालगत औद्योगिक केंद्र उभारले गेले आहेत.

अल्जिरीयातील शेती व औद्योगिक उत्पादनातून निर्माण होणाऱ्या वस्तूंमध्ये पेट्रोलियम पदार्थ, खनिज तेल व नैसर्गिक वायू इ. वस्तूंची ९०% निर्यात होते. शेती उत्पादनापैकी डाळिंब, खजूर व संत्री या प्रजातीतील फळे मोठ्या प्रमाणावर निर्यात केले जातात.

(मोरोक्को)

मोरोक्को देशाचे क्षेत्रफळ ४,५८,७३० चौ.कि.मी. आहे. तेथील लोकसंख्या २ कोटी ९२ लाख असून लोकसंख्येची घनता ६ व्यक्ती दर चौ.कि.मी. एवढी आहे. मोरोक्को देशाचे स्थान आफ्रिका खंडाच्या वायव्य दिशेस असून भौगोलिक दृष्ट्या हा युरोपच्या सर्वात जवळचा देश आहे. मोरोक्कोच्या पूर्व व दक्षिण दिशेस

अल्जिरीया व मॉरिटानिया देश असून पश्चिमेस व उत्तरेस अटलांटिक महासागर व भूमध्य समुद्र आहेत. पूर्वी हा देश फ्रेंच वसाहतीच्या साम्राज्याखाली होता. मोरोक्कोस १९५६ मध्ये स्वातंत्र्य मिळाले. राबात हे राजधानीचे व सर्वात मोठे शहर असून अटलांटिक महासागराकिनाऱ्यालगत आहे.

मोरोक्कोतील प्राकृतिक वैशिष्ट्ये म्हणजे उंच ॲटलास पर्वत होय. या पर्वताचा विस्तार नैर्ऋत्य ते ईशान्य असा झाला आहे. या पर्वताची उंची ४००० मीटर पर्यंत गेलेली आढळते. ॲटलास पर्वताच्या उत्तर भागात सागरी किनारपट्टीचा मैदानी प्रदेश असून दक्षिण भागात अर्ध शुष्क स्टेपी व सहारा वाळवंट याचा प्रदेश आहे.

मोरोक्कोच्या हवामानावर, समुद्रसान्निध्य, कॅनरीचा थंड प्रवाह तसेच ॲटलास पर्वत या घटकांचा परिणाम जाणवतो.

उंच ॲटलास पर्वतामुळे पर्वतीय पर्जन्य, संलग्न दऱ्या मध्ये पडून शेतीसाठी जास्त उपयुक्त ठरतो. सागरी किनारपट्टीलगतच्या प्रदेशात ७५ सें.मी. पर्यंत पाऊस पडतो तर दक्षिणेकडे हे पर्जन्याचे प्रमाण कमी होत जाते. ॲटलास पर्वताचा पर्जन्य वितरणावर प्रभाव जास्त आहे. त्यानंतर सहारा वाळवंटी प्रदेशाचा भाग सुरू होतो. जेथे तापमान जास्त व पर्जन्य कमी आढळते.

मोरोक्कोचा ९% भौगोलिक प्रदेश वनांच्या खाली आहे. ॲटलास पर्वतामध्ये पाईन, कॉर्क–ओक, देवधर, फर, सिजर व इतर भूमध्य समुद्राच्या हवामानात सापडणारे वृक्ष येथे आहेत. पर्जन्य छायेच्या प्रदेशात स्टेपी गवताळ प्रदेश व दक्षिणेकडे सहारा वाळवंटातील काटेरी झुडपे आहेत.

येथे फॉस्फेटचे मोठ्या प्रमाणात उत्पादन होते. लोहखनिज, दगडी कोळसा, शिसे, मँगनीज यांचे उत्पादन काही प्रमाणात होते. फॉस्फेटचे सर्वात जास्त उत्पादन मोरोक्को मधील सहारा वाळवंटाच्या पश्चिम भागात आढळते.

मोरोक्कोमध्ये शेती हा प्रमुख व्यवसाय आहे. ग्रामीण भागात राहणारे ४८% लोक हे प्रत्यक्ष अथवा अप्रत्यक्ष शेतीवर अवलंबून आहेत. शेती उत्पादनात गहू, मका, भाजीपाला, अंजीर, ऑलीव्ह, संत्री प्रजातीतील फळे भूमध्य समुद्रीय भागात आढळतात. सहारा वाळवंटातील शेतीत खजूर, बार्ली व भाजीपाला ही पीके घेतली जातात. मासेमारीवरही मोठ्या प्रमाणावर लोकांची उपजीविका अवलंबून आहे.

मोरोक्कोमध्ये बहुतांश खनिज साधनसंपत्तीचे उत्पादन अत्यल्प असल्याने अवजड उद्योगांचे प्रमाण कमी आहे. गालिचे, कपडे, खनिज उत्पादन, साखर, कातडीपासून बनवलेल्या वस्तू यांच्या उत्पादनाबरोबर धातू उद्योग, रासायनिक

उद्योग व पर्यटन हे प्रमुख व्यवसाय आहेत. ॲटलस पर्वतरांगाची पार्श्वभूमी व विस्तृत समुद्रकिनारे यामुळे भूमध्य समुद्रालगत व अटलांटिक महासागरालगत मोठ्या प्रमाणात पर्यटक आकर्षित होतात.

मोरोक्कोमधून फॉस्फेट, गालिचे, ताजी फळे, भाज्या, बदाम, अंजीर, ऑलीव्ह, कातडी, पादत्राणे, मांस व प्रक्रिया केलेली शेती उत्पादने यांची निर्यात होते तर ऑटोमोबाईल, जड यंत्रे, इलेक्ट्रिक वस्तू, रसायने, कुशल साधने, संगणक यांची आयात केली जाते.

(ट्युनिशिया)

ट्युनिशिया हे प्रजासत्ताक असून त्याने १,६४,१५० चौ.कि.मी. क्षेत्र व्यापलेले आहे. साल २००१ मध्ये येथील लोकसंख्या ९.९ दशलक्ष होती व लोकसंख्येची सरासरी घनता ६० लोक दर चौ.कि.मी.एवढी आहे. ट्युनिशियाच्या उत्तरेस व ईशान्येस भूमध्यसमुद्र, पश्चिमेस अल्जिरीया व वायव्येस लिबिया आहे. या देशाची राजधानी ट्युनिस असून ती भूमध्यसमुद्रालगत वसलेली आहे. हे देशातील सर्वात मोठे शहर असून सांस्कृतिक केंद्र व औद्योगिक केंद्र म्हणून प्रसिद्ध आहे. ट्युनिशिया पूर्वी फ्रेंचांची वसाहत होती. त्याला १९५६ मध्ये स्वायत्तता मिळाली व १९५७ मध्ये प्रजासत्ताक हा दर्जा प्राप्त झाला.

येथील हवामान भूमध्यसागरी प्रकारचे आहे. उन्हाळा कोरडा व उष्ण असतो तर हिवाळ्यात पश्चिमीय वाऱ्याच्या प्रभावामुळे पाऊस पडतो व तापमान मध्यम असते.

ट्युनिशियामध्ये प्रामुख्याने बर्बर, अरब व अल्प प्रमाणात युरोपीय लोकसमूह आढळतो. येथील बहुतांश लोक अरबी भाषा बोलतात. या भाषेस प्रशासकीय दर्जा बहाल केलेला आहे. शहरातील विद्याविभूषित लोक फ्रेंच भाषाही बोलतात. एकूण लोकसंख्येपैकी जास्त लोकसंख्या शहरात राहते. तिचे प्रमाण सर्वसाधारण एकूण लोकसंख्येच्या ६१% आहे.

येथील लोकांचा प्रमुख व्यवसाय शेती आहे. आजही ५०% लोकांना रोजगार शेतीतूनच मिळतो. गहू, जव, ओट, खजूर, अंजीर, बदाम, ऑलीव्ह, संत्रे, अल्फाल्फा गवत व विविध प्रकारच्या भाज्या यांचे उत्पादन प्रामुख्याने हिवाळ्यात घेतले जाते.

ट्युनिशियामध्ये फॉस्फेट, लोहखनिज, शिसे, जस्त विपुल प्रमाणात आढळते. थोड्या फार प्रमाणात खनिज तेलाचे साठेही आढळतात. येथील प्रमुख उद्योगात

खनिज तेल उत्पादन, कापड उद्योग, कातड्यापासून वस्तू, खते, बांधकाम साहित्य, अन्न प्रक्रिया या उद्योगांचा प्रामुख्याने समावेश होतो. तसेच या देशातून उद्योगनिर्मित व शेती उत्पादित वस्तू निर्यात केल्या जातात. फॉस्फेट, खते, गालीचे, कापड, कातडी वस्तू, ऑलिव्ह तेल, द्राक्षे, वाईन, धान्य निर्यात केले जाते. तर यंत्रे, मोटारी, इलेक्ट्रिक वस्तू, रासायनिक व वैद्यकीय उत्पादने आयात केली जातात.

(साहेल विभाग)

सहारा वाळवंटाच्या दक्षिण किनारी भागाशी संबंधित देशांना साहेल विभाग म्हणतात. साहेल या शब्दाचा अर्थ किनारी भाग असा होतो. येथे साहेल शब्दाचे उपयोजन वाळवंटी प्रदेशाच्या किनारी भागात असणाऱ्या देशांसाठी केले आहे. या भागाचा विस्तार पूर्वेकडे सुदानपासून पश्चिमेकडे केप व्हर्डे या बेटादरम्यान आहे. यात सुदान, चाड, नायजर, बुर्किनो फासो, माली, गॉम्बिया, सेनेगल, मॉरिटानिया व केप व्हेर्डे या देशांचा समावेश होतो.

हवामानाच्या दृष्टीने उत्तर भाग वाळवंटी, तर दक्षिणेकडे उष्ण कटिबंधीय शुष्क सॅव्हाना असे प्रकार आढळतात. या प्रदेशात मेंढी, शेळी, उंट व गुरे यांचे पालन मोठ्या प्रमाणावर चालते. त्याचबरोबर उपजीविकेसाठी शेती केली जाते. येथील लोकांची उपजीविका प्रामुख्याने पशुपालन व शेतीवरच केली जाते. खाणकाम, औद्योगिकीकरण, शहरीकरण, सेवा उद्योग यांचे अर्थव्यवस्थेतील स्थान फारसे नाही. खनिज साधन संपत्तीच्या प्रमुख निर्यातीमध्ये मॉरीटानिया- मधून लोह खनिज, सेनेगलमधून फॉस्फेट, नायजरमधून युरेनियम यांचा समावेश होतो. या प्रदेशातील सर्वात मोठे शहर डाकार असून ते सेनेगलची राजधानी आहे. या प्रदेशातील एक महत्त्वाचे भौगोलिक वैशिष्ट्य म्हणजे चाड देशाच्या व नायजेरिया देशाच्या सीमेवर असणारे चाड सरोवर होय. हे सरोवर अतिशय उथळ असून खंडान्तर्गत आहे. पावसाळ्यात त्याचा विस्तार वाढतो तर दुष्काळाच्या वेळी त्याचा विस्तार अतिशय कमी होतो. या सरोवराचे वैशिष्ट्य म्हणजे बंदिस्त असूनही त्याचे पाणी फारसे खारे नसते कारण खारे पाणी भूमीत झिरपून जाते. त्यामुळे मासेमारी व जलसिंचनासाठीही याचा वापर होतो.

हा प्रदेश उत्तरेकडील अरब व बर्बर, व सहाराच्या दक्षिणेकडील जास्त कृष्णवर्णीय लोकसंख्येचा प्रदेश यांच्या दरम्यान असल्याने प्रदेशात एखाद-दुसरा अपवाद सोडता वांशिक सामंजस्य आढळते.

(केप व्हेर्डे)

केप व्हेर्डे हा पंधरा बेटांचा समूह असून त्यांची निर्मिती ज्वालामुखीच्या उद्रेकामुळे झाली आहे. या बेटांचे स्थान सेनेगलची राजधानी डाकारच्या पश्चिमेस सुमारे ६०० किमी. अंतरावर अटलांटिक महासागरात आहे. या बेटाचे भौगोलिक क्षेत्र ४,०३३ चौ.कि.मी. असून लोकसंख्या ४ लाख आहे. लोकसंख्येची सरासरी घनता ९९ दर चौ.कि.मी. एवढी आहे.

येथील लोक प्रामुख्याने मासेमारी व शेतीवर अवलंबून आहेत. केळी, ऊस, मका, नारळ, कॉफी ही शेतीत घेतली जाणारी प्रमुख पिके आहेत. मासे व मीठ हे प्रमुख निर्यात होणारे घटक आहेत. प्रैआ हे राजधानीचे शहर असून ४४% लोक शहरात राहतात. त्यापैकी बहुतांश राजधानीतच राहतात. तसेच या देशात काही पोर्तुगीज आहेत जे वसाहतीच्या राज्याच्यावेळी येथे स्थलांतरित झाले होते.

(चाड)

चाड देशाचे स्थान आफ्रिका खंडाच्या उत्तर मध्य भागात असून हा देश खंडान्तर्गत आहे. चाडचे क्षेत्रफळ १२,८४,००० चौ.कि.मी. असून लोकसंख्या सुमारे ८७ लाख आहे. लोकसंख्येची घनता ६ दर चौ.कि.मी. एवढी आहे. या देशाचे वैशिष्ट्य म्हणजे चाड सरोवर, या देशाच्या पश्चिमेस नायजर व नायजेरिया या देशांच्या सीमेवर आहे. या सरोवराच्या नावावरूनच या देशाचे नाव चाड असे पडले आहे. या देशातील ७५% लोकसंख्या ग्रामीण असून सुमारे २५% लोकसंख्या शहरी आहे.

वाळवंटी प्रदेशाचा प्रभाव जास्त असल्याने अर्थव्यवस्थेत शेती व पशुपालन यांना महत्त्वाचे स्थान आहे. बहुतांश लोकांची उपजीविका यावरच अवलंबून आहे. पशुपालनात मेंढ्या, गुरे व उंट यांचे प्रमाण जास्त आहे. कापूस व मांस यांची प्रामुख्याने या देशातून निर्यात होते.

एनजामेना ही या देशाची राजधानी आहे. तिची लोकसंख्या ५,२९,५५५ एवढी आहे.

(माली)

माली आफ्रिका खंडाच्या पश्चिमेस असून, खंडान्तर्गत आहे. पूर्वी हा देश फ्रेंचांच्या अधिपत्याखाली होता. त्याला १९६० मध्ये स्वातंत्र्य प्राप्त झाले. या देशाची व्याप्ती १२,४०,१९२ चौ.कि.मी. लोकसंख्या १.०१ कोटी (११ दशलक्ष)

तर लोकसंख्येची घनता ९ दर चौ.कि.मी. एवढी आहे. या देशाची राजधानी बामाको असून त्यांची राष्ट्रभाषा फ्रेंच आहे. माली देशाचे हवामान शुष्क व अर्धशुष्क आहे. सरासरी वार्षिक पर्जन्य ३० सें.मी. पेक्षा कमी असून पर्जन्य प्रमाण जसे दक्षिणेकडून उत्तरेकडे जावे तसे कमी होत जाते. अत्यल्प पर्जन्यमान असल्याने दुष्काळ व उपासमार ह्यासाठी नेहमीचाच भाग समजला जातो.

शुष्क व अर्धशुष्क हवामान असल्याने केवळ एक पंचमांश प्रदेश शेती करण्यायोग्य आहे. भात, अन्नधान्य, भुईमूग व कापूस ही मुख्य पिके आहेत. त्याचबरोबर पशुपालन मोठ्या प्रमाणात केले जाते. त्यामुळे कातडी कमवण्याचा उद्योग हा येथील प्रमुख उद्योग आहे. अन्नधान्याबाबत स्वयंपूर्ण नसल्याने काही प्रमाणात अन्नधान्य गरज भागवण्यासाठी इतर देशावर अवलंबून रहावे लागते. तसेच यंत्रे, ऑटोमोबाईल, इलेक्ट्रिक व इलेक्ट्रॉनिक्स वस्तू व रसायने यांची आयात केली जाते. या देशातून वाहणारी नायजर नदी व तिची उपनदी गोलीबा यांच्या विस्तृत पात्रांमुळे मासेमारी मोठ्या प्रमागावर केली जाते. त्यामुळे वाळवलेले व खारवलेले मासे निर्यात केले जातात.

माली देशातील लोक मुख्यत: इस्लामधर्मीय आहेत. बहुतांश लोक प्रतिकूल परिस्थितीत राहणारे आदिवासी आहेत. हा देश प्रामुख्याने ग्रामीण लोकसंख्येचा असल्याने सुमारे ७४% लोकसंख्या खेड्यात राहते, तर २६% शहरात राहते. बामाको ही या देशाची राजधानी नायजर नदीच्या किनाऱ्यावर वसलेली आहे. टिम्बक्टू हे शहर पूर्वी गिनीचा किनारा व उत्तर आफ्रिकेतील देश यांच्यातील व्यापारासाठी महत्त्वाचे ठिकाण होते.

(मॉरिटानिया)

मॉरिटानिया हा इस्लामिक प्रजासत्ताक देश असून तो आफ्रिका खंडाच्या पश्चिमेस आहे. या देशाच्या उत्तरेला अल्जिरीया व पश्चिम सहारा हे देश, पूर्व व आग्नेयस माली, नैर्ऋत्य दिशेस सेनेगल व पश्चिमेस अटलांटिक महासागर आहे. या देशाचे क्षेत्रफळ १०,३०,७०० चौ.कि.मी. असून लोकसंख्या २७ लाख आहे. सरासरी घनता ९ दर चौ.कि.मी. एवढी आहे. येथे पूर्वी फ्रेंच लोकांचे राज्य होते. हा देश १९६० मध्ये स्वतंत्र झाला व फ्रेंच लोकांची सत्ता संपुष्टात आली.

या देशाच्या एकूण भौगोलिक क्षेत्रापैकी सुमारे ५०% क्षेत्र वाळवंटाने व्यापलेले आहे. येथे पडणारे वार्षिक सरासरी पर्जन्यमान अत्यल्प म्हणजे २० सें.मी. आहे. सुरुवातीपासून येथील स्थानिक जनता भटकी व पशुपालन करणारी

आहे. वाळवंटी प्रदेशादरम्यान असणाऱ्या वाड्या व मरुद्यानात प्रदेशालगत पाण्याचा स्रोत असल्याने डाळी व भाज्या यांचे उत्पादन केले जाते. येथील शेतीतील प्रमुख पिकात बार्ली, अन्नधान्याची पिके, मका, गहू व खजूर याचा समावेश होतो. तसेच अटलांटिक महासागराच्या किनारी प्रदेशात मासेमारी मोठ्या प्रमाणात केली जाते.

मॉरिटानियामध्ये लोहखनिज व तांबे यांच्या समृद्ध खाणी आहेत. तेथे होणारे उत्पादन युरोपीय देशांना निर्यात केले जाते. एकंदरीत हा देश औद्योगिक दृष्ट्या मागासलेला आहे.

नौअॅकचॉट हे राजधानीचे शहर असून ते ॲटलांटिक महासागराच्या किनारी वसलेले आहे. या देशाची ५५% लोकसंख्या शहरी असून ती या राजधानीच्या शहरात प्रामुख्याने राहते. लोकांची आयुर्मान कमी म्हणजे सरासरी ४७ वर्षे आहे. तेथील सामाजिक व आर्थिक स्थितीचा विचार करता, हा देश अविकसित असून येथे नेहमी पडणारा दुष्काळ हाच देशाच्या सामाजिक व आर्थिक विकासाच्या आड येणारा मोठा अडथळा आहे.

(नायजर)

आफ्रिकेच्या उत्तर मध्य भागात असलेल्या नायजर या देशाच्या उत्तरेस अल्जिरीया व लिबिया, पूर्वेस चाड, पश्चिमेस माली आणि दक्षिणेस नायजेरिया, बेनिन व बुर्किना फासो हे देश आहेत. हा देश खंडान्तर्गत असून त्याचे क्षेत्रफळ १२,६७,००० चौ.कि.मी. आहे. येथील लोकसंख्या १ कोटी ४ लाख असून घनता ४ दर चौ.कि.मी. एवढी आहे. पूर्वी हा फ्रेंच वसाहतीचा भाग होता. १९६० मध्ये हा देश स्वतंत्र झाला. नियामी ही देशाची राजधानी आहे.

येथील बहुतांश लोक हे मुस्लिम आहेत. त्यांचे जवळजवळ ८०% एवढे प्रमाण आहे. साक्षरता दर हा केवळ १६% आहे. त्याचप्रमाणे बहुतांश जनता ग्रामीण असून सुमारे ८५% लोक ग्रामीण तर १५% लोक शहरी आहेत. येथील सरासरी आयुमर्यादा ४६ वर्ष असून या देशाची लोकसंख्या दर २० वर्षांनी दुप्पट होते.

या देशाचा बहुतांश भाग वाळवंटाचा आहे. येथील सरासरी वार्षिक पर्जन्यमान्य २० सेंमी. पर्यत आढळते. जसे उत्तर व ईशान्यकडे जावे तसे पावसाचे प्रमाण कमी होत जाते. पर्यायाने त्या भागात शुष्क वाळवंटाचा भाग निर्माण झाला आहे. ज्याचा शेतीसाठी काहीही उपयोग होत नाही.

नायजर या देशात साधनसंपत्ती अतिशय मर्यादित प्रमाणात उपलब्ध आहे. शेती व पशुपालन हे महत्त्वाचे आर्थिक व्यवसाय असून, त्यांचे स्वरूप प्रामुख्याने

उपजीविकेचेच आहे. शेतीत कापूस, भुईमूग व अन्नधान्य प्रामुख्याने घेतले जाते. युरेनियम, लोह खनिज व कोळसा काही प्रमाणात मिळतो. तथापि त्याची निर्यात युरोपीय देशांना केली जाते.

(सुदान)

सुदान आफ्रिका खंडातील महत्त्वपूर्ण देशांपैकी एक देश आहे. सुदानच्या सभोवताली उत्तरेला इजिप्त व लिबिया, दक्षिणेस झैरे, युगांडा व केनिया देश आहेत. ईशान्येस तांबडा समुद्र तर पश्चिमेस चाड व मध्य आफ्रिकन प्रजासत्ताक आहे. सुदानचे क्षेत्रफळ २५,०५,८१३ चौ.कि.मी. असून हा आफ्रिका खंडातील मोठा देश आहे. येथील लोकसंख्या ३१.८ दशलक्ष आहे. घनता १२ व्यक्ती दर चौ.कि.मी. एवढी आहे. सुदान पूर्वी ब्रिटिश साम्राज्याच्या अधिपत्याखाली होता. जानेवारी १९५६ मध्ये तो स्वतंत्र झाला.

सुदानमधून नाईल व तिच्या उपनद्या वाहतात. ब्लू नाईल, व्हाईट नाईल व अत्बारा नदी या उपनद्यांवर पाणी अडवले आहे, ज्याचा उपयोग सुदानसह इजिप्त देशासही होतो. ब्लू नाईल, अत्बारा व सोबात या नद्या हंगामी असून त्यांना पावसाळ्यात मोठ्या प्रमाणावर पूर येतो तर व्हाईट नाईल नदी व्हिक्टोरिया सरोवरातून उगम पावत असल्याने तिला वर्षभर पाणी असते. दक्षिण सुदानमध्ये सुद् हा सखल प्रदेश आहे.या प्रदेशातून नदीच्या प्रवाहाचे मोठ्या प्रमाणावर बाष्पीभवन होते. त्यामुळे या प्रदेशात कृत्रिम नदीमार्ग बांधण्याचे प्रयत्न केले जात आहेत. तथापि स्थानिक संघर्षामुळे व पर्यावरणवाद्यांच्या विरोधामुळे त्यांना अपेक्षित यश लाभलेले नाही. उत्तर दिशा सोडता, नाईल नदीपासून काही अंतरानंतर इतर दिशांना वाळवंटी प्रदेशाचा विस्तार वाढत गेलेला दिसतो. सुदानमधील सर्वात उंच ठिकाण किनयेती ३१८७ मी. उंचीवर आहे. जेबेलमारा हा पर्वत पश्चिम दिशेस आहे. कोर्डुफानचे विस्तृत पठार हे मध्य सुदानमध्ये असून, त्याची उंची ६०० ते ९०० मी.एवढी आहे. पूर्वेस इथोओपियन उंच प्रदेशालगत असणारे उंच प्रदेश आहेत. या प्राकृतिक रचनेमुळे सुदानमधील प्राकृतिक रचना वैशिष्ट्यपूर्ण आढळते.

हवामानाच्या बाबतीतही सुदानमध्ये विविधता आढळते. सुदानच्या नैर्ऋत्य भागात उष्ण व आर्द्र हवामान आढळते. तेथे सरासरी वार्षिक तापमान २६°सें.ग्रे. असते तर सरासरी पर्जन्यमान १०० सें.मी.पेक्षा जास्त असते. तांबड्या समुद्रालगत तापमान कमी व पाऊस मध्यम परंतु हिवाळ्यात पडणारा आहे. मात्र वाळवंटी प्रदेशात मात्र टोकाची स्थिती आढळते. खार्टुमच्या उत्तरेस वाळवंटी प्रदेशात १०

सें.मी. पेक्षा कमी पाऊस पडतो तर उन्हाळ्यामध्ये तापमान ४०° से.ग्रे. पेक्षा जास्त आढळते. त्यामुळे या भागात पाण्याचे दुर्भिक्ष्य नेहमीच असते.

हवामानाच्या विविधतेनुसार वनस्पतीचेही वितरण आढळते. दक्षिण भागात उंच प्रदेशात उष्ण कटिबंधीय अरण्यांचा तर मैदानी भाग गवताळ प्रदेशाचा आहे.उत्तर भागातील शुष्क व अर्धशुष्क भागात काटेरी वनस्पती व झुडपे, नैर्ऋत्य भागात सॅव्हाना प्रकारचे अरण्य आहे. ससा, हरणे, माकडे, जिराफ, झेब्रा, पाणघोडा, मगर, हत्ती, चित्ता, सिंह, गेंडा इ. प्राणी प्रामुख्याने भौगोलिक स्थितीनुसार आढळतात.

सुदानमध्ये शुष्क व अर्धशुष्क प्रदेशाचे प्रमाण जास्त असल्याने केवळ ६% क्षेत्र लागवडीखाली आहे. त्यापैकी फक्त २०% क्षेत्र जलसिंचनाखाली आहे. जलसिंचनाखालील क्षेत्र ब्लू नाईल व व्हाइट नाईल या दोन नद्यांदरम्यान आहे. त्याला अरेबिक भाषेत गेझीरा असे म्हणतात. अन्नधान्य व भाजीपाला मोठ्या प्रमाणात घेतला जातो. सर्वात महत्त्वाचे नगदी उत्पादन म्हणजे जास्त लांबीचा इजिप्शियन प्रकारचा कापूस याची सुदानमधून मुख्यत: निर्यात होते. सुदानमधील बहुतांश लोक पशुपालनावर अवलंबून आहेत. प्रामुख्याने उंट, मेंढ्या व शेळ्या या प्राण्यांचे पशुपालन केले जाते. एकंदरीत सुदानमधील बहुसंख्य लोकसंख्या ग्रामीण भागातच राहते. सुदानमध्ये खनिज तेलाचे साठे दक्षिण भागात काही प्रमाणात आढळतात. हा अपवाद सोडता खनिजसाधनसंपत्ती फार अल्प प्रमाणात आहे. बहुतांश ग्रामीण भाग, उपजीविकेची अर्थव्यवस्था व कमी खनिज साधनसंपत्ती यामुळे औद्योगिक विकास कमी प्रमाणात झालेला दिसतो.

सुदानचा बहुतांश भाग ग्रामीण असल्याने, शहरी लोकसंख्या प्रमुख शहराजवळच केंद्रित झालेली आढळते. खार्टुम हे राजधानीचे शहर असून त्याची लोकसंख्या १.४५ दशलक्ष एवढी आहे. सर्वसाधारण विचार करता वाहतूक व्यवस्था कमी दर्जाची आहे. नदीतील जलप्रवाह मार्गात असणारे धबधबे व धावत्यामुळे वाहतुकीचा फारसा विकास होऊ शकला नाही. खार्टुम ते अतिदक्षिणेकडील जुबा यांच्या दरम्यान मात्र नाईल नदीतून जलप्रवास वर्षभर चालू असतो. सुदानमधील अनेक भाग दुर्गम असल्याने विमानसेवा जास्त सुलभ पडते. तांबड्या समुद्रालगत असणाऱ्या सुदान बंदरातून मोठ्या प्रमाणावर सुदानचा व्यापार चालतो.

सुदानचा उत्तरेकडील विकसित भाग तर दक्षिणेकडील अविकसित भाग या विकासातील दरीमुळे त्यांच्यामध्ये असणारी वैर भावना व नियमित होणारा संघर्ष, सर्वसाधारण विकासात्मक कामात व्यवस्थापनाचा अभाव, जुनी पारंपरिक अवजारे,

अपुरी वाहतूक व्यवस्था, भांडवलाचा व नैसर्गिक साधनसंपत्तीचा तुटवडा यामुळे सुदान अविकसितच राहिले. त्यात वारंवार येणारा दुष्काळ व त्यामुळे होणारी उपासमार यामुळे लाखो लोकांचे स्थलांतर झाले. त्यामुळे अर्थव्यवस्था जवळजवळ मोडकळीसच आली होती.

अशा या आफ्रिका खंडातील देश संपन्न पण लोक गरीब अशी स्थिती आढळून येते. भारतासारखा देश या देशांचा खरा मित्र होऊ शकतो. जागतिक राजकारणात गरीब देशांच्या समस्यांना वाचा फोडण्यासाठी ते उपयुक्त ठरेल.

□

प्रकरण – ४

उत्तर अमेरिका आणि मध्य अमेरिका

उत्तर अमेरिका खंडाचा क्षेत्रफळाच्या दृष्टीने जगात तिसरा क्रमांक लागतो. या खंडाचा विस्तार पूर्व बाजूला ग्रीनलँड तर पश्चिम बाजूला अलास्कापर्यंत आणि उत्तरेकडील आर्क्टिक महासागर ते दक्षिणेला फ्लोरिडापासून मेक्सिको–पर्यंत आहे. यामध्ये कॅरिबियन समुद्राचासुद्धा समावेश होतो. या उपखंडाचे क्षेत्रफळ २,४२,४९,००० चौ.कि.मी. आहे.

इ. स. २००१ च्या जनगणनेनुसार अमेरिकेची संयुक्त संस्थाने व कॅनडा यांची लोकसंख्या ३१५ दशलक्ष होती. त्यामध्ये अमेरिकेची संयुक्त संस्थाने[१]ची लोकसंख्या २८४.५ दशलक्ष तर कॅनडाची लोकसंख्या ३.१ दशलक्ष होती.

उत्तर अमेरिका खंडाचा विकास ठराविक टप्प्यात होत गेला. या भूमीवर प्रथम १४९२ मध्ये कोलंबस आला. त्यानंतर १५ व्या व १६ व्या शतकात स्पेनमधील लोक कॅरिबियन समुद्रामार्गे या ठिकाणी पोहोचले. त्यानंतर उत्तर अमेरिकेचा विकास होत गेला. शेती करण्यासाठी १७ व १८ व्या शतकात निग्रो मजूर या ठिकाणी आणले गेले आणि शेतीचा विकास होत गेला. १९ व्या शतकात औद्योगिक क्रांती झाली आणि विविध प्रकारचे लोक या ठिकाणी आकर्षित होत गेले. त्यामध्ये मोठ्या प्रमाणात युरोपीय लोकांचा समावेश मोठा होता.

---

[१]. अमेरिकेची संयुक्त संस्थानांचा उल्लेख यापुढे अमेरिका असा करण्यात आला आहे.

उत्तर अमेरिका खंडाची भौगोलिक वैशिष्ट्ये

१. विविध प्रकारच्या खनिज संपत्तीचे भांडार या खंडात उपलब्ध आहे.

२. जगातील मोठी राष्ट्रे या विभागात आहेत. उदा. अमेरिका, कॅनडा.

३. या खंडातील देश प्रगत आहेत. त्यांचा जीवनस्तर इतरांच्या जीवनस्तरापेक्षा सर्वात वरचा आहे. दरडोई उत्पन्नसुद्धा जास्त असून येथे ऊर्जा साधने मुबलक प्रमाणात उपलब्ध आहेत. ग्रामीण भागापेक्षा शहरी भागातील लोकसंख्या जास्त आहे.

४. दोन्ही देशात विविध जातीचे आणि अनेक धर्म मानणारे लोक वास्तव्य करतात.

५. कॅनडा, मेक्सिको, अमेरिका यांची स्वतंत्र व्यापार करण्याची प्रवृत्ती आहे.

६. या खंडातले सर्वात उंच शिखर मॅकिन्ले असून ते ६९९४ मी. उंच आहे. त्याचे स्थान अलास्काच्या दक्षिण भागात आहे.

७. पूर्व व पश्चिम दिशेला महासागर असून त्यांचा परिणाम आर्थिक जीवनावर दिसून येतो.

८. मिसिसिपी व मिसुरी या प्रमुख मोठ्या नद्या या विभागात आहे.

प्राकृतिक रचना

उत्तर अमेरिकेची प्राकृतिक रचना फारशी गुंतागुंतीची नाही. पूर्व व पश्चिम किनारपट्टीला समांतर पर्वत रांगा आहेत तर मध्यवर्ती भाग मैदानी स्वरूपाचा आहे. उत्तर अमेरिकेचे खालील प्राकृतिक विभाग पडतात

(१) किनारी मैदानी प्रदेश,

(२) ॲपेलेशियन पर्वतरांग,

(३) अमेरिकेचे मैदानी भाग,

(४) रॉकी पर्वत श्रेणी.

१. किनारी मैदानी प्रदेश – मेक्सिकोच्या आखातालगत असणाऱ्या भूमीचा यात समावेश होतो. या मैदानांची उंची कमी असल्याने येथील जमिनीचा कमी प्रमाणात उपयोग केला जातो. सरोवराचे प्रमाण अधिक आहे, बराचसा भाग दलदलयुक्त आहे. त्याचप्रमाणे मैदानी भागात तेल, गॅस, गंधक आणि मीठ उत्पादन या भागात घेतले जाते. त्याचप्रमाणे रसायन उद्योग या भागात आहे.

उत्तर अमेरिकेच्या मैदानी भागात प्रामुख्याने नदीप्रणालीमुळे विकास झालेला असल्याचे दिसून येते. त्यामध्ये मिसिसिपी, स्नेक, ओहिओ, सेंट लॉरेन्स, रिओ

ग्रान्डी, अर्कान्सस, कोलोरेडो, कोलम्बिया, मॅकेन्झी या नद्यांचा समावेश होतो.

उत्तर अमेरिकेमध्ये अनेक भागात दलदलीचे प्रदेश आहेत. त्याचप्रमाणे सरोवरेसुद्धा पाहण्यास मिळतात. सपिरीयर, हयूरन, मिशिगन, ग्रेटबियर, ग्रेट-स्लेव, इरी, विनिपेग, ओंटारीयो यांचा त्यामध्ये समावेश होतो.

२. ॲपेलेशियन पर्वत रांग - या पर्वत श्रेणीची रचना फारच जटिल व क्लिष्ट स्वरूपाची आहे. पर्वताचा खालील भाग कड्यासारखा असून काही पठारी भाग तीव्र उताराचा असून त्यांचे तुकडे तुकडे दिसून येतात. यांचा विस्तार विचारात घेतला तर पर्वतीय प्रदेश अलबामा, ओक्लाहोमा यापासून पश्चिम अर्कान्ससपर्यंत पसरलेला आहे. ह्या पर्वत श्रेणीत पर्वतीय भागांची उंची २००० मी पेक्षा उंच आहे. त्या भागात मोठ्या प्रमाणात खनिज, कोळसा, लोह, जस्त, शिसे आणि तांबे यासारख्या खनिज संपत्तीचे साठे आहेत.

ॲपेलेशियन पर्वत श्रेणी प्रामुख्याने शंकूधारी वृक्षामुळे झाकली गेली आहे. या भागात मोठ्या प्रमाणात अमेरिकेची जास्त लोकसंख्या वास्तव्य करते. त्याचप्रमाणे महाद्वीप अर्थव्यवस्था येथे उपलब्ध होते.

३. अमेरिकेचा मैदानी भाग - हा मैदानी प्रदेश रॉकी पर्वतांचा पूर्वभाग व ॲपेलेशियन पर्वतांच्या पश्चिम बाजूस पसरलेला आहे. उत्तर अमेरिकेचा विशाल मैदानी भाग, मॅकेंझी नदी आणि मेक्सिकोचे आखात यामध्ये समाविष्ट होतो.

यामध्ये कॅनेडियन ढाल प्रदेश, आंतरिक मैदानी भाग, पुरामुळे निर्माण झालेले विस्तृत मैदानी भाग आणि सागरकिनारी प्रदेशाचा किनारी भाग या उपभागांचा समावेश होतो.

४. रॉकी पर्वत श्रेणी - संयुक्त संस्थानांच्या पश्चिमेला रॉकी पर्वत श्रेणी उत्तर-दक्षिण पसरलेली आहे. रॉकी पर्वत जलविभाजक म्हणून काम करतो. या पर्वतात उगम पावणाऱ्या काही नद्या पूर्वेकडे वहात जाऊन ॲटलांटिक महासागराला जाऊन मिळतात तर काही नद्या पश्चिमेकडे वाहात जाऊन पॅसिफिक महासागराला जाऊन मिळतात. कॅलिफोर्नियातील व्हिटने पर्वत (३९९७ मी.) व व्हाईट पर्वत (४००० मी.) उंच आणि तीव्र उताराचे असून निसर्गसौंदर्यासाठी प्रसिद्ध आहेत.

रॉकी पर्वत श्रेणीची वैशिष्ट्ये अशी आहेत

(अ) पूर्वश्रेणीला रॉकी पर्वत म्हणतात.

(आ) पश्चिम बाजूला पसरलेल्या रॉकी पर्वतीय भागाला पॅसिफिक पर्वत श्रेणी असे संबोधले जाते.

(इ) पश्चिम बाजूला जवळच किनारपट्टीचा भाग दिसून येतो.

(ई) पर्वतश्रेणीमध्ये अनेक प्रकारच्या घळई, पठार आणि नदी प्रणाली यांचा विकास झालेला दिसून येतो.

(उ) रॉकी पर्वत श्रेणी पॅसिफिक व मेक्सिकोचे आखात याचा जल विभाजक पट्टा ठरला आहे.

हवामान विभाग

अमेरिकेचा अक्षांश विस्तार जास्त असल्याने त्याचा परिणाम हवामानावर झालेला दिसून येतो. त्यामुळे यात विविधता दिसून येते. दक्षिणेपासून उत्तरेला जाताना तापमान क्रमाक्रमाने कमी होत जाते. पॅसिफिक महासागराच्या किनारी भागापासून मध्ये येणाऱ्या नेवाडा पर्वतश्रेणीला हवा अडून पाऊस पडतो. अमेरिकेच्या पूर्वभागात बऱ्यापैकी पाऊस पडतो.

१. टुंड्रा हवामान - यात ग्रीनलँड, उत्तर अमेरिकेचा उत्तर भाग यांचा समावेश होतो. येथील वातावरण थंड असल्याने येथे तापमान फारच अल्प आहे. या भागात शंकूधारी प्रकारचे वृक्ष आढळतात. जगातील सर्वात उंच वृक्ष या भागात आढळतात. या भागात रेडवूड, डग्लस-फर, सेदार, सिकुवाय फर हे चांगल्या प्रतीचे वृक्ष या भागात आढळतात.

२. पर्वतीय हवामान - रॉकी पर्वतीय प्रदेशात तापमान फारच कमी दिसून येते.

३. भूमध्य सागरीय हवामान - भूमध्य सागरीय हवामान कॅलिफोर्नियाच्या दक्षिण भागात आढळते. हिवाळ्यात या भागात पाऊस पडत असतो. उन्हाळ्यात जास्त उष्ण व कोरडे हवामान असते. उन्हाळ्यात विविध पिके घेतली जातात. विविध पिकांबरोबर या भागात पशुपालन व्यवसाय केला जातो. या भागात सफरचंद, संत्री, अंजीर, मोसंबी ही पिके घेतली जातात.

४. उपोष्ण आर्द्र हवामान - संयुक्त संस्थानांमध्ये दक्षिण भागात मेक्सिकोच्या आखातापर्यंत या स्वरूपाचे हवामान आढळते. हिवाळ्याचा कालखंड लहान आणि थंड असतो तर उन्हाळ्याचा कालखंड उष्ण आणि मोठा असतो. या भागात विविध प्रकारची पिके घेतली जातात आणि पशुपालनसुद्धा केले जाते. या भागातील प्रमुख पिकात भुईमूग, सोयाबीन, तंबाखू, तांदूळ आणि विविध कृषी पिकांचा समावेश होतो.

५. वाळवंटी हवामान - पॅसिफिक महासागरापासून ते किनारपट्टीच्या प्रदेशापर्यंत आणि कॅनडाच्या काही भागात वाळवंटी प्रदेशाचा समावेश होतो. या भागात पर्जन्यमान कमी असून काटेरी झुडपे आणि लहान प्रकारचे गवत या भागात उगवतात. हा प्रदेशातील प्रमुख पीक गहू असून ते जलसिंचन होणाऱ्या भागात

घेतले जाते.

६. आर्क्टिक्ट हवामान – हा प्रदेश उत्तर ध्रुवीय भागात येत असल्याने या प्रदेशामध्ये अलास्का आणि खंडाच्या किनाऱ्यावरील प्रदेशाचा समावेश होतो. या भागात रात्री मान मोठे आणि तापमान कमी असल्याने थंडी जास्त जाणवते. उन्हाळ्याचा कालावधी कमी असल्याने या भागात उष्णतामान कमी जाणवते.

७. खंडांतर्गत आर्द्र हवामान – या प्रकारचे तापमान उत्तर भागात तसेच कॅनडाच्या दक्षिण प्रदेशात आढळते. पंचमहासरोवरांचा त्यामध्ये समावेश होतो. या प्रदेशात हिवाळ्याचा कालावधी थंड असतो तर उन्हाळ्याचा कालावधी उष्ण असतो. या भागात विविध प्रकारची पिके घेतली जातात. या प्रदेशात पशुपालन, कुक्कुटपालन आणि फळांची शेती केली जाते. त्याचप्रमाणे पिकांमध्ये सोयाबीन, तंबाखू, मका अशी पिके घेतली जातात.

वनस्पती

उत्तर अमेरिका खंडाचे बरेच क्षेत्र जंगलाखाली आहे. कॅलिफोर्नियात रेडवूड, कॅनडामध्ये शंकाकृती वृक्ष तर अन्य भागामध्ये पानझडी प्रकारचे वृक्ष आढळतात. उत्तर अमेरिकेच्या पश्चिम किनारी भागात जगातील सर्वात उंच वृक्ष आढळतात. सेदार, डग्लस फर रेडवूड यांचे लाकूड उच्च प्रतीच्या फर्निचरसाठी अत्यंत उपयुक्त आहे. त्यांची उंची सरासरी २५ ते ३५ मी. इतकी आढळते. एकूणच उत्तर अमेरिकेत मोठ्या प्रमाणात जंगल क्षेत्रावर आर्थिक उत्पादन प्राप्त केले जाते.

खनिजसंपदा

खनिजसंपदेच्या बाबतीत उत्तर अमेरिका खंड स्वयंपूर्ण आहे. अमेरिकेत नैसर्गिक गॅस उत्पादन घेतले जाते. कॅनडामध्ये पेट्रोलियम पदार्थाचे उत्पादन घेतले जाते. त्यामध्ये मॅनिटोबा आणि अल्बर्टा तर अमेरिकेमध्ये लुईसियाना, टेक्सास, कान्सस या भागात पेट्रोलियम पदार्थाचे उत्पादन घेतले जाते. कॅनडा आणि अमेरिका यात मोठ्या प्रमाणात कोळसा उत्पादन घेतले जाते आणि त्यांची निर्यात केली जाते. कॅनडाच्या काही भागात लोह, निकेल, सोना, चांदी, तांबे, युरेनियम यांचे भांडार आहे. पर्वतीय क्षेत्रात कोळसा, तांबे, शिसे, जस्त, युरेनियम, चांदी, सोने यांचे उत्पादन घेतले जाते.

कृषी

अमेरिकेमध्ये मोठ्या प्रमाणात गहू उत्पादन घेतले जाते. त्याची निर्यात केली जाते. कापूस, ऊस, मका, सोयाबीन आणि विविध प्रकारच्या पालेभाज्यांचे पीक घेतले जाते. कॅनडासुद्धा गहू उत्पादनात महत्त्वपूर्ण आहे. प्रेअरी प्रदेश गहू,

राय, बार्ली या पिकांसाठी महत्त्वपूर्ण आहे.

व्यापार

अमेरिकेची व्यापारातली भूमिका इतर राष्ट्राच्या तुलनेत महत्त्वपूर्ण आहे.

(अमेरिकेची संयुक्त संस्थाने)

जगात क्षेत्रफळाच्या दृष्टीने अमेरिकेचा चौथा क्रमांक लागतो. या देशाचे क्षेत्रफळ ९८,०९,३९० चौरस किलोमीटर एवढे आहे. या देशाची २००१ ची लोकसंख्या २५४.५ दशलक्ष असून ती जागतिकदृष्ट्या तिसऱ्या क्रमांकावर आहे. या देशाच्या लोकसंख्येची घनता दर चौरस किलोमीटरला २८ एवढी आहे. अमेरिका हा देश ५० राज्यांचा बनलेला असून ५० वे राज्य म्हणून अलास्काकडे पाहिले जाते. उत्तर अमेरिका खंडाच्या मध्यवर्ती भागात स्थित असून उत्तरेला कॅनडा, पश्चिमेस पॅसिफिक महासागर, पूर्वेला अॅटलांटिक महासागर तर दक्षिणेला मेक्सिको यांच्या सीमांनी सीमित आहे.

संयुक्त संस्थानाची प्राकृतिक रचना विविधतेने नटलेली आहे. प्राकृतिक रचनेच्या दृष्टीने संयुक्त संस्थानाचे खालील विभाग पडतात :

१. पूर्व किनारीय मैदानी प्रदेश

मेक्सिकोच्या कॅपीच्या आखातापासून ते फ्लोरिडा द्वीपकल्पापर्यंत पूर्व मैदानी भागांचा यात समावेश होतो. मिसिसिपीच्या काही भागात मोठ्या प्रमाणात रेताड मातीचा प्रदेश असून अन्य काही ठिकाणी दलदलयुक्त जमीन पाहण्यास मिळते.

२. अॅपेलेशियन पर्वतीय प्रदेश

कॅनडाच्या काही भागात अॅपेलेशियन पर्वत भाग असून अमेरिकेत त्यांचा विस्तार उत्तर व दक्षिणमध्ये जास्त असून काही प्रमाणात पश्चिमेस आहे. या भागातील सर्वांत उंच भाग मिचेल असून त्यांची उंची समुद्रसपाटीपासून२०३७ मीटर आहे. त्याच्या दक्षिण भागात पीडमांट पठारी भाग असून त्यांच्या वर ब्ल्यू रिज आहे तर पश्चिम बाजूस अलीरोनीचा पर्वतीय भाग आहे.

२.१. पीडमाँट पठारीभाग

मेक्सिकोच्या आखातापासून जवळच असणाऱ्या या भागाची उंची जवळ जवळ २००-३०० मीटर्सच्या वर असून त्याला पीडमांटचे पठारी भाग म्हणून संबोधले जाते. या पठाराचे वैशिष्ट्य म्हणजे अॅपलेशियन पर्वतीय भागातून नद्या खाली येत असताना त्यांच्यावर धबधबे तयार झाले असून त्या भागात मोठ्या

प्रमाणात कठीण प्रकारचे खडक आढळतात.

२.२ ब्यू रिज

अॅपेलेशियन पर्वत व पीडमाँट पठार यांच्यामध्ये जो भाग येतो त्याला ब्ल्यूरिज या नावाने संबोधले जाते. यांची उंची समुद्रसपाटीपासून २०३७ मीटर पेक्षा कमी आहे.

२.३ अलीरोनी पर्वत

अॅपेलेशियन पर्वत प्रदेशाच्या पश्चिम बाजूस हा एक पठारी प्रदेश आहे. यांची उंची ४०० ते १२०० मीटर्सच्या आसपास आहे.

३. मध्य-पश्चिम प्रदेश :

रॉकी पर्वताच्या पूर्व बाजूस व अॅपेलेशियन पर्वत यांच्या दरम्यान असणाऱ्या भागात मध्य पश्चिम प्रदेश आहे. यामध्ये ओझार्कच्या पठारी भागांचा समावेश होतो. त्याचप्रमाणे उत्तरेकडील मिसुरी, दक्षिण भागातील डलास यांचा समावेश होतो.

४. रॉकी पर्वत श्रेणी किंवा कोलोरॅडो पठार

अलास्कापासून ते कॅनडापर्यंत हा प्रदेश पसरला आहे. रेनियन (४३९२ मी.), अल्बर्ट (४३९८ मी.), रॉबसेन (३९५४ मी.) ही उंच शिखरे या भागात आहेत.

रॉकी पर्वताच्या पश्चिम बाजूस अनेक उंच असे पठारी भाग आहेत. कोलोरॅडोच्या पठारांची उंची १२०० मीटरपेक्षा जास्त आहे. ग्रेट सॉल्ट लेक व पॉवेल सरोवर या भागात आहे.

५.पश्चिम घाट प्रदेश

अमेरिकेच्या पश्चिम बाजूस मोठ्या प्रमाणात पर्वतीय भाग असल्याचे दिसून येते. यामध्ये कॅलिफोर्नियाचे द्वीपकल्प, सिएरा नेव्हाडा, कोस्ट रेंज या पठारी प्रदेशांचा समावेश होतो. किनारी भागात मेडोसीनो भूशिर, सॅन फॅन्सिस्को, लोस मोचीस यांचा समावेश होतो.

६. अलास्का आणि हवाई बेटे

अलास्का एक पर्वतीय प्रदेशाचा भाग आहे. अमेरिकेतील सर्वात उंच भाग या प्रदेशाचा असून त्यांची उंची समुद्रसपाटीपासून ६१९३ मीटर असून त्या खालोखाल लोगन (६०५० मी.) हा उंच भाग आहे. त्याचप्रमाणे दक्षिण बाजूस ब्रूक्स रेंज आहे आणि पश्चिमेला अलास्का द्वीपकल्प आहे.

अमेरिकेचे ५० वे राज्य हवाई बेटे असून त्यामध्ये प्रामुख्याने ज्वालामुखीय बेटांचा समावेश होतो.

रॉकी पर्वतात उगम पावणाऱ्या मिसुरी व मिसिसिपी या दोन नद्या सर्वात मोठ्या आहेत. मिसिसिपीला डलास, रे, आर्केन्झर या नद्या येऊन मिळतात तर मिसुरीस प्लेट, यलोस्टोन या नद्या येऊन मिळतात. त्याचप्रमाणे पीस, स्नेक, गीला या प्रमुख नद्या या भागात असून बहुतेक नद्या या रॉकी पर्वतात उगम पावतात.

हवामानाचा विचार केला तर पूर्व बाजूस असणाऱ्या अटलांटिक महासागर, पश्चिम बाजूस असणाऱ्या पॅसिफिक महासागर तर पश्चिमेस असणाऱ्या रॉकी पर्वत रांगा यांचा वातावरणावर फारच परिणाम होत असतो. अंतर्गत भागात तापमान फारच असते. बेटांवर मोठ्या प्रमाणात सागरी हवामानाचा परिणाम होऊन हवामान समान राहण्यास मदत होते.

अमेरिकेच्या पूर्व भागात तापमान चांगले असून त्या भागात आर्द्र वातावरण असते. वार्षिक पर्जन्यमान ५५ सें.मी. आहे. पर्वतीय भाग व पॅसिफिक महासागर परिसरात २५-३० सेंमी. पर्जन्यमान्य असते. संपूर्ण देशाचा विचार केला तर उत्तर आणि पश्चिम बाजूस सर्वात जास्त पर्जन्यमान्य असते. त्याचे प्रमाण २०० सेंमी. पेक्षाही जास्त असते.

अक्षवृत्तीय विस्ताराचा प्रभाव या भागात जास्त असल्याचे दिसून येते. त्यामुळे पूर्वीय भागातील न्यूयॉर्क भागात तापमान १२.५° से. पर्यंत असते. दक्षिण भागांचा विचार केला तर हवामान उष्ण प्रकारचे असते. मध्य भागात तापमान फारच उष्ण असते. ते सरासरी २३° से. इतके असते. भूमध्य सागरीय वातावरणांचा विचार केला तर लॉसएंजेलीसचे तापमान प्रशांत महासागरामुळे १८ अंश से. इतके वार्षिक आढळते. व्हिक्टोरिया, ऑलिम्पिया आणि पोर्टलंड येथील वार्षिक तापमान १२ अंश से. इतके आढळून येते.

अमेरिकेच्या पश्चिम भागात मोठ्या प्रमाणात दुष्काळ पडतात तर पॅसिफिक महासागराच्या किनारी भागात हिवाळ्याच्या कालखंडात मोठ्या प्रमाणात पूर येतात. पश्चिमी पर्वत रांगेत व वाळवंटी प्रदेशात कधी कधी शुष्क हवामानामुळे मोठ्या प्रमाणात जंगलात वणवा पेटतो.

मृदा

अमेरिके मध्ये मोठ्या प्रमाणात नद्यांनी वाहून आणलेली माती ही नदीच्या बाजूच्या प्रदेशात पसरते. त्या मृदेमध्ये हिमोढामुळे वाहून आणलेली माती मोठ्या प्रमाणात दिसून येते. मोरेन (moraine) प्रकारची माती सुद्धा या भागात दिसून येते.

मृदा संरक्षणासाठी अनेक प्रकारचे प्रयोग अमेरिकेत केले जात असले तरी त्यांचा उपयोग होत नाही. बहुतेक परिसरातील माती ही वाहून जात असते.

अमेरिकेत मोठ्या प्रमाणात लाकडाचे उत्पन्न घेतले जाते. त्यामुळे जगात त्यांचा लाकूड उत्पादनात पहिला क्रमांक लागतो. (दुसऱ्या स्थानावर रशिया असून तिसरे स्थान चीनचे आहे. चौथे स्थान भारताचे आहे.)

अमेरिकेमध्ये विविध प्रकारची वनस्पती आपणास दिसून येते. त्यामध्ये अलास्का भागात स्प्रूस, पश्चिम भागामध्ये सदाहरित ओक, डग्लस, फर इत्यादी वृक्ष आढळतात. ग्रेट लेक्स प्रदेशात पांढरे पाईन, टेनेसी नदीच्या प्रदेशात ओक, हिकोरी तसेच फ्लोरिडा राज्यात खाजण वनस्पती, पामेटो प्रकारचे वृक्ष आढळतात.

अमेरिकेने कृषीच्या बाबतीत फारच प्रगती केली असून शेतातील सर्व कामे यंत्राद्वारे केली जातात. येथील प्रमुख पीक हे मका असून त्यानंतर सोयाबीन, गहू, कापूस, तंबाखू, ज्वारी, तांदूळ आणि बटाटा यांचे उत्पादन घेतले जाते. या भागाचा मका उत्पादन व सोयाबीन उत्पादनात प्रथम क्रमांक असून डुक्कर पैदास आणि पशुधनामध्ये दुसरे स्थान आहे. चीन आणि भारत नंतर गहू उत्पादनात याचा तिसरा क्रमांक लागतो. तंबाखू उत्पादनात चौथा क्रमांक आहे.

कृषीचा विकास पूर्णपणे वॉन थूनन (Von Thunen) याच्या सिद्धान्तावर आधारित आहे. या प्रणालीप्रमाणे

१. पहिल्या भागात मोठ्या प्रमाणात फळे व भाजीपाला यांचा समावेश होतो. त्यांच्या बाजूला दुग्ध व्यवसायाचा विकास झालेला दिसून येतो.
२. दुसऱ्या भागात जंगलातून विविध प्रकारचे लाकूड आणले जाऊ लागते.
३. तिसऱ्या प्रकारात विविध प्रकारचे अन्नधान्य व पशुपालन केले जाऊ लागते. त्यामुळे गहू उत्पादनात अग्रस्थान दिले जाऊ लागते.
४. सर्वात बाहेर पशुपालन विकसित केले जाते. त्यामध्ये मांस उत्पादनाचा दृष्टिकोन पुढे ठेवला जातो.

दूध संकलन करण्यात भारतानंतर अमेरिकेचा क्रमांक लागतो. त्यानंतर रशिया, जर्मनी, फ्रान्स आणि ब्राझीलचा क्रमांक लागतो. जगात मांस उत्पादनात संयुक्त राज्य अमेरिकेचा पहिला नंबर असून त्या खालोखाल ब्राझील, चीन आणि भारत यांचा क्रमांक लागतो.

अमेरिकेचा बराच मोठा भाग जंगलांनी व्यापलेला आहे. त्यामुळे या भागात टिंबर उद्योग विकसित झालेला आहे. एकतृतीयांश भूमीवर जंगल क्षेत्र

व्यापले असून जगातील १५% लाकूड उत्पादन संयुक्त राज्य अमेरिकेत घेतले जाते. कृषीस जोडधंदा म्हणून मोठ्या प्रमाणात मासेमारी व्यवसाय विकसित झाला आहे. मासेमारी व्यवसाय प्रामुख्याने अलास्का व कॅलिफोर्निया यामध्ये मोठ्या प्रमाणात विकसित केला जात आहे.

लोहखनिज उत्पादनात जगात हा दुसऱ्या क्रमांकाचा देश असून, जागतिक उत्पादनापैकी १२ टक्के उत्पादन येथे होते. वार्षिक उत्पादन सुमारे ५९० लक्ष टन आहे. अमेरिकेत सरोवर विभाग, ॲपेलेशियन विभाग, पश्चिम विभाग यात मोठ्या प्रमाणात उत्पादन घेतले जाते.

१. सरोवर विभाग – पंचमहासरोवर विभागात देशाच्या एकूण उत्पादनाच्या ७५ टक्के उत्पादन होते. सुपिरीयर सरोवर, मिशिगन सरोवर, क्लिव्हलँड ही क्षेत्रे महत्त्वाची आहेत. मिशिगन राज्यात देशातील सर्वात मोठी जगप्रसिद्ध खाण आहे. सरोवर विभागातील ८० टक्के उत्पादन या खाणीतून होते.
२. ॲपेलेशियन विभाग – ॲटलांटा राज्यामध्ये कोळसा व चुनखडी यांच्या परिसरात लोहखनिज मिळते. औद्योगिकदृष्ट्या महत्त्वपूर्ण उत्पादन या विभागात होते. याशिवाय ईशान्य भागात न्यूयॉर्क, पेनसिल्व्हानिया क्षेत्रात उत्पादन महत्त्वाचे आहे. वार्षिक उत्पादन ४० ते ५० लक्ष टन आहे.
   येथील लोह मॅग्नेटाईट या उच्च प्रकारचे असल्याने व्यापारास पोषक आहे. दक्षिण ॲपेलेशियन भागात टेनेसी, बर्मिंगहॅम ही महत्त्वाची क्षेत्रे आहेत. येथे हेमॅटाईट व लिमोनाईट याप्रकारची खनिजे आढळतात. येथील उत्पादन ८० लक्ष टनांपर्यंत आहे.
३. पश्चिम विभाग – या विभागात उटाह, कॅलिफोर्निया, नेवाडा, व्योमिंग या राज्यात लोहखनिज आढळते.

अमेरिकेमध्ये बॉक्साईट उच्च प्रतीचे असून मुख्य साठे जॉर्जिया, अर्कान्सास, टेनेसी आणि अलाबामा या राज्यात आहेत. अर्कान्सास राज्यात सेलादन काऊंटी मधून मोठ्या प्रमाणात उत्पादन निघते. मागणी जास्त असल्यामुळे संयुक्त संस्थान बॉक्साईट आयात करते.

कॅरोलिना, न्यू हॅम्पशायर भागात अभ्रक भुग्याच्या स्वरूपात आढळते. अभ्रक हे खनिज पांढरे किंवा लालसर रंगाचे असून चकचकीत, पारदर्शक, कडक व चिवट असते. याचे पातळ थर एकमेकांना चिकटलेले असतात. अभ्रकाचा थर जेवढा पातळ तेवढे अभ्रक जास्त किंमती असते. अभ्रक हे विद्युतविरोधक असल्याने अभ्रकाला विद्युत उद्योगात तांब्याइतकेच महत्त्व आहे.

जगातील सर्वात अधिक कोळसा उत्पादन या देशात होते. जागतिक उत्पादनाच्या ३५ टक्के कोळसा येथे उत्पादित होतो. याची प्रमुख उत्पादन क्षेत्रे खालीलप्रमाणे आहेत :

१. ॲपलेशियन क्षेत्र – हे कोळसा क्षेत्र पेनसिल्वानियापासून ते अल्बामा पर्यंत हा प्रदेश पसरलेला आहे. या भागात उत्कृष्ट बिटूमिन्स प्रकारचा कोळसा सापडतो. या भागात आधुनिक यंत्राद्वारे खनिजातून कोळसा बाहेर काढला जातो. त्यामुळे यामध्ये तीन विभाग पडतात.

(अ) पश्चिम पेनसिल्वानिया – याला पीटसबर्ग क्षेत्र असे सुद्धा म्हटले जाते. हा प्रदेश ओहिया पासून पेन्सिल्वानियापर्यंत पसरलेला आहे. येथे अँथ्रा प्रकारचा कोळसा सापडतो.

(आ) मध्य ॲपेलिशयन कोळसा क्षेत्र – यामध्ये पीटसबर्ग व दक्षिणेस टेनेसी केंटकी या भागांचा समावेश होतो.

(क) दक्षिण ॲपेलिशयन कोळसा क्षेत्र – अल्बामापासून टेनीसी राज्यापर्यंत हा भाग पसरलेला आहे. देशातील पाच टक्के कोळसा उत्पादन या भागात होते.

२. अंतर्गत भागातील कोळसा क्षेत्र – या कोळसा खाणीचा प्रदेश केंटकी पासून इलियान पर्यंत पसरलेला आहे. देशातील २० टक्के कोळसा या भागात उत्पादन होतो.

३. रॉकी पर्वतीय कोळसा क्षेत्र – कोलोरॅडो, मोनटाना या राज्यांचा यात समावेश होतो.

४. पॅसिफीक महासागर किनारी क्षेत्र – अलास्काच्या किनारी प्रदेशात मोठ्या प्रमाणात कोळसा उत्पादन होते.

खालील राज्यात पेट्रोलियम पदार्थांचे उत्पादन होतात.

१. मध्य भागातील क्षेत्र – या भागात प्रामुख्याने ओक्लाहामा सिटी, टेक्सास आणि कान्सास या तीन राज्यात ५० टक्के उत्पादन होते.

२. कॅलिफोर्निया – लॉस एंजेलिस, सॅन जेकुविनच्या या पर्वतीय भागात १८८७ पासून तेल उत्पादन घेतले जात आहे. देशातील १६ टक्के तेल या भागातून काढले जाते.

३. मेक्सिकोचा आखाती प्रदेश

४. ॲपेलेशियन – न्यूयॉर्कपासून पेनसिल्वेनिया आणि पूर्वेकडील पूर्वी भागात ओहायो, टेनेसी पर्यंत हा पसरलेला आहे.

जगातील प्रमुख औद्योगिक देशांपैकी एक अग्रेसर असा देश म्हणजे

अमेरिका होय. विविध प्रकारच्या उपकरणांची निर्यात या देशातून इतरत्र केली जाते. यामध्ये मोठ्या प्रमाणात विविध प्रकारची वाहने, खाद्य वस्तू, रसायने, छपाई साहित्य, विविध धातू उत्पादने निर्यात केली जातात. लोह उत्पादन, कृत्रिम रबर आणि कागद उत्पादनात अमेरिकेचा प्रथम क्रम आहे. त्याचप्रमाणे सिमेंट उत्पादनात चीन, भारत, दक्षिण कोरिया नंतर चौथ्या स्थानावर अमेरिकेचा क्रमांक लागतो.

अमेरिकेच्या पूर्व भागात मोठ्या प्रमाणात सुतीवस्त्र उद्योग विकसित झाले आहेत तर न्यूयॉर्क आणि मॅनहटन येथे वस्त्रनिर्मितीचे अनेक उद्योग आहेत. त्याचप्रमाणे रासायनिक पदार्थ निर्मिती, विमान वाहतूक तसेच वीजनिर्मितीचे साहित्य या भागात तयार होते.

उद्योग आणि अर्थव्यवस्थेमध्ये समुद्र किनाऱ्यावरील राज्यांचा प्रथम क्रमांक लागतो.

पहिली सुतीवस्त्र गिरणी १७९० च्या दरम्यान स्थापित झाला आहे. अमेरिकेत खालील भागात सुतीवस्त्र निर्मिती केली जाते.

१. मध्य अटलांटिक किनारी क्षेत्र - या क्षेत्रामध्ये विलमिंटन, जर्मन टाऊन, जर्सी, ट्रेनटन, हॅरिसबर्ग, बाल्टिमोर हे प्रमुख आहेत.
२. दक्षिण अपलेशियन क्षेत्र- चार्लोट, कोलंबिया, अगस्ता आणि अटलांटाचा समावेश होतो.
३. न्यू इंग्लंड - न्यू बेडफोर्ड, फॉल रिवर, टाऊनटन, लोवेल आणि मँचेस्टर यांचा समावेश होतो.

आजच्या वैज्ञानिक क्षेत्राची गरुडझेप पाहता येथे संगणकाच्या युगात विविध प्रकारची क्रांती झाली आहे. त्याचबरोबर माहिती प्रणालीचा विकास साधला गेला. जगातील सर्वात आधुनिक तांत्रिक प्रगती या भागात झाली. त्याचे केंद्र कॅलिफोर्नियात आहे.

सध्या देशातील बरेचसे उद्योग देशाच्या मध्य भागात स्थलांतरित होण्यास सुरुवात झाली आहे. ११ सप्टेंबर २००१ नंतर पूर्व किनाऱ्यावरून अनेक उद्योग मध्य दक्षिण अमेरिकेत इतरत्र स्थलांतरित होऊ लागले आहे.

या प्रदेशात मोठ्या प्रमाणात विविध वस्तू निर्यात केल्या जातात. त्यामध्ये गहू, मका, सोयाबिन, विविध प्रकारचे रासायनिक पदार्थ,विविध प्रकारची वाहने, आणि तांत्रिक घटक यांचा समावेश होतो. आयात करणाऱ्या घटकामध्ये पेट्रोलियम, वाहन आणि विद्युत उपकरणे यांचा अंतर्भाव होतो.

अमेरिकेतील मुख्य शहरांचे विभाग असे आहेत.

१. अटलांटिक किनारीय शहरे – पूर्व किनाऱ्यावर सर्वात मोठे शहरी विभाग असून त्यांची एकूण लांबी १००० किलोमीटर्स आहे. यामध्ये बोस्टन, न्यूयॉर्क, फिलाडेल्फिया, बाल्टिमोर यांचा समावेश होतो. आर्थिकदृष्ट्या हे अमेरिकेचे हृदय असून देशाची राजधानी वॉशिंग्टन याच भागात आहे.

२. पीडमॉन्टचा शहरी भाग – यामध्ये अटलांटा, रेलें, शार्लट यांचा समावेश होतो. या भागात प्रामुख्याने सुतीवस्त्र उद्योग, हॉस्पिटलमधील विविध उपकरणे, वाहने, रासायनिक पदार्थ यांचा मुख्य करून समावेश होतो.

३. उत्तर पश्चिमी पॅसिफिक महासागरीय विभाग – यामध्ये पोर्टलँड, सिॲटल, व्हँकुव्हर ही प्रमुख शहरे असून या शहरांमध्ये मुख्य करून कॉम्प्युटर, विमाने व विविध प्रकारची यंत्रसामग्री तयार केली जाते. विशेष करून विविध रसायने तयार केली जातात.

४. कॅलिफोर्निया विभाग – या विभागात सान डियागो, लॉस एंजेलिस, सॅन फ्रॅन्सिस्को यांचा समावेश होतो. जगातील सर्वात मोठी माहिती तंत्रप्रणाली केंद्रे याच भागात आहेत. मोठ्या प्रमाणात भूकंप, पूर आणि भूस्सखलन होतात.

५. फ्लोरिडा विभाग – मियामी, टम्पा, जॅकसनविल आणि ओरलँडो हे विभाग यामध्ये समाविष्ट होतात. या विभागात रासायनिक पदार्थ, पेट्रोलियम पदार्थ, सुतीवस्त्र उद्योग, विविध प्रकारची तांत्रिक उपकरणे तयार केली जातात.

६. ग्रेट लेक्स विभाग – शिकागो, डेट्रॉइट, ओरलँडो, क्लिव्हलँड,बफेलो आणि पीटसबर्ग अशा औद्योगिकदृष्ट्या प्रगत केंद्रांचा यात समावेश होतो. त्याचप्रमाणे विविध प्रकारची यंत्रसामग्री, रासायनिक पदार्थांची निर्मिती केली जाते. बफेलो, क्लिव्हलँड, डेट्रॉइट भागात विविध उपकरणे व तांत्रिक घटकांची निर्मिती होते.

७. टेक्सास विभाग – ह्यूस्टन, डलास, फोर्टवर्थ इयुलस यांचा समावेश यात होतो.

संयुक्त राज्य अमेरिकेमधील प्रमुख शहरे पुढीलप्रमाणे आहेत.

१. शिकागो – संयुक्त संस्थानांच्या पश्चिम–मध्य विभागातील सर्वात मोठे शहर असून या विभागात मोठ्या प्रमाणात औद्योगिक केंद्र स्थापित झाले आहे.

२. बोस्टन – संयुक्त संस्थान मधील हे सर्वात जुने शहर आहे.

३. अटलांटा – पूर्व विभागातील जॉर्जिया हे सर्वात मोठे शहर असून ते अटलांटा राज्याची राजधानी आहे. ते विविध प्रकारची भव्य स्वरूपाची हॉटेल, बाजारासाठी प्रसिद्ध आहे.

४. डलास – टेक्सास भागातील हे दुसऱ्या क्रमांकाचे शहर असून या भागात मोठ्या प्रमाणात खनिजातून तेल काढले जाते. त्याचप्रमाणे विजेची उपकरणे, विविध प्रकारची खाद्ये तयार केली जातात.

५. डेनव्हर – संयुक्त संस्थान राज्याच्या पश्चिमी बाजूस असून ती पश्चिम बाजूची राजधानी म्हणून प्रसिद्ध आहे.

६. क्लिव्हलँड – हे ओहायो राज्यातील सर्वात महत्त्वाचे शहर आहे.

७. न्यूयॉर्क – न्यूयॉर्कला सांस्कृतिक व आर्थिक केंद्र म्हणून मान्यता प्राप्त झाली आहे. जगाच्या दृष्टीने या शहराला विशेष महत्त्व आहे. येथे यूनोचे कार्यालय आहे.

८. सॅन फ्रन्सिस्को – पश्चिम किनारपट्टीवर असणाऱ्या कॅलिफोर्निया भागात या नगराचा विस्तार झाला आहे. स्थानिक नैसर्गिक सौंदर्य आणि विविध मनोरंजनाची साधने आणि फॅशनची संस्कृती यासाठी जगात हे प्रसिद्ध आहे. पश्चिम किनाऱ्यावरचे सर्वात महत्त्वाचे व्यापारी केंद्र आहे.

९. लॉस एंजेलिस – नवीन फॅशनचे शहर म्हणून मान्यता प्राप्त आहे. स्पॅनिश लोकांनी हे शहर १७८१ मध्ये स्थापन केले आहे. हे शहर मोठ्या प्रमाणातील विविध विद्युत उपकरणांसाठी प्रसिद्ध आहे.

१०. सॅन डियागो – याचा विकास फारच झपाट्याने झालेला दिसून येतो. स्थानिक हवामानाच्या चांगल्या गुणधर्मामुळे याला विशेष महत्त्व प्राप्त झाले आहे. विमानांची निर्मिती याच भागात केली जाते.

११. ह्यूस्टन – टेक्सास मधील हे सर्वात महत्त्वाचे नगर आहे. मेक्सिको पासून ८० किलोमीटर दूर, सर्वात मोठे बंदर आहे. येथे पेट्रोलियम पदार्थ स्वच्छ करण्याचा, सुती वस्त्र आणि खाद्य उद्योग चालतो. देशातील ५० टक्के रबराचे उत्पन्न या भागात होते.

१२. सेंट लुई – मिसिसिपी नदीच्या पश्चिम किनारी भागात स्थापित हे शहर असून या शहरामध्ये प्रामुख्याने जहाजबांधणी उद्योग, तांत्रिक साहित्यनिर्मिती केली जाते, त्याचप्रमाणे विविध रासायनिक उद्योगनिर्मितीचे कारखाने याच भागात आहेत.

१३. न्यू ऑर्लिन्सस – १७१८ मध्ये फ्रान्समधील जनतेने यांची स्थापना केली त्यामुळे याला विदेशी लोकांचे नगर म्हणून संबोधले जाते. मिसिसिपी नदीच्या काठालगत, रेल्वेचे सर्वात मोठे जंक्शन आहे.

१४. डेट्रॉइट – हे अमेरिकेच्या वाहन उद्योगात अग्रेसर आहे. देशातील

सर्वात मोठ्या वाहन उद्योगाची निर्मिती करणारे कारखाने याच विभागात आहेत. जनरल मोटर्स, फोर्ड, क्रायस्लर या तीन मोटार उद्योगाचे कारखाने याच विभागात आहे.

(कॅनडा)

कॅनडा या देशाचे क्षेत्रफळ ९९,७०,६१० चौरस किमी इतके असून लोकसंख्या ३१ दशलक्ष आहे. पूर्व-पश्चिम विस्तार ५५१४ किलोमीटर आहे. कॅनडाची राजधानी ओटावा आहे. कॅनडा देशात ओटावा पेक्षा जास्त लोकसंख्या मॉंट्रियल या शहराची आहे.

कॅनडाच्या भौगोलिक पार्श्वभूमीचा विचार केला तर पश्चिम बाजूस पॅसिफिक महासागर, पूर्व बाजूला अटलांटिक महासागर, दक्षिण दिशेस राज्य अमेरिका, उत्तरेला आर्क्टिक महासागर आहे. कॅनडा फेडरल राष्ट्र असून त्यामध्ये दहा राज्य आणि तीन केंद्रशासित प्रदेशांचा समावेश होतो. देशाची ९० टक्के लोकसंख्या दहा राज्याच्या शहरी भागात वास्तव्य करीत आहे. राष्ट्राच्या पश्चिम बाजूला प्रेअरी गवताळ प्रदेश आहे. केंद्रशासित राज्यात यूकॉन, उत्तर-पश्चिम प्रदेश, आणि नूनावट यांचा समावेश होतो. एवढ्या मोठ्या भूमीवर फक्त १ लाख व्यक्ती वास्तव्य करतात.

कॅनडाची प्राकृतिक रचना वैविध्यपूर्ण आहे. कॅनडाच्या पश्चिम भागात रॉकी पर्वत आहेत. मध्यभाग मैदानी स्वरूपाचा आहे. उत्तरेकडील हिमाने आच्छादित असतो. कॅनडाची भूभागाच्या आधारित सहा भागात विभागणी केली जाते.

१. कॅनेडियन ढाल,
२. ॲपलेशियन प्रदेश,
३. आर्क्टिक द्वीप समूह,
४. ग्रेट-लेक-सेंट लॉरेंसचे मैदान,
५. अंतर्गत मैदान,
६. कॉरडिलेरा प्रदेश.

१. कॅनेडियन ढाल - 'कॅनडा ढाल' भागात खनिजांचे भांडार असून पूर्वी हा भाग बर्फानी आच्छादलेला होता. आजमितीला या भागात मोठ्या प्रमाणात बर्फाचे मोठे हिमनग येऊन दलदलीचे प्रदेश तयार झाले आहे. यामध्ये प्रामुख्याने लॅब्राडोर, ओन्टारियो, क्युबेक, मॅनिटोबा आणि वायव्य केंद्रशासित प्रदेश यांचा यात समावेश होतो.

२. ॲपलेशियन प्रदेश – कॅनडाच्या पूर्व भागात समुद्र किनारी प्रिन्स एडवर्ड बेटांचा समावेश होतो. त्यांच्या उत्तरेला असणाऱ्या न्यू फाउडलंड याचासुद्धा समावेश यात होतो. या भागातील सर्वात उंच पर्वताची उंची १२७० मी आहे. ती न्यूफाउडलंड बेटावर आहे. कॅनडा देशाचे ३.४ टक्के क्षेत्रफळ ॲपेलेशियन पर्वतरांगेने व्यापले आहे.

३. आर्क्टिक द्वीप समूह – देशाच्या क्षेत्रफळाच्या ८.३ टक्के क्षेत्र या भागाने व्यापले आहे. हा प्रदेश कॅनेडियन ढाल प्रदेशाच्या उत्तरेला आहे. हा प्रदेश ध्रुव भागात असल्याने तो बर्फाच्छादित असतो.

४. ग्रेट–लेक–सेंट लॉरेंसचे मैदानी भाग – क्षेत्रफळाचा विचार करता या भागात छोट्या प्रमाणात क्षेत्र या भागाने व्यापले असून त्यांचे प्रमाण १.३ टक्के आहे. परंतु या भागातील सर्वात जास्त लोकसंख्या या भागात वास्तव्य करते. हा एकसारखा मैदानी प्रदेश आहे. यात प्रामुख्याने क्युबेक, ओन्टारियो अशा भागांचा समावेश होतो.

५. अंतर्गत मैदान – कॅनेडियन ढाल प्रदेश व रॉकी पर्वतश्रेणीच्या मध्य भागात अंतर्गत मैदानी प्रेअरीचे मैदान आहे. देशातील १८.३ टक्के क्षेत्र या भागाचे आहे. या भागात ब्रिटिश कोलंबिया, अल्बर्टा यांचा समावेश होतो. या भागात मोठ्या प्रमाणात गहू पीक घेतले जाते.

६. कॉरडिलेरा प्रदेश – कॅनडाच्या पश्चिम बाजूस हा भाग पसरलेला आहे. कॅनडाच्या पश्चिम बाजूस असणाऱ्या रॉकी पर्वत श्रेणी व पॅसिफिक महासागराचा किनारी भाग यामध्ये समाविष्ट होतो. यात ब्रिटिश कोलंबिया, प्रिन्स जॉर्ज यांचा समावेश केला जातो.

ग्रेट लेक्स व ॲपेलेशियन पर्वतरांगा भागातील वातावरण अधिक प्रमाणात आर्द्र असते. जानेवारीमध्ये तापमान -१०° से असते तर जुलैमध्ये २०° से तापमान असते. पॅसिफिक महासागरच्या किनारी भागात सागरीय तापमान दिसून येते. त्यामुळे उष्ण कालखंडात तापमान शीतल असते. रॉकी पर्वत क्षेत्र, प्रशान्त महासागर भाग, आणि ॲटलांटिक महासागर यांचा कॅनडाच्या वातावरणावर परिणाम पडलेला दिसतो. कॅनडात मोठ्या प्रमाणात विविधता पाहण्यास मिळते.

कॅनडाच्या पर्वत भागातील सेंट लॉरेन्स जलप्रणाली महत्त्वपूर्ण आहे. हडसन उपसागरात अनेक नद्या आपल्या पाण्याचा ओघ सोडत असतात. त्यामध्ये प्रामुख्याने ऑल्बली, नेल्सन, मेकँझी यांचा समावेश होतो. पॅसिफिक महासागरात प्रामुख्याने फ्रेजर, युकॉन या नद्या पाणी आणून सोडत असतात.

कॅनडा देशाच्या सरासरी २६ टक्के भूमीवर पॉडझाल प्रकारची मृदा असून

त्यामध्ये ह्यूमसचे प्रमाण जास्त असते. ॲपलेशियन पर्वतीय भाग, सेंट लॉरेन्स आणि ग्रेट लेक्सच्या भागात तशाच प्रकारची माती पसरलेली असून ती फार उपयुक्त आहे.

गहू उत्पादनास उपयुक्त अशी माती प्रामुख्याने विनिपेग, कॅलगरी, एडमंटन या प्रदेशात आपणास दिसून येते. तिला चर्नोझेम किंवा काळी माती असे संबोधले जाते.

उत्तर भागात मोठ्या प्रमाणात शीतोष्ण कटिबंधात मोडत असल्याने येथे प्रामुख्याने गवत दिसते. उत्तर भागात टुंड्रा प्रकारची वनस्पती दिसून येते. त्यामध्ये प्रामुख्याने दगडफूलसारख्या वनस्पती आढळून येतात.

हवामान व प्राकृतिक रचना यांचा वनस्पती जीवनावर परिणाम झाला आहे. याचा परिणाम म्हणून कॅनडाची वनसंपदा तीन प्रकारात मोडलेली आढळते : जंगले, गवत, टुंड्रा वनस्पती. यात पहिल्या प्रकारात प्रामुख्याने सुचिपर्णी प्रकारच्या वनस्पती आढळतात. या जंगलात स्प्रूस, पाईन, फर, बर्च इ. प्रकारच्या वनस्पती आढळतात. प्रेअरीच्या भागात गवतासारखी वनस्पती आढळते. हा भाग दुसऱ्या प्रकारात समाविष्ट होतो. उत्तरेकडचा भाग तिसऱ्या प्रकारात समाविष्ट होत असून येथे शेवाळे, नेचे या सारख्या टुंड्रा प्रकारच्या वनस्पती आढळतात.

कॅनडाच्या जंगलात प्रामुख्याने पांढरे हरीण, गिलहरी, कोल्हे, अस्वल वगैरे प्राणी आढळतात.

कॅनडामध्ये अनेक प्रकारच्या खनिजांचे उत्खनन होते. या भागात प्रामुख्याने खनिज पेट्रोलियम, निकेल, तांबे, जस्त, लोह, नैसर्गिक गॅस, गंधक सोने आणि प्लॅटिनम यांचा समावेश होतो. कॅनडाच्या एकूण क्षेत्रफळाचा विचार करता ५० टक्के भागावर वन आहे. त्यामुळे येथे मोठ्या प्रमाणात इमारतीसाठी लाकूड प्राप्त होते. त्याचप्रमाणे कागद आणि इतर उद्योगधंद्यांना त्यामुळे चांगले दिवस आलेले दिसतात. लाकूड, कागद, फर्निचर यांचा निर्यातीत कॅनडाचा सर्वात वरचा क्रमांक आहे. यांचे उत्पादन प्रामुख्याने ब्रिटिश कोलंबिया, ओंटारिओ आणि क्युबेकमध्ये होते.

कॅनडाच्या रेडइंडियन व एस्किमो जातीची लोकसंख्या अल्प प्रमाणात आपणास दिसून येते. यूकॉन आणि वायव्य भागात त्यांचे प्रमाण जास्त आहे. कॅनडाची अधिकतर लोकसंख्या क्युबेक व ओन्टारीयो भागात आढळून येत आहे.

भूरचना आणि थंड वातावरण याचा कृषी जीवनावर मोठा परिणाम झालेला दिसून येतो. देशाची लोकसंख्या कमी असल्याने, मोठ्या प्रमाणात गहू उत्पादन घेऊन ते निर्यात केले जाते. शेतीमध्ये प्रामुख्याने गहू, जई हे प्रमुख पिके घेतली

जातात. देशाच्या इतर भागात मोठ्या प्रमाणात गवत पिकवून शेतीला जोडधंदा म्हणून दूध व्यवसाय केला जातो.

जास्त प्रमाणात अॅटलांटिक सागरी भाग, पूर्व-पश्चिम समुद्र किनारा या भागात मोठ्या प्रमाणात मासेमारी व्यवसाय केला जातो. त्यामध्ये न्यू फाऊंडलँड भागात मोठ्या प्रमाणात कॉड, हेरिंग, लॉबस्टर या प्रकारचे मासे पकडले जातात व त्यांची निर्यात मोठ्या प्रमाणात केली जाते.

कॅनडीयन ढाल प्रदेशात मोठ्या प्रमाणात उद्योगधंदे विकसित झाले आहेत. याच भागात मोठ्या प्रमाणात तेल व प्राकृतिक गॅस उत्पादन घेतले जाते. अल्बर्ट मध्ये तेलाचे भांडार आहे. कॅनडामध्ये मोठ्या प्रमाणात शेती ही यंत्राच्या साहाय्याने केली जाते. तेथे फक्त २ टक्के शक्ती खर्ची पडते तर १८ टक्के ही उद्योगधंद्यात लागलेली आहे. ८० टक्के शक्ती ही विविध प्रकारच्या सेवामध्ये खर्ची पडत असते.

हा प्रदेश जास्त प्रमाणात थंड असल्याकारणाने वाहतुकीच्या विविध सेवांचा विकास झालेला नाही तरी सुद्धा ९ लक्ष कि.मी. लांबीचे रस्ते आहेत. त्याचप्रमाणे रस्ते व लोहमार्गाच्या मर्यादा ग्रेट लेक्स भागात सर्वांत जास्त आहे. ह्या भागात विमान वाहतुकीद्वारे एका शहरापासून दुसऱ्या शहरात जाणे येणे असते.

खनिज उद्योगधंद्यामध्ये पाईपद्वारे तेल व गॅस वाहतूक केली जाते. एडमंड्टन ते माँट्रियलपर्यंत पाईप लाईन आहे. पाईप लाईनद्वारे तेलाची निर्यात केली जाते.

कॅनडामध्ये जवळ जवळ २३ टक्के लोकसंख्या ही खेड्यामध्ये तर ७७ टक्के लोकसंख्या ही शहरी भागात वास्तव्य करते. या भागात वास्तव्य करणारे लोक प्रामुख्याने युरोपीय वंशाचे आहेत. फ्रेंच लोकांचे प्रमाण ८० टक्के क्युबेक राज्यात आहे. त्याचप्रमाणे इतर राज्यात युरोपियन आणि फ्रेंच यांचे वास्तव्य असून त्यांनी त्यांची संस्कृती जपण्याचा प्रयत्न केला आहे. कॅनडाचा विचार केला तर ४० टक्के लोकसंख्या युरोपीय लोकांची आहे. देशात प्रामुख्याने भारत, जर्मनी, इटली, हॉलंड, डेन्मार्क, स्वीडन, नॉर्वे, पाकिस्तान, चीन व बांगला देश येथून आलेले लोक राहतात.

वनाखालील क्षेत्र जास्त असल्याने लाकूड, कागद, गहू आणि इतर पदार्थ निर्यात केले जातात. त्यामध्ये खाद्यपदार्थ, चहा, कॉफी ही कृषी उत्पादने निर्यात केली जातात. पेट्रोलियम पदार्थ, रसायने, कॉम्प्युटर, विद्युत उपकरणातील साहित्य यांची निर्यात केली जाते.

निर्यातीतील ७० टक्के सामान अमेरिकेत तर ६ टक्के जपानमध्ये पाठविले जाते.

क्युबेक, हॅमिल्टन, कार्टियर, मॉंट्रियल, हॅलिफॅक्स, सेन्ट जॉन ही प्रमुख बंदरे आहेत.

(मध्य अमेरिका)

माया संस्कृतीचा विकास ३००० वर्षांपूर्वी मध्य अमेरिका या खंडात या भागात झाला. त्या कालखंडामध्ये मोठ्या प्रमाणात इ.स. पूर्व १००० व ५०० मध्ये मंदिरे व पिरॅमीड बांधले गेले. त्या कालखंडामध्ये मका, ऊस, टोमॅटो, काकडी, कोकम यांची शेती केली जात होती.

उत्तर अमेरिका खंड आणि दक्षिण अमेरिका खंड या दोन खंडाच्या मधील भागात मध्य अमेरिका खंड आहे. मध्य अमेरिकेत अँटिल्स द्वीप समूहांचा समावेश होतो. २००१ च्या आकडेवारीनुसार १३८ दशलक्ष लोकसंख्या आहे.

भौगोलिक पार्श्वभूमीचा विचार करता या भागात मोठ्या प्रमाणात विविधता दिसून येते. भूप्रदेशाचा विचार करता या भागात अनेक पर्वत रांगा, ज्वालामुखीमय भाग आणि विविधतेने नटलेली जंगल संपत्ती आहे. दोन्ही बाजूला प्रशस्त असे महासागर असून पूर्व बाजूला अटलांटिक महासागर तर पश्चिम बाजूस पॅसिफिक महासागर आहे. त्याची परिणती म्हणजे या भागात उष्ण वाऱ्यामुळे पाऊस पडत असतो. ज्वालामुखी उद्रेक व नदीच्या वहनामुळे चांगल्या मातीची निर्मिती झालेली आपणास दिसून येते. या भागात मोठ्या प्रमाणात शुष्क व पडीक जमिनी आहेत.

या प्रदेशाची भौगोलिक वैशिष्ट्ये खालीलप्रमाणे आहेत :

१. मध्य अमेरिका देशात अनेक प्रकारची भौगोलिक विविधता पाहण्यास मिळते.
२. मध्य अमेरिका खंडातील देशात ऐतिहासिक व सांस्कृतिक विविधता बघण्यास मिळते.
३. सागरी भागात मोठ्या प्रमाणात पर्यटनाचा विकास झाला आहे.
४. विविध प्रकारच्या कृषी व्यवस्थेमुळे लोकांच्या अर्थव्यवस्थेला चालना मिळाली आहे.
५. विविध प्रकारची साधनसंपत्ती अस्तित्वात आहे.
६. समुद्रसान्निध्यामुळे येथे मासेमारी व्यवसाय कृषिक्षेत्रास पर्याय ठरलेला आहे.
७. मध्य अमेरिका खंडातील मोठा भाग द्वीपसमूहाच्या स्वरूपात आहे.
८. पॅसिफिक महासागर व अटलांटिक महासागर यांच्यामध्ये मध्य अमेरिका खंड एका भिंतीसारखा आहे.
९. मध्य अमेरिका खंडामध्ये अनेक देश हे अविकसित आहेत.
१०. आफ्रिकेतून येणाऱ्या निग्रो व युरोपीय लोकांचे येथे वास्तव्य आपणास

दिसून येते.

इ. स. २००१ च्या जनगणनेनुसार, तक्ता क्र. ४.१ मध्ये मध्य अमेरिका खंडातील देशाचे क्षेत्रफळ, लोकसंख्या घनता यांची माहिती दिलेली आहे.

तक्ता क्र. ४.१

मध्य अमेरिका - देश क्षेत्र, लोकसंख्या, घनता इत्यादी (२००१)

अ.नं.	देश	क्षेत्रफळ चौ.कि.मी.	लोकसंख्या दशलक्ष	लोकसंख्या घनता दर.चौ.कि.मी.
१	हैती	२७,७५०	७८	२८१
२	जमेका	११,४२५	२६	२३६
३	ग्रेनाडा	३४४	१	२९०
४	डॉमिनिकन प्रजासत्ताक	४८,४४२	८७६	१८०
५	क्यूबा	१,१४,५२४	११.३	११
६	पनामा	७५,५१७	२९	३८
७	मेक्सिको	१९,७२,५४७	१००	५२
८	डोमिनिका	७५०	१	१३३
९	बार्बाडोस	४३०	३	७००
१०	अँटिगुआ आणि बर्म्युडा	-	४४२	१
११	निकारग्वा	१,३०,०००	५२	३९
१२	होंडुरास	१,१२,०८८	६.२	-
१३	ग्वाटेमाला	१,०८,८८९	१३	११
१४	कोस्टारिका	५१,०००	३७	७१
१५	बेलिझ	२२,९६५	३०	११

(हैती)

हैती हे राष्ट्र डॉमिनिकन प्रजासत्ताकच्या पश्चिमेस आहे तर उत्तरेस वेस्ट इंडिजची बेटे आहेत. दक्षिण दिशेस कॅरीबियन समुद्र आहे. हैतीचे एकूण भौगोलिक

क्षेत्र २७,७५० चौरस किलोमीटर इतके आहे. हैतीची राजधानी पोर्ट-ओ-प्रिन्स दक्षिणेस आहे.

२००१ च्या जनगणनेनुसार एकूण लोकसंख्या ७८ लाख असून, प्रतिचौरस किलोमीटर २८१ व्यक्ती इतकी घनता असल्याचे दिसून येते. हैती देशात मोठ्या प्रमाणात निग्रो वंशाच्या लोकांचे वास्तव्य असल्याचे दिसते.

या भागात मोठ्या प्रमाणात लोक शेती व्यवसायात गुंतलेले असून त्यांचे प्रमाण ७५% च्या जवळपास आहे. या भागात प्रामुख्याने तांदूळ, तंबाखू व कापूस ही प्रमुख पिके घेतली जातात. त्याचप्रमाणे नगदी पिकांमध्ये कॉफी, ऊस, केळी या पिकांनासुद्धा महत्त्व दिले जाते व त्यांचे उत्पादन घेतले जाते.

या भागात कृषी उत्पादनाबरोबरच मासे पकडणे या प्रमुख जोडधंद्याचा विकास झालेला दिसून येतो. समुद्रसान्निध्यामुळे मीठ उत्पादन केले जाते. सुतीवस्त्र निर्मिती आणि खाद्य वस्तूनिर्मितीचे कारखाने या भागात आहेत. भौगोलिक परिस्थिती चांगली लाभल्याने, या भागात पर्यटन विकासास चालना देणारे उद्योग प्राप्त झाले असून त्यापासून देशाला २५% विदेशी चलन प्राप्त झाले आहे.

(जमैका)

जमैकाला इंग्रजापासून १९६२ मध्ये स्वातंत्र्य प्राप्त झाले व ते स्वतंत्र राष्ट्र म्हणून अस्तित्वात आले. जमैकाचे एकूण भौगोलिक क्षेत्र ११,४२५ चौरस किलोमीटर इतके आहे. जमैकाची राजधानी किंग्स्टन आहे.

येथील लोकसंख्या २००१ च्या जनणगनेनुसार २६ लाख असून त्यांची घनता २३६ व्यक्ती प्रति वर्ग किलोमीटर इतकी आहे. या देशात मोठ्या प्रमाणात निग्रो लोकांचे वास्तव्य असल्याचे दिसून येते. ते ७०% इतक्या प्रमाणात आहेत. जमैकात प्राथमिक स्वरूपाच्या व्यवसायाची वृद्धी झालेली दिसून येते. त्यामुळे त्याला कृषिप्रधान देशसुद्धा म्हटले जाते. या देशात कृषिमध्ये मका, तांदूळ, ऊस, केळी त्याचप्रमाणे फलोत्पादनामध्ये संत्री, मोसंबी, केळी ही प्रमुख पिके घेतली जातात. बॉक्साईट उत्पादन मोठ्या प्रमाणात या देशात घेतले जाते.

(ग्रेनाडा)

ग्रेनाडा बेटावर प्रामुख्याने निग्रो व युरोपीय या लोकांचे वास्तव्य आहे. ग्रेनाडा या देशाला १९७४ मध्ये स्वातंत्र्य मिळाले. ग्रेनाडा हे एक बेट आहे. ते अत्यंत छोटे असून त्याचे क्षेत्रफळ ३४४ चौरस किलोमीटर आहे. त्यांची लोकसंख्या

२००१ च्या जनगणनेनुसार एक लाखाच्या जवळपास आहे. प्रति चौरस किलोमीटरच्या दृष्टीने विचार केला तर २९० व्यक्ती इतकी घनता आहे.

शेतीच्या दृष्टीने विचार केला तर या राष्ट्रांमध्ये प्रामुख्याने केळी, नारळ, ऊस, आणि फलोत्पादन यांची शेती केली जाते. भौगोलिक सामर्थ्याच्या जोरावर या भागात मोठ्या प्रमाणात पर्यटक आकर्षिले जातात. त्यामुळे परकीय चलन प्राप्त होण्यास मदत झाली आहे.

(डॉमिनिकन प्रजासत्ताक)

वेस्ट इंडिजच्या दक्षिण बाजूस डॉमिनिकन प्रजासत्ताक राष्ट्र आहे. पश्चिम बाजूस हैती राष्ट्र आहे तर पूर्व बाजूस अॅटलांटिक महासागर आहे. याच्या तीन बाजूला समुद्र पसरलेल आहे.

राष्ट्राच्या भौगोलिक पार्श्वभूमीचा विचार करता ते ४८,४४२ चौरस किलोमीटर्स पसरलेले आहे. लोकसंख्येच्या घनतेचा विचार करता प्रति चौरस किलोमीटर १८० घनता आहे. २००१च्या जनगणनेनुसार लोकसंख्या ८.७६ दशलक्ष इतकी आहे. पूर्वी या राष्ट्रावर स्पेनचे राज्य होते. त्याला १८४४ साली स्वातंत्र्य मिळाले.

या राष्ट्राची राजधानी सांतो डोमिंगो आहे. या भागात मोठ्या प्रमाणात शेती व्यवसाय विकसित झाला आहे. त्यामध्ये मुख्य पिके तंबाखू, तांदूळ, मका, ऊस, कापूस यांची उत्पादने घेतली जातात. त्यांच्या जोडीला प्रामुख्याने सागरी प्रदेशात मीठ घेतले जाते. त्याचप्रमाणे सुती वस्त्रउद्योग मोठ्या प्रमाणात विकसित झाला आहे.

चांगली भौगोलिक पार्श्वभूमी, चांगले नैसर्गिक सौंदर्य व सुंदर समुद्र सान्निध्य लाभल्याने या भागात मोठ्या प्रमाणात पर्यटन विकासास चालना मिळाली असून त्यापासून मोठे परकीय चलन प्राप्त होते.

(क्यूबा)

क्यूबा इतर द्वीपसमूह राष्ट्रांच्या तुलनेत मोठे द्वीपसमूहक राष्ट्र आहे. त्याचे क्षेत्रफळ इतरांच्या तुलनेत जास्त असून ते १,१४,५२४ चौरस किलोमीटर इतके आहे. त्या तुलनेत लोकसंख्या ११.३ दशलक्ष आहे. घनतेचा विचार केला तर शेजारील राष्ट्रांच्या तुलनेत ते अत्यंत कमी म्हणजे प्रति चौरस मध्ये ११ व्यक्ती इतके कमी आहे. क्युबातील शहरे ही लहान लहानअसून त्यांतील सर्वात मोठे हवाना हे राजधानीचे शहर आहे.

शेतीच्या बाबतीत विचार केला तर येथे त्याला दुय्यम स्थान आहे. त्यात प्रामुख्याने तंबाखू, कापूस ही उत्पादने घेण्यात येतात. लोक मीठ उत्पादनास अग्रक्रमांक देतात. मीठ उत्पादनाबरोबरच लोक समुद्रातून मोठ्या प्रमाणात मासेमारीचा व्यवसाय करतात.

शेतीला जोडधंदा म्हणून हे लोक पशुपालन व कुक्कुटपालन व्यवसायात कुशल आहेत. क्यूबा मध्ये विविध प्रकारच्या खनिज संपत्तीचे मुबलक साठे असून त्यामध्ये तांबे, मँगनीज, क्रोमाइट, निकेल यांचे उत्पादन घेतले जाते. मीठनिर्मिती, सिमेंट, सुतीवस्त्र निर्मितीचे कारखाने या भागात आहेत. या भागात मोठ्या प्रमाणात विविध रासायनिक पदार्थ, उद्योगधंद्यासाठी आवश्यक अशा तंत्रांची, वाहने, विविध प्रकारची औषधे यांची आयात केली जाते.

(पनामा)

पनामाचे क्षेत्रफळ ७५,५१७ चौरस किलोमीटर असून त्याची लोकसंख्या २९ लाख (२००१) आहे. या भागात प्रति चौरस किलोमीटर घनता ३८ व्यक्ती इतकी येते.

१९१४ मध्ये पनामा कालव्याची निर्मिती झाली. त्यानंतर पनामा राष्ट्राचे महत्त्व वाढत गेले. जगातील जवळ जवळ ५ टक्के लोक या मार्गांचा वाहतुकीसाठी उपयोग करतात. पनामा कालव्याच्या निर्मितीमुळे स्थानिकांना मोठ्या प्रमाणात रोजगाराची संधी प्राप्त झाली आहे.

पनामाच्या पूर्व भागातील उत्तर अटलांटिक महासागर व पश्चिमेस पॅसिफिक महासागर यांना जोडणाऱ्या या कालव्याच्या खोदण्याची कल्पना १६ व्या शतकात पुढे आली. १८७८ मध्ये फर्डिनान्ड डी लेसेपेस (ऋशीवळपरपव वश ङशीीशिीं) या व्यक्तीने कालवा खोदण्याचे नेतृत्व केले. प्रत्यक्षात खोदकाम करताना हजारो लोकांचे प्राण गेले. त्यावेळी काम करण्यासाठी प्रत्यक्षात खर्च ३३६,६५०,००० अमेरिकन डॉलर्स झाला. त्यावेळी ४०,००० कामगार एका वेळी काम करीत होते.

या भागातील हवामान उष्ण व दमट असल्याने या भागात मोठ्या प्रमाणात कॉफी, केळी, उस ही नगदी पिके घेतली जातात. त्याचप्रमाणे तांदूळ हे दुय्यम पीक घेतले जाते.

(मेक्सिको)

मेक्सिकोच्या उत्तरेस उत्तर अमेरिका असून दक्षिण बाजूला ग्वाटेमाला हे राष्ट्र आहे. उत्तर अमेरिकेला अलग करणारी रियो ग्रान्डी ही सीमा आहे. पश्चिम बाजूस

पॅसिफिक महासागर तर पूर्व भागात कॅरिबियन समुद्र आहे. क्षेत्रफळाच्या बाबतीत मध्य अमेरिका खंडात प्रथम क्रमांक मेक्सिकोचा आहे. त्याचे क्षेत्रफळ इतर राष्ट्रांच्या तुलनेत जास्त असून ते १९,७२,५४७ चौरस किलोमीटर इतके आहे. देशाची लोकसंख्या ही १०० दशलक्ष एवढी २००१ मध्ये होती. घनतेचा विचार केला तर ती प्रति चौरस किलोमीटरला ५२ व्यक्ती इतकी आहे.

भौगोलिक विविधतेमुळे या राष्ट्रांत विविध भूरूपे व वातावरणातील विविधता पाहण्यास मिळते. त्यामुळे त्यांची चार भागात विभागणी केली जाते.

१. प्रशान्त महासागरांचा उष्ण कटिबंधीय प्रदेश.

२. मेक्सिकोच्या आखाताचा उष्ण कटिबंधीय प्रदेश.

३. मध्य मेक्सिको.

४. उत्तर मेक्सिको.

या विविधतेचा विचार करता या भागात एक पर्वतीय श्रेणी असून त्याची लांबी उत्तर-दक्षिण स्वरूपाची आहे. त्यातील एक शाखा मोडदार पर्वतश्रेणी ग्वाटेमालापर्यंत पसरलेली आहे. ती मेक्सिको शहराच्या जवळून पुढे जाते. राजधानी जवळ ही पर्वतश्रेणी दोन भागात विभागली आहे.

पर्वतीयश्रेणीमुळे व प्राकृतिक रचनेमुळे हा देश ऊर्जा उत्पादनात स्वावलंबी असून गेल्या काही दशकांचा विचार करता या भागात अमेरिकेने सीमावर्ती भागात माकिलाडोरास औद्योगिक प्रदेशांचा चांगला विकास केला आहे. या भागात उत्पन्न होणाऱ्या वस्तूची पूर्णपणे अमेरिकेत निर्यात केली जाते.

१. पॅसिफिक महासागर उष्ण कटिबंधीय प्रदेश

या प्रदेशाचे हवामान उष्ण असल्याने या भागात मोठ्या प्रमाणात रेड-इंडियन या जमातीचे लोक वास्तव्य करतात. या भागात अकापुलको हे पश्चिम दिशेस पर्यटन स्थळ असून या भागात मोठ्या प्रमाणात पर्यटन व्यवसाय विकसित झाला आहे. त्यापासून देशाला आर्थिक चलन प्राप्त होते.

२. मेक्सिको आखाताचा उष्ण कटिबंधीय प्रदेश

या भागात मोठ्या प्रमाणात पेट्रोलियम व नैसर्गिक गॅस यांचे साठे असल्याने या भागाला देशाच्या दृष्टीने फार महत्त्व आहे. त्यामुळे देशाला त्यांचे आर्थिक स्रोत उपलब्ध झाले आहेत.

शेतीच्या दृष्टीने विचार केला तर या भागात मोठ्या प्रमाणावर रबर, ऊस, कोको यासारख्या नगदी पिकांना महत्त्व दिले जाते.

३. मध्य मेक्सिको

प्राकृतिक दृष्टिकोनातून विचार केला तर या भागातील पठारांची उंची ही १५०० ते २७०० मीटर च्या जवळपास आढळते. एक पठार दुसऱ्या पठाराला अलग करत असते. त्यामध्ये वली पर्वतश्रेणी असून त्यांच्यामध्ये दलदलीचे प्रदेश असल्या कारणाने लोकसंख्येचे वास्तव्य प्रामुख्याने पठारी भागात आढळते.

या पठारी भागात वास्तव्य करणारे लोक ज्वारी, गहू, मका, बटाटा या सारखी पिके घेतात. त्यांवर मानव व यंत्र यांच्या साह्याने शेती केली जाते.

४. उत्तर मेक्सिको

उत्तर मेक्सिको हा भाग समुद्रसपाटीपासून जवळ जवळ ५०० मीटरपेक्षा जास्त उंचीवर आहे. या क्षेत्रामध्ये मोठ्या प्रमाणात सिंचनाचा अभाव आहे. हा भाग पठारी प्रदेशात येत असल्याने रस्त्यांचा विकास झालेला नाही.

प्रदेशाच्या विविधतेमुळे या भागाच्या पश्चिमेस मोठ्या प्रमाणात जंगलक्षेत्र आढळते. त्यामुळेच या भागात मोठ्या प्रमाणात पशुपालन व्यवसाय विकसित झाला आहे. परंतु या भागात लोकसंख्येची घनता फारच कमी आढळते. पशुपालन व्यवसायाच्या खालोखाल काही भागात मोठ्या प्रमाणात खनिज संपत्तीचे साठे असून त्यामध्ये मँगनीज, तांबे, लोह, कोळसा, जस्त, शिसे, चांदी व सोने यांची मात्रा जास्त आहे.

(डोमिनिका)

डोमिनिका एक बेट वजा राष्ट्र आहे. याच्या चारी बाजूने समूद्र आहे. या देशाचे क्षेत्रफळ ७५० चौरस किलोमीटर एवढे आहे. या देशाची २००१ची लोकसंख्या १ लाख असून लोकसंख्या घनता दर चौरस किलोमीटरला १३३ एवढी आहे. देशाची साक्षरता ९०% आहे. हा देश १९७९ मध्ये स्वतंत्र झाला. राष्ट्राची राजधानी रोसियू हे शहर आहे.

या देशात विविध वंशाचे लोक राहतात. मात्र निग्रो मलाहो यांची संख्या अधिक असून यांच्या खालोखाल युरोपियन समूहांची आहे.

या देशात अनेक ज्वालामुखी पर्वतश्रेणी आहेत. येथे अनेक गरम पाण्याचे झरे अस्तित्वात आहेत. हा भाग भौगोलिकदृष्ट्या विविधतेने नटलेला असल्यामुळे याला वेगळे महत्त्व प्राप्त झाले आहे.

या देशात विविध प्रकारची फळे, केळी यांचे उत्पादन घेतले जात असून त्यांची निर्यात केली जाते. शेतीमाल निर्यातीवरच या देशाची अर्थव्यवस्था अवलंबून आहे. समुद्रसानिध्यामुळे मासेमारीचा व्यवसाय मोठ्या प्रमाणात केला जातो. तसेच

समुद्रसान्निध्यामुळे पर्यटनाचाही व्यवसाय निर्माण झालेला आहे. पर्यटनाची राष्ट्रीय उत्पन्नवाढीला चांगली मदत झाली आहे.

(बार्बाडोज)

डोमिनिकाच्या दक्षिण बाजूला बार्बाडोज असून याच्या उत्तरेला अँटिगुआ हे राष्ट्र आहे. त्याला चारही बाजूने समुद्र आहे. याचे क्षेत्रफळ ४३० चौरस किलोमीटर आहे.

याची लोकसंख्या ३ लक्ष असून लोकसंख्या घनता ही प्रति ७०० चौ. कि.मी. व्यक्ती इतकी म्हणजे सर्वात जास्त आहे. तर देशाची राजधानी ब्रिजटाऊन आहे.

या भागात मोठ्या प्रमाणात ऊस उत्पादन केले जाते. समुद्रकिनारी मात्र मीठ तयार केले जाते. दारू, बियर आणि विद्युत उपकरणे या भागात तयार केली जातात व त्यांची निर्यात मोठ्या प्रमाणात करून त्यांचा उपयोग स्थानिक अर्थकारणात केला जातो. त्याचप्रमाणे परकीय चलन प्राप्त करण्यासाठी पर्यटन व्यवसाय या भागात मोठ्या प्रमाणात विकसित झालेला दिसतो.

(अँटिगुआ आणि बारबुडा)

बार्बाडोजच्या उत्तरेस अँटिगुआ आणि बारबुडा हे राष्ट्र असून पश्चिमेस सेंट किट्स ॲण्ड नेविस हे राष्ट्र आहे. या देशाचे एकूण क्षेत्रफळ ४४२ चौरस किलोमीटर एवढे असून त्यांची लोकसंख्या २००१ च्या जनगणनेनुसार १ लाख आहे. रिडोन्डा समूहावर लोकसंख्या नाही. राष्ट्राची राजधानी सेंट जॉन्स आहे.

निग्रो जमातीच्या लोकांचे या भागात मोठ्या प्रमाणात वास्तव्य आहे. तसेच युरोपीय लोकांचे प्रमाणही त्याच प्रमाणात आहे. हे कृषिप्रधान राष्ट्र म्हणून प्रसिद्ध आहे. या भागात मोठ्या प्रमाणात तांदूळ, मका या पिकांबरोबरच काही नगदी पिकेही घेतली जातात. त्यामध्ये केळ्याचे पीक घेतले जाते.

भौगोलिक विविधतेमुळे या भागात मोठ्या प्रमाणात पर्यटन विकास झाला असून त्यामुळे स्थानिकांना मोठ्या प्रमाणात रोजगार प्राप्त झाला असून त्यापासून आर्थिक स्थिरता प्राप्त झाली आहे.

(निकारग्वा)

होंडुरासच्या दक्षिणेस व कोस्टारिकाच्या उत्तरेस निकारग्वा हे राष्ट्र असून पूर्व बाजूस कॅरीबियन समुद्र तर पश्चिम बाजूस पॅसिफिक महासागर आहे. क्षेत्रफळ १,३०,००० चौरस किलोमीटर्स असून लोकसंख्या २००१ च्या जनगणनेनुसार ५२

लाख आहे. लोकसंख्येची घनता प्रति चौरस किलोमीटरला ३९ व्यक्ती इतकी आहे. या भागात वास्तव्य करणाऱ्या मूळ जमाती म्हणजे मिस्कीटो व अमेरिंडियन हे आहेत.

या भागातील हवा ही उष्ण असून, शेतीमध्ये गुंतलेल्या लोकांचे प्रमाण अधिक आहे. शेतीमध्ये हे लोक मुख्य करून तांदूळ, कापूस, मका ह्या पिकांबरोबरच काही नगदी पिकेही घेतात. यात कॉफी, ऊस तसेच फळ पिकांमध्ये संत्री, मोसंबी, लिंबू यासारख्या पिकांचा समावेश होतो.

या भागातील भौगोलिक परिस्थितीमुळे येथे मोठ्या प्रमाणात सोने, तांबे, चांदी, शिसे ही प्रमुख खनिजे घेतली जातात. या भागातून निर्यात करणाऱ्या वस्तूंमध्ये मोठ्या प्रमाणात कृषी संबंधित उत्पादने असतात. मशीन सामग्री व औद्योगिक वस्तूंची या भागात मोठ्या प्रमाणात आयात केली जाते.

(होंडुरास)

होंडुरासच्या उत्तरेस कॅरीबियन समुद्र, पश्चिमेस ग्वाटेमाला, दक्षिणेस निकाराग्वा ही राष्ट्रे असून, हा देश विकसनशील असून त्याची राजधानी तेगुसीगाल्पा आहे. या राष्ट्रांचे एकूण क्षेत्रफळ १,१२,०८८ चौरस किलोमिटर आहे. त्याची लोकसंख्या ६.२ लक्ष आहे.

स्पॅनिश ही देशाची राष्ट्रभाषा असून, धर्म ख्रिस्ती आहे. हा देश फार गरीब असून ९०% च्या पुढे लोक मेस्तीजो आहेत.

या देशात शेती व्यवसाय केला जात असून जास्तीत जास्त लोक शेतीवर अवलंबून आहेत. शेतीत केळीचे पीक मोठ्या प्रमाणावर घेतले जाते. एकूण उत्पादनापैकी ६५ टक्के उत्पादन निर्यातीसाठी उपयोगात आणले जाते. तसेच तंबाखू, कापूस, मका, कॉफी इ. पिके घेतली जातात.

निर्यात करताना लाकडी वस्तूंचा समावेश जास्त असतो. जस्त, दारू, बियर, सिमेंट, सुतीवस्त्र यांची निर्यात करून इतर देशातून या भागात औद्योगिक यंत्रे, वाहने, विद्युत उपकरणे, विविध औषधे आणि कॉम्प्युटर यांची आयात होत असते.

(ग्वाटेमाला)

ग्वाटेमालाच्या पश्चिमेस पॅसिफिक महासागर असून पूर्व भागात बेलीझ व होंडुरास ही राष्ट्र असून, दक्षिण बाजूस एल साल्वाडोर हे राष्ट्र आहे. ग्वाटेमाला या राष्ट्राचे क्षेत्रफळ १,०८,८८९ चौरस किलोमीटर आहे तर १३ दशलक्ष इतकी लोकसंख्या २००१ मध्ये होती. प्रति चौरस किलोमीटरमध्ये ११ व्यक्ती या भागात

राहतात. ग्वाटेमाला शहर देशाची राजधानी असून येथे स्पॅनिश ही राष्ट्रभाषा आहे.

५८ टक्के लोकसंख्या ही रेड इंडियन असून ४२ टक्के लोकांमध्ये लेडीनो, युरोपीय लोकांचे मिश्रण आहे.

या भागात एकचतुर्थांश लोकसंख्या ही शेतीवर अवलंबून आहे. या भागात कॉफी प्रमुख पीक असून, मका, तंबाखू, कापूस, तांदूळ ह्या पिकांबरोबरच इतरही नगदी पिके घेतली जातात. त्यामध्ये केळी, ऊस, मोसंबी, संत्री, लिंबू आणि विविध प्रकारचा भाजीपाला घेतला जातो. या राष्ट्रामध्ये पेट्रोलियम व निकेल या प्रमुख खनिज संपत्तीचा समावेश होत असतो.

ग्वाटेमालामध्ये विविध प्रकारच्या वस्तू व औद्योगिक उपकरणे आयात होतात. निर्यात करण्यात येणाऱ्या उत्पादनांमध्ये कॉफी, सुती कापड व तंबाखू यांचा समावेश होतो.

(कोस्टारिका)

कोस्टारिकाच्या पश्चिमेस पॅसिफिक महासागर तर पूर्व बाजूस कॅरीबियन समुद्र आहे. उत्तर बाजूस निकाराग्वा तर दक्षिणेस पनामा आहे. देशांचे क्षेत्रफळ ५१,००० चौरस किलोमीटर आहे. तर लोकसंख्या ३७ लाख आहे. २००१ च्या जनगणनेनुसार प्रतिचौरस किलोमीटरमध्ये ७१ व्यक्ती वास्तव्य करतात. या देशाची प्रमुख राष्ट्रभाषा स्पॅनिश असून सेंन्ट जोन्स हे राजधानीचे शहर आहे. मध्य अमेरिकेचे हे सर्वात जुने प्रजासत्ताक आहे.

या ठिकाणचे हवामान उष्ण व आर्द्र स्वरूपाचे आहे. हा देश कृषिप्रधान असून येथे मुख्य करून ऊस, केळी, कॉफी, कापूस आणि मका या मुख्य पिकांचा समावेश होतो. शेतीला जोडधंदा म्हणून पशुपालन व्यवसाय केला जातो.

पूर्वीपासून या देशातून मुख्य करून कॉफी व मीठ निर्यात केले जात होते. अलीकडील कालखंडात मोठ्या प्रमाणात संगणक व चीज यांची निर्यात केली जात आहे. या भागातील शिक्षित लोकांचे प्रमाण सर्वात जास्त असून ते ९५ टक्केच्या पुढे आहे.

कोस्टारिका औद्योगिकदृष्ट्या प्रगत असून या भागात मोठ्या प्रमाणात रासायनिक पदार्थ, फर्निचर, विविध प्रकारच्या शेतीवर आधारित उद्योग विकसित झाले आहेत. त्यामुळे येथील लोकांचा जीवन स्तर उंचावलेला आहे.

(बेलिझ)

बेलिझच्या पूर्व बाजूस कॅरीबियन समुद्र असून पश्चिमेस ग्वाटेमाला तर

दक्षिणेस होंडुरास. देशाला १९६४ मध्ये स्वातंत्र प्राप्त झाले. या देशाचे २२,९६५ चौरस किलोमीटर क्षेत्र आहे. २००१ च्या जनगणनेनुसार ३० लाख लोक येथे वास्तव्य करतात. त्यांची घनता प्रति चौरस ११ व्यक्ती इतकी आहे. दोनतृतीयांश लोक निग्रो जमातीचे असून त्यांची इंग्रजी ही प्रमुख भाषा आहे. या भागात मोठ्या प्रमाणात रेड इंडियन्स आणि माया किंवा किकचे मूळ लोक आहेत.

बेलिझ हा देश प्रामुख्याने कृषिप्रधान असून या भागात प्रामुख्याने ऊस, मका ह्या पिकांबरोबरच केळी, कापूस, संत्री, लिंबू, इत्यादी नगदी पिकांचा समावेश होतो. या भागातील उद्योगधंदे प्रामुख्याने शेतीवर आधारित आहेत.

सुती कापड, वस्त्र उद्योग, शिल्पकला, मीठ, सिगारेट, दारू यांचा प्रमुख व्यवसाय होतो. भौगोलिक रचनेचा फायदा येथील जनतेने घेऊन मोठ्या प्रमाणात पर्यटन व्यवसाय विकसित केला आहे.

जगातला सर्वांत श्रीमंत आणि सर्वांत शक्तिमान अमेरिका या खंडात आहे हे लक्षात घेणे आवश्यक आहे. विपुल खनिजसंपत्ती, प्रचंड प्रमाणात विकसित झालेले उद्योग, वाहतूक आणि व्यापार, ह्याचप्रमाणे शस्त्रास्त्र-निर्मिती व वापर याबाबत श्रेष्ठत्व प्रस्थापित करणारा हा देश आहे. त्यामुळे जगाच्या इतिहासात सर्वप्रथम हरित व औद्योगिक क्रांती करणाऱ्या युरोपीय देशांना या देशाने खूपच मागे टाकलेले आहे. या बलाढ्य देशाच्या समीप स्थान असलेल्या मध्य अमेरिकेतील क्युबासारख्या देशांनी मात्र अमेरिकेचे वर्चस्व नाकारले आहे. मात्र शीतयुद्ध समाप्तीनंतर याच देशाचे वर्चस्व अबाधित राहिले आहे.

□

प्रकरण – ५

दक्षिण अमेरिका

दक्षिण अमेरिका जगातील चौथा सर्वात मोठा खंड आहे. पूर्व बाजूला अटलांटिक महासागर, पश्चिमेस पॅसिफिक महासागर, उत्तरेला मध्य अमेरिका खंड तर दक्षिणेला अंटार्क्टिका खंड आहे. या भागात विषुववृत्तीय रेषेची लांबीसुद्धा जास्त आहे. येथे आयबेरिया द्वीकल्पावरून आलेल्या लोकांचे वास्तव्य जास्त असून त्यांची लॅटिनजन्य स्पॅनिश ही प्रमुख भाषा आहे. या खंडावरील लोक प्रामुख्याने रोमन कॅथॉलिक असून २००१ च्या आकड्याप्रमाणे त्यांची संख्या ३५ कोटी आहे. घनता प्रति किलोमीटर २१ इतकी आहे. (तक्ता ५.१)

ॲमेझॉन ही जगातली सर्वात मोठी नदी या खंडात असून तिची लांबी ६४४८ कि.मी. आहे. या खंडाचा १७८ दशलक्ष चौरस किमी भाग अरण्यांनी व्यापला आहे. ते क्षेत्रफळ पृथ्वीच्या क्षेत्रफळाशी तुलना करता १२% इतके आहे. सदाहरित, घनदाट, अँडीज ही उंच व विस्तीर्ण पर्वत श्रेणी पश्चिम बाजूस पसरलेली आहे. अटाकामाचे शुष्क वाळवंट, मळ्याची शेती इत्यादी वैशिष्ट्ये ह्या भागात आढळतात.

युरोपीय लोक या खंडात येण्यापूर्वी येथे प्राचीन संस्कृती होती. ब्राझील देशात पोर्तुगिजांनी वसाहत केली तर खंडाच्या इतर भागात स्पॅनिश लोक स्थायिक झाले. या भागात विपुल साधनसंपत्ती असूनही येथील देशांची फारशी प्रगती झालेली नाही.

दक्षिण अमेरिकेची भौगोलिक वैशिष्ट्ये

(१) दक्षिण अमेरिकेच्या किनाऱ्यावरील भागात औद्योगिक बदलामुळे लोकसंख्येची घनता जास्त असून अंतर्गत भागात घनता कमी आहे.

(२) विविध जातिधर्माचे लोक येथे वास्तव्य करतात.

(३) जगाच्या इतर खंडापेक्षा सर्वात अधिक जंगल क्षेत्र दक्षिण अमेरिकेत आहे.

(४) खंडाच्या अंतर्गत भागात औद्योगिक विकासाची गती कमी आहे.

(५) द. अमेरिकेतील काही ठराविक देशांचाच विकास झालेला आहे. त्यामुळे अन्य देशांशी सांस्कृतिक देवाणघेवाण घेण्यास सामाजिक स्थिरता प्राप्त करण्यास अजून यश आले नाही.

(६) काही शहरांचा विकास झपाट्याने होऊ लागला असून त्याची तुलना अमेरिका किंवा युरोप यांच्याशी केली जाऊ लागली आहे.

(७) खंडामध्ये आर्थिक विषमता मोठ्या प्रमाणात पाहावयास मिळते.

विस्तार

दक्षिण अमेरिका खंडाचा अक्षवृत्तीय विस्तार १२° दक्षिण असून ते ५६° दक्षिण आहे आणि रेखावृत्तीय विस्तार ३५° पश्चिम ते ८१° यांच्या दरम्यान आहे. या खंडात कोलंबिया, इक्वेडोर, पेरू, बोलिव्हिया, चिली, अर्जेण्टिना, उरुग्वे, पॅराग्वे, ब्राझील, फ्रेंच गियाना, सुरिनाम, गयाना व व्हेनेझुएला हे देश आहेत. पूर्वकिनारी भागात अ‍ॅटलांटिक महासागर, पश्चिमेला अँडीज पर्वत रांग, पश्चिम बाजूस पॅसिफिक महासागर तर दक्षिणेस अंटार्क्टिका खंड अशा सीमा आहेत.

प्राकृतिक रचना

दक्षिण अमेरिकेची प्राकृतिक रचना वैशिष्ट्यपूर्ण आहे. या भागात अतिशय प्राचीन खडक आढळतात. तसेच नवीन खडकही आढळतात. प्राकृतिक रचनेच्या आधारावर दक्षिण अमेरिकेचे खालील प्राकृतिक विभाग पडतात.

(१) पराना-पराग्वेचा मैदानी भाग : मध्य अमेरिकेच्या या भागात पराना-पराग्वे नदीने मोठ्या प्रमाणात माती वाहून आणलेली आहे. या भागात पेट्रोलियम पदार्थाचे मोठे साठे आहेत.

(२) अ‍ॅमेझॉन नदीचे खोरे : अँडीज पर्वतात अनेक नद्या उगम पावतात व त्या अ‍ॅमेझॉन नदीला येऊन मिळतात. त्यामुळे मोठ्या प्रमाणात गाळाची मैदाने या भागात तयार झालेली असून शेतीचा विकास झालेला दिसून येतो.

(३) गयानाचे पठार : या पठार भागातील सर्वात उंच प्रसिद्ध धबधबा एंजेल आहे तर ओरिनोको या नदीचे खोरे आहे. ही अ‍ॅमझॉन नदीची उपनदी आहे.

(४) किनारपट्टीचे मैदानी प्रदेश : अ‍ॅटलांटिक व पॅसिफिक या महासागरांच्या किनारी प्रदेशात मोठ्या प्रमाणात शहरांचा विकास झालेला दिसून येतो. त्या भागात मोठ्या प्रमाणात मैदानी प्रदेश आहेत.

(५) पराना पठार : पराना पठारातही ब्राझीलचा थोडा भाग येतो. याला जोडून पॅटागोनियाचे पठार आहेत.

(६) ब्राझीलचे पठार : हे पठार प्री–केम्ब्रियन खडकांपासून बनले आहे.

(७) अँडीज पर्वत : जगातील सर्वात लांब असणाऱ्या अँडीज पर्वताची लांबी ६४४० किलोमीटर्स आहे. हा पर्वत पॅसिफिक महासागरापासून जवळ असून पॅसिफिक आणि अॅटलांटिक या महासागरावरील वाऱ्यांच्या संदर्भात विचार केला तर अँडीज पर्वत मध्यभागी स्थिर असल्याने तो अडथळा निर्माण करतो. याचे सर्वात उंच शिखर अॅकन्काग्वा असून त्यांची उंची समुद्र सपाटीपासून ६९६० मीटर आहे. अँडीज पर्वत जलविभाजकाचे काम करतो. या भागात विविध प्रकारची खनिज संपत्ती आढळते. त्यामध्ये तांबे, सोने, चांदी, बॉक्साईट यांचा समावेश होतो.

हवामान

अँडीज पर्वतरांगा ओलांडून पश्चिमी वारे पूर्वेकडे आल्यावर पाऊस कमी प्रमाणात पडतो. त्यामुळे पॅटागोनियात कमी पावसाचा प्रदेश निर्माण झाला आहे. पश्चिम किनाऱ्यावर अटाकामा हे वाळवंट आहे. चिलीच्या मध्य भागात हिवाळ्यात व दक्षिण भागात दोन्ही ऋतूत पश्चिमी वाऱ्यापासून पाऊस पडतो.

अॅमेझॉन नदीच्या खोऱ्यात वर्षभर पर्जन्यवृष्टी असते. त्याचे वार्षिक प्रमाण २०० सेंमीच्या जवळपास आहे. ब्राझीलच्या पठाराच्या पूर्व भागात पूर्वीय वाऱ्यापासून सुमारे १२५ ते २१० सेंमी पाऊस पडतो. पश्चिमेकडील किनारी भाग पर्जन्यछायेत असल्यामुळे तेथे पावसाचे प्रमाण २० सेंमीपेक्षा कमी असते.

खंडाच्या दोन्ही बाजूस सागरी किनारी असल्याने तेथे हवामान दमट असते. पश्चिम किनाऱ्याच्या तुलनेत पूर्व किनारा उबदार आहे कारण पश्चिम किनाऱ्याजवळून पेरूचा थंड प्रवाह वाहतो. तर पूर्व किनाऱ्यावर ब्राझीलचा उबदार प्रवाह वाहतो.

दक्षिण अमेरिकेच्या खंडाचा उत्तर भाग उष्ण कटिबंधात येतो. त्यामुळे येथील हवामान उष्ण आहे. येथील वार्षिक सरासरी तापमान २७^{0} से. असते. विषुववृत्ताजवळ वर्षभर तापमान सारखे असते. मकरवृत्ताच्या दक्षिणेस उन्हाळ्यातील व हिवाळ्यातील तापमानात जास्त फरक आढळतो.

जलप्रवाह

अॅमेझॉन नदीच्या लांबीपैकी १६०० किलोमीटर पर्यंत जहाजाने वाहतूक करता येते. दक्षिण अमेरिकेतील दुसऱ्या महत्त्वाच्या नदीवर पराना एंजल धबधबा आहे.

वनस्पती

विषुववृत्तीय भागात आबनूस, महोगनी, रोजवूड ही प्रमुख झाडे आहेत. यातील काही झाडांची लाकडे पाण्यावर तरंगत नाहीत तर ती बुडतात. ॲमेझॉन नदीच्या खोऱ्यात मोठ्या प्रमाणात जंगले असून ती आजमितीला तोडली जातात. त्यामुळे भविष्यात त्यामुळे धोका उत्पन्न होऊ शकतो. अटाकामा व पॅटागोनिया भागात काटेरी झाडे आढळतात.

ब्राझीलच्या पठारी भागात मोठ्या प्रमाणात पानझडी प्रकारचे वृक्ष आढळतात. त्याचप्रमाणे अर्जेंटिनाच्या भागात पंपास हे गवताळ प्रदेश आहे. वनांमध्ये नट, रबर, महोगनी, एबनी, रोझवूड, ग्रीनहार्ट इत्यादी प्रमुख वृक्षप्रकार आढळतात.

सदाहरित वनास 'सेव्हाज' असे म्हणतात. पठारी प्रदेशात उंच गवत वाढते. या भागास गयानामध्ये लॅनोस तर ब्राझीलच्या पठारावर कँपोज म्हणतात. या प्रदेशात क्वेब्राचो, एरबामाटे या उपयोगी वनस्पती आढळतात. एरबामाटेचा चहासारखे पेय करण्यासाठी उपयोग होतो. वाळवंटी भागात शुष्क, काटेरी वनस्पती, व निवडुंग आढळते.

प्राणी

दक्षिण अमेरिकेत अस्वल, चित्ता, रानडुकरे, जग्वार, प्युमा, रानमांजरे, कोल्हे, तापीर इत्यादी प्राणी आढळतात. येथे विविध प्रकारचे माकडे आहेत. सरपटणाऱ्या प्राण्यांमध्ये अनाकोंडा, अजगर, आर्माडिल्लो, घोरपडी, पक्ष्यांमध्ये तालशुक, पोपट इ. आढळतात. मांसभक्षक मासे आणि सुसरी येथील नद्यात आहे. दक्षिण अमेरिकेच्या जंगलात समृद्ध प्राणीजीवन आढळून येते.

खनिजसंपदा

दक्षिण अमेरिकेत विविध खनिजांचे भंडार आढळते. लोह खनिज, नायट्रेट, फॉस्फेट, प्लॅटिनम, मँगनीज, कथील, तांबे, चांदी, सोने, शिसे, जस्त, बॉक्साईट, दगडी कोळसा, खनिज तेल यासारख्या खनिजांचे साठे मोठ्या प्रमाणात सापडते. काही खनिजांवर प्रक्रिया करून स्थानिक पातळीवर वापरले जाते तर काही खनिज निर्यात केले जाते.

उद्योगधंदे व व्यवसाय

दक्षिण अमेरिकेत शेतीवर आधारित उद्योग अर्जेंटिना व ब्राझील या देशात मोठ्या प्रमाणात चालतो. दुधावर प्रक्रिया करून त्यापासून विविध पदार्थ तयार करतात. त्याचप्रमाणे डबाबंद करणे, तेल गिरण्या, सुती कापड गिरण्या, लोहपोलाद उद्योगधंदे, विविध प्रकारची यंत्रसामग्री, रसायने, सिमेंट, कागद, मोटारी व विजेची

उपकरणे यांचे कारखाने समुद्रकिनारी व मोठ्या शहरांच्या भोवती केंद्रित झाले आहेत.

शेती हा प्रमुख व्यवसाय आहे. या भागात तांदूळ, मका, सोयाबीन, गहू, तसेच अल्फाल्फा, केळी, ऊस, कापूस कॉफी मोठ्या प्रमाणात पिकवले जातात. ब्राझील व अर्जेंटिना यांच्या काही भागात गव्हांचे उत्पन्न घेतले जाते.

द.अमेरिकेत शिकार, खाणकाम, मासेमारी, मेषपालन, पशुपालन, दुग्धोत्पादन, शेती, कारखानदारी वगैरे व्यवसाय आढळतात. त्याचप्रमाणे ॲमेझॉन वनप्रदेश, अटाकामा वाळवंटी प्रदेश व पॅटागोनिया येथील आदिवासी लोक शिकार करतात. पर्वतीय उतारावर कोरड्या भागात मेषपालन हा व्यवसाय केला जातो. पेरूमध्ये मासेमारी करणे हा प्रमुख व्यवसाय आहे. मळ्याची शेती ब्राझील, कोलंबिया, व व्हेनेझुएला या देशात मोठ्या प्रमाणावर केली जाते. ब्राझील, अर्जेंटिना यामध्ये गवताळ प्रदेशात पशुपालन हा महत्त्वाचा व्यवसाय चालतो.

लोकजीवन

अँडीज पर्वतीय भागात रेड-इंडियन्स यांचे वास्तव्य आहे. हे रेड इंडियन्स पेरू, इक्वेडोर, बोलिव्हिया, अर्जेंटिना, ब्राझील, ऊरुग्वे या भागात आढळतात.

दक्षिण अमेरिकेतील बऱ्याच भागात रेड-इंडियन्स यांच्या ८२ भिन्न भाषा आहेत. सुरिनाम देशाची सरकारी भाषा डच आहे. दक्षिण अमेरिकेतील आठ देशांची राष्ट्रभाषा स्पॅनिश, एकाची पोर्तुगीज आणि एकाची इंग्रजी आहेत. दक्षिण अमेरिकेत विविध देशांतून लोक येऊन स्थायिक झाले आहेत.

अर्जेंटिना देशात जगातील सर्वात जास्त यहुदी लोकांची संख्या असून ती ३ लक्ष २० हजार झाली आहे. गयाना देश सोडून इतर सर्व देशांमध्ये रोमन कॅथोलिक पंथाच्या लोकांचे वास्तव्य आढळते.

लोकसंख्येच्या दृष्टीने विचार केला तर सर्वात जास्त लोक किनारी भागात किंवा बेटांवर वास्तव्य करीत आहे. त्यामुळे शहरांची घनता सर्वाधिक आहे. त्या खालोखाल इतर भागातील ७५% लोक शहरी भागात राहतात. अंतर्गत भागातील लोकसंख्या फारच विरळ असल्याचे दिसून येते. दक्षिण अमेरिकेत मोठ्या प्रमाणात यांत्रिक पद्धतीने शेती होत असल्याने १९% लोक शेती व्यवसायात गुंतलेले आहेत.

दक्षिण अमेरिकेतील महत्त्वाची शहरे अशी आहेत.

(१) लिमा - पेरूची राजधानी

(२) लापाझ - बोलिव्हियाची राजधानी

(३) क्विटो - इक्काडोरची राजधानी
(४) कॅराकस - व्हेनेझुएलाची राजधानी
(५) व्हॅलपॅरासो - चिलीचे बंदर,
(६) सँटिआगो - चिलीची राजधानी
(७) ब्राझीलिया - ब्राझीलची राजधानी
(८) रिओ-डी - जानेरीओ - ब्राझील देशातील मोठे शहर, व्यापारी केंद्र
(९) माँटेव्हिडिओ - उरुग्वेची राजधानी
(१०) ब्युनॉस एरीझ - अर्जेंटिनाची राजधानी
(११) जॉर्ज टाऊन - गयानाची राजधानी
(१२) फ्रेंच गियाना - केयोन, राजधानी
(१३) बोगोटा - कोलोंबियाची राजधानी
(१४) असूनन्यॉन - पॅराग्वेची राजधानी

(अर्जेंटिना)

गहू आणि मांस उत्पादनासाठी प्रसिद्ध असा हा देश आहे. याचे क्षेत्रफळ २७८० हजार चौ. कि.मी. असून लोकसंख्या ३७५ दशलक्ष आहे. प्रति चौरस किलोमीटर्समध्ये १२ व्यक्ती वास्तव्य करतात. दक्षिण अमेरिकेच्या दक्षिण भागामध्ये अर्जेंटिना देशाचा विस्तार आहे. अर्जेंटिनाच्या पूर्व बाजूला ॲटलांटिक महासागर, पश्चिमेला चिली, उत्तरेला बोलिव्हिया, पॅराग्वे ही राष्ट्रे आहे. उत्तर-दक्षिण विस्तार ३५०० किलोमीटर्स, पूर्व-पश्चिम लांबी १४०० किलोमीटर्स आहे.

विस्तार

अर्जेंटिनाचाअक्षवृत्तीय विस्तार २२° ते ५०° दक्षिण व रेखावृत्तीय विस्तार ५४° २०' ते ७३° पश्चिम यांच्या दरम्यान आहे.

प्राकृतिक दृष्टीने विचार केला तर पूर्व बाजूस अटलांटिक महासागर तर पश्चिमेस अँडीज पर्वत श्रृंखला आहे. अँडीज पर्वत रांगेत अनेक उंच शिखरे आहेत. त्यामध्ये अँकन्काग्वा हे ६९६० मीटर उंचीचे शिखर आहे. त्या खालोखाल आहोस दल सलाटे ६९०८ मी., तुपुंग टो ६८०० मी., पिसी ६७७९ मी. ट्रोनजॅर ३३५४ मी., सॅन व्हॅलेटीन ४०५८, मी. पिरमिडे ३३८० मी. उंचीची पर्वत शिखरे आहेत. अँडीजच्या पूर्वभागात पठाराचा उतरता भाग आहे. अँडीज व पराना यांच्या मध्यभागास ग्रॅनचाको असे संबोधतात. अँडीज पर्वतापासून ब्युनोस एरीझपर्यंतच्या भागाला पंपास म्हणतात. अँडीज पर्वताच्या पूर्व बाजूस उत्तरेकडील नेग्रो नदीपासून

थेट दक्षिणेकडे मॅगेलनच्या सामुद्रधुनीपर्यंतच्या भागात पॅटागोनिया हा कमी पावसाचा प्रदेश आहे.

अर्जेंटिनातील उत्तरेकडील नद्या दक्षिण बाजूस वाहत जातात तर दक्षिणेकडील नद्या या पूर्व बाजूस वाहत जातात. या भागात कोलोटॅडो व नेग्रो ह्या प्रमुख नद्या आहेत.

अँडीज पर्वतश्रेणीमुळे पूर्व भाग पर्जन्यछायेच्या खाली असल्याने या भागात २० सेंमीपेक्षा कमी पाऊस पडतो. विषुववृत्तीय भागात अधिक तापमानामुळे उन्हाळ्यातील तापमान ३०^{0}से च्या जवळपास असते तर हिवाळ्यात तापमान २४^0 से च्या जवळपास असते. अँडीज पर्वतीय भागात तापमान ०^{0}से च्या खाली असते. पूर्व बाजूस पूर्वीय वाऱ्यापासून सरासरी १०० सेंमी. पेक्षा थोडा जास्त पाऊस पडतो. पश्चिमेकडे पर्जन्यछायेच्या प्रदेशात पर्जन्यमान फारच अल्प असते. पंपासच्या गवताळ प्रदेशात तापमान १५^0 से च्या जवळपास आढळते.

अर्जेंटिनामध्ये वातावरणीय बदलामुळे विविध प्रकारचे झाडे दिसून येतात. उत्तर भागात कठीण लाकडाच्या वृक्षाची संख्या अधिक आहे. या प्रदेशात क्वेब्राची, एरबामाटे, सायप्रस, लार्च, ओक, बीच इ. प्रकारची झाडे आढळतात. अर्जेंटिनाच्या मध्य भागात पंपास हे गवताळ कुरण आहे. या भागात गव्हाची शेती व पशुपालन व्यवसाय मोठ्या प्रमाणात विकसित झालेला आहे.

पर्वतीय क्षेत्रामुळे या क्षेत्रात तर, लामा, अल्पका तर वीकोना या भागात कोल्हे, तापीर, रानमांजर, प्युमा, जग्वार, हरीण, माकडे, तरस यासारखे प्राणी आढळतात. नदी जलप्रणालीत मासे व इतर जलचर विपुल प्रमाणात आढळून येतात.

पर्वतीय क्षेत्रामध्ये अभ्रक, कथील, बॉक्साईट, सोने, तांबे, मँगनीज, चांदी इत्यादी खनिजे सापडतात. दगडी कोळसा व खनिज तेल याच भागात मोठ्या प्रमाणात सापडते. नैसर्गिक वायुची निर्मिती याच भागात होते. ॲमेझॉन, पराना, साऊ-फ्रान्सिस्को नदीप्रणालीत विद्युतनिर्मिती केली जाते.

अर्जेंटिनात युरोपीय लोकांचे प्रमाण जास्त आहे. त्यामध्ये इटली ४०%, स्पेन ३०%, असे प्रमाण आहे. एकूण लोकसंख्येपैकी ८०% लोक शहरी भागात तर २०% लोक ग्रामीण भागात वास्तव्य करतात. ग्रामीण लोक मुख्यत: मेस्टीझो वंशाचे आहेत.

अर्जेंटिना हा कृषिप्रधान देश आहे. पंपासच्या गवताळ प्रदेशातील माती शेतीसाठी फार उपयुक्त आहे. युरोपातून आलेल्या नागरिकांनी या भागात मोठ्या

प्रमाणात शेतीचा विकास केलेला आहे. शेतीबरोबरच पशुपालन हा व्यवसाय विकसित झालेला आहे. या भागात गहू, मका, बार्ली, कापूस, अंबाडी, ऑलीव्ह, सोयाबीन आणि गवत या उत्पादनावर लक्ष केंद्रित केले जाते.

पर्वतीय भागामध्ये मोठ्या प्रमाणात फळांचे उत्पादन घेतले जाते. देशातील एकूण लोकसंख्येपैकी १२% लोकांचा शेती हा प्रमुख व्यवसाय आहे. पंपास प्रदेशात मका व गहू यांची शेती आहे. शेतीसाठी यंत्राचा वापर केला जातो. हे धान्य निर्यात केले जाते. म्हणून या शेतीस व्यापारी धान्यशेती म्हणतात. पॅटागोनियाव मका, अंबाडी व ग्रॅनचाको प्रदेशात कापूस पिकवला जातो. पश्चिमेकडील प्रदेशात जलसिंचनावर ऊस व द्राक्षे ही पिके घेतली जातात.

पशुपालन करणारे लोके गुरांना मका व अल्फाल्फा गवत खाऊ घालून त्यांना पुष्ट करतात व नंतर त्यांना मारण्यात येते. त्यांचे मांस हवा बंद डब्यात भरून निर्यात केले जाते. हा येथील महत्त्वाचा उद्योग आहे. पॅटागोनियात लोकरीसाठी मेषपालन हा व्यवसाय चालतो.

अर्जेंटिनामधून कृषी उत्पादित माल मोठ्या प्रमाणात निर्यात केला जातो. त्यामध्ये लोकरी वस्त्रोद्योग, ऊस, साखर, गहू, मका, सोयाबीन, दूध-दही, पनीर, कागद यांचा समावेश होतो. त्याचप्रमाणे विविध यांत्रिक सामग्री, वाहने, हॉस्पिटलचे सामान, विद्युत उपकरणे मोठ्या प्रमाणात आयात केले जाते.

पराना व ऊरुग्वे या नद्या मुखाजवळच्या प्रदेशात जलवाहतुकीस उपयुक्त असल्याने त्यांची प्रगती झाली आहे. पंपासच्या प्रदेशात जास्त प्रमाणात रस्ते विकसित झाले आहेत. ट्रान्स अँडियन लोहमार्ग ब्युनोस एरीझपासून पश्चिमेस चिली देशात जातो. ब्युनॉस एरीझ हे रस्ते व लोहमार्ग यांचे मुख्य केंद्र आहेत. देशातील प्रमुख शहरे विमानमार्गांनी जोडलेले आहेत. ब्युनोस एरीझ, मार देल प्लाटा व बहिआब्लांका रॉसन, डेसी ऑडो-सांताक्रूझ ही महत्त्वाची बंदरे आहेत.

अर्जेंटिनामध्ये खालील प्रमुख शहरे आहेत.

(१) ब्युनास आयर्स : हे अर्जेंटिनांच्या राजधानीचे शहर आहे. हे शहर ला प्लाटाच्या खाडीच्या तोंडावर आहे.

(२) सांताक्रूझ : हे समुद्र किनाऱ्यावरील एक प्रसिद्ध बंदर असून या भागात मोठ्या प्रमाणात मेषपालन व्यवसायाचे व लोकरीच्या व्यापाराचे केंद्र आहे.

(३) रोझारिओ : येथे कत्तलखाना असून मांस डब्यात भरण्याचा उद्योग चालतो. व तो माल देशात इतरत्र निर्यात केला जातो.

(४) मेंडोसा : फळाच्या व्यापारासाठी हे शहर प्रसिद्ध आहे. चिलीकडे

जाणाऱ्या लोहमार्गावर हे आहे.

(५) बाहियाब्लाका : दक्षिण पंपासमधील गव्हाची बाजारपेठ व गहू निर्यातीचे प्रमुख बंदर आहे.

(ब्राझील)

क्षेत्रफळाच्या दृष्टीने हा जगात पाच नंबरचा देश असून लोकसंख्येच्या बाबतीत सहावा क्रमांक लागतो. दक्षिण अमेरिकेत सर्वात जास्त क्षेत्रफळ ब्राझीलचे आहे. क्षेत्रफळ ८५,१२ हजार चौ.किमी आहे. सन २००१ मध्ये लोकसंख्या १७२ दशलक्ष इतकी होती. पूर्व दिशेला दक्षिण अ‍ॅटलांटिक महासागर असून, दक्षिण अमेरिकेतील सर्वच देशांना त्यांची सीमा जोडली आहे. ब्राझीलचा अक्षवृत्तीय विस्तार ५°१६° उत्तर ते जवळजवळ २३° ४५° दक्षिण आणि रेखावृत्तीय ३४° ४५° पूर्व ते ७४° ३° पश्चिमपर्यंत आहे. ब्राझील देशाला सुमारे ७८०० किलोमीटर लांबीचा समुद्र किनारा लाभलेला आहे.

अँडीज पर्वताच्या पूर्व बाजूला ब्राझीलच्या पठारी प्रदेशाचा समावेश होतो. त्यांची उंची समुद्र सपाटीपासून२०० मीटर आहे. या पठारी भागात प्रामुख्याने उरुग्वे, पराना, पराग्वे, बरमेहो, रीयू ग्रांदे ह्या नद्यांचा उगम होतो.

अँडीज पर्वतावर चिम्बोराझो परिसरात (६२६७ मीटर्स) अ‍ॅमेझॉन नदी उगम पावते. या नदीला अनेक उपनद्या येऊन मिळतात. त्यामध्ये मारन्यॉन, पुतुमायो, काकेटा, झापुरा, झुरु वा, पुरुस, मा दीरा, निग्रो, ब्राको, तपाजोस यांचा समावेश होतो. अ‍ॅमेझॉनचे खोरे मोठ्या प्रमाणात विस्तारित सखल स्वरूपाचे आहे. हा भाग पूर्णपणे गाळाने तयार झालेला आहे. त्यामुळे या भागात विस्तीर्ण गाळाची मैदाने दिसून येतात.

ब्राझील देशातून विषुववृत्तीय रेषा गेलेली आहे. त्यामुळे हा उष्ण कटिबंधीय प्रदेशात येतो. विषुववृत्तीय प्रदेशामुळे येथील तापमान वर्षभर जास्त असते. या भागात तापमान सरासरी २५° से. च्या पुढे असते. ब्राझील देशाच्या दक्षिण भागात विषुववृत्तीय भागापेक्षा तापमानात क्वचितच फरक पडतो. ते तापमान २२° से. असते. समुद्रकिनारी तापमान अंतर्गत भागापेक्षा जास्त असते.

ब्राझील देशाच्या पूर्व किनारपट्टीच्या भागात पर्जन्यमान ७५ सें.मी. पेक्षा जास्त आहे. विषुववृत्तीय प्रदेशामध्ये पर्जन्यमान २०० सें.मी. पेक्षा जास्त आढळते. ब्राझीलच्या उरलेल्या भागात पूर्वीय वाऱ्यांपासून उन्हाळ्याच्या कालखंडात पर्जन्य वृष्टी होते.

जगातील सर्वात दाट सदाहरित वने या देशात आहेत. सेल्व्हान म्हणून अ‍ॅमेझॉनचे खोरे ओळखले जाते. अ‍ॅमेझॉनच्या खोऱ्यात फार उंच व कठीण लाकडाच्या वृक्षाची संख्या अधिक आहे. या भागात मोठ्या प्रमाणात विविध प्रकारची झाडे आढळतात. त्यामध्ये एबनी, महोगनी, रोझवूड, ग्रीनवूड, रबर, ब्राझील गट ही महत्त्वाची झाडे आहेत. त्या झाडांच्या आतमध्ये विविध प्रकारच्या वेलींचा समावेश होतो. झाडांना आर्थिकदृष्ट्या महत्त्व आहे. ब्राझीलच्या पठारावर गवताळ कुरणे आहेत. त्यामुळे पशुपालन व्यवसाय विकसित झालेला दिसतो.

ब्राझीलच्या वनात समृद्ध प्राणिजीवन पाहण्यास मिळते. या भागात नद्यामध्ये पिरान्हा हे मांसभक्षक मासे व सुसरी आढळतात. अस्वल, चित्ता, रानडुकरे हे हिंस्र प्राणी, अनाकोंडा, अजगर हे सरपटणारे प्राणी व तालशुक, पोपट इत्यादी पक्षी येथे आढळतात.

ब्राझील देशात मोठ्या प्रमाणात खनिज संपत्ती असून त्यामध्ये धातू-अधातू खनिजांचे प्रमाण जास्त आहे. पठारी भागात मोठ्या प्रमाणात लोह आणि मँगनीज यांचे साठे सापडतात. दक्षिण अमेरिकेतील ८५% लोह ब्राझील देशातून उत्पादित केले जाते. लोह उत्पादनातील ५०% उत्पादन युरोपीय देशात निर्यात केले जाते.

मँगनीज, दगडी कोळसा, तांबे, फॉस्फेट, लोहखनिज, सोने, युरेनियम, प्लँटिनम, सोने, चांदी, टिन, इत्यादी उत्पादन घेतले जाते. ब्राझीलमध्ये देशास पुरेल एवढ्या प्रमाणात खनिज तेल उपलब्ध आहे. बेलो हॉरिझांटे हे खाणकाम व्यवसाय करणारे प्रमुख केंद्र आहे.

कृषी उत्पादनावर आधारित वस्तूंची निर्यात मोठ्या प्रमाणात केली जाते अर्थातच हा देश कृषी उत्पादनात पुढारलेला आहे. ब्राझीलचा कॉफी व साखर उत्पादनात जगात प्रथम क्रमांक लागतो. तसेच मका आणि तंबाखू उत्पादनात जगात तिसऱ्या क्रमांकावर आहे. त्याचप्रमाणे रबराचे उत्पादनासाठी शेती केली जाते आणि ऊस, कोको, केळी, तांदूळ, मका यांची उत्पादने घेतली जातात.

किनारी भागात मोठ्या प्रमाणात केळीचे उत्पादन घेतले जाते. त्याचप्रमाणे संत्री, अननस, नारळ, आंबा, फणस यांच्या उत्पादनासाठीही फळबागा आहेत.

जगातील सुमारे ५०% कॉफीचे उत्पादन ब्राझील देशात घेतले जाते. माटोग्रासो भागात पशुपालन चालते. त्यात घोडे, डुकरे, मेंढ्या, शेळ्या, खेचरे, कोंबड्या पाळल्या जातात. पूर्व भागात खाणकाम व्यवसाय मोठ्या प्रमाणात चालतो. नद्या व किनारी भागात मासेमारी व्यवसाय चालतो.

खाद्य उत्पादन, सुतीवस्त्र, लोहसामग्री, धातु शुद्धीकरण, विविध यंत्रसामग्री,

विद्युत उपकरणे, रासायनिक पदार्थांची निर्मिती, साखर उद्योग, पेट्रोलियम पदार्थांची निर्मिती यासारखे उद्योग स्थिर आहेत. ह्या भागात किनारी प्रदेशात मोठ्या प्रमाणात विद्युत निर्मिती केली जाते.

रस्तेवाहतुकीमध्ये जगात ब्राझीलचा तिसरा क्रमांक असून त्या भागात १९,८०,००० किलोमीटर्स लांबीचे रस्ते आहे (अमेरिकेचा पहिला व भारताचा दुसरा क्रमांक आहे). ब्राझील देशात रिओ डी जानेरो ते बेलो हॉरिझांटे हा प्रमुख लोहमार्ग आहे. त्याचबरोबर रिओ डी जानेरो ते ब्राझीलिया, ब्राझीलिया ते साओ पाओ ते सेहॉस हे लोहमार्ग आहेत. ज्या भागात रस्ते व लोहमार्गाचा विकास झालेला नाही अशा भागात जलवाहतुक चालते. या भागात २०,००० कि.मी. लांबीचे जलमार्ग, ॲमेझॉन व तिच्या उपनद्यांच्या परिसरात आहेत. देशातील महत्त्वाची शहरे विमानसेवेची जोडली आहेत. देशात आकाशवाणी व दूरचित्रवाणी यांचा विकास मोठ्या प्रमाणात झालेला आहे.

ब्राझील देशात खनिज संपदा जास्त असल्याने त्यावर आधारित उद्योगधंद्याचा विकास झालेला आहे. त्यामध्ये स्वयंचलित वाहने, लोहखनिज, यांची निर्यात केली जाते. ॲमेझॉन नदीच्या खोऱ्यात मोठ्या प्रमाणात फळ उत्पादन केले जाते. कॉफीला सर्वात जास्त मागणी असल्याने ती निर्यात केली जाते.

देशाचा विस्तार मोठा व लोकसंख्या जास्त असल्याने खनिज तेल, रासायनिक खते, विविध प्रकारची यंत्रसामग्री, गहू यांची आयात केली जाते.

ब्राझीलच्या पठारी भागात दाट प्रमाणात लोकसंख्या आढळते. ॲमेझॉन नदीच्या खोऱ्यात लोकसंख्येचे प्रमाण विरळ आहे. या भागातील लोकांचा प्रमुख धर्म ख्रिश्चन असून त्यांची बोलीभाषा पोर्तुगीज आहे. देशाच्या किनारपट्टीच्या भागात मोठ्या प्रमाणात झालेले उद्योगधंद्याचे केंद्रीकरण, योग्य हवामान यामुळे ९०% लोक तेथे वास्तव्य करतात. साक्षरतेचे प्रमाण ८०% आहे.

ब्राझीलमधील प्रमुख शहरे खालीलप्रमाणे आहेत.

(१) ब्राझीलिया : ब्राझीलिया ही देशाच्या राजधानीचे शहर आहे. ते सांस्कृतिकदृष्ट्या महत्त्वाचे आणि नियोजनबद्ध शहर आहे.

(२) रिओ–डी जानेरो : ब्राझीलमधील हे दुसरे महत्त्वाचे शहर आहे. येथील लोकसंख्या १ कोटीच्या पुढे असून, वाहतुकीच्या दृष्ट्या त्याला विशेष महत्त्व आहे. ते पूर्व किनारी भागात आहे.

(३) सॅल्व्हाडोर : हे शहर कोको उद्योगात अग्रेसर असून या भागात कोको निर्यात केली जातो.

(४) मॅनास : हे ॲमेझॉन खोऱ्याच्या मध्यभागी असून जलवाहतुकीचे केंद्र आहे.

(५) साओपालो : हे ब्राझीलमधील महत्त्वाचे मोठे शहर आहे. हे समुद्रकिनाऱ्यापासून ४० किलोमीटर्स दूर असून १५५४ मध्ये ह्या शहराची स्थापना झाली. १९ व्या शतकात कॉफीला मागणी वाढल्याने ह्या शहराला विशेष महत्त्व प्राप्त झाले आहे.

(६) बेलोहॉरिझांटे : हे एक खाणकाम व्यवसायाचे केंद्र आहे.

(चिली)

चिली या देशाच्या पश्चिम बाजूस प्रशस्त असा पॅसिफिक महासागर आहे. चिली देशातील लोकसंख्या प्रामुख्याने शहरी भागात वास्तव्य करून आहे. देशातील एकूण क्षेत्रफळ ७,५६,६२६ चौरस किलोमीटर्स आहे. पॅसिफिक महासागराच्या किनारी भागाचा उत्तर दक्षिण विस्तार ४२०० किलोमीटर्स असून, पूर्व-पश्चिम विस्तार १७० ते २०५ किलोमीटर्स यांच्या दरम्यान आहे. ग्रामीण भागात १०% लोक वास्तव्य करून आहेत. उर्वरित लोक शहरी भागात वास्तव्य करून आहेत. चिली आणि अर्जेंटिना या दोन देशांच्या मध्यभागी अँडीज पर्वत रांग आहे. त्याला आपण जलविभाजक म्हणून संबोधू शकतो.

चिली देशाला उत्तर-दक्षिण अशी मोठी किनारपट्टी लाभलेली आहे. ह्या किनारपट्टीवर अनेक बेटे आहेत, चिली देशांच्या पूर्व बाजूला अँडीज पर्वत रांग पसरलेली आहे.

हवामानानुसार चिलींचे चार भाग पडतात.

(१) उत्तर चिली - या भागातील अटाकामा वाळवंटी प्रदेशाच्या भागात तापमानात आर्द्रता कमी असते. उन्हाळा तीव्र असतो.

(२) मध्य चिली - मध्य चिली भागात प्रामुख्याने सागरीय वातावरणाचा परिणाम जास्त जाणवतो. उन्हाळ्यात तापमान सर्वात अधिक असून ते दमट असते. थंडीच्या महिन्यात पर्जन्य वृष्टी होत असते.

(३) दक्षिण चिली - या भागात वर्षभर तीव्र गतीने वारे वाहतात. तापमान कमी असून पर्जन्यमान अधिक असते.

(४) किनारी प्रदेश - या भागातील तापमान दमट व आर्द्र असते. किनारपट्टीच्या भागात पर्जन्यमान जास्त आढळते.

शेतीला जोडधंदा म्हणून या भागात मोठ्या प्रमाणात पशुसंवर्धनाचा विकास झाला आहे. शेतामध्ये विविध प्रकारच्या धान्य उत्पादनामध्ये प्रामुख्याने गहू, मका,

तांदूळ, कापूस या पिकांबरोबरच विविध प्रकारच्या फळाचे उत्पादन घेतले जाते. अंजिर, सफरचंद, मोसंबी, संत्री, निंबू आणि विविध प्रकारच्या भाज्यांचा त्यात समावेश होतो.

पर्वतीय भाग घनदाट झाडांनी व्यापलेला आहे. उंच झाडे व विविध प्रकारच्या वेली यांची दाटी आढळून येते. महोगनी, एबनी, रोझवूड, ग्रीनहार्ट ह्या प्रकारची झाडी तर क्वेब्राचो एरबामाटे याप्रकारची वेली आढळतात.

उत्तर भागात – वाळवंटी भागात – मोठ्या प्रमाणात सोडियम नायट्रेट व तांबे सापडते. मध्य भागात नायट्रेट व फॉस्फेट सापडते तर दक्षिण भागात पेट्रोलियम पदार्थ व गॅस निर्मिती केली जाते.

चिली हा देश जरी शेतीप्रधान असला तरी या भागामधून संत्री, सफरचंद, अंजीर इत्यादी फळांची निर्यात केली जाते. त्याचप्रमाणे मोठ्या प्रमाणात तांबे, नायट्रेट व रासायनिक पदार्थ यांची, तसेच कागद, मासे यांची निर्यात केली जाते व यांत्रिक घटक, विजेची उपकरणे आयात केली जातात.

सँटिआगो – ही चिली देशाची राजधानी आहे. हे शहर चिली देशाच्या मध्यविभागात येते. सँटिआगो या शहराच्या उत्तरेला वालपॅराझो हे चिली देशातील दुसरे मोठे शहर आहे.

(पेरू)

पेरू देशाच्या पश्चिमेस पॅसिफिक महासागर असून पूर्वेला ब्राझील देश आहे. दक्षिणेला चिली हा देश आहे. पेरू देशाचे क्षेत्रफळ १२,८६,२१६ चौरस किलोमीटर्स आहे. उत्तर-दक्षिण विस्तार १५५० किलोमीटर्सच्या पुढे आहे. त्यांची घनता प्रतिचौरस १७ व्यक्ती इतकी आहे. तर २००१ च्या जनगणनेनुसार २६.१ दशलक्ष लोक येथे वास्तव्य करतात.

देशाचे तीन प्राकृतिक विभाग आहेत :

(१) किनारपट्टीच्या प्रदेशात काही वाळवंटी भागाचा समावेश होतो.

(२) अँडीज पर्वतीय भागाचा काही प्रमाणात समावेश होतो. सर्वात उंच शिखर ऐग्कोह्यूमा (७०१४ मीटर) याच भागात आहे.

(३) पूर्व भागात लोकसंख्येची घनता फारच कमी आढळते.

अँडीज पर्वतीय भागाचा प्रभाव हवामानावर झालेला दिसून येतो. दक्षिण भागातील अटाकामा वाळवंटी प्रदेशात तापमान उष्ण तर पर्वतीय भागातील तापमान फारच थंड असते. देशाच्या पूर्व भागात डिसेंबर, जानेवारी महिन्यात

पर्जन्यवृष्टी होते. एल निनोचा या भागावर फारच परिणाम झालेला दिसून येतो.

पेरू देशाची गणना गरीब देशात होत असली तरी या भागातील वाळवंटी प्रदेशात जलसिंचनाच्या सोयी निर्माण करून कापूस उत्पादन घेतले जाते. मका, गहू आणि विविध प्रकारच्या भाज्यांचे उत्पादन या भागात घेतले जाते.

पर्वतीय भागात विविध प्रकारच्या वनस्पती आढळतात. रोजवूड, ग्रीनवूड, एबनी, महोगनी या प्रकारची झाडे आढळतात. कमी पावसाच्या प्रदेशात व उष्ण भागात पानझडी व सदाहरित मिश्र वने आढळतात. पर्वतीय भागात काही प्रमाणात गवताळ कुरणे आहेत.

तेलाच्या खाणी आरेकीपा ह्युल्वाफा या भागात आहेत. येथे पेट्रोलियम व रासायनिक धातू उद्योग निर्मिती होते.

येथे जास्त प्रमाणात रेड इंडियन्सचे प्रमाण असून ते ५०% च्या पुढे आहे. मेस्टीझोचे प्रमाण ३०% आहे. यांच्याशिवाय निग्रो, जपानी, चिनी वंशाचे लोक येथे वास्तव्य करतात. रोमन कॅथॉलिक हा महत्त्वाचा पंथ असून कुवेचुआ ही बोलीभाषा आहे. त्यांचे प्रमाण ५०% च्या जवळपास आहे.

पेरूच्या मोन्ताना भागात पेट्रोलियम आणि रासायनिक उद्योग स्थापित आहे. सुतीवस्त्र, कागद, मीठ, धातू शुद्ध करणे, रसायन निर्मिती, या वस्तूंची निर्मिती येथे केली जाते. जगातील सर्वात उंच स्टँडर्ड गेज रेल्वे मार्ग ४८१७ मीटर्स या उंचीवरून जातो. तो पेरू आणि आजूबाजूच्या देशाला जोडण्याचे काम करतो.

लिमा ही देशाची राजधानी असून ही राजधानी सांस्कृतिक, औद्योगिक आणि व्यापारीदृष्ट्या प्रगत आहे. त्याची लोकसंख्या ७० दशलक्षच्या पुढे आहे.

(इक्वाडोर)

इक्वाडोरच्या उत्तरेला कोलोम्बिया दक्षिण पूर्वेला पेरू तर पश्चिमेला पॅसिफिक महासागर आहे. २००१ च्या जनगणनेनुसार याची लोकसंख्या १२.९ दशलक्ष आहे. क्षेत्रफळाचा विचार केला तर ती २,८४,००० चौरस किलोमीटर आहे. घनता प्रती चौरस किलोमीटरवर १९ व्यक्ती इतकी आहे.

जगातील सर्वात उंच ज्वालामुखी चिम्बोराझो (६२६७ मीटर) आणि कोटोपॅक्सी (५८९७ मीटर) याच भागात आहेत. देशातील ५०% लोकसंख्या याच भागात वास्तव्य करतात. अँडीज पर्वतीय क्षेत्रात देशाची राजधानी असून ती समुद्र सपाटीपासून २८०० मीटर उंची आहे. या भागातील तापमान थंड असते. या भागात सतत आहे.

पर्वतीय प्रदेश असल्याने तापमान क्विटो भागात २१° से च्या पुढे असते.

कॉफी, मका, उस, तांदूळ, केळी ही प्रमुख पिके घेतली जातात. त्याचप्रमाणे सुतीवस्त्र निर्माण केले जाते. येथील पर्वतीय भागात. पेरू देशासारखीच नैसर्गिक संपत्ती दिसून येते.

मेस्टीजी यांचे प्रमाण ४०% च्या वर असून युरोपियन लोकांचे प्रमाण २०% आहे. एक्वोडोरची राष्ट्रभाषा स्पॅनिश आहे. ९०% च्यावरती लोक कॅथोलिक पंथाचे आहे.

येथे तांदूळ, ऊस, केळी, कॉफी, कोको यासारखी प्रमुख पिके घेतली जातात. विविध प्रकारच्या शेतीचा विकास झालेला दिसून येतो. सुतीवस्त्र निर्मिती, चामडे बनवणे, विविध खाद्यवस्तू तयार करण्याचे कारखाने हे क्विटो, ग्वावाकील, या भागात असून तेथेच खाद्य उत्पादनांचे मोठे कारखाने आहेत.

(कोलोंबिया)

ख्रिस्तोफर कोलंबसने उत्तर आणि दक्षिण अमेरिकेचा शोध लावला आणि त्यांची आठवण म्हणून त्याच्या नावावरून या देशाचे नाव कोलोंबिया ठेवले गेले. याच्या पश्चिमेला पॅसिफिक महासागर, पूर्व बाजूला ब्राझील तर दक्षिणेला इक्वाडोर व पेरू देश आहेत. याचा बराच भाग पर्वतीय आहे. देशाचे क्षेत्रफळ ११,४१,००० चौरस किलोमीटर असून देशाची लोकसंख्या ४३.१ दशलक्ष आहे. २००१ च्या जनगणनेनुसार २५ व्यक्ती प्रतिचौरस किलोमीटर परिसरात वास्तव्य करतात.

दक्षिणेकडून आलेली अँडीज पर्वतीय रांग या भागात समाप्त होत असली तरी देशाचा बऱ्याच मोठ्या भागात डोंगरी भागाचा विस्तार आहे. होलिमा हे उंच शिखर असून त्यांची उंची ५२१५ मीटर्स आहे. काडका, सॅम्डलीनो, पूर्व कार्डी आणि मध्य कार्डी असे अँडीजचे भाग पडले आहेत. कोलंबियाचा पूर्व भाग हा मैदानी प्रदेशाने व्यापलेला आहे.

विषुववृत्तीय रेषा या देशातून जाते. येथे समुद्रीय विभाग व पर्वतीय क्षेत्र यांचा प्रभाव या भागात मोठ्या प्रमाणात दिसून येतो. याचे प्रमुख हवामान प्रदेश आहे.

(१) उष्ण विषवृत्तीय प्रदेश – समुद्रसपाटीपासून साधारणत: ६०० मीटर पेक्षा जास्त उंच असणाऱ्या भागात तापमान वार्षिक २४° से. पेक्षा क्वचित जास्त जाते. पर्जन्यमान ७५० सें.मीटर्स असते.

(२) समशितोष्ण प्रदेश – हवामानाचा हा प्रदेश ६०० मीटर पासून ते २५०० मीटर उंच असून वार्षिक तापमान साधारणत: २०° से. ते २४° से. पर्यंत आढळते.

(३) थंड हवामान प्रदेश – या प्रदेशात साधारणत: २५०० ते ४००० मीटर उंच पर्यंत तापमान १०° से. च्या पुढे आढळते. येथे प्रामुख्याने सदाहरित प्रकारची जंगले असून ती पानझडी प्रकारची आहेत. त्यात शंकाकृती प्रकारची झाडे आढळतात.

(४) वृक्षरहित हवामान – काही प्रदेश सदा बर्फाच्छादित असतो. तो साधारणपणे ४००० मी.उंची पासून पुढे आहे.

कृषी व्यवसाय

कॉफी उत्पादनात हा देश जगात दुसऱ्या स्थानावर आहे. तांदूळ, मका, ऊस, गहू यांचे उत्पादन घेतले जाते. त्याचप्रमाणे शेतीला जोडधंदा म्हणून पशुपालन व्यवसाय केला जातो. त्यामध्ये गाय, म्हैस, बकरी, मेंढी यांचे पालन केले जाते.

पर्वतीय भागात मोठ्या प्रमाणात पानझड प्रकारची झाडे दिसून येतात. त्यात शंकाकृती वृक्ष असून त्यामध्ये अल्पाईन प्रकारचे गवत आढळते. उंच पर्वतीय भागात सदाहरित जंगलांचा विकास झालेला दिसून येतो.

देशात तेल, पेट्रोलियम पदार्थाची निर्मिती केली जाते.

देशात विविध प्रकारची वस्त्रनिर्मिती व खाद्यनिर्मिती केली जाते. कॉफीची निर्यात केली जाते. विविध प्रकारच्या विद्युत उपकरणांची आयात केली जाते.

बोगोटा : ही कोलंबिया देशाची राजधानी असून सांस्कृतिक, राजनैतिक व औद्योगिकदृष्ट्या प्रगत असे शहर आहे. त्याची लोकसंख्या २००१ च्या जनगणनेनुसार ५० लाखाच्या पुढे आहे.

काली : ह्या शहराच्या जवळ दुग्धव्यवसाय खूप विकसित झालेला असून हा भाग कृषिप्रधान असून येथे कोको, ऊस, कॉफी यांच्या उत्पादनामुळे अधिकच महत्त्व प्राप्त झाले आहे. या शहराची लोकसंख्या २१ लाख इतकी आहे.

(व्हेनेझुएला)

व्हेनेझुएलाच्या दक्षिणेला ब्राझील, उत्तरेला कॅरीबियन समुद्र, पूर्वेला गयाना, पश्चिमेस कोलोंबिया हे देश आहेत. क्षेत्रफळाचा विचार केला तर ९,१२,०५० चौरस कि.मी आहे. २००१ च्या जनगणनेनुसार लोकसंख्या २४.५ दशलक्ष आहे. देशातील ८५% लोकसंख्या शहरीभागात वास्तव्य करून आहे.

देशाच्या उत्तर भागाला मोठ्या प्रमाणात सागरी किनारा लाभलेला आहे. देशातील सर्वात उंच जलप्रपात, एंजल फॉल, या भागात असून त्यांची उंची ९७६ मीटर्स इतकी आहे. माराफाइबो हा सर्वात मोठा दलदलीचा प्रदेश असून त्याचे

क्षेत्रफळ १,२८,००० चौरस किलोमीटर इतके आहे.

समुद्रकिनारी भागात शीतोष्ण प्रकारचे हवामान आढळते. तेथे लोकसंख्येचे प्रमाण अधिक आढळते. तर उप-आर्द्र प्रकारचे हवामान उत्तर-पश्चिम भागात आढळते. येथेही लोकसंख्येचे प्रमाण मध्यम स्वरूपाचे आढळते.

देशाच्या एकूण क्षेत्रफळापैकी ५% क्षेत्रावर शेती केली जाते. त्यामध्ये खालील प्रमुख पिके घेतली जातात. ज्वारी,बाजरी, तांदूळ, मका, ऊस, केळी इ.

देशामध्ये ॲल्युमिनियम, बॉक्साईट, सोने, पेट्रोलियम पदार्थ यांचे उत्पादन घेतले जाते.

या भागात हॉस्पिटलमधील विविध उपकरणे, सुतीवस्त्र उद्योग, लाकूड उद्योग, फर्निचर निर्मिती होते तर विविध वाहनाचे मशीन, वाहने, विद्युत उपकरणे, सिमेंट, रासायनिक पदार्थ आयात केले जातात.

काराकास : ही देशाची राजधानी असून येथे विविध प्रकारचे औद्योगिक वस्तुनिर्मितीचे कारखाने आहेत.

(गयाना)

गयाना देशाच्या उत्तरेला ॲटलांटिक महासागर असून, पूर्वेस सुरिनाम तर दक्षिणेस ब्राझील तर पश्चिमेला व्हेनेझुएला हा देश आहे. त्याचे क्षेत्रफळ २,१४,९६९ चौरस किमी आहे. लोकसंख्या ७० लाख आहे. समुद्रसान्निध्यामुळे याभागात मोठ्या प्रमाणात मासेमारी व्यवसायाचा विकास झालेला आहे. समुद्रकिनारी जॉर्ज टाऊन हे राजधानीचे शहर आहे. या भागातील लोकसंख्येचा विचार केला तर बरीचशी लोकसंख्या भारतीय वंशाची असून ते इंग्रजी बरोबर इतरही भाषाही बोलतात. उदा. उर्दू, हिंदी. एकूणच भूमीचा विचार करता मैदानी प्रदेश व सागरी सान्निध्य या दोन्ही घटकांचा मानवी जीवनावर परिणाम झालेला असून तेथे मोठ्या प्रमाणात शेतीचा विकास झालेला दिसून येतो. तेथे ऊस, तांदूळ, नारळ, विविध प्रकारच्या भाज्याचे उत्पादन घेतले जाते. या भागात बॉक्साईटचे साठे असल्याने त्यांचे उत्खनन करून त्यांची निर्यात केली जाते. तांदळाचे उत्पादन जास्त होत असल्याने त्याची ही निर्यात केली जाते. स्थानिक लोकांची गरज लक्षात घेता विविध वस्तूची आयात सुद्धा केली जाते.

(सुरिनाम)

सुरिनामच्या उत्तरेला अटलांटिक महासागर, दक्षिणेला ब्राझील, पश्चिमेला

गयाना, पूर्वेला फ्रेंच गियाना आहे. त्याचे क्षेत्रफळ १,६३ दशलक्ष चौरस किलोमीटर आहे. २००१ च्या जनगणनेनुसार लोकसंख्या ४० लाख आहे.

सुरिनाम देशाच्या उत्तरेला असणाऱ्या सागरीय प्रदेश व मैदानी प्रदेश यामुळे हा भाग कृषिप्रधान असून, येथील चांगल्या वातावरणामुळे तांदूळ हे पिक घेतले जाते व त्याची निर्यात सुद्धा केली जाते.

साधनसंपत्तीच्या बाबतीत येथे बॉक्साईटचे साठे मोठ्या प्रमाणात विकसित झाले आहेत. या भागात विविध प्रकारचे उद्योगधंदे विकसित झाले असून लाकडापासून फर्निचर निर्मिती केली जाते. सुरिनामची राजधानी पारामोरीबो (झरीरीळले) आहे.

(पॅराग्वे)

पॅराग्वेच्या चार बाजूला भूमी आहे. पॅराग्वे ही त्या भागातून वाहणारी प्रमुख नदी आहे. पॅराग्वेच्या उत्तर-पूर्वेला ब्राझील देश आहे तर दक्षिण पश्चिमेला अर्जेंटिना देश आहे. देशाचे क्षेत्रफळ ४,०६,७५२ चौरस कि.मी आहे. लोकसंख्या ५७ लाख आहे. (२००१). येथील प्रमुख राष्ट्रभाषा स्पॅनिश असून प्रमुख पंथ रोमन कॅथॉलिक आहे. पॅराग्वेची राजधानी ॲसुनसीऑन असून या भागात देशातील ५०% पेक्षा जास्त लोक वास्तव्य करतात.

शेतीच्या बाबतीत देश स्वयंपूर्ण आहे. बराच भाग मैदानी असल्याने शेतीचा विकास झालेला दिसून येतो. या भागात मोठ्या प्रमाणात तंबाखू, कापूस, सोयाबीन, कापूस, मका यांचे उत्पादन घेतले जाते. फळ उत्पादनामध्ये प्रामुख्याने सफरचंद, संत्री, लिंबू यांचे उत्पादन घेतले जाते.

व्यापारीदृष्ट्या पॅराग्वेला फार महत्त्व असून या भागातून मोठ्या प्रमाणात तंबाखू आणि लाकडी फर्निचर निर्यात केले जाते. या भागात सुती कापड, साधारण तांत्रिक वस्तू, विविध खाद्य वस्तूंची निर्मिती करणारे कारखाने आहेत. निर्यात प्रामुख्याने अर्जेंटिना, ब्राझील या देशात केली जाते. त्यामुळे मालाला जास्त भाव द्यावा लागतो. विमान वाहतुकीमुळे हा जगाच्या इतर ठिकाणी जोडला गेला आहे.

(बोलिव्हिया)

बोलिव्हियाच्या उत्तर व पूर्व बाजूस ब्राझील, पश्चिमेस पेरू, दक्षिणेस अर्जेंटिना हे देश आहेत. देशाच्या पश्चिम भागात अँडिज पर्वत श्रेणी असून ती उत्तर-दक्षिण दिशेने विस्तारित आहे. या पर्वत श्रेणीमध्ये टिटीकाका, पोओपो ही सरोवरे विस्तारित आहेत. त्यांची उंची ३८१२ मीटर्स इतकी आहे. देशाच्या

क्षेत्रफळाचा विचार केला तर १०,९८,५८० चौरस किमी वर्ग पसरला आहे. लोकसंख्येचा विचार केला तर लोकसंख्या १ कोटी इतकी आहे.

पर्वतीय भागामुळे जसजसे उंच जाऊ तसतसा हवामानामध्ये परिवर्तन होत असल्याचे दिसून येते. पर्वतीय भागामुळे विविध प्राकृतिक रचना पाहण्यासारख्या आहेत.

कृषीच्या बाबतीत हा देश पुढारलेला असल्याचे दिसून येते. या भागात पर्वतीय प्रदेशात कॉफी पिक घेतले जाते. तर कमी उंचीवरील पठारी आणि मैदानी भागामध्ये बटाटे, ऊस, मका, गहू ही पिके घेतली जातात.

खनिज संपत्तीमध्ये या भागात प्रामुख्याने जस्त, चांदी, टिन, पेट्रोल उत्पादन, अँटिमनी आणि टंगस्टन ही खनिजे काढली जातात.

व्यापारीदृष्ट्या या भागात विविध वस्तूंची निर्मिती केली जाते. पेट्रोलियम शुद्धिकरण, सुतीवस्त्र उद्योग इ. उद्योग चालतात. या देशात मोठ्या प्रमाणात प्रदूषण ही गंभीर समस्या आहे. तसेच गरिबी आणि बेकारी या प्रमुख समस्या आहेत.

(उरुग्वे)

उरुग्वे देशाच्या पूर्व व दक्षिण बाजूस दक्षिण अॅटलांटिक महासागर असून पश्चिमेस अर्जेंटिना आहे. उत्तरेला ब्राझील देशाची सीमा आहे. याचे क्षेत्रफळ १,७६,२१५ चौरस कि.मी. आहे. देशातील जवळजवळ ९०% लोकसंख्या शहरी भागात वास्तव्य करून आहे.

या भागात पशुपालन हा प्रमुख व्यवसाय विकसित झालेला आहे. त्यामुळे मोठ्या प्रमाणात विविध प्रकारचे गवत उगवले जाते. अशा भागात पशुपालन व्यवसाय विकसित झाला आहे.

शेती उत्पादनात गहू, तंबाखू, ऊस यांचे उत्पादन प्रामुख्याने घेतले जाते. हे दक्षिण अमेरिकेतील प्रगत राष्ट्र असून त्या भागातील प्रमुख शहर माँटे व्हिडिओ असून त्यांची लोकसंख्या १५ लाखाच्या पुढे आहे. हे प्रमुख सांस्कृतिक व व्यापारी केंद्र सुद्धा आहे.

उत्तर अमेरिका खंडाच्या तुलनेने खूपच मागे असलेला हा खंड आहे. मुख्य म्हणजे या खंडातील खनिज व मानवी साधन संपत्तीचा विकास म्हणावा तितका झालेला नाही. जागतिकीकरणाच्या अवलंबनामुळे फायदे जितके तितकेच तोटेही कसे भयानक असतात हे ब्राझीलच्या उदाहरणावरून

आढळून येते. या खंडातील देशांशी आशिया-आफ्रिकामधील गरीब देशांबरोबर सहजी तुलना होऊ शकते. या देशातील आर्थिक नियोजनाच्या प्रयोगांवरून आपल्याला शिकण्यासारखे खूप आहे. म्हणूनच या खंडाचा अभ्यास महत्त्वाचा आहे.

□

प्रकरण – ५

दक्षिण अमेरिका

ऑस्ट्रेलिया खंड दक्षिण गोलार्धात असून तो समुद्राने घेरलेला आहे. पूर्वेला पॅसिफिक महासागर, पश्चिमेला हिंदी महासागर, उत्तरेला तिमोर, कोरल समुद्र आहेत. ऑस्ट्रेलिया खंडांचा क्षेत्रफळाच्या दृष्टीने सातवा क्रमांक लागतो. या खंडातील वनस्पती, प्राणी, पक्षी इतर खंडापेक्षा बरेच भिन्न आहेत. ऑस्ट्रेलिया खंडास कांगारूचा खंड म्हणून ओळखले जाते.

ऑस्ट्रेलियाचे एकूण क्षेत्रफळ ७८,८६,८५० चौ.कि.मी. आहे. २००१ च्या जनगणनेनुसार लोकसंख्या १९.४ दशलक्ष आहे. प्रति चौरस किलोमीटर्स मध्ये ३ व्यक्ती वास्तव्य करतात.

ऑस्ट्रेलियाचे पाच प्राकृतिक विभाग पडतात.

(१) पूर्व पर्वतीय भाग

(२) उत्तर उष्ण कटिबंधीय प्रदेश

(३) भूमध्य सागरीय दक्षिण भाग

(४) मध्य उष्ण वाळवंटी

(५) पश्चिम पर्वतीय भाग

(१) पूर्व पर्वतीय भाग : ऑस्ट्रेलियाच्या पूर्वेला पर्वतीय श्रेणी असून त्यामध्ये ॲघर्टन पठार, ग्रेट डिव्हायडिंग रेंज, न्यू इंग्लंड पर्वतश्रेणी, लिव्हरपूल पर्वतश्रेणी आणि कॉसिअस्को पर्वतश्रेणी यांचा समावेश होतो. कॉसिअस्को पर्वताची उंची २२३० मीटर असून येथील हवा जास्त आर्द्र प्रकारची आहे. पर्जन्यमान्य १०० सें.मी. आहे. पर्जन्याच्या कालखंडात कधी कधी बर्फवृष्टीसुद्धा होते. लिव्हरपूल पर्वतश्रेणी आणि कॉसिअस्को पर्वतश्रेणी दरम्यान ७५% वनसंरक्षित जंगलांचे क्षेत्र आहे.

(२) उत्तर उष्ण कटिबंधीय प्रदेश : पर्वतीय श्रेणी पूर्वेला असल्याने तेथे पर्जन्यवृष्टी जास्त असते. परंतु उत्तरेला पर्जन्यमान अत्यल्प प्रमाणात आहे. जो काही पाऊस पडतो तो प्रामुख्याने उन्हाळ्यात पडतो. उन्हाळ्यात तापमान २७^{0} सें असते. या भागात प्रामुख्याने मोसमी प्रकारची परिस्थिती पाहण्यास मिळते. उत्तरी भागात डिसेंबर आणि जानेवारी या महिन्यात तापमान मोठ्या प्रमाणात वाढते. समुद्रात वादळे उत्पन्न होऊन किनारी भागाचे मोठ्या प्रमाणात नुकसान करीत असतात. या भागात सवाना प्रकारचे गवताळ प्रदेश असल्याने मोठमोठी गवताळ कुरणे पाहण्यास मिळतात आणि पानझडी वनस्पती तसेच वृक्ष आढळतात. पर्वतीय भागातून वाहणाऱ्या नद्या मोठ्या प्रमाणात गाळ आणून येथे मातीची निर्मिती झालेली दिसून येते. टास्मानिया बेटावर वर्षभर पाऊस पडतो.

(३) भूमध्य सागरीय दक्षिण भाग : दक्षिण ऑस्ट्रेलियाच्या एनकाउंटर उपसागराच्या उत्तर भागात स्पेन्सर आखातात भूमध्य सागरीय हवामान पाहण्यास मिळते. या भागात पिलडर्स पर्वतश्रेणीमुळे हिवाळ्याच्या कालखंडात पर्जन्यवृष्टी होते. उन्हाळ्याचा कालखंड जास्त उष्ण स्वरूपाचा असतो.

(४) मध्य उष्ण वाळवंटी प्रदेश : ऑस्ट्रेलियात प्रामुख्याने गिब्सन वाळवंट, सिंप्सन वाळवंट, ग्रेट व्हिक्टोरिया वाळवंट आणि वाळूचे विशाल वाळवंटी प्रदेश असून हा भाग जास्त उष्ण जाणवतो. या भागात आर्टेशियन विहिरीमुळे पाण्याची टंचाई कमी झाली आहे. मात्र आर्टेशियन विहिरीचे पाणी क्षारयुक्त असल्यामुळे शेतीस उपयुक्त नाही. परंतु मेषपालनासाठी या पाण्याचा उपयोग मोठ्या प्रमाणात केला जातो.

(५) पश्चिम पर्वतीय भाग : ऑस्ट्रेलियाच्या पश्चिम भागात हॅमर्झली पर्वतश्रेणी असून त्यामध्ये ब्रस पर्वत (१२२७ मीटर) आणि ऑगस्टस पर्वत (११०६ मीटर) उंचीचे पर्वत आहेत. येथे २५ सें.मी. पेक्षा कमी पर्जन्य पडतो. त्याचप्रमाणे या भागातून मर्चियन, गॅस्कॉईन, ॲश बर्टन, फोर्टेस्क्यू या प्रमुख नद्या वाहत आहेत. पठारी भागात बाली, व मूर सरोवरे आहेत.

ईशान्य किनाऱ्याजवळ ग्रेट बॅरिअर रीफ ही जगातील सर्वात विस्तीर्ण अशी प्रवाळ खडकांची रांग आहे.

वनस्पती

ऑस्ट्रेलिया खंडात इतर खंडापेक्षा वेगळ्या प्रकारची वनस्पती, प्राणी व वृक्ष आढळतात. पूर्व किनाऱ्यावर जास्त पर्जन्यमान असल्याने तेथे दाट वने आढळतात. मध्य भागात पर्जन्यमान कमी असल्याने या भागात काटेरी झुडुपे, निवडुंग व गवत दिसून येते. या प्रदेशात वने विरळ आढळतात. ऑस्ट्रेलियाच्या पूर्व-उत्तर भागात

पाईन, रेड सीडार, अक्रोड, मॅपल, स्प्रूस इत्यादी प्रकारची झाडे आढळतात. निलगिरी हे सदाहरित वृक्ष येथे आहेत.

प्राणी व पक्षी

ऑस्ट्रेलियात प्राणीजीवनाविषयी विविधता पाहण्यास मिळते. कांगारू हा मुख्य प्राणी या भागात आहे. एमू हा आकाराने मोठा असलेला पक्षी ऑस्ट्रेलियाचा राष्ट्रीय पक्षी आहे. कोल्हा, वलाबीज, पोशम्स आणि प्लॅटिपूकस यासारखे प्राणी आढळतात. डिंगो हा रानटी कुत्र्यासारखा दिसणारा प्राणी ऑस्ट्रेलियात असून तेथे अनेक राष्ट्रीय उद्याने आहेत.

खनिज संपत्ती

ऑस्ट्रेलिया खनिजाचे भांडार आहे. खंडाच्या पश्चिम बाजूस सोने सापडल्यामुळे या भागात मोठ्या प्रमाणात फुलगार्डी व कालगुर्डी येथे खाणीच्या प्रदेशात वसाहती निर्माण झाल्या. उत्तरेकडील आखाती भाग व नैर्ऋत्य भागात बॉक्साईटचे साठे आहेत. उत्तर भागात युरेनियम सापडले. टस्मानिया बेटाजवळ शिसे, जस्त व चांदीचे उत्पादन घेतले जाते. 'ओपेल' नावाचे मौल्यवान खडे सापडतात.

ऑस्ट्रेलियाच्या प्रत्येक राज्यात दगडी कोळसा सापडतो. दक्षिणेस व्हिक्टोरिया, सिडनीजवळ न्यूकॅसल आणि बुल्ली, ब्रिस्बेन जवळ - बोवन-बोसिन, येथे दगडी कोळसा सापडतो.

ऊर्जानिर्मिती

ऊर्जानिर्मितीसाठी भौगोलिक परिस्थितीत उपलब्ध असणाऱ्या खनिजांचा उपयोग केला जातो. ऑस्ट्रेलियात वीज निर्मितीसाठी दगडी कोळशांचा वापर मोठ्या प्रमाणात केला जातो कारण कोळसा मोठ्या प्रमाणात प्रत्येक राज्यात उपलब्ध आहे. खनिज तेल क्षेत्र व नैसर्गिक वायूच्या प्रदेशात खनिज तेल व नैसर्गिक वायूचा देखील विद्युत निर्मितीसाठी वापर केला जातो. जलविद्युत निर्मिती प्रामुख्याने टास्मानिया आणि आग्नेय ऑस्ट्रेलियात होते. ऑस्ट्रेलियन आल्प्स पर्वतश्रेणीमुळे व्हिक्टोरिया राज्यात माऊंट ब्युटी येथे जलविद्युत केंद्र स्थापित आहे.

शेती

फक्त १५% क्षेत्र शेती योग्य असले तरी ६% क्षेत्रावर शेती केली जाते. देशातील एकूण क्षेत्रापैकी १४% क्षेत्र वनाखाली आहे. शेती योग्य जमीन जरी कमी असली तरी शेती उत्पादनात दरडोई उत्पन्न जगात प्रथम क्रमांकावर आहे.

शेती क्षेत्राच्या एकूण उत्पादनापैकी ६०% क्षेत्र गहू उत्पादनाचे आहे. येथे

यांत्रिक पद्धतीने शेती केली जाते. नदी खोऱ्याच्या परिसरात शेतीचा मोठ्या प्रमाणात विकास झालेला दिसून येतो. त्यामध्ये मरी, डार्लिंग, पिंलडर्स, व्हिक्टोरिया आणि मर्चिसन नदी परिसरात गव्हाची शेती केली जाते.

ऑस्ट्रेलियात पशुपालनामध्ये दुग्धविकास झालेला दिसून येतो. दुग्ध व्यवसाय मोठ्या शहराच्या परिसरात विकसित झालेला आहे. दुग्धजन्य पदार्थापासून तयार पदार्थ युरोप व अमेरिकेत निर्यात केले जातात.

कापसाचे उत्पादन दक्षिण ऑस्ट्रेलिया, न्यू साऊथ वेल्स व क्वीन्सलँड भागात घेतले जाते. बार्ली, ज्वारी, तांदूळ, मका ही अन्य पिकेही घेतले जातात. केळी, संत्री, अननस, पपई, द्राक्षे, सफरचंद, पीच, स्ट्रॉबेरी, जर्दाळू इत्यादीचे उत्पादन पूर्व व आग्नेय ऑस्ट्रेलियात घेतले जाते.

पशुपालन

ऑस्ट्रेलियाच्या मध्य व पश्चिमेकडील पठारी भागात खुरटे गवत आढळते. तेथे मेषपालनाचा व्यवसाय चालतो. ऑस्ट्रेलियातील मरिनो जातीची मेंढी जगात लोकरीसाठी प्रसिद्ध आहे. मेंढीचे संगोपन शास्त्रीय पद्धतीने केले जाते. यंत्राच्या सहाय्याने लोकर कातरतात. कातरलेली लोकर गासड्या बांधून बाजारपेठेत पाठवली जाते. ऑस्ट्रेलियातील लोकर उच्च दर्जाची असल्याने तिला युरोपातून खूप मागणी आहे. ऑस्ट्रेलियात गहू उत्पादित प्रदेशात मेंढीपालन व्यवसाय मोठ्या प्रमाणात विकसित झालेला आहे.

गवताळ प्रदेशात मोठ्या प्रमाणात पशुपालन व्यवसाय चालतो. पूर्व भागात पर्जन्य जास्त असलेल्या भागात मांसासाठी पशुपालन व्यवसाय केला जातो. देशाचा उत्तरेकडील भाग चांगल्या प्रतीच्या मांसासाठी प्रसिद्ध आहे. त्यामुळे येथे मोठ्या प्रमाणात गुरांची पैदास केली जाते. तर दक्षिण भागात दुग्धव्यवसाय मोठ्या प्रमाणात चालतो.

मत्स्यव्यवसाय

ऑस्ट्रेलियात हिंदी महासागर, पॅसिफिक महासागर, तिमोर समुद्र, कोरल समुद्र व एन काऊंटर उपसागर यांच्या सान्निध्यामुळे मोठ्या प्रमाणात मासेमारी व्यवसाय विकसित झालेला दिसून येतो. उथळ समुद्रकिनारी मुलेट, सॅमन, कॉड, ट्युना जातीचे मासे मोठ्या प्रमाणात आढळतात. खोल सागरी भागात शार्क, ट्युना प्रकारचे मासे पकडले जातात. पश्चिम व उत्तर भागात मोती असणारे शिंपले मोठ्या प्रमाणात आढळतात.

उद्योगधंदे

भौगोलिक विविधतेमुळे या देशात उलूरू पर्वतीय भागात पर्यटक मोठ्या संख्येने येतात, त्याचप्रमाणे ग्रेट बॅरियर रीफ आणि गोल्डन तट या भागात लाखो पर्यटक दरवर्षी येतात. जगातील खाऱ्या पाण्यातील मगरी पाहण्यासाठी सुद्धा पर्यटक आकर्षित होतात.

ऑस्ट्रेलिया राष्ट्र हे विकसित असून देशात औद्योगिक उत्पादन केले जाते. उत्पादन देशातील लोकांच्या वापरात मोठ्या प्रमाणात वापरले जाते. औद्योगिक क्षेत्रात ऑस्ट्रेलियासमोर, जपान, कोरिया, युरोप, अमेरिका ही एक आव्हानेच आहेत. तरी ऑस्ट्रेलियात पोलाद, मोटार, जहाजबांधणी, यंत्रे, रसायने, तेलशुद्धीकरण, लोकरी कापड, साखर उद्योगात विकसित आहे. समुद्रातील मासे, मांस व दुग्धपदार्थ टिकवणे हाही येथील प्रमुख व्यवसाय असून ते निर्यात केले जातात. सिडनी, मेलबोर्न, ब्रिस्बेन, न्यू कॅसल, पर्थ, डार्विन ही महत्त्वाची उद्योगधंद्यांची प्रमुख शहरे आहेत.

व्यापार

ऑस्ट्रेलियामध्ये विविध प्रकारच्या खनिज संपत्ती व कृषीवर आधारित वस्तूंचे निर्यात मोठ्या प्रमाणात केले जाते. देशातून लोकर, मांस, गहू, दुग्धपदार्थ, साखर, फळे, लोह, ॲल्युमिनियम, सोने, कोळसा यांची निर्यात केली जाते. आयात प्रामुख्याने संयुक्त संस्थानातून मोठ्या प्रमाणात केली जाते. त्यात प्रामुख्याने छोटी अथवा मोठी यंत्रे, विद्युत उपकरणे, रासायनिक वस्तू किंवा रसायने, पेट्रोलियम पदार्थ, गॅस, विविध हस्तकला, सिमेंट यांची आयात केली जाते.

धर्म

ऑस्ट्रेलियातील प्रमुख धर्म ख्रिश्चन असून ९०% लोक या धर्माचे आहेत. येथील प्रमुख भाषा इंग्रजी आहे. ऑस्ट्रेलियात पूर्व भागात ऑस्ट्रिलॉईड वंशाचे लोक राहातात. युरोपियन लोकांनी त्यांना ॲबोरिजिन हे नाव दिले. ते टोळ्या करून राहात असतात. ते प्रामुख्याने मेषपालन, पशुपालन व्यवसाय व शेतावर कामे करणे हे व्यवसाय करतात. काही लोक शहरी भागात व्यवसाय करतात.

दळणवळण

ऑस्ट्रेलियातील शहरे व गावे दूरदूर अंतरावर आहेत. त्यामुळे वाहतूक मार्गांचा विकास झालेला दिसतो. ऑस्ट्रेलिया विकसित राष्ट्र असल्याने सर्व शहरे रस्ते मार्गांनी जोडलेली आहेत. 'रोड ट्रेन' हे वाहन मेंढ्यांची व गुरांची वाहतुकीसाठी वापरले जाते.

ऑस्ट्रेलियात नद्या फारशा नसल्याने अंतर्गत जलमार्गाचा विकास झालेला नाही. परंतु सागरी मार्ग मात्र महत्त्वाचे आहेत. ऑस्ट्रेलियाच्या किनाऱ्यावर अनेक बंदरे आहेत. सिडनी हे आंतरराष्ट्रीय बंदर आहे. याशिवाय ब्रिस्बेन, ॲडिलेड, मेलबोर्न, पर्थ व डार्विन पोर्ट लिंकन, ही बंदरे महत्त्वाची आहे.

देशातील महत्त्वाचा लोहमार्ग ट्रान्स ऑस्ट्रेलियन लोहमार्ग असून तो ऑस्ट्रेलियाच्या पूर्व किनाऱ्यावरील सिडनी व पश्चिम किनाऱ्यावरील पर्थ ही शहरे जोडतो.

ऑस्ट्रेलिया इतर खंडाच्या तुलनेत दूर असल्याने विमानमार्गाला महत्त्व प्राप्त झाले आहे. सिडने, ब्रिस्बेन, कॅनबरा, पर्थ या ठिकाणी आंतरराष्ट्रीय विमानतळ आहेत. देशांतर्गत प्रवास करताना विमान मार्ग मोठ्या प्रमाणात वापरला जातो. तो त्यांच्या दृष्टीने स्वस्त आहे. विमानमार्ग जास्त विकसित असल्याने दुर्गम व दूरच्या भागात ही विविध सेवा सहज पुरवली जाऊ शकते.

दूरध्वनी सेवा अतिशय प्रगत आहे. आकाशवाणी, दूरचित्रवाणी व इतर आधुनिक संदेशवहन साधनांचा वापर मोठ्या प्रमाणात स्थानिक लोक करतात.

प्रमुख शहरे

(१) सिडनी : या शहरात ऑस्ट्रेलियातील अबोरिजिन लोकांचे प्रमाण जास्त असून त्या खालोखाल आशिया लोकांचे वास्तव्य आहे. या शहराची लोकसंख्या ३.७ दशलक्ष असून जवळच ब्यूमाउंटन लोकांना आकर्षित करतो. चांगला असा समुद्रकिनारा, औद्योगिक केंद्र, विविध सेवा पुरविणारे शहर म्हणून हे प्रसिद्ध आहे.

(२) मेलबोर्न : हे ऑस्ट्रेलियातील दुसऱ्या क्रमांकाचे मोठे शहर असून, व्हिक्टोरिया प्रांताची राजधानी आहे. या बंदरातून गहू, लोकर, दगडी कोळसा, दुग्धपदार्थ यांची निर्यात केली जाते.

(३) ब्रिस्बेन : ही क्वीन्सलँड राज्याची राजधानी आहे. हे प्रमुख प्रसिद्ध पर्यटन केंद्र व औद्योगिक केंद्र म्हणून प्रसिद्ध आहे.

(४) पर्थ : हे लोकर व गव्हाच्या व्यापाराचे केंद्र असून पश्चिम ऑस्ट्रेलिया प्रांताची राजधानी आहे.

(५) ॲडिलेड : ही कातडी व लोकरी कापड व्यवसायाचे केंद्र व दक्षिण ऑस्ट्रेलियाची राजधानी आहे.

(६) कॅनबेरा : हे शैक्षणिक व औद्योगिक केंद्र म्हणून प्रसिद्ध तसेच ऑस्ट्रेलियाच्या राजधानीचे शहर आहे.

(न्यूझीलंड)

पॅसिफिक महासागरामध्ये न्यूझीलंड बेट स्थित आहे. ऑस्ट्रेलिया व न्यूझीलंड यांच्या दरम्यान टास्मान समुद्र आहे. ऑस्ट्रेलिया व न्यूझीलंड यांच्यामधले एकूण अंतर २५०० किलोमीटर्स आहे. न्यूझीलंडचे एकूण क्षेत्रफळ २,६९,०५७ चौरस किलोमीटर आहे. लोकसंख्येचा विचार केला तर २००१ मध्ये लोकसंख्या ३९ लाख असून प्रतिचौरस किलोमीटर मध्ये १५ व्यक्ती वास्तव्य करतात.

न्यूझीलंडमध्ये अनेक छोटे पर्वतश्रेणी आहेत तर दोन मोठे पर्वत श्रेणी आहेत. न्यूझीलंडच्या दक्षिण भागात आल्प्स आणि कूक ही दोन मोठी पर्वतश्रेणी आहेत. त्यांची उंची ३८०० मीटर्स पेक्षा जास्त आहे. हा भाग पूर्णपणे बर्फाने आच्छादलेला असतो. दक्षिणेच्या तुलनेत उत्तरेकडील भाग मोठ्या प्रमाणात उताराचा व मैदानाचा आहे. देशाच्या उत्तरी भागामध्ये वैकाटो ही प्रमुख नदी प्रणाली आहे. त्याचप्रमाणे अनेक छोट्या नद्यांचा विस्तार आहे.

सागरीय पर्वतीय प्रदेश यांचा मोठ्या प्रमाणात प्रभाव हवामानावर झालेला आहे. न्यूझीलंड हा देश दक्षिण गोलार्धात असल्याने तेथील तापमान जानेवारी व फेब्रुवारीत २०°से.तर सर्वात कमी तापमान जुलै महिन्यात १५°से. इतके असते. न्यूझीलंडचा थंड हवामानाच्या प्रदेशात समावेश होतो. उत्तर भागात १५० दिवस तर दक्षिण भागात १०० दिवस पर्जन्यवृष्टी होते . अशा भौगोलिक परिस्थितीमुळे लोकसंख्या कमी आहे.

या भागात प्रामुख्याने सदाहरित वृक्ष मोठ्या प्रमाणात आढळतात. त्याचप्रमाणे कोणधारी वृक्षसुद्धा आढळतात.

ऑस्ट्रेलियासारखेच प्राणिजीवन या भागात पाहण्यास मिळते. या भागात पूर्वी मोरांचे वास्तव्य होते. शिकारीमुळे मोर जवळ जवळ नष्ट केले आहेत. विविध प्रकारचे पक्षी, फुलपाखरे यांचा समावेश होतो. त्याचप्रमाणे मेंढ्याचे प्रमाणसुद्धा पाहण्यास मिळते. पक्ष्यामध्ये किवी, ककापो किंवा टकातरे यासारखे पक्षी पाहण्यास मिळतात.

न्यूझीलंडमध्ये वास्तव्य करणारे लोक प्रामुख्याने माओरी वंशाचे असून ते स्थानिक आहेत तर युरोपीय लोक इंग्लंड आणि स्कॉटलँडमधून येऊन येथे स्थायिक झाले आहे. या देशात आर्युमान ८० वर्षे आहे.

वातावरण थंड आणि आर्द्रतायुक्त आहे. त्यामुळे काही भागात गहू, विविध प्रकारच्या भाज्या, गवत, विविध प्रकारची फळे घेतली जातात. न्यूझीलंडमध्ये मेंढ्या व गायी यांची संख्या अधिक असल्याने तेथे पशुपालन व्यवसाय मोठ्या प्रमाणात चालतो. दुग्धजन्य पदार्थ मोठ्या प्रमाणात उत्पादन घेतले जाते. त्याचप्रमाणे मासांचे उत्पन्न घेतले जाते. पनीर, दही, दूध सर्व पदार्थ मोठ्या प्रमाणात निर्यात केले जातात.

महत्त्वाची शहरे

न्यूझीलंडमध्ये ८५% लोक शहरी भागात वास्तव्य करतात.

(१) वेलिंग्टन :- हे न्यूझीलंडचे राजधानीचे शहर आहे. त्याची लोकसंख्या ३ लाख ७५ हजार आहे. हे औद्योगिकदृष्ट्या महत्त्वाचे शहर आहे.

(२) ख्राइस्टचर्च:-दक्षिण न्यूझीलंडच्या पूर्व किनाऱ्यावरील हे शहर असून लोकसंख्या ३ लाख ३५ हजारच्या दरम्यान आहे.

(३) नेपियर :-पूर्व किनारपट्टीच्या भागातील महत्त्वाचे शहर असून लोकसंख्या १ लाख १० हजार आहे.

(४) ऑकलँड :- उत्तर भागातील सर्वात मोठे शहर आहे. येथील लोकसंख्या ८,१५,६०० आहे. हे न्यूझीलंडमधील सर्वात मोठे शहर आहे.

(माइक्रोनेशिया)

मार्शल द्वीप समूहावरील बिकिनी बेटावर अमेरिकेने अण्विक शस्त्राचा स्फोट केला होता. उत्तर भागात मरियाना द्वीप समूहावर अमेरिकेची सैन्यदल छावणी आहे. माइक्रोनेशिया बेटावर विकास परकीयांच्या साहाय्याने केला जात आहे.

पॅसिफिक महासागरावर माइक्रोनेशिया हे एक सांघिक राज्य असून या भागात २०० हून अधिक बेटाचा समावेश होतो. हे फिलीपाईन्सच्या पूर्व बाजूला आहे. यातील बऱ्याच बेटांचा विस्तार तीन चौरस किलोमीटर्स पेक्षाकमी आहे. बऱ्याच बेटांचा विचार केल्यानंतर त्यांची दोन भागात विभागणी केली जाते. (१) उंच बेटे (High Island). त्यांची उत्पत्ती प्रामुख्याने ज्वालामुखीमुळे झालेली दिसून येते. (२) कमी उंचीची बेटे (Low Island)

उंच भागातील जी माती आहे ती फार उपयुक्त आहे. त्यावर प्रामुख्याने शेती केली जाते. याच भागात लोकांची घनता सुद्धा जास्त आढळते. कमी उंचीचे क्षेत्र कमी उपयुक्त आहे.

(मेलानेशिया)

पॅसिफिक महासागराच्या पश्चिम बाजूस असणाऱ्या द्वीपसमूहाला मेलानेशिया असे म्हणतात. हा प्रदेश प्रामुख्याने इंडोनेशिया आणि फिलीपाइन्स यांच्यामध्ये आहे. यामध्ये न्यू गिनी, इरियन जया, पापुआ, सॉलोमन, फिजी, कॅलिडोनिया, वनातू यांचा समावेश होतो.

मेलानेशियाची लोकसंख्या ६० लाख आहे. येथे ७०० हून अधिक धर्माचे व विचारसरणीचे लोक वास्तव्य करतात. त्यांची प्रत्येकाची भाषाही भिन्न प्रकारची आहे. त्यांचे वास्तव्य प्रामुख्याने जंगल क्षेत्रात आढळून येते. त्यात न्यू गिनी व पापुआ जमातीचे लोक मोठ्या प्रमाणात आहेत. लोकसंख्येचे वास्तव्य प्रामुख्याने किनारपट्टीच्या भागात आढळते. देशातील मोठ्या प्रमाणात जवळजवळ ८०% लोक शेती आणि जंगलातील कंदमुळे यावर अवलंबून आहेत.

मेलानेशियात विविध प्रकारची खनिज संपत्ती उपलब्ध आहे. त्यामध्ये जस्त, तांबे, चांदी, सोने व पेट्रोलियम, शिसे, नैसर्गिक गॅस यांचा समावेश होतो. न्यू गिनी, पापुआ, सॉलोमन बेटावर उपलब्ध असणारी खनिज संपत्ती मोठ्या प्रमाणात न्यूझीलंड - ऑस्ट्रेलियात निर्यात केली जाते.

या भागात ऊसाची शेती केली जाते. त्याचप्रमाणे काही प्रमाणात फळांचे उत्पादन घेतले जाते.

(१) पापुआ :- पापुआची राजधानी पोर्ट मोरसबी असून त्यांची लोकसंख्या २ लाख ५० हजार आहे. या भागात १०० हून अधिक भाषा बोलल्या जातात.

(२) सॉलोमन बेटावर १२० हून अधिक बोलीभाषा बोलल्या जातात. तेथील लोकसंख्या चार लाख आहे.

(३) न्यू कॅलिडोनियाची राजधानी नूमी आहे. या भागात ४५% लोक मेलानेशिया आणि ३५% फ्रेंच लोक वास्तव्य करतात.

(४) फिजीची राजधानी सुवा आहे. या भागात भारतीय व मेलानेशियातील लोक जास्त प्रमाणात वास्तव्य करत असल्याने त्यांच्यात नेहमी तणाव असतो.

(पोलिनेशिया)

पॅसिफिक महासागरात पूर्व बाजूला पोलिनेशिया द्विपसमूह आहे. यामध्ये अनेक छोटे-मोठे द्वीपसमूह पाहण्यास मिळतात. त्यामध्ये हवाई, समोआ, टोंगा, टुवालू, कुक, पूर्व किरिबाटी यांचा समावेश होतो.

हवाई अमेरिकेचे ५० वे राज्य असून येथील लोकसंख्या १४ लाख आहे.

त्यातील ८०% पेक्षा जास्त लोकसंख्या ओहू (Oahu) द्वीपसमूहावर राहते.

ज्वालामुखीच्या उद्रेकामुळे अनेक बेटांची उंची ही जास्त आढळते. ती जवळ जवळ ४२०० मीटर्स पर्यंत आहे. नैसर्गिक सौंदर्यामुळे या भागाला 'हिरवे रत्न' (Emerald Seas) म्हणून संबोधले जाते. त्या भागाला भूतलावरील स्वर्ग म्हटले जाते. या भागात मोठ्या प्रमाणात वादळे होत असल्याने हानी जास्त होते. काही बेटावर मोठ्या प्रमाणात जंगल क्षेत्र आहे.

पोलिनेशियन लोकांत मुख्यकरून आशिया आणि युरोपीय संस्कृतीचे मिश्रण दिसून येते. त्यामध्ये वेशभूषा, रीतीरिवाज, बोलणी, खानपान आणि घरांची रचना यात साधर्म्य आढळते. यांचे जीवन पूर्णपणे पाण्यावर अवलंबून आहे. आपल्या छोट्या नावेच्या साह्याने ते कित्येक मैल दूर मासे पकडण्यासाठी जात असतात.

या भागावर युरोपीय आणि अमेरिकन संस्कृतीचा प्रभाव पडलेला दिसून येतो.

ऑस्ट्रेलिया हा खंडप्राय देश आणि त्याच्या जवळच न्यूझीलंड सारखे बेटांचे स्थान असलेले देश बऱ्याच अंशी विकसित आहेत. तेथे हवामान, प्रकृतिरचना आणि मानवी जीवन याबाबत विविधता आढळते. मुख्य म्हणजे दक्षिण गोलार्धात एकाकी स्थान असलेल्या या खंडातील शाश्वत विकास वाखाणण्याजोगा आहे. मुख्य म्हणजे जगातील पहिल्या दहा प्रगत देशांमध्ये ऑस्ट्रेलियाचा समावेश आहे. समाजातील दुर्बल घटकांचे, महिलांचे सबलीकरण व पर्यावरण संवर्धन यामुळे हे शक्य झालेले आहे असे म्हणता येईल.

□

प्रकरण - ७

अंटार्टिका खंड

हा खंड पृथ्वीच्या दक्षिण ध्रुवाजवळ असून तो संपूर्णपणे अंटार्टिका महासागराने वेढलेला आहे. या खंडाचे क्षेत्रफळ १,३३,७७,००० चौ.कि.मी. आहे. या खंडाच्या सभोवतालच्या महासागराला अंटार्टिका महासागर किंवा दक्षिण महासागर असेही म्हणतात. परंतु हा महासागर म्हणजे हिंदी अटलांटिक व पॅसिफिक महासागर यांचा दक्षिण भाग होय.

या महासागरांवरून सतत वाहणाऱ्या खंड व जोरदार वाऱ्यांना जमिनीचा अडथळा कोठेच होत नसल्यामुळे हा महासागर नेहमीच अस्थिर व खवळलेला असतो. तसेच हिमनग, हिमखंड, बर्फाची वादळे यामुळे या नौकानयनास अगदी धोकादायक आहे. म्हणूनच अगदी अलीकडील काळापर्यंत हे खंड अज्ञातच होते.

अंटार्टिका खंडावर उंच उंच पर्वतश्रेणी असून मार्वहॅम, सायपल, लिस्टर, कर्वपॉट्रिल इ. शिखरे ४५०० मीटरहून अधिक उंच आहेत. रॉस बेटावर मांट एरेबस हा ३७०० मीटर उंचीचा जागृत ज्वालामुखी आहे. खंडाच्या मध्यभागी बर्फाच्छादित उंच पठार आहे. दक्षिण ध्रुवाची उंची समुद्रसपाटीपासून २८०० मीटर आहे. खंडाची सरासरी उंची १८००मीटर आहे. खंडावरील बर्फाच्या जाडीचा भर १.६ कि.मी. चा आहे.

दक्षिण ध्रुवापासून ३०० ते ५०० कि.मी. पर्यंतच्या भागात आढळणाऱ्या हलक्या बिटुमिनस कोळशाच्या खाणी आढळतात. त्यावरून हा प्रदेश अरण्यमय होता. याशिवाय या खंडावर लोखंड, मँगेनीज, तांबे, शिसे, युरेनिमय यांचेही अस्तित्व आढळते व त्यासंदर्भात संशोधन चालू आहे.

अंटार्टिका खंडावर जगातील सर्वात कमी तापमान आढळते. खंडाच्या किनाऱ्यावर 0° से. तापमान तर अंतर्भागात -२०° ते -३५° सें. असते.पठारावर-

५५^{0} सें. तापमान असते.

अंटार्टिकावर जीवसृष्टी बहुतेक नाहीच असे म्हणता येईल. काही शेवाळाच्या जाती जमिनीलगतच्या वनस्पती आहेत. काही कीटक व सूक्ष्मजीव देखील आहेत. तसेच देवमासे, सीलमासे येथे काही ठिकाणी आढळतात. याशिवाय ॲडेलाय पेंग्विन, सी–पेट्रेल व साउथ पोलर स्कुआ मासे पक्षी मधूनमधून येतात.

१९४३ पासून विविध देशातील लोक येथे येऊन जात आहेत. अनेकांचे संशोधन सुरू आहे.

लोकसंख्येने अति अल्प असलेल्या या खंडाला वैश्विक पातळीवर महत्त्व प्राप्त झाले, ते पर्यावरणाच्या अभ्यासामुळे. पृथ्वीचे तापमान हरितगृह परिणामामुळे वाढत आहे असा इशारा शास्त्रज्ञांनी दिला तेव्हापासून या खंडातील बर्फाच्छादनाच्या अभ्यासास महत्व प्राप्त झाले, तसेच ओझोन स्तराचे क्षतीकरण झाल्याचा पुरावा येथे मिळू शकतो. या अति थंड प्रदेशात जगातील अनेक देशांचे लोक तात्पुरते का होईना रहिवासी आहेत. एकूण मानवी समाजाचे सहकार्यपूर्ण सहजीवन अतिसूक्ष्म प्रमाणात का होईना ते तेथे आढळून येते.

□

आशिया

भूपृष्ठरचना

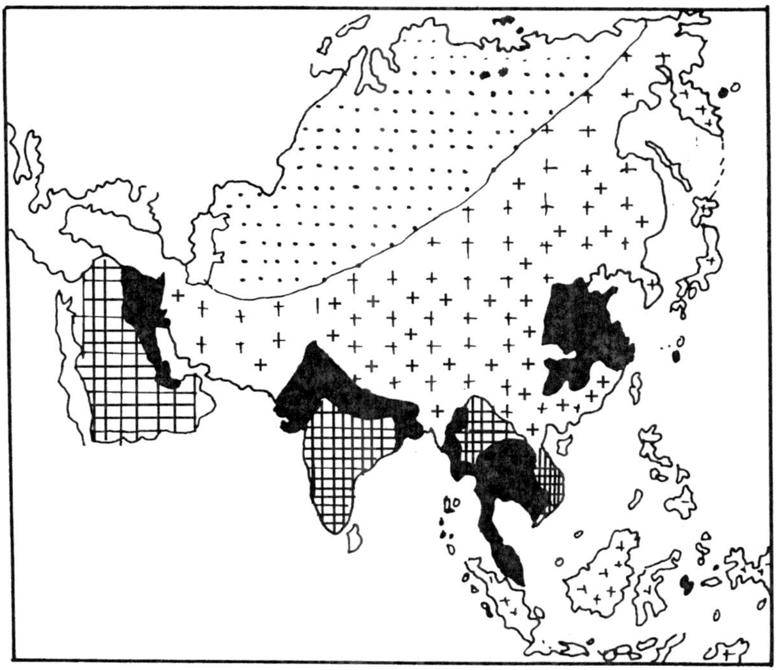

उत्तर भागातील सखोल प्रदेश

मध्यवर्ती पठार व पर्वतीय प्रदेश

दक्षिण आशियाचे पठारी प्रदेश

नद्यांच्या खोऱ्यातील गाळाचे प्रदेश

आशिया

नदी प्रणाली

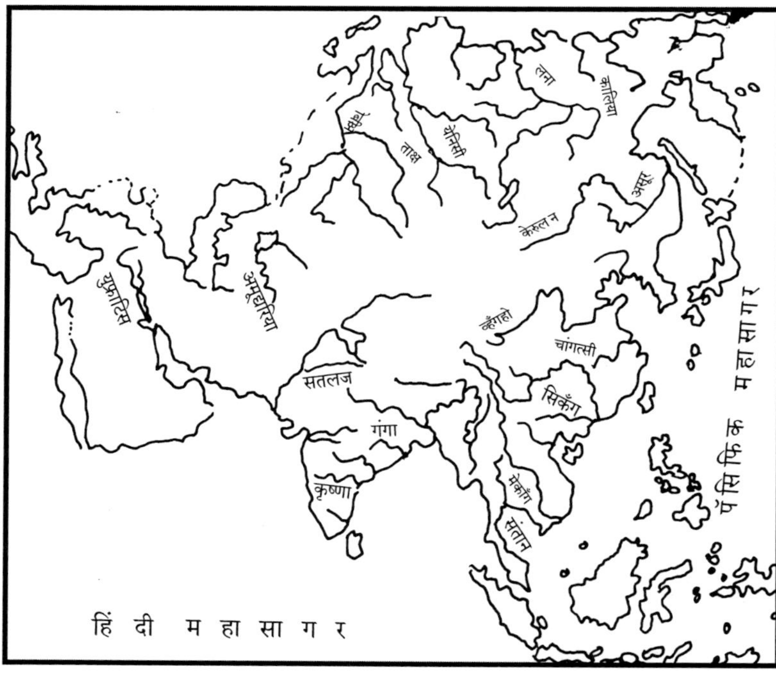

आशिया - शेती

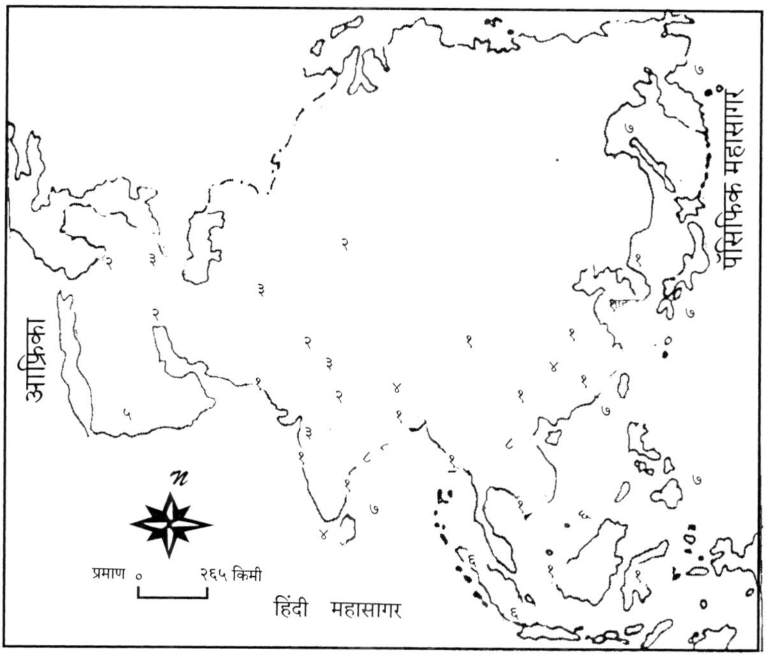

१ तांदूळ
२ गहू
३ कापूस
४ चहा
५ कॉफी
६ रबर
७ मासेमारी
८ ऊस

आशिया – खनिजे व उद्योग

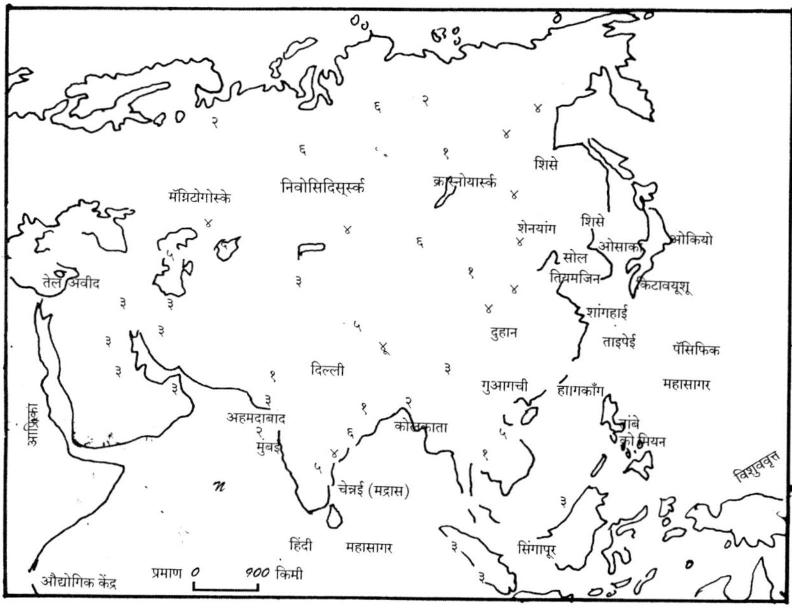

१ लोहखनिज
२ नैसर्गिक वायू
३ तेल
४ कोळसा
५ मँगनीज
६ ताबे
७ बॉक्साईट

आशिया - शेती

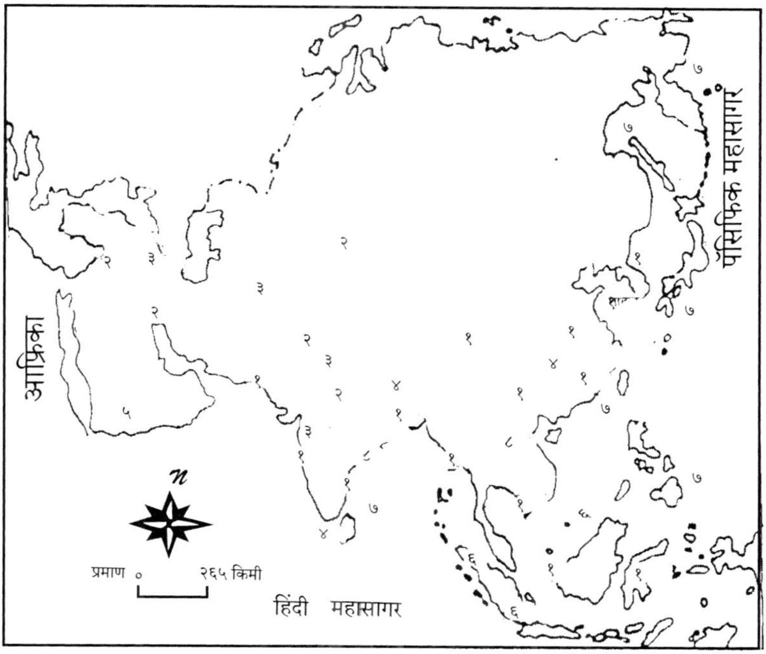

१ तांदूळ
२ गहू
३ कापूस
४ चहा
५ कॉफी
६ रबर
७ मासेमारी
८ ऊस

युरोप – शेती

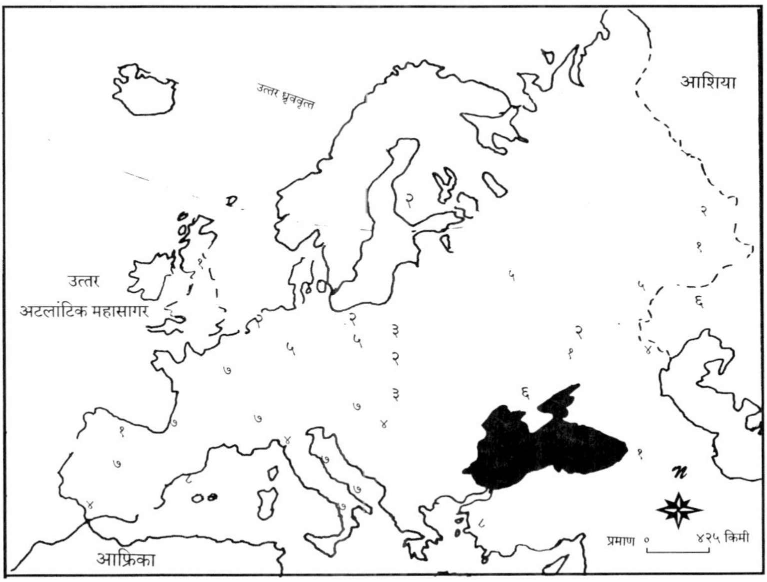

१ गहू
२ ओट
३ शुगरबीट
४ तांदूळ
५ बटाटा
६ तेलबिया
७ द्राक्षे
८ लिंबू वर्गातील फळे

युरोप – खनिजे व उद्योग

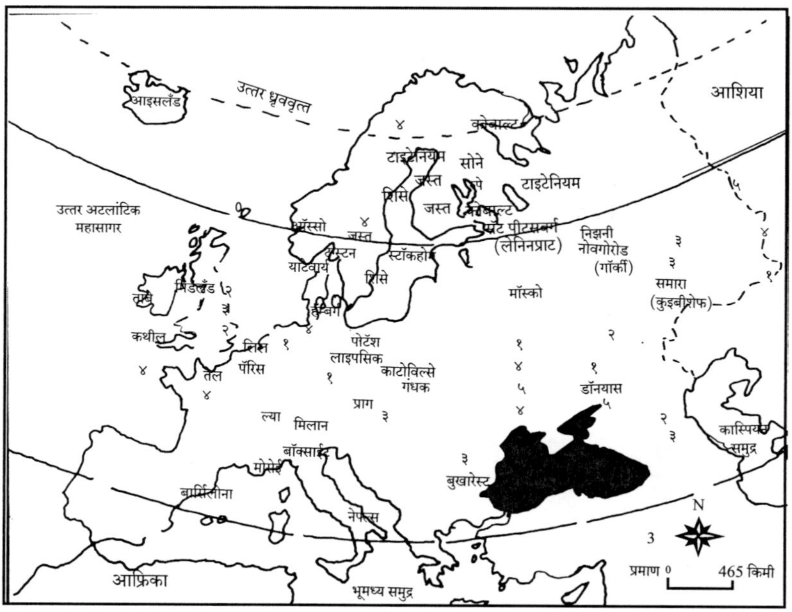

आफ्रिका – कृषिउत्पादन

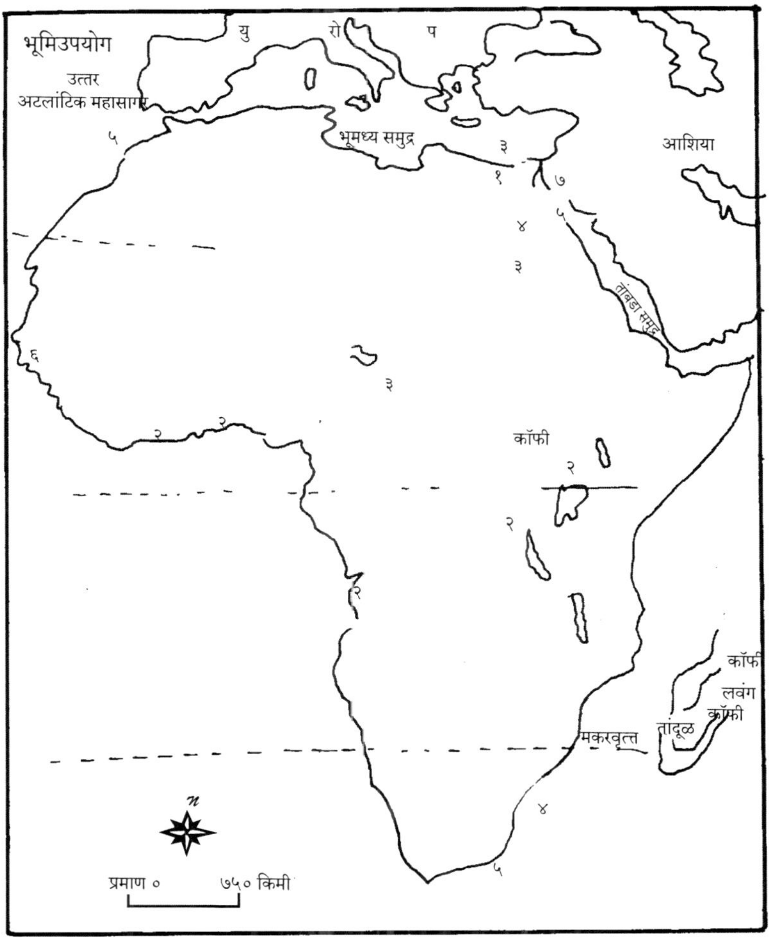

१ तांदूळ
२ कॉफी
३ कापूस
४ ऊस
५ लिंबूवर्गातील पळे
६ भुईमूग
७ मका

आफ्रिका – खनिजे व उद्योग

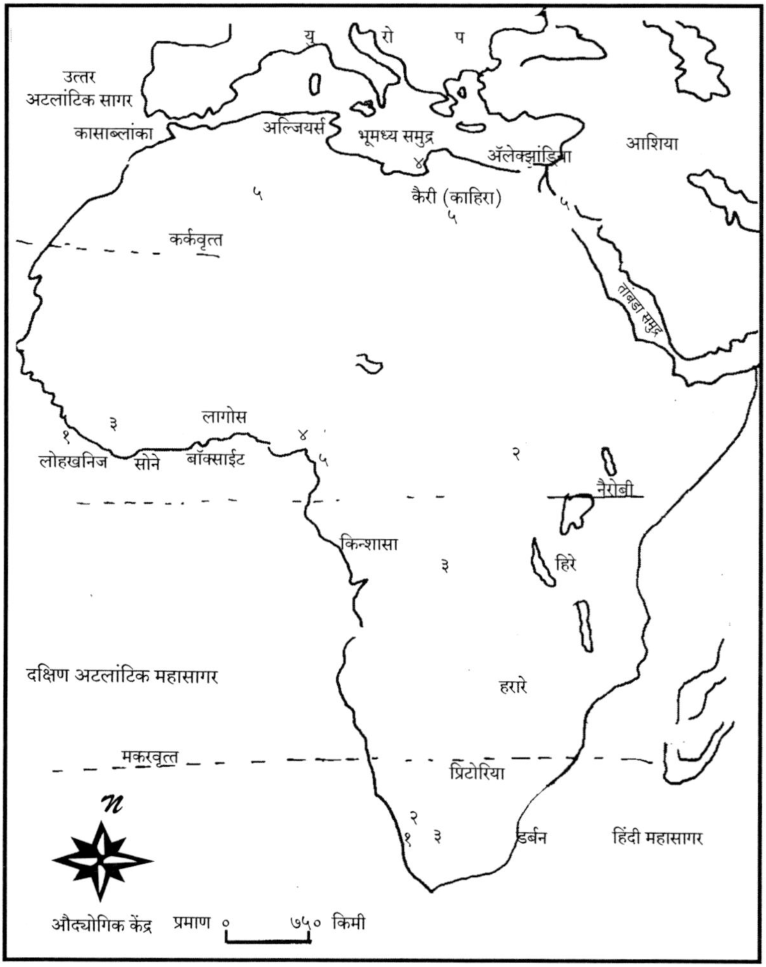

१ लोहखनिज
२ सोने
३ हिरे
४ नैसर्गिक वायू
५ तेल

उत्तर अमेरिका - प्राकृतिक विभाग

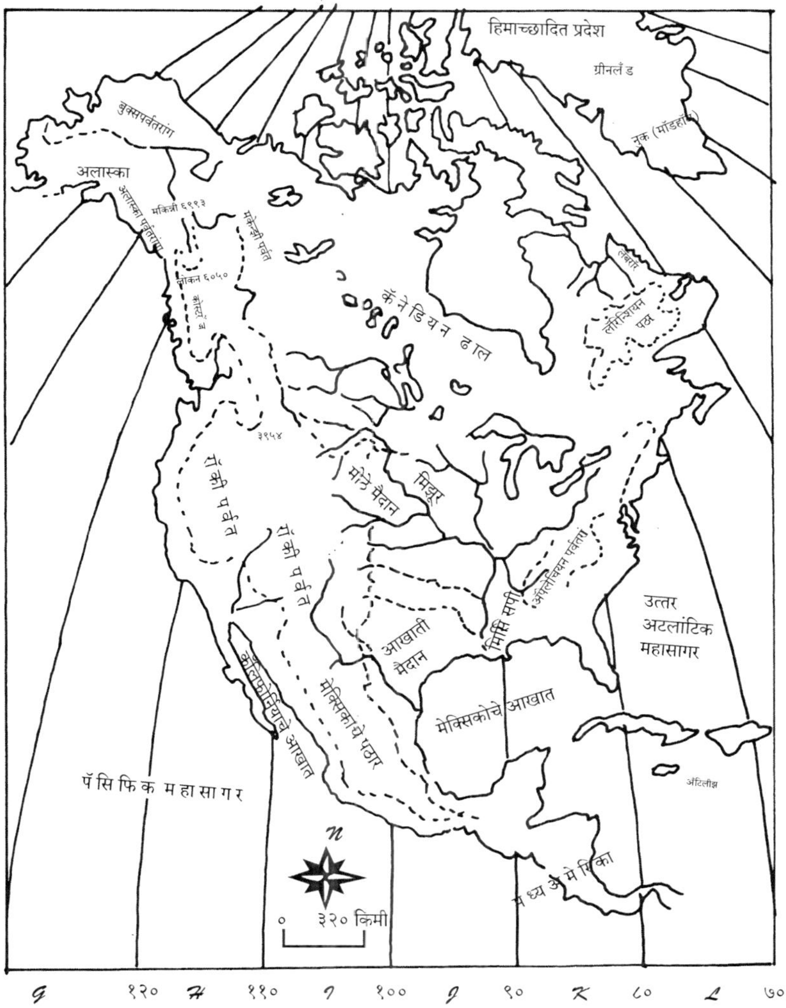

उत्तर अमेरिका – खनिजे व उद्योग

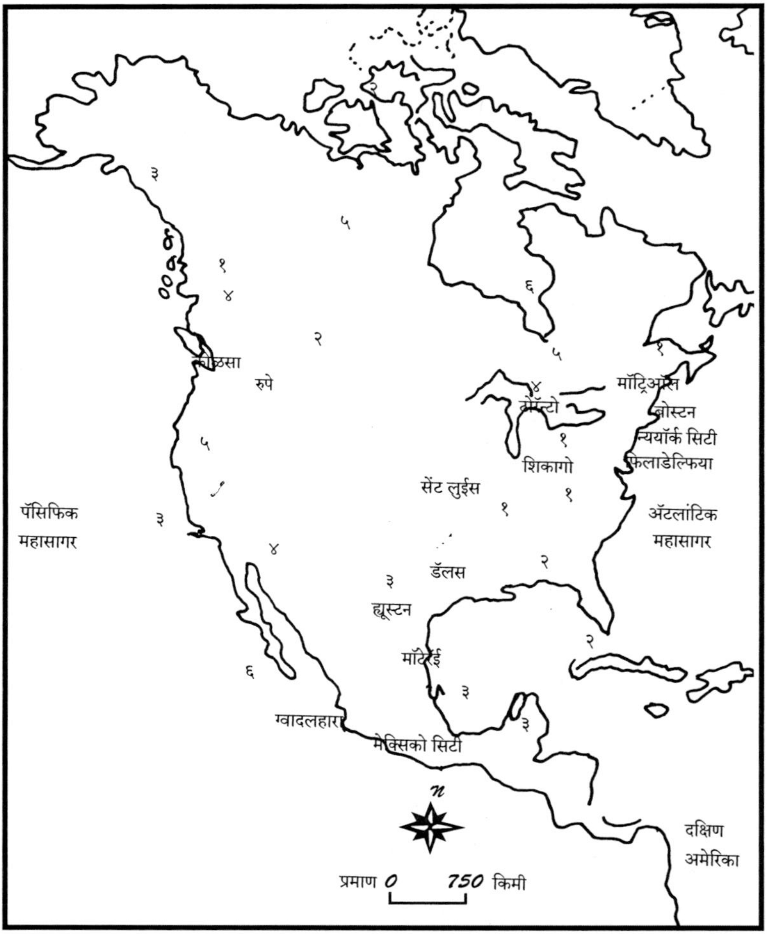

१ कोळसा
२ नैसर्गिक वायू
३ तेल
४ तांबे
५ सोने
६ लोहखनिज

उत्तर अमेरिका – कृषी उत्पादन

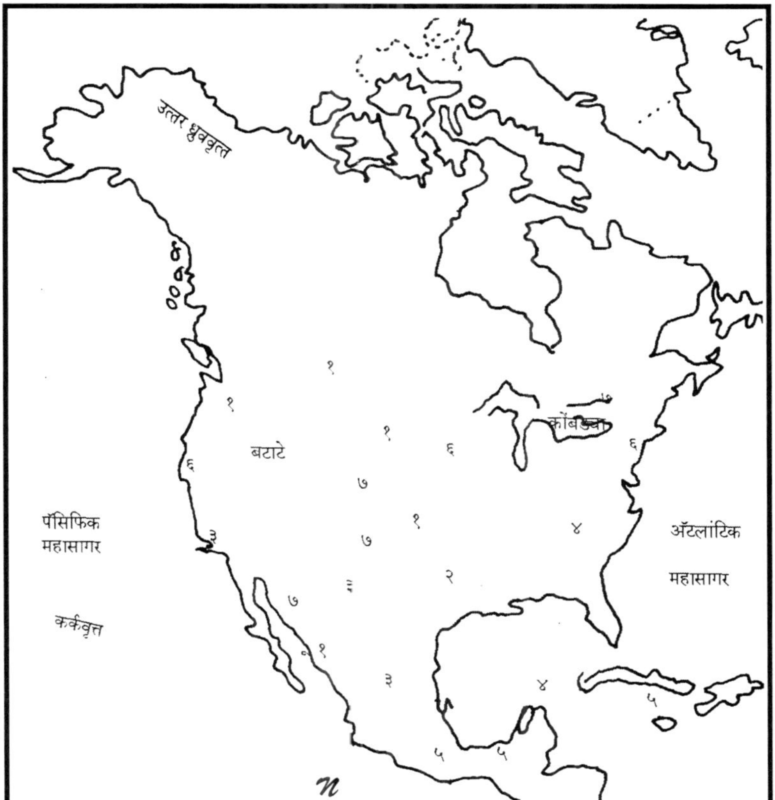

१ गहू
२ तांदूळ
३ कापूस
४ तंबाखू
५ ऊस
६ दुग्धपदार्थ
७ गुरे

मध्य अमेरिका

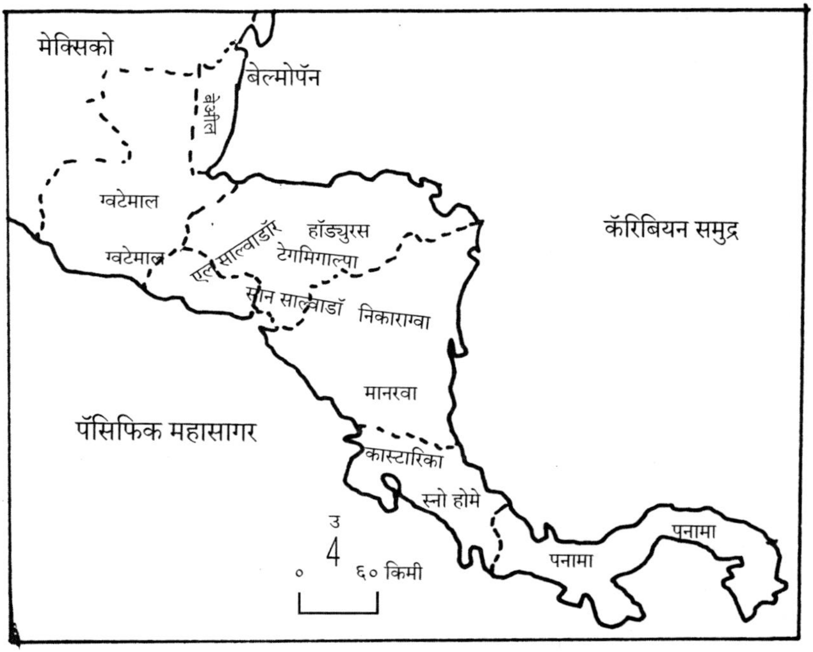
मेक्सिको
बेल्मोपॅन
बेझील
ग्वटेमाल
ग्वटेमाल
एल साल्वाडॉर
हॉड्युरस
टेगमिगाल्पा
सॅन साल्वाडॉ
निकाराग्वा
कॅरिबियन समुद्र
मानरवा
पॅसिफिक महासागर
कास्टारिका
स्नो होमे
पनामा
पनामा
उ
० ६० किमी

पनामा कालवा

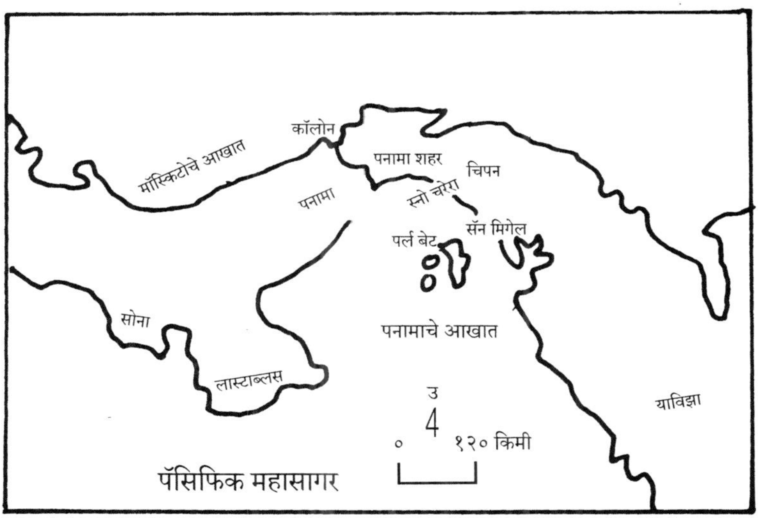
कॉलोन
मॉस्किटोचे आखात
पनामा शहर
चिपन
पनामा
सॅन मिगेल
पर्ल बेट
सोना
पनामाचे आखात
लास्टाब्लस
याविझा
उ
० १२० किमी
पॅसिफिक महासागर

दक्षिण अमेरिका – राजकीय विभाग

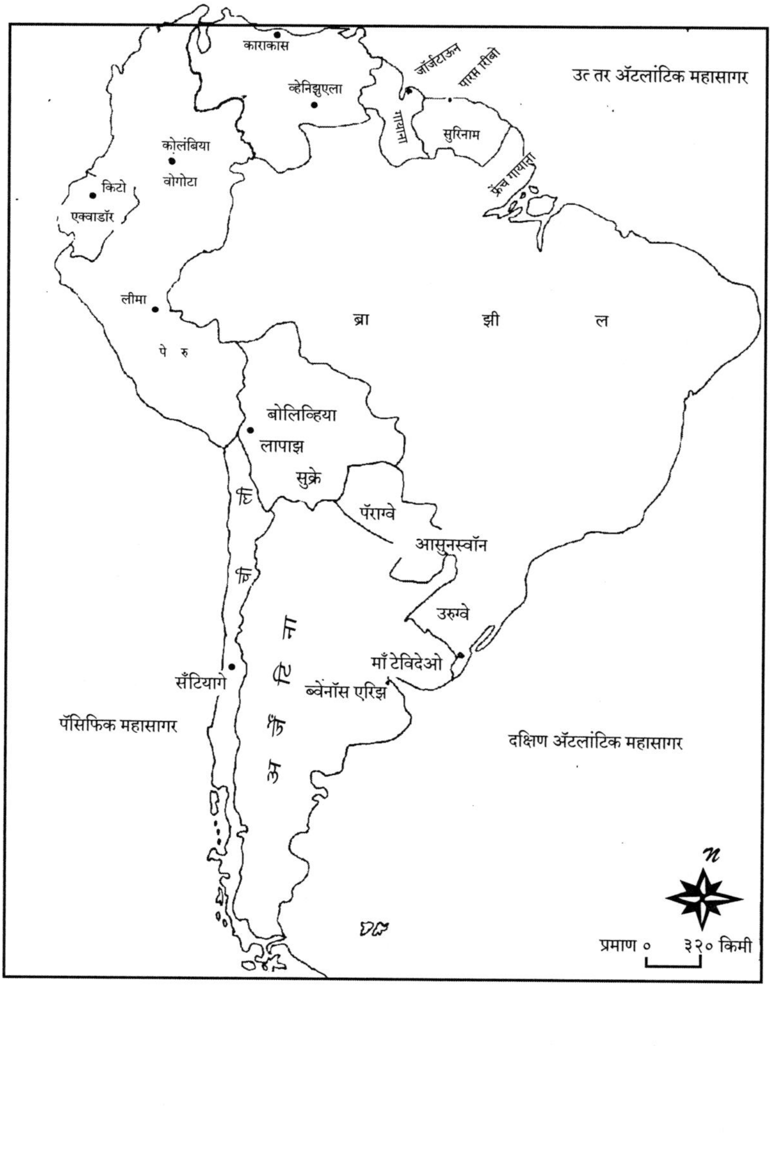

ऑस्ट्रेलिया खनिजे व उद्योग

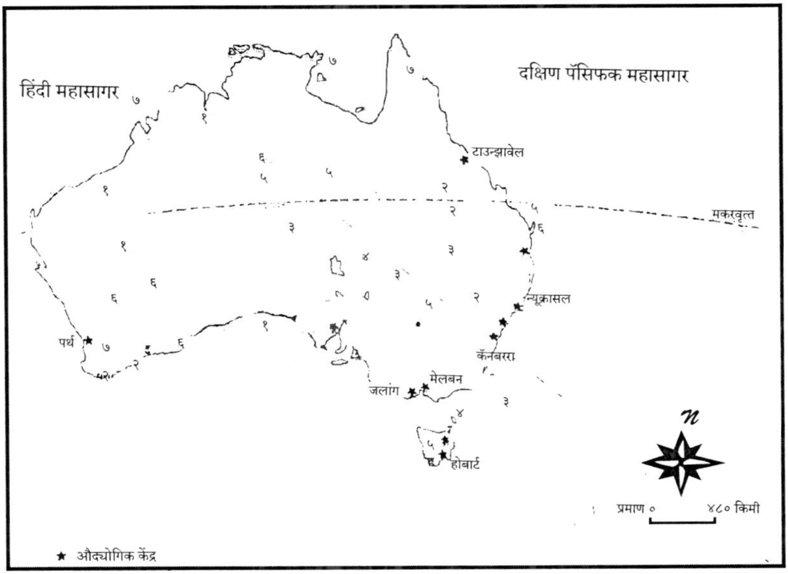

१ लोहखनिज
२ कोळसा
३ नैसर्गिक वायू
४ तेल
५ तांबे
६ सोने
७ बॉक्साईट

ऑस्ट्रेलिया कृषि उत्पादन

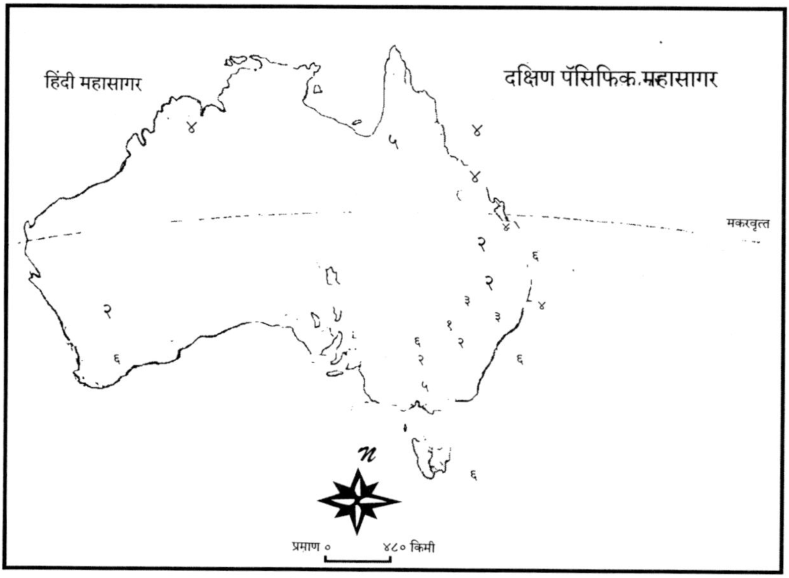

१ तांदूळ
२ गहू
३ कापूस
४ ऊस
५ तंबाखू
६ फळे

न्यूझीलंड – प्राकृतिक रचना व राजकीय विभाग

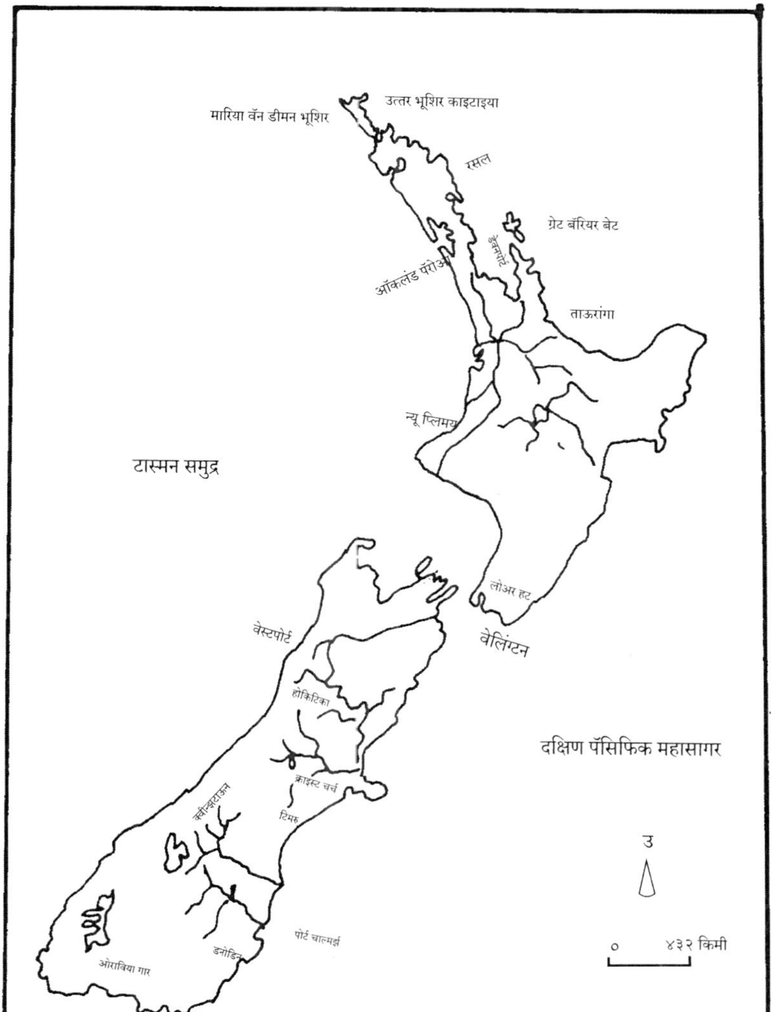

अंटार्क्टिका

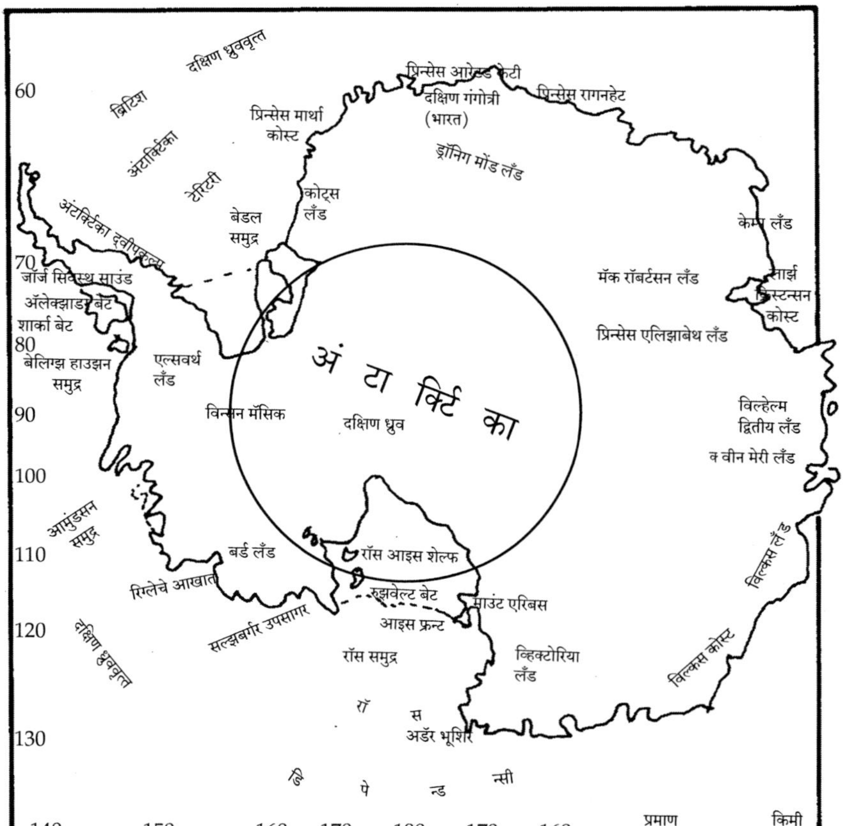

दक्षिण ध्रुववृत्त
ब्रिटिश
अंटार्क्टिका
टेरिटरी
प्रिन्सेस मार्था कोस्ट
प्रिन्सेस आरेस्ड केटी
दक्षिण गंगोत्री (भारत)
प्रिन्सेस रागनहेट
ड्रॉनिंग मोंड लँड
कोट्स लँड
बेडल समुद्र
अंटार्क्टिका द्वीपकल्प
केम्प लँड
मॅक रॉबर्टसन लँड
लाझ क्रिस्टन्सन कोस्ट
प्रिन्सेस एलिझाबेथ लँड
जॉर्ज सिक्स्थ साउंड
ॲलेक्झांडर बेट
शार्को बेट
बेलिंग्झ हाउझन समुद्र
एल्सवर्थ लँड
अं टा र्क्टि का
विन्सन मॅसिक
दक्षिण ध्रुव
विल्हेल्म द्वितीय लँड
क्वीन मेरी लँड
आमुंडसन समुद्र
बर्ड लँड
रॉस आइस शेल्फ
रिग्लेचे आखात
रुझवेल्ट बेट
माउंट एरिबस
सल्झबर्गर उपसागर
आइस फ्रन्ट
विल्कस लँड
दक्षिण ध्रुववृत्त
रॉस समुद्र
व्हिक्टोरिया लँड
विल्कस कोस्ट
रॉस
अडॅर भूशिर
डिपेन्डन्सी
60
70
80
90
100
110
120
130
140
150
160
170
180
170
160
प्रमाण
किमी